战略性新兴领域"十四五"高等教育系列教材

多模态信号处理基础

主　编　李树涛

副主编　陈洁平　刘　敏　王炼红

参　编　孙　斌　马子骥　李　成　陈　祥　杨　彬
　　　　颜　志　刘立成

机械工业出版社

多模态信号处理是一个跨学科的领域，它涉及多个专业和领域的知识与技能。本书以讲授信号处理与分析基础知识以及多模态信号应用为主要目标，在阐述单模态信号处理与变换、系统特性与系统作用等理论的基础上，进一步介绍相关理论在语音、图像、高铁钢轨检测、脑电信号中的应用以及多模态信号融合处理的方法、技术和实现方法。本书辅以大量Python程序与应用案例，帮助学生更加直观地理解相关理论知识，提高学生运用知识解决工程领域相关问题的能力。全书共计11章，由基础篇和应用篇构成。基础篇共6章，主要阐述信号与系统的基本概念、基本理论与方法。应用篇共5章，主要从多模态信号处理的角度出发，介绍多模态信号处理、融合相关理论以及面向人工智能、机器视觉等新兴领域的应用。

本书可作为普通高校电气工程、电子信息工程、人工智能、机器人工程、通信工程、计算机科学与技术、智能制造、生物医学工程等专业，以及一些与多模态信号处理相关的交叉学科和领域，如认知科学、心理学、神经科学等领域相关专业的教材，也可作为以上学科和领域中专业人士的参考书。

本书配有电子课件、习题答案、教学视频、教学大纲、程序代码等教学资源，欢迎选用本书作教材的教师登录 www.cmpedu.com 注册后下载，或发邮件至 jinacmp@163.com 索取。

图书在版编目（CIP）数据

多模态信号处理基础 / 李树涛主编. -- 北京：机械工业出版社，2024.12. --（战略性新兴领域"十四五"高等教育系列教材）. -- ISBN 978-7-111-77199-9

Ⅰ. TN911.7

中国国家版木馆 CIP 数据核字第 2024S3T669 号

机械工业出版社（北京市百万庄大街22号　邮政编码100037）

策划编辑：吉　玲　　　　　　　责任编辑：吉　玲　赵晓峰
责任校对：曹若菲　丁梦卓　　　封面设计：张　静
责任印制：刘　媛

涿州市殷润文化传播有限公司印刷

2024 年 12 月第 1 版第 1 次印刷

184mm×260mm · 19.5 印张 · 479 千字

标准书号：ISBN 978-7-111-77199-9

定价：69.00 元

电话服务　　　　　　　　　　网络服务

客服电话：010-88361066　　　机 工 官 网：www.cmpbook.com
　　　　　010-88379833　　　机 工 官 博：weibo.com/cmp1952
　　　　　010-68326294　　　金 书 网：www.golden-book.com

封底无防伪标均为盗版　　　机工教育服务网：www.cmpedu.com

人工智能和机器人等新一代信息技术正在推动着多个行业的变革和创新，促进了多个学科的交叉融合，已成为国际竞争的新焦点。《中国制造2025》《"十四五"机器人产业发展规划》《新一代人工智能发展规划》等国家重大发展战略规划都强调人工智能与机器人两者需深度结合，需加快发展机器人技术与智能系统，推动机器人产业的不断转型和升级。开展人工智能与机器人的教材建设及推动相关人才培养符合国家重大需求，具有重要的理论意义和应用价值。

为全面贯彻党的二十大精神，深入贯彻落实习近平总书记关于教育的重要论述，深化新工科建设，加强高等学校战略性新兴领域卓越工程师培养，根据《普通高等学校教材管理办法》（教材〔2019〕3号）有关要求，经教育部决定组织开展战略性新兴领域"十四五"高等教育教材体系建设工作。

湖南大学、浙江大学、国防科技大学、北京理工大学、机械工业出版社组建的团队成功获批建设"十四五"战略性新兴领域——新一代信息技术（人工智能与机器人）系列教材。针对战略性新兴领域高等教育教材整体规划性不强、部分内容陈旧、更新迭代速度慢等问题，团队以核心教材建设牵引带动核心课程、实践项目、高水平教学团队建设工作，建成核心教材、知识图谱等优质教学资源库。本系列教材聚焦人工智能与机器人领域，凝练出反映机器人基本机构、原理、方法的核心课程体系，建设具有高阶性、创新性、挑战性的《人工智能之模式识别》《机器学习》《机器人导论》《机器人建模与控制》《机器人环境感知》等20种专业前沿技术核心教材，同步进行人工智能、计算机视觉与模式识别、机器人环境感知与控制、无人自主系统等系列核心课程和高水平教学团队的建设。依托机器人视觉感知与控制技术国家工程研究中心、工业控制技术国家重点实验室、工业自动化国家工程研究中心、工业智能与系统优化国家级前沿科学中心等国家级科技创新平台，设计开发具有综合型、创新型的工业机器人虚拟仿真实验项目，着力培养服务国家新一代信息技术人工智能重大战略的经世致用领军人才。

这套系列教材体现以下几个特点：

（1）教材体系交叉融合多学科的发展和技术前沿，涵盖人工智能、机器人、自动化、智能制造等领域，包括环境感知、机器学习、规划与决策、协同控制等内容。教材内容紧跟人工智能与机器人领域最新技术发展，结合知识图谱和融媒体新形态，建成知识单元711个、知识点1803个，关系数量2625个，确保了教材内容的全面性、时效性和准确性。

（2）教材内容注重丰富的实验案例与设计示例，每种核心教材配套建设了不少于5节的核心范例课，不少于10项的重点校内实验和校外综合实践项目，提供了虚拟仿真和实操项目相结合的虚实融合实验场景，强调加强和培养学生的动手实践能力和专业知识综合应用能力。

（3）系列教材建设团队由院士领衔，多位资深专家和教育部教指委成员参与策划组织工作，多位杰青、优青等国家级人才和中青年骨干承担了具体的教材编写工作，具有较高的编写质量，同时还编制了新兴领域核心课程知识体系白皮书，为开展新兴领域核心课程教学及教材编写提供了有效参考。

期望本系列教材的出版对加快推进自主知识体系、学科专业体系、教材教学体系建设具有积极的意义，有效促进我国人工智能与机器人技术的人才培养质量，加快推动人工智能技术应用于智能制造、智慧能源等领域，提高产品的自动化、数字化、网络化和智能化水平，从而多方位提升中国新一代信息技术的核心竞争力。

中国工程院院士

2024 年 12 月

　　随着信息技术的迅猛发展，多模态信号处理已成为当前信号处理领域的重要研究方向。多模态信号处理是指综合利用来自不同传感器或不同信息源的多种模态信号，通过融合、分析和解释这些信号，提取出有用的信息，以支持各种实际应用。对多模态信号处理的研究不仅有助于提升信号处理的性能和准确性，还为人工智能、机器学习、模式识别等领域的发展提供了强有力的支撑。

　　多模态信号处理基础教材作为相关领域知识传播与技能培养的重要载体，其内容丰富、结构严谨，本书从最基本的信号与系统基本概念、基本理论和方法出发，阐述多模态信号处理基础理论与技术，深刻揭示了多模态信号（如图像、语音、脑电等）的本质特性与相互关系。本书以跨学科融合为特色，融合了信号处理、机器学习、人工智能等多个领域的内容，旨在为读者构建一个全面而深入的学习框架。本书从信号采集、预处理、特征提取到融合分析、决策支持，每一步都辅以较详尽的解释和实例，使学生能够快速构建起专业知识体系。这不仅为学生后续的专业学习和研究打下坚实的基础，也为其在未来职业生涯中应对复杂多变的信号处理任务提供有力的技术支持。书中还设计了丰富的实践练习和实验项目，如智能语音识别与分离、基于深度学习的目标检测、医学图像分割、脑电信号与人脸图像融合情感识别等，让学生在学习理论的同时，能够动手实操，将所学知识应用于解决实际工程问题，提高学生的动手能力和实践能力，为其将来在科研或产业界工作奠定坚实的实践基础。更为重要的是，本书通过引入前沿的研究动态、案例分析以及开放性的思考题，鼓励学生主动思考、勇于探索，培养其问题解决能力、批判性思维和创新能力。同时，跨学科的知识融合促使学生跳出单一学科的局限，学会从多角度、多层次分析问题，从而培养其成为具备广阔视野和深厚底蕴的复合型人才。

　　本书共计 11 章，分为基础篇和应用篇两篇。基础篇的 6 章内容包括信号与系统的基本概念、系统的时域分析、信号的频域分析、LTI 系统频域分析、信号的拉普拉斯变换与 z 变换、系统的变换域分析；应用篇的 5 章内容包括多模态信号处理，在多模态图像处理中的应用、语音信号处理、识别与多模态融合应用，在高速铁路轨道检测中的应用，融合脑电信号的处理及应用。

　　本书凝聚了众多老师的工作成果，感谢编写团队全体成员的通力合作和辛勤付出，对老师们认真、负责的态度表示敬意。本书还参考了书中所列参考文献的部分内容，在此一并表示衷心的感谢。由于编者水平有限，书中难免有疏漏和不足之处，敬请读者批评指正。

李树涛
于湖南大学

目录

CONTENTS

VI

VII

应用篇　多模态信号处理及应用

XI

基础篇
信号处理与分析基础理论

　　多模态信号具有多样性、互补性和冗余性等特点。多样性体现在信号来源的广泛性，可以包括语音、图像、文本、视频、生物电信号等多种类型；互补性体现在不同模态信号之间能够相互补充，提供更全面、准确的信息；冗余性有助于提升系统的鲁棒性和可靠性。通过综合利用这些特点，多模态信号处理能够更好地适应复杂多变的环境，提高信息处理的效率和精度。

　　为了更好地处理多模态信号，首先要理解信号的概念、获取与处理方法，以及系统对信号的作用。最常见的信号有光信号、声音信号、电信号等。信号是描述某种现象随时间或空间变化的函数，它可以是连续的，也可以是离散的；可以是模拟的，也可以是数字的。根据信号的不同特性，可以将其分为多种类型，如时域信号和频域信号、随机信号和周期信号等。每种信号都有其独特的性质和应用场景，因此需要根据具体需求选择合适的信号类型和处理方法。系统是对信号进行各种变换、处理和分析的装置或机构，它可以是物理的，也可以是抽象的。根据系统的不同特性，可以将其分为线性系统和非线性系统、时不变系统和时变系统、因果系统和非因果系统等。这些分类有助于我们更深入地理解系统的行为特性，从而设计出更高效的信号处理算法和系统装置。因此，研究信号与系统的基础理论和方法，对于推动信号处理理论及信息科学技术的发展具有重要意义。

　　信号与系统的理论和方法在通信、雷达、声呐、自动控制、遥感遥测、生物医学工程等领域得到了广泛的应用。随着信息技术的快速发展，信号与系统的应用领域也在不断拓宽。未来，随着大数据、云计算、人工智能等新兴技术的崛起，信号与系统理论将更加注重与这些技术的融合和创新，为构建智能化、高效化的信息系统提供有力支撑。

　　本教材主要由两篇构成，第一篇是基础篇，共6章，主要阐述信号与系统的基本概念、基础理论与方法。

第1章 信号与系统的基本概念

导读

本章介绍信号与系统的基本概念、描述及分类。重点讨论连续信号与离散信号的基本运算、不同类型信号的判定方法及系统线性与非线性、时变与时不变、因果与非因果、稳定与发散的特性。同时，本章还介绍在信号与系统分析中非常重要的阶跃函数、冲激函数、抽样函数等典型函数及其特性。本章知识是后续信号分析、系统分析的基础。

本章知识点

- 信号的基本概念、描述与分类
- 信号的基本处理与分析
- 典型信号
- 系统的基本概念、描述与分类

人类对外部世界的感知、认识和改造，与充斥周围的各种各样的信号息息相关，落叶而知秋，从身边景物、气候的变化感知四季更迭。几乎所有的工程技术领域都涉及信号的问题。信号和系统与人们的生产、生活息息相关。手机、平板电脑、计算机、空调等已经成为人们常用的生活工具和设备，这些工具和设备都可以称为系统，而这些工具和设备之间传递的语音、文字、图像、音乐、视频等都可以称为信号。基础篇介绍的信号与系统，就是指作为信息载体的信号、传输与加工信号的系统。那么，具体什么是信号？什么是系统？为什么要把信号与系统这两个概念放在一起？

码 1-v1【视频讲解】
绪论

在了解信号之前，必须要知道信息和信号的区别。所谓信息是指待传输的语言、文字、图像、数码等；而信号是携带信息的物理量，是信息的表现形式，是运载信息的工具。因此，信号是信息的载体，信息是信号的内涵。

信号在古代就存在，例如，我国古代利用烽火台的火光传递敌人入侵的警报，人们还利用击鼓鸣金的声响传递战斗命令，以及古希腊人以火炬的位置表示不同的字母符号等。在这些情况下，人们以光和声的形式（形成了光信号和声信号）将信息互相传递。到了十九世纪，人们开始利用电信号传递信息，例如，1837 年莫尔斯（F. B. Morse）发明了电报机，1876 年贝尔（A. G. Bell）发明了电话，1895 年俄国的波波夫（popov）、意大利的马可尼（Marconi）实现了电信号的无线传输等。从此以后，传送电信号的通信方式迅速发展，无线电广播、超短波通信、广播电视、雷达、无线电导航等相继出现，并有了广泛的应用前景。

　　一般认为，能够产生、传输和处理信号的物理装置为系统，即系统指若干相互关联的事物组合而成具有特定功能的整体，如日常生活中常见的手机、电视、音箱、平板电脑等。系统的基本作用是进行信号的传输和处理，如图 1-1 所示。

图 1-1　系统的基本作用

　　以通信系统为例，其信号传输和处理如图 1-2 所示。左侧人们要传递的信息是加载在声波信号中的，声波信号通过手机处理转变为电磁波，电磁波通过基站和一系列的传输与处理，到达右侧人们的手机，手机将电磁波转变为声波信号，从而被右侧的人们获得声波信号中加载的信息。此通信系统中涉及若干信号的传输和处理过程，而这些过程将是本书介绍的重点。

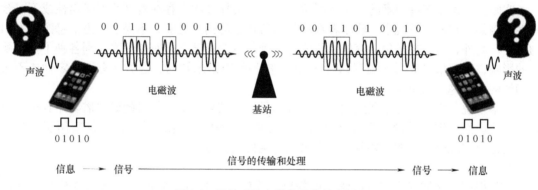

图 1-2　通信系统中的信号传输和处理

1.1　信号的描述与分类

　　信号通常可以用时间函数（或序列）描述，该函数的图像称为信号的波形。本书中讨论信号的有关问题时，"信号"与"函数（或序列）"两个词不作区分，相互通用。

1.1.1　信号的描述

　　信号是信息的物理表现和传输载体，它一般是一种随时间变化的物理量。根据物理属性，信号可以分为电信号和非电信号。电信号指随时间变化的电压或电流。电信号容易产生，便于控制，易于处理。本书主要讨论电信号，简称信号。

　　信号通常可用两种方法进行描述：数学表达式和图形。

　　数学表达式是信号的基本描述方法，可以表示为一个或者多个变量的函数。例如，一段语音信号可以表示为声压随时间变化的函

码 1-v2【视频讲解】
信号的描述与分类

数；一张黑白图像可以表示成亮度随二维平面空间变量变化的函数，x 与 y 分别表示图像像素点的横向和纵向位置。本书主要讨论单一变量的函数。为了方便，后续讨论中一般以时间为自变量，尽管在实际应用中自变量不一定是时间，例如第 10 章中钢轨波磨的弦测分析方法。

图形是指由外部轮廓线条构成的矢量图，可根据数学表达式绘制出直线、圆、矩形、曲线、序列等，其形状可见图 1-3 与图 1-4。

1.1.2 信号的分类

信号的分类方法各种各样，可以从不同的角度对信号进行分类。根据信号与自变量（时间）的特性，信号可以分为一维信号和多维信号、确定信号（或规则信号）和随机信号、连续信号和离散信号、周期信号和非周期信号、能量信号和功率信号、实信号和复信号等。根据实际用途，信号可以分为电视信号、雷达信号、控制信号、通信信号、广播信号、卫星信号、移动手机信号等。

1. 确定信号和随机信号

确定信号是可以用确定的时间行或序列表示的信号。当给定某一时刻值时，确定信号有确定的数值。随机信号是不能用确定函数或序列表示的信号。

实际上，由于多种因素的干扰和影响，在信号传输过程中存在着某些不确定性或不可预知性。例如，在通信系统中，收信者在接收到所传送的信息之前，不完全知道信息源所发出的信息。此外，信号在采集、存储、传输、处理等各个环节不可避免地要受到各种干扰和噪声的影响，导致信号失真（畸变），而这些干扰和噪声是未知的。这类具有不确定性或不可预知性的信号称为随机信号。

严格来说，实践中经常遇到的信号一般都是随机信号。随机信号的研究需要用到概率统计的方法。而确定信号也是非常重要的，因为它是一种理想化的模型，不仅适用于工程应用，也是研究随机信号的重要基础。本书只讨论确定信号。

2. 连续信号和离散信号

信号根据定义域（自变量取值）可分为连续信号（连续时间信号）与离散信号（离散时间信号）。

（1）连续信号

定义在连续时间 $(-\infty < t < \infty)$ 上的信号称为连续时间信号，简称连续信号。需要注意的是，这里的"连续"是指信号的定义域——时间是连续的，并未对信号的值域做任何要求，值域可以是连续的，也可以是离散的。图 1-3 所示为连续信号举例。

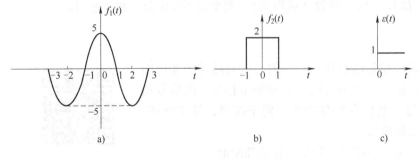

图 1-3　连续信号举例

码 1-1【程序代码】
连续信号举例

图 1-3a 中信号的数学表达式为

$$f_1(t) = 5\cos\frac{\pi}{2}t, \ -\infty < t < \infty \tag{1-1}$$

其定义域 $(-\infty, \infty)$ 和值域 $[-5, 5]$ 都是连续的，因此为连续信号。

图 1-3b 中信号的数学表达式为

$$f_2(t) = \begin{cases} 2, & -1 < t < 1 \\ 0, & t < -1 \text{ 或 } t > 1 \end{cases} \tag{1-2}$$

其定义域 $(-\infty, \infty)$ 是连续的，但其值域只取 $\{0, 1\}$ 两个值。

事实上，信号 $f_2(t)$ 在 $t = -1$ 处有间断点，间断点的函数值一般可以不定义。为了使函数定义更加完整，通常也可定义间断点的函数为该间断点左极限和右极限的平均，即若函数 $f(t)$ 在 $t = t_0$ 处有间断点，则函数在该点的值定义为

$$f(t_0) = \frac{1}{2}\left[f(t0_-) + f(t0_+)\right] \tag{1-3}$$

通过这样的定义，信号在定义域 $(-\infty, \infty)$ 内均有确定的函数值。

图 1-3c 中的信号称为单位阶跃信号，其函数定义式为

$$\varepsilon(t) = \begin{cases} 0, & t < 0 \\ \dfrac{1}{2}, & t = 0 \\ 1, & t > 0 \end{cases} \tag{1-4}$$

5

（2）离散信号

只在一些离散的时间点上才有值的信号称为离散时间信号，简称离散信号。这里的"离散"也指信号的定义域——时间是离散的，只取某些规定的值。一般情况下，用 t 表示信号的自变量，离散信号是指 t 只在 $t_k(k = 0, \pm 1, \pm 2, L)$ 处有定义，在其余时间无定义。离散信号举例如图 1-4 所示。

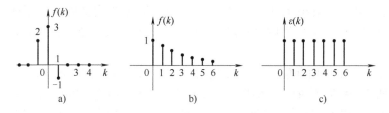

图 1-4　离散信号举例

码 1-2【程序代码】
离散信号举例

函数取值时刻的间隔 $T_k = t_{k+1} - t_k$ 可以是常数，也可以是随 k 变化的变量。本书只讨论 T_k 为常数 T 的情况。在时间间隔为常数 T 的情况下，离散信号只在均匀离散时刻 $t = L, -2T,$ $-T, 0, T, 2T, L$ 时有定义，它可表示为 $f(kT)$。为了叙述方便，不妨把 $f(kT)$ 记为 $f(k)$（k 表示离散时间变量），这样的离散信号也称为序列。

序列 $f(k)$ 的数学表达式可以写成闭合形式，也可以一一列出每个 $f(k)$ 的值。通常把对应某序号 k 的序列值称为第 k 个样点值。图 1-4a 中信号的数学表达式为

$$f_1(k) = \begin{cases} 0, & k < -1 \\ 2, & k = -1 \\ 3, & k = 0 \\ -1, & k = 1 \\ 0, & k > 1 \end{cases} \tag{1-5}$$

式（1-5）列出了每个样点的值。为了简化表达式，也可以将 $f_1(k)$ 表示为

$$f_1(k) = (0,2,3,-1,0) \tag{1-6}$$
$$\uparrow k = 0$$

在式（1-6）的序列表示形式中，箭头 $\uparrow$ 表示 $k = 0$ 时的序列值，箭头 $\uparrow$ 左右两边分别依次是 k 取负整数和 k 取正整数时相对应的 $f_1(k)$ 的值。

图 1-4b 中的信号为单边指数序列，其表达式为

$$f_2(k) = \begin{cases} e^{-ak}, & k \geq 0, a > 0 \\ 0, & k < 0 \end{cases} \tag{1-7}$$

对于不同的 a，其值域 $[0,1]$ 均是连续的。

图 1-4c 中的信号为单位阶跃序列，其为阶跃信号的离散化，表达式为

$$\varepsilon(k) = \begin{cases} 1, & k \geq 0 \\ 0, & k < 0 \end{cases} \tag{1-8}$$

综上所述，信号的自变量（如时间）和幅值都可以是连续或者离散的。时间和幅值都为连续的信号称为模拟信号，时间和幅值均为离散的信号称为数字信号。在实际应用中，连续信号与模拟信号两个词通常不予区分，离散信号与数字信号也常常相互通用。

3. 周期信号和非周期信号

如果一个信号定义在 $(-\infty, \infty)$ 区间，每隔一定时间 T 或整数 N，按相同规律重复出现，则称该信号为周期信号，反之则为非周期信号。

连续周期信号可表示为　　$f(t) = f(t + nT), \quad n = 0, \pm 1, \pm 2, \cdots \tag{1-9}$

离散周期信号可表示为　　$f(k) = f(k + mN), \quad m = 0, \pm 1, \pm 2, \cdots \tag{1-10}$

满足式（1-9）或式（1-10）的最小 T 或整数 N 的值称为该信号的重复周期，简称周期。由周期信号的重复性可知，只要给出周期信号在任一周期内的函数式或波形，便可确定它在任一时刻的值。

两个连续周期信号之和不一定是周期信号；而两个周期序列之和一定是周期序列，其和序列的周期为两个序列周期 N_1 和 N_2 的最小公倍数。两个连续周期信号 $f_1(t)$ 和 $f_2(t)$，其周期分别为 T_1 和 T_2，若其周期之比 T_1/T_2 为有理数，则和信号 $f(t) = f_1(t) + f_2(t)$ 仍然是周期信号，且和信号 $f(t)$ 的周期为 T_1 和 T_2 的最小公倍数。

4. 能量信号和功率信号

为了知道信号的能量或功率特性，常常研究信号（电压或电流）在单位电阻上的能量或功率，也称为归一化能量或功率。若信号 $f(t)$ 在单位电阻上的瞬时功率为 $|f(t)|^2$，则信号在区间 $-\dfrac{T}{2} < t < \dfrac{T}{2}$ 的能量为

$$E = \int_{-\frac{T}{2}}^{\frac{T}{2}} |f(t)|^2 \mathrm{d}t \tag{1-11}$$

在区间 $-\dfrac{T}{2}<t<\dfrac{T}{2}$ 的平均功率为

$$P=\frac{1}{T}\int_{-\frac{T}{2}}^{\frac{T}{2}}|f(t)|^2\mathrm{d}t \tag{1-12}$$

信号能量定义为在区间 $(-\infty,\infty)$ 中信号 $f(t)$ 的能量，用字母 E 表示，即

$$E\stackrel{\mathrm{def}}{=}\lim_{T\to\infty}\int_{-\frac{T}{2}}^{\frac{T}{2}}|f(t)|^2\mathrm{d}t \tag{1-13}$$

信号功率定义为在区间 $(-\infty,\infty)$ 中信号 $f(t)$ 的平均功率，用字母 P 表示，即

$$P\stackrel{\mathrm{def}}{=}\lim_{T\to\infty}\frac{1}{T}\int_{-\frac{T}{2}}^{\frac{T}{2}}|f(t)|^2\mathrm{d}t \tag{1-14}$$

若信号 $f(t)$ 的能量有界（即 $0<E<\infty$，这时 $P=0$），则称其为能量有限信号，简称能量信号。若信号 $f(t)$ 的平均功率有界（即 $0<P<\infty$，这时 $E=0$），则称其为功率有限信号，简称功率信号。仅在有限时间区间内不为零的信号是能量信号，如图 1-3b 中的 $f_2(t)$ 单个矩阵脉冲等，这些信号的平均功率为零，因此只能从能量的角度考虑。直流信号、周期信号、阶跃信号都是功率信号，它们的能量为无限，只能从功率的角度考虑。一个信号不可能既是能量信号又是功率信号，但有少数信号既不是能量信号也不是功率信号，如 $t\varepsilon(t)$、e^{-t}。$\delta(t)$ 是无定义的非功率非能量信号。

离散信号有时也需要讨论能量和功率，序列 $f(k)$ 的能量定义为

$$E\stackrel{\mathrm{def}}{=}\lim_{N\to\infty}\sum_{k=-N}^{N}|f(k)|^2 \tag{1-15}$$

序列 $f(k)$ 的功率定义为

$$P\stackrel{\mathrm{def}}{=}\lim_{N\to\infty}\frac{1}{2N+1}\sum_{k=-N}^{N}|f(k)|^2 \tag{1-16}$$

1.2　信号的基本处理与分析

在系统分析中，常遇到对连续或离散信号的某些基本处理——加减、乘除、反转、平移和尺度变换等。

1.2.1　信号的加减与乘除

信号 $f_1(\cdot)$ 与 $f_2(\cdot)$ 之和（瞬时和）是指同一瞬时两信号之值对应相加所构成的和信号，即

码 1-v3【视频讲解】
信号的运算

$$f(\cdot)=f_1(\cdot)+f_2(\cdot) \tag{1-17}$$

调音台是信号相加的一个实际例子，它是将音乐和语言混合到一起。

信号 $f_1(\cdot)$ 与 $f_2(\cdot)$ 之积是指同一瞬时两信号之值对应相乘所构成的积信号，即

$$f(\cdot)=f_1(\cdot)f_2(\cdot) \tag{1-18}$$

式（1-17）与式（1-18）中的"$\cdot$"可为连续时间变量 t 或离散时间变量 k。

收音机的平衡调幅信号 $f(t)$ 是信号相乘的一个实际例子，它是将音频信号 $f_1(t)$ 通过乘法运算加载到被称为载波的正弦信号 $f_2(t)$ 上。

离散序列相加（或相乘）可采用对应样点的值分别相加（或相乘）的方法来计算。

例 1-1 已知序列 $f_1(k) = \begin{cases} 3^k, & k<0 \\ k+1, & k \geq 0 \end{cases}$ 和 $f_2(k) = \begin{cases} 0, & k<-2 \\ 3^{-k}, & k \geq -2 \end{cases}$，求 $f_1(k)$ 与 $f_2(k)$ 之和、$f_1(k)$ 与 $f_2(k)$ 之积。

解 $f_1(k)$ 与 $f_2(k)$ 之和为

$$f_1(k)+f_2(k) = \begin{cases} 3^k, & k<-2 \\ 3^k+3^{-k}, & k=-2,-1 \\ k+1+3^{-k}, & k \geq 0 \end{cases}$$

$f_1(k)$ 与 $f_2(k)$ 之积为

$$f_1(k)f_2(k) = \begin{cases} 3^k \times 0 \\ 3^k \times 3^{-k} \\ (k+1) \times 3^{-k} \end{cases} = \begin{cases} 0, & k<-2 \\ 1, & k=-2,-1 \\ (k+1) \times 3^{-k}, & k \geq 0 \end{cases}$$

1.2.2 信号的反转与平移

将信号 $f(t)$ 或 $f(k)$ 中的自变量 t（或 k）换为 $-t$（或 $-k$），其几何含义是将信号 $f(\cdot)$ 以纵坐标为轴反转（或称反折）。信号的反转如图 1-5 所示。

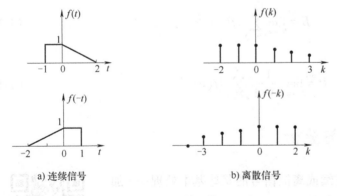

a) 连续信号　　　　　　　　　b) 离散信号

图 1-5　信号的反转

码 1-3【程序代码】
信号的反转

平移也称移位。对于连续信号 $f(t)$，若有常数 $t_0>0$，则延时信号 $f(t-t_0)$ 是将原信号沿 t 轴正方向平移 t_0 时间，$f(t+t_0)$ 是将原信号沿 t 轴负方向平移 t_0 时间，如图 1-6a 所示。对于离散信号 $f(k)$，若有整常数 $k_0>0$，则延时信号 $f(k-k_0)$ 是将原序列沿 k 轴正方向平移 k_0 单位，$f(k+k_0)$ 是将原序列沿 k 轴负方向平移 k_0 单位，如图 1-6b 所示。

码 1-4【程序代码】
信号的平移

例如，在雷达系统中，雷达接收到的目标回波信号比发射信号延迟了 t_0，利用该延迟时间 t_0 可以计算出目标与雷达之间的距离。这里雷达接收到的目标回波信号就是延时信号。

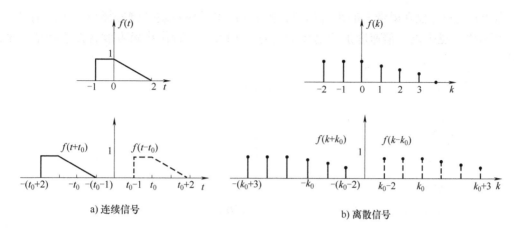

a) 连续信号　　　　　　　　　　　　b) 离散信号

图 1-6　信号的平移

如果将信号平移并反转，就可以得到 $f(-t-t_0)$ 和 $f(-k-k_0)$，如图 1-7 所示。类似地，也可得到 $f(-t+t_0)$ 和 $f(-k+k_0)$。需要注意的是，为画出这类信号的波形，最好先平移，将 $f(t)$ 平移为 $f(t\pm t_0)$，或将 $f(k)$ 平移为 $f(k\pm k_0)$；然后再反转，将变量 t 或 k 相应地换为 $-t$ 或 $-k$。如果反转后再进行平移，由于这时自变量为 $-t$ 或 $-k$，平移方向会与前述方向相反。

码 1-5【程序代码】
信号的平移并反转

图 1-7a 所示信号 $f(t)$ 值域的非零区间为 $-1<t<2$，因此，信号 $f(-t-t_0)$ 值域的非零区间为 $-1<-t-t_0<2$，即 $-(t_0+2)<t<-(t_0-1)$。离散信号也类似，如图 1-7b 所示。

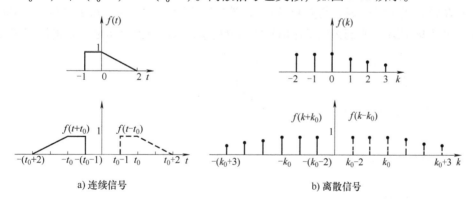

a) 连续信号　　　　　　　　　　　　b) 离散信号

图 1-7　信号的平移并反转

1.2.3　信号的尺度变换（横坐标展缩）

连续信号的尺度变换如图 1-8 所示。设原信号 $f(t)$ 的波形如图 1-8a 所示。如需将信号横坐标的尺寸展宽或压缩（常称为尺度变换），可用变量 at（a 为非零常数）替代原信号 $f(t)$ 的自变量 t，得到信号 $f(at)$。若 $a>1$，则信号 $f(at)$ 将原信号 $f(t)$ 以原点（$t=0$）为基准，沿横轴压缩为原来的 $1/a$；若 $0<a<1$，则 $f(at)$ 表示将 $f(t)$ 沿横轴展宽 $1/a$ 倍。图 1-8b 和图 1-8c 分别画出了 $f(2t)$ 和 $f(1/2t)$ 的波形。若 $a<0$，则 $f(at)$ 表示将 $f(t)$ 的波形反转并压缩或展宽 $1/|a|$ 倍。图 1-8d 画出了信号 $f(-2t)$ 的波形。

若 $f(t)$ 是已录制在磁带上的声音信号，则 $f(-t)$ 可看作将磁带倒转播放产生的信号，而 $f(2t)$ 可看作将磁带以二倍速度加快播放的信号，$f(1/2t)$ 可看作将磁带放音速度降至一半的信号。

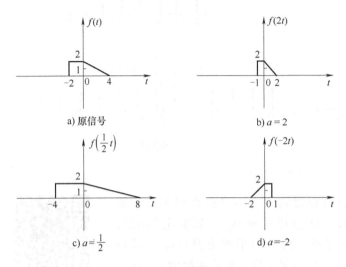

图 1-8 连续信号的尺度变换

码 1-6【程序代码】
连续信号的尺度变换

离散信号通常不作尺度变换，这是因为 $f(ak)$ 仅在 ak 为整数时才有定义，而当 $a>1$ 或 $a<1$，且 $a\neq1/m$（m 为整数）时，它常常丢失原信号 $f(k)$ 的部分信息。例如，图 1-9a 所示的原信号 $f(k)$，当 $a=1/2$ 时，得 $f(1/2k)$，如图 1-9c 所示。但当 $a=2$ 和 $a=2/3$ 时，其序列如图 1-9b 和图 1-9d 所示，它们丢失了原信号的部分信息，因而不能看作是 $f(k)$ 的压缩或展宽。

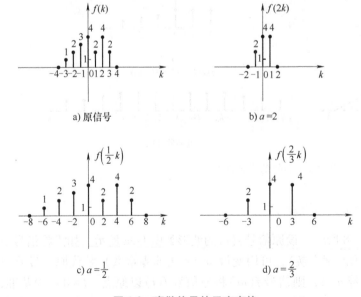

图 1-9 离散信号的尺度变换

码 1-7【程序代码】
离散信号的尺度变换

信号 $f(at+b)$（$a\neq 0$）的波形可以通过对信号 $f(t)$ 的平移、反转（若 $a<0$）和尺度变换获得。

例 1-2 原信号 $f(t)$ 的波形如图 1-10a 所示，画出 $f(-2t+4)$ 的波形。

解 将原信号 $f(t)$ 左移 4 单位，得 $f(t+4)$，如图 1-10b 所示；然后反转，得 $f(-t+4)$，如图 1-10c 所示；最后进行尺度变换，压缩 2 单位，得 $f(-2t+4)$，如图 1-10d 所示。

也可以先将原信号 $f(t)$ 的波形反转得到 $f(-t)$，然后将信号 $f(-t)$ 右移得到 $f(-t+4)$。需要注意的是，由于信号 $f(-t)$ 的自变量为 $-t$，因而应将 $f(-t)$ 的波形右移（即沿 t 轴正方向移动 4 个单位），得图 1-10c 所示的 $f(-t+4)$，最后再进行尺度变换。

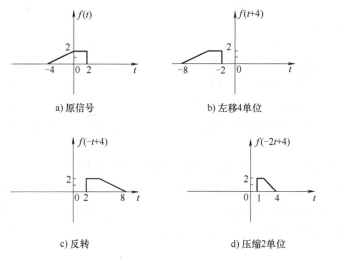

a) 原信号　　　　　　　　　　b) 左移4单位

c) 反转　　　　　　　　　　d) 压缩2单位

图 1-10　尺度变换综合举例

码 1-8【程序代码】
尺度变换综合举例

11

也可以先求出 $f(-2t+4)$ 的表达式（或其分段的区间），然后画出其波形。由图 1-10a，$f(t)$ 可表示为

$$f(t)=\begin{cases}\dfrac{1}{4}(t+4), & -4<t<0 \\ 1, & 0<t<2 \\ 0, & t<-4,t>2\end{cases}$$

以变量 $-2t+4$ 代替原函数 $f(t)$ 中的变量 t，得

$$f(-2t+4)=\begin{cases}\dfrac{1}{4}(-2t+4+4), & -4<-2t+4<0 \\ 1, & 0<-2t+4<2 \\ 0, & -2t+4<-4,-2t+4>2\end{cases}$$

稍加整理，得

$$f(-2t+4)=\begin{cases}\dfrac{1}{4}(8-2t), & 2<t<4 \\ 1, & 1<t<2 \\ 0, & t>4,t<1\end{cases}$$

按表达式画出的$f(-2t+4)$的波形与图1-10d相同。

1.2.4　连续信号的微积分

连续信号的微分是指信号对时间求导，可表示为

$$g(t) = \frac{\mathrm{d}f(t)}{\mathrm{d}t} = f'(t) \tag{1-19}$$

连续信号的积分是指信号在区间$(-\infty, t)$上的积分，可表示为

$$f^{(-1)}(t) = \int_{-\infty}^{t} f(\tau)\,\mathrm{d}\tau \tag{1-20}$$

1.2.5　离散信号的差分与求和

离散信号的差分与连续信号的微分相对应，可表示为

$$\nabla f(k) = f(k) - f(k-1) \tag{1-21}$$

$$\Delta f(k) = f(k+1) - f(k) \tag{1-22}$$

式（1-21）称为一阶后向差分，式（1-22）称为一阶前向差分。依此类推，二阶和n阶差分可分别表示为

$$\nabla^2 f(k) = \nabla[\nabla f(k)] = \nabla[f(k) - f(k-1)] = f(k) - 2f(k-1) + f(k-2) \tag{1-23}$$

$$\Delta^2 f(k) = \Delta[\Delta f(k)] = \Delta[f(k+1) - f(k)] = f(k+2) + 2f(k+1) + f(k) \tag{1-24}$$

$$\nabla^n f(k) = \nabla[\nabla^{n-1} f(k)] = f(k) + b_1 f(k-1) + b_2 f(k-2) + \cdots + b_n(k-n) \tag{1-25}$$

$$\Delta^n f(k) = \Delta[\Delta^{n-1} f(k)] = f(k+n) + b_1 f(k+n-1) + b_2 f(k+n-2) + \cdots + b_n(k) \tag{1-26}$$

1.2.6　信号分析

信号分析的内容十分广泛，分析方法多种多样。最常用最基本的方法是时域法和频域法。时域法是研究信号的时域特性，如波形参数、波形变化、持续时间长短、重复周期以及信号的时域分解与合成等。频域法是将信号通过傅里叶变换后以另外一种形式表达出来，研究信号的频率结构（频谱成分）、频率分量的相对大小（能量分布）、主要频率分量占有的范围等，以揭示信号的频域特性。

信号分析技术在工程中的应用非常普遍。无线电、通信、控制、计算机、人工智能，以至化学、生物、交通等人类生活、生产各领域，都需要对各种信号进行探测、放大、处理、显示。离开信号分析，我们将无法"听见""看见"或识别各种不同信号。

在电力工程中有大量的动态信号需要分析，分析这些信号具有重要意义。例如，电力网络中通常存在许多非线性负载，使电网及电流的波形发生畸变，产生大量高频分量，分析这些信号可减少其对电力网络的影响，对电网安全运行非常重要。现在国家提出的泛在电力网的建设，也离不开信号的处理与传输。

在生物医学工程领域，信号分析技术也得到了广泛发展与应用。通过传感器对脑电、心电、肌电、脉电、血流等多种生物电信号进行采集分析，对疾病研究、脑功能研究、脑机接口控制有重要研究意义与应用价值。

在图像处理、人工智能领域，信号分析技术也有广泛的应用。图像本身就是一个二维信号，对图像作处理实质就是对二维信号作分析处理，如图像去噪、图像滤波、图像变换、图

像特征提取、图像分类等。分析方法包括滤波方法、直方图方法、DCT（离散余弦变换）、DWT（离散沃尔什变换）、稀疏编码、深度学习等。

1.3 典型信号

进行信号与系统分析时，经常用到几种典型的连续或离散信号以及一些奇异信号。这不仅因为这些信号经常出现、能反映实际情况，更重要的是它们可以用作基本信号构造单元来构成其他许多信号，利用其性质与特点便于进一步分析。

1.3.1 冲激信号与阶跃信号

奇异函数是指函数本身有不连续点（跳跃点），或者其导数或积分有不连续点的函数。冲激信号和阶跃信号是最常见的奇异函数。这类函数在描述作用时间趋于零的冲击力、脉冲很短的电流信号等时便捷灵活，因此在信号与系统理论等学科中发挥了重要作用。

码 1-v4【视频讲解】
冲激函数与阶跃函数

1. 冲激信号与阶跃信号

冲激函数又称为狄拉克函数，用 $\delta(t)$ 表示。单位冲激函数只在 $t=0$ 时值不为 0，且其积分面积为 1，当 $t=0$ 时，$\delta(t)\rightarrow\infty$，为无界函数。也就是说，冲激函数 $\delta(t)$ 满足以下三个条件：

1) $\delta(t)\rightarrow\infty$，$t=0$。

2) $\delta(t)=0$，$t\neq0$。

3) $\int_{-\infty}^{\infty}\delta(t)=\int_{0-}^{0+}\delta(t)=1$。

冲激函数如图 1-11 所示。需要注意的是，冲激函数的积分面积为 1，此时在冲激函数附近用（1）表示，又称其为单位冲激函数。有的冲激函数其积分面积并不一定为 1，这时将括号中的数字更换为其积分面积。可以用冲激函数描述的信号为冲激信号。

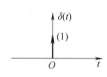

图 1-11　冲激函数

码 1-9【程序代码】
冲激函数

阶跃函数是一种特殊的连续时间函数，是一个从 0 跳变到 1 的过程。在电路分析中，阶跃函数是研究动态电路阶跃响应的基础，可以进行信号处理、积分变换。单位阶跃函数的表达式为

$$\varepsilon(t)=\begin{cases}0,&t<0\\1,&t>0\end{cases} \tag{1-27}$$

对应的图形如图 1-12 所示。可以用阶跃函数描述的信号为阶跃信号。

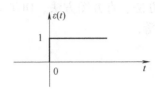

图 1-12 单位阶跃函数

码 1-10【程序代码】
单位阶跃函数

对比上述冲激信号和阶跃信号，容易发现，二者是一对积分或求导的关系，即有

$$\varepsilon(t)=\int_{-\infty}^{t}\delta(\tau)\mathrm{d}\tau \tag{1-28}$$

$$\delta(t)=\frac{\mathrm{d}\varepsilon(t)}{\mathrm{d}t} \tag{1-29}$$

例 1-3 根据图 1-13a 所示的原信号，画出其求导后的图形。

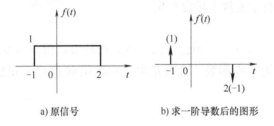

a) 原信号   b) 求一阶导数后的图形

图 1-13 原信号和求一阶导数后的图形

码 1-11【程序代码】
信号求导

解 图 1-13a 中的图形为一个类似阶跃信号的信号，其可以通过多个阶跃信号组合获得，即一个向左移动 1 个时间单位的阶跃信号减去一个向右移动 2 个时间单位的阶跃信号，有 $f(t)=\varepsilon(t+1)-\varepsilon(t-2)$；又由于阶跃信号与冲激信号是一对积分或求导的关系，因此有 $f'(t)=\delta(t+1)-\delta(t-2)$。需要注意的是，对 $f(t)$ 在 $t=2$ 处求导时，冲激函数是向下变化的，所以箭头朝下；同时为了区分，在其积分面积 1 前加一个"-"号以示区别，得到的图形如图 1-13b 所示。

2. 冲激函数的性质

冲激函数有很多性质，本书重点讲述其三个性质，即取样性、冲激偶和尺度变换。

（1）取样性

冲激函数的取样性是指，若 $f(t)$ 在 $t=0$ 处连续，且处处有界，则有

$$\delta(t)f(t)=\delta(t)f(0) \tag{1-30}$$

$$\int_{-\infty}^{+\infty}\delta(t)f(t)\mathrm{d}t=f(0) \tag{1-31}$$

证明：由于只在 $t=0$ 时值不为 0，显然有 $\delta(t)f(t)=\delta(t)f(0)$。而对于 $\int_{-\infty}^{+\infty}\delta(t)f(t)\mathrm{d}t$，其可以计算为 $\int_{-\infty}^{+\infty}\delta(t)f(t)\mathrm{d}t=\int_{-\infty}^{+\infty}\delta(t)f(0)\mathrm{d}t=f(0)\int_{-\infty}^{+\infty}\delta(t)\mathrm{d}t=f(0)$

根据取样性，当冲激函数移位后，有

$$f(t)\delta(t-t_0)=f(t_0)\delta(t-t_0) \tag{1-32}$$

$$\int_{-\infty}^{+\infty}\delta(t-t_0)f(t)\,\mathrm{d}t=f(t_0) \tag{1-33}$$

（2）冲激偶

$\delta(t)$ 的一阶导数 $\delta'(t)$ 称为冲激偶。冲激偶可以通过对一对普通函数求极限获得。以图 1-14 为例，假设信号是一个宽度为 2τ，高度为 $1/\tau$ 的三角脉冲，当 $\tau\to0$ 时，该三角脉冲变成单位冲激函数。对该三角脉冲求一阶导数，其为两个面积相等的矩形，当 $\tau\to0$ 时，这两个矩形变成不同方向的两个冲激，其强度为无穷大，即 $\delta'(t)$。

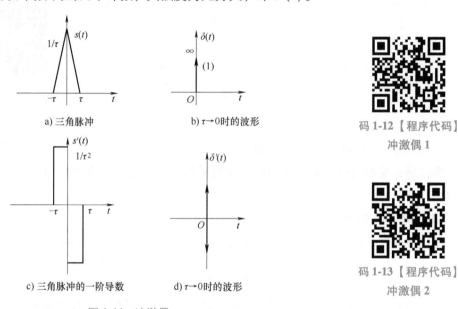

a) 三角脉冲　　　　b) $\tau\to0$ 时的波形

码 1-12【程序代码】
冲激偶 1

c) 三角脉冲的一阶导数　　　d) $\tau\to0$ 时的波形

码 1-13【程序代码】
冲激偶 2

图 1-14　冲激偶

由此可见，冲激偶 $\delta'(t)$ 的面积为 0，即

$$\int_{-\infty}^{+\infty}\delta'(t)\,\mathrm{d}t=0 \tag{1-34}$$

根据冲激偶的定义，可有如下性质：

$$f(t)\delta'(t)=f(0)\delta'(t)-f'(0)\delta(t) \tag{1-35}$$

证明：由于 $[f(t)\delta(t)]'=f(t)\delta'(t)+f'(t)\delta(t)$，整理得 $f(t)\delta'(t)=[f(t)\delta(t)]'-f'(t)\delta(t)$，代入冲激函数的取样性得 $[f(t)\delta(t)]'=f(0)\delta'(t)$，$f'(t)\delta(t)=f'(0)\delta(t)$，因此有 $f(t)\delta'(t)=f(0)\delta'(t)-f'(0)\delta(t)$。

而若对上式左右两侧从 $-\infty$ 到 ∞ 积分，得

$$\int_{-\infty}^{+\infty}\delta'(t)f(t)\,\mathrm{d}t==f(0)\delta(t)\Big|_{-\infty}^{+\infty}-\int_{-\infty}^{+\infty}f'(0)\delta(t)\,\mathrm{d}t=-f'(0) \tag{1-36}$$

（3）尺度变换

冲激函数的尺度变换可以表示为

$$\delta(at)=\frac{1}{|a|}\delta(t) \tag{1-37}$$

同样地，尺度变换也可以通过对一对普通函数求极限获得。以图 1-15 为例，假设信号

是一个宽度为 τ、高度为 $1/\tau$ 的矩形脉冲，该脉冲的面积为 1，当 $\tau \to 0$ 时，该矩形脉冲变成单位冲激函数，强度为 1；若存在另外一个矩形，其宽度为 $\tau/|a|$，高度为 $1/\tau$，该脉冲的面积为 $1/|a|$，当 $\tau \to 0$ 时，该矩形脉冲变成 $\delta(at)$，强度为 $1/|a|$，因此 $\delta(at) = 1/|a| \delta(t)$。

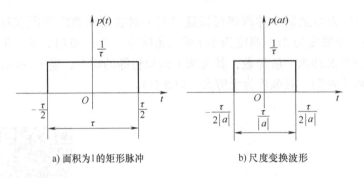

a) 面积为1的矩形脉冲　　b) 尺度变换波形

图 1-15　尺度变换

码 1-14【程序代码】
尺度变换

3. 单位脉冲序列与单位阶跃序列

单位脉冲序列与单位阶跃序列是针对离散信号引入的，在离散信号、系统分析中非常重要。

（1）单位脉冲序列

单位脉冲序列是最简单的离散信号之一，如图 1-16 所示，定义为

$$\delta(k) = \begin{cases} 1, & k=0 \\ 0, & k \neq 0 \end{cases} \tag{1-38}$$

此序列只在 $k=0$ 处取值单位值 1，其余各点均为 0。单位脉冲序列也称为单位样值（或取样）序列或单位序列。它在离散时间系统中的作用，类似于连续时间系统中的单位冲激函数 $\delta(t)$。但是应注意它们之间的重要区别，$\delta(t)$ 可理解为在 $t=0$ 点脉宽趋于 0、幅度为无穷大的信号，或由分配函数定义；而 $\delta(k)$ 在 $k=0$ 点取有限值，其值等于 1。

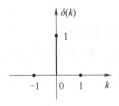

图 1-16　单位脉冲序列

码 1-15【程序代码】
单位脉冲序列

（2）单位阶跃序列

单位阶跃序列是另一个重要的基本离散信号，如图 1-17 所示，定义为

$$\varepsilon(k) = \begin{cases} 1, & k \geq 0 \\ 0, & k < 0 \end{cases} \tag{1-39}$$

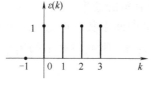

图 1-17 单位阶跃序列

码 1-16【程序代码】
单位阶跃序列

单位阶跃序列类似于连续时间系统中的单位阶跃信号 $\varepsilon(t)$，但应该注意 $\varepsilon(t)$ 在 $t=0$ 点发生跳变，往往不予定义（或定义为 $1/2$），而单位阶跃序列 $\varepsilon(k)$ 在 $k=0$ 处定义为 1。

从上述定义来看，单位脉冲序列与单位阶跃序列存在差分与求和的关系，即

$$\delta(k)=\varepsilon(k)-\varepsilon(k-1) \tag{1-40}$$

$$\varepsilon(k)=\sum_{i=-\infty}^{k}\delta(i) \tag{1-41}$$

类似地，单位脉冲序列也存在取样性，即

$$\delta(k)f(k)=\delta(k)f(0) \tag{1-42}$$

$$f(k)\delta(k-k_0)=f(k_0)\delta(k-k_0) \tag{1-43}$$

$$\sum_{k=-\infty}^{\infty}f(k)\delta(k)=f(0) \tag{1-44}$$

1.3.2 指数信号与正弦信号

指数信号与正弦信号是基本的连续信号。实指数信号当随着 t 增加而呈指数形式增长时，常用来描述原子爆炸或复杂化学反应中的连锁反应等很多不同的物理过程；当随着 t 增加而呈指数形式衰减时，可描述放射性衰变、RC（电阻-电容）电路和阻尼机械系统的响应等各种现象。

码 1-v5【视频讲解】
几种典型确定信号

正弦信号是电力供电系统中常见的交流电源信号。

1. 指数信号

实指数信号的数学表达式为

$$f(t)=Ke^{at} \tag{1-45}$$

式中，a 是实数；K 是常数，表示指数信号在 $t=0$ 点的初始值。若 $a>0$，则信号随时间增加而增长；若 $a<0$，则信号随时间增加而衰减；若 $a=0$，则信号不随时间变化，称为直流信号。指数信号如图 1-18 所示。

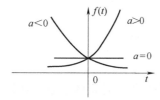

图 1-18 指数信号

码 1-17【程序代码】
指数信号

指数 a 的绝对值大小反映了指数信号增长或衰减的速率，$|a|$ 越大，指数信号增长或衰减的速率越快。通常把 $|a|$ 的倒数称为指数信号的时间常数，记为 τ，即 $\tau = 1/|a|$，τ 越大，指数信号增长或衰减的速率越慢。若用复数 s 代替 a，则此时表示的信号为连续时间复指数信号，表达式为

$$f(t) = Ce^{st} \tag{1-46}$$

式中，复数 s 限制为纯虚数时，可表示为

$$f(t) = e^{j\omega t} \tag{1-47}$$

该信号是周期信号，通常称为周期复指数信号。

2. 正弦信号

正弦信号与余弦信号仅仅在相位上相差 $\dfrac{\pi}{2}$，所以通常将其统称为正弦信号。正弦信号的数学表达式为

$$f(t) = A\sin(\omega t + \theta) \tag{1-48}$$

式中，A 为振幅，ω 为角频率，θ 为初相位。正弦信号如图 1-19 所示。

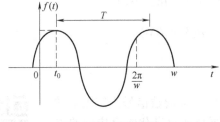

图 1-19　正弦信号

码 1-18【程序代码】
正弦信号

正弦信号是周期信号，其周期 T、角频率 ω、频率 f 满足下列关系式：

$$T = \frac{2\pi}{\omega} = \frac{1}{f} \tag{1-49}$$

正弦信号与余弦信号常借助周期复指数信号 $e^{j\omega t}$ 表示。由欧拉公式可知

$$e^{j\omega t} = \cos \omega t + j\sin \omega t \tag{1-50}$$

$$e^{-j\omega t} = \cos \omega t - j\sin \omega t \tag{1-51}$$

因此有

$$\sin \omega t = \frac{1}{2j}(e^{j\omega t} - e^{-j\omega t}) \tag{1-52}$$

$$\cos \omega t = \frac{1}{2}(e^{j\omega t} + e^{-j\omega t}) \tag{1-53}$$

这是今后经常要用到的两对关系式。

值得注意的是，正弦信号对时间的微分和积分仍然是正弦信号，且频率不发生改变。

1.3.3　抽样信号

抽样信号定义为正弦信号 $\sin t$ 与时间 t 之比构成的函数，通常用 $\mathrm{Sa}(t)$ 表示，即

$$\text{Sa}(t) = \frac{\sin t}{t} \tag{1-54}$$

抽样信号如图 1-20 所示。由图可知，它是一个偶函数，在 t 的正、负两个方向振幅都逐渐衰减。函数值为 0 的点有 $t = \pm\pi, \pm 2\pi, \cdots, \pm n\pi$。

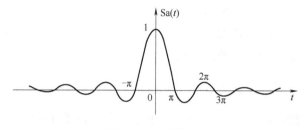

图 1-20　抽样信号

码 1-19【程序代码】
抽样信号

抽样信号具有以下性质：

$$\int_0^\infty \text{Sa}(t)\, dt = \frac{\pi}{2} \tag{1-55}$$

$$\int_{-\infty}^\infty \text{Sa}(t)\, dt = \pi \tag{1-56}$$

1.4　系统的描述与分类

各种变化的信号从来不是孤立存在的。信号总是在系统中产生又在系统中不断传递。由相互作用、相互联系的事物按一定规律组成的具有特定功能的整体，称为系统。当系统的激励是连续信号时，若系统的响应也是连续信号，则称该系统为连续系统；当系统的激励是离散信号时，若系统的响应也是离散信号，则称该系统为离散系统；当系统的激励是连续信号时，若系统的响应是离散信号，或反之，则称该系统为混合系统。

1.4.1　系统的描述

分析系统时，需要建立该系统的数学模型，然后对该模型求解，并对最终结果赋予实际意义。一般来说，描述连续系统的数学模型是微分方程，描述离散系统的数学模型是差分方程。下面将详细分析描述连续系统和离散系统的数学模型。

1. 连续系统

假设存在一个如图 1-21 所示的串联电路，激励为 $u_S(t)$，选取电容器两端的电压 $u_C(t)$ 为响应，求该串联电路激励和响应之间的数学模型。

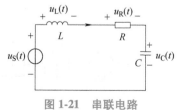

图 1-21　串联电路

码 1-v6【视频讲解】
系统的描述

依据基尔霍夫电压定律，有

$$u_L(t) + u_R(t) + u_C(t) = u_S(t) \tag{1-57}$$

又根据各元件两端电压与电流的关系，可得

$$u_L(t) = Li'(t) \tag{1-58}$$

$$u_R(t) = Ri(t) \tag{1-59}$$

$$i(t) = Cu_C'(t) \tag{1-60}$$

将式（1-58）~式（1-60）代入式（1-57），整理可得

$$u_C''(t) + \frac{R}{L}u_C'(t) + \frac{1}{LC}u_C(t) = \frac{1}{LC}u_S(t) \tag{1-61}$$

式（1-61）即为描述该连续系统的微分方程。需要注意的是，书写该微分方程时，一般将系统响应写在方程左侧，将激励写在方程右侧。同时，微分次数由高到低排列。

当然，除了上述数学模型外，连续系统还可以用框图表示激励和响应之间的数学关系。框图一般包含如图1-22~图1-25所示的基本单元，每个基本单元都可以表示一个具有特定功能的部件，也可以表示一个子系统。每个基本单元的内部构成不是重点考察点，只需关注其输入和输出之间的数学关系。这样可以简化系统，使各单元作用一目了然。

1）加法器如图1-22所示。

2）积分器如图1-23所示。

3）数乘器如图1-24所示。

4）延时器如图1-25所示。

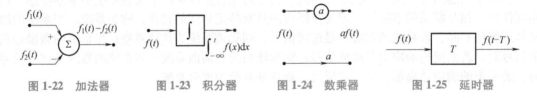

图1-22　加法器　　　图1-23　积分器　　　图1-24　数乘器　　　图1-25　延时器

假设某连续系统的微分方程为$y''(t) + ay'(t) + by(t) = cf(t)$，求该系统框图的方法如下。

将微分方程整理可得$y''(t) = -ay'(t) - by(t) + cf(t)$，考虑到系统中存在$y''(t)$、$y'(t)$和$y(t)$，可知系统中必然存在两个积分器，则微分方程的系统框图如图1-26所示。

同样，可以将上述系统框图写成微分方程的形式，微分方程和系统框图具有对应的关系。

假设某连续系统的框图如图1-27所示，求该系统微分方程的方法如下。

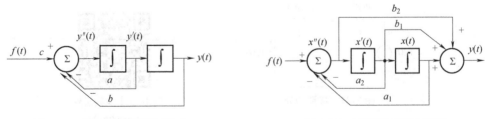

图1-26　微分方程的系统框图　　　　　图1-27　某连续系统的框图

图 1-27 所示的连续系统包含两个加法器，两个加法器之间还有两个积分器。设右侧积分器的输出为 $x(t)$，那么这两个积分器的输入分别为 $x''(t)$ 和 $x'(t)$。

两个加法器可提供两个等式，对于左侧的加法器，存在如下关系：

$$x''(t) = -a_2 x'(t) - a_1 x(t) + f(t) \tag{1-62}$$

整理得

$$x''(t) + a_2 x'(t) + a_1 x(t) = f(t) \tag{1-63}$$

而对于右侧的加法器，存在如下关系：

$$y(t) = b_2 x''(t) + b_1 x'(t) + x(t) \tag{1-64}$$

由于连续系统的数学模型是描述激励 $f(t)$ 和响应 $y(t)$ 之间的微分方程，为了获得此微分方程，需要联立左右侧加法器的方程，消去中间变量 $x(t)$，步骤如下。

首先，将右侧加法器方程两边同时乘 a_1，可得

$$a_1 y(t) = b_2 a_1 x''(t) + b_1 a_1 x'(t) + a_1 x(t) \tag{1-65}$$

其次，将右侧加法器方程两边同时求一次导，并乘 a_2，可得

$$a_2 y'(t) = b_2 [a_2 x''(t)]' + b_1 [a_2 x'(t)]' + a_2 x'(t) \tag{1-66}$$

然后，将右侧加法器方程两边同时求两次导，可得

$$y''(t) = b_2 [x''(t)]'' + b_1 [x'(t)]'' + x''(t) \tag{1-67}$$

最后，将式（1-65）~式（1-67）加起来，可得

$$y''(t) + a_2 y'(t) + a_1 y(t)$$
$$= b_2 [x''(t) + a_2 x'(t) + a_1 x(t)]'' + b_1 [x''(t) + a_2 x'(t) + a_1 x(t)]' + x''(t) + a_2 x'(t) + a_1 x(t) \tag{1-68}$$

可以发现，式（1-68）中括号内的表达式即为 $f(t)$，将其置换，可得

$$y''(t) + a_2 y'(t) + a_1 y(t) = b_2 f''(t) + b_1 f'(t) + f(t) \tag{1-69}$$

式（1-69）即为描述该连续系统的微分方程。

2. 离散系统

假设某水库中第 k 年有鲤鱼 $y(k)$ 条，鲤鱼的出生率和捕捞率分别为 a 和 b，且第 k 年还会投放鲤鱼 $f(k)$ 条，那么该水库第 k 年的总鲤鱼数是多少？

根据上述题目可知，第 k 年的总鲤鱼数，是第 $k-1$ 年鲤鱼的数 $y(k-1)$ 加上第 $k-1$ 年鲤鱼在今年生的新鲤鱼数 $ay(k-1)$，减去第 $k-1$ 年鲤鱼被捕捞的数 $by(k-1)$，再加上第 k 年投放的新鲤鱼数 $f(k)$，这样可以得到如下方程：

$$y(k) = y(k-1) + ay(k-1) - by(k-1) + f(k) \tag{1-70}$$

整理可得

$$y(k) - (1 + a - b) y(k-1) = f(k) \tag{1-71}$$

式（1-71）即为描述该水库（为离散系统）总鲤鱼数的差分方程。和微分方程类似，书写差分方程时，一般将系统响应写在方程左侧，将激励写在方程右侧。

当然，除了上述的数学模型外，离散系统还可以用框图表示激励和响应之间的数学关系。常见的离散系统框图包括如图 1-28~图 1-30 所示的基本单元。

1）加法器如图 1-28 所示。

2）迟延单元如图 1-29 所示。

3）数乘器如图 1-30 所示。

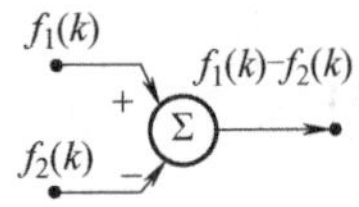

图 1-28　加法器 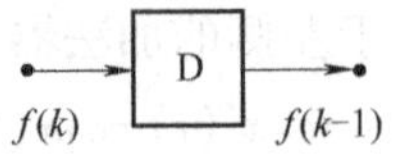　　　　图 1-29　迟延单元 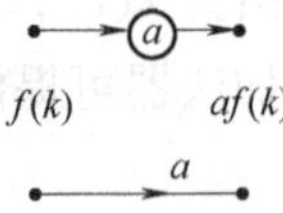　　　　图 1-30　数乘器

以上述水库为例，由该系统的差分方程式（1-71）可画出其对应的系统框图。从该差分方程可以看出，响应 $y(k)$ 之后存在一个迟延单元，然后 $y(k)$、$y(k-1)$ 和 $f(k)$ 由一个加法器连接，系数则由数乘器确定。这样，就可以得到如图 1-31 所示的离散系统框图。

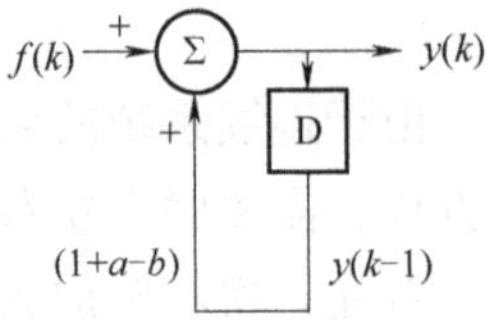

同样，可以将上述系统框图写出差分方程的形式，差分方程和系统框图具有对应的关系。如果系统的框图更复杂，那如何去求取系统的差分方程呢？

图 1-31　离散系统框图

假设某离散系统的框图如图 1-32 所示，求该系统的差分方程。

该离散系统中存在两个迟延单元，因此属于二阶差分系统，假设左侧的迟延单元输入为 $x(k)$，则两个迟延单元的输出分别为 $x(k-1)$、$x(k-2)$。依据左右两个加法器可以分别获得两个等式，其中，对于左侧的加法器，存在如下关系：

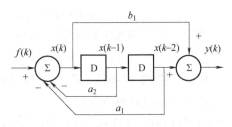

图 1-32　某离散系统的框图

$$x(k)=f(k)-a_2 x(k-1)-a_1 x(k-2) \tag{1-72}$$

整理得

$$f(k)=x(k)+a_2 x(k-1)+a_1 x(k-2) \tag{1-73}$$

对于右侧的加法器，存在如下关系：

$$y(k)=b_1 x(k)+x(k-2) \tag{1-74}$$

由于离散系统的数学模型是描述激励 $f(k)$ 和响应 $y(k)$ 之间的差分方程，为了获得此差分方程，需要联立左右侧加法器的方程，消去中间变量 $x(k)$，步骤如下

首先，将右侧加法器方程式（1-74）两边同时迟延一次，并乘 a_2，可得

$$a_2 y(k-1)=b_1 a_2 x(k-1)+a_2 x(k-3) \tag{1-75}$$

其次，将右侧加法器方程式（1-74）两边同时迟延两次，并乘 a_1，可得

$$a_1 y(k-2)=b_1 a_1 x(k-2)+a_1 x(k-4) \tag{1-76}$$

最后，将式（1-74）~式（1-76）左右相加，可得

$$y(k)+a_2 y(k-1)+a_1 y(k-2)=b_1[x(k)+a_2 x(k-1)+a_1 x(k-2)]+$$
$$[x(k-2)+a_2 x(k-3)+a_1 x(k-4)] \tag{1-77}$$

可以发现，式（1-77）括号内的表达式即为 $f(k)$ 与 $f(k-2)$，将其置换，可得

$$y(k)+a_2 y(k-1)+a_1 y(k-2)=b_1 f(k)+f(k-2) \tag{1-78}$$

式（1-78）即为描述该离散系统的差分方程。

1.4.2　系统的分类

从多角度观察和分析系统时，可将系统分成多种类别，如连续系统与离散系统、线性系统与非线性系统、时变系统与时不变系统、因果系统与非因果系统、记忆系统与非记忆系统、稳定系统与发散系统等。连续系统与离散系统在上一小节中已经进行了详细阐述，这一小节主要介绍后面这五种类别。

码 1-v7【视频讲解】
系统的分类

1. 线性系统与非线性系统

系统激励 $f(\cdot)$ 与响应 $y(\cdot)$ 之间的关系可以用运算算子简单概括，即

$$y(\cdot) = \mathrm{T}[f(\cdot)] \tag{1-79}$$

式中，T 为运算算子，表示激励 $f(\cdot)$ 经过 T 算子运算之后，可以得到响应 $y(\cdot)$。上述关系式还可以理解为激励 $f(\cdot)$ 作用于系统后的响应为 $y(\cdot)$，系统的作用即为 T 运算算子。

线性系统必须要满足的两个条件为线性性质和分解特性。只有满足这两个条件的系统才是线性系统，否则称为非线性系统。

线性性质包含两部分内容，即齐次性和可加性。

假设某系统的激励为 $f(\cdot)$，响应为 $y(\cdot)$，当激励增大 a 倍（a 为任意常数）时，响应也增大 a 倍，即满足

$$ay(\cdot) = \mathrm{T}[af(\cdot)] \tag{1-80}$$

则称该系统满足齐次性。

假设某系统激励为 $f_1(\cdot)$ 时响应为 $y_1(\cdot)$，激励为 $f_2(\cdot)$ 时响应为 $y_2(\cdot)$，则当系统的激励为 $f_1(\cdot)+f_2(\cdot)$ 时，其响应为 $y_1(\cdot)+y_2(\cdot)$，即满足

$$\mathrm{T}[f_1(\cdot)+f_2(\cdot)] = \mathrm{T}[f_1(\cdot)]+\mathrm{T}[f_2(\cdot)] = y_1(\cdot)+y_2(\cdot) \tag{1-81}$$

则称该系统满足可加性。

综上，对于满足线性性质的系统，应满足

$$\mathrm{T}[af_1(\cdot)+bf_2(\cdot)] = \mathrm{T}[af_1(\cdot)]+\mathrm{T}[bf_2(\cdot)] = ay_1(\cdot)+by_2(\cdot) \tag{1-82}$$

对于动态系统，系统的响应不仅取决于系统的激励 $f(\cdot)$，还取决于系统的初始状态。初始状态也可以看成系统的另外一种激励。假设系统的初始状态用 $\{x(0)\}$ 表示，则系统的响应由激励 $f(\cdot)$ 和初始状态 $\{x(0)\}$ 共同决定，此时动态系统的完全响应可以表示为

$$y(\cdot) = \mathrm{T}[\{x(0)\},\{f(\cdot)\}] \tag{1-83}$$

又根据线性性质，线性系统的响应是各激励的响应之和。若该系统的输入信号为 0，则该系统的响应仅由初始状态决定，这种仅由初始状态 $\{x(0)\}$ 引起的系统响应称为零输入响应（Zero Input Response），用 $y_{zi}(\cdot)$ 表示，即有

$$y_{zi}(\cdot) = \mathrm{T}[\{x(0)\},\{0\}] \tag{1-84}$$

同理，若该系统的初始状态为 0，则该系统的响应仅由输入决定，这种仅由输入 $f(\cdot)$ 引起的系统响应称为零状态响应（Zero State Response），用 $y_{zs}(\cdot)$ 表示，即有

$$y_{zs}(\cdot) = \mathrm{T}[\{0\},\{f(\cdot)\}] \tag{1-85}$$

因此，线性系统的分解特性可以概括为，系统的完全响应可以分解为零输入响应和零状态响应，即有

$$y(\cdot) = y_{zi}(\cdot)+y_{zs}(\cdot) \tag{1-86}$$

23

对于一个系统，其初始状态和激励可能有多个，但是只有当所有初始状态和所有激励都满足上述性质时，才能称之为线性系统。综上所述，一个既具有分解特性，又满足零状态线性性质和零输入线性性质的系统，为线性系统，否则为非线性系统。

以如图 1-33 所示的不同激励条件下的线性系统响应为例，假设系统激励为 $f_1(\cdot)$ 时的响应为 $y_1(\cdot)$，激励为 $f_2(\cdot)$ 时的响应为 $y_2(\cdot)$。

如图 1-34 所示，当系统的激励为 $f_1(\cdot)+f_2(\cdot)$ 时，线性系统的响应为系统分别在激励 $f_1(\cdot)$、$f_2(\cdot)$ 下的响应之和，即为 $y_1(\cdot)+y_2(\cdot)$。

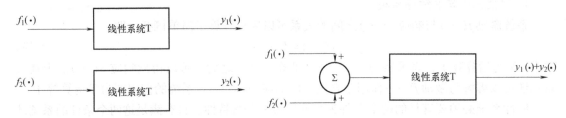

图 1-33 不同激励条件下的线性系统响应 　　　　图 1-34 线性系统的响应

但是在某些情况下，线性系统的响应也可能是系统的部分激励，如图 1-35 所示。在这种情况下，线性系统的数学模型会相对复杂，但是该系统仍属于线性系统。有关此类系统，本书的后续章节有详细介绍。

图 1-35 线性系统响应是系统的部分激励

例 1-4 请判断下述三个系统是线性系统还是非线性系统。

1) $y(t)=f(t)+3x(0)f(t)+6x(0)+5$。

2) $y(t)=5\left|f(t)\right|+6x(0)$。

3) $y(k)=7f(k)+2x(0)^2$。

解

1) 该系统的零输入响应为 $y_{zi}(t)=6x(0)+5$，零状态响应为 $y_{zs}(t)=f(t)+5$，由于 $y(t)\neq y_{zi}(t)+y_{zs}(t)$，因此不满足分解特性，该系统是非线性系统。

2) 该系统的零输入响应为 $y_{zi}(t)=6x(0)$，零状态响应为 $y_{zs}(t)=5\left|f(t)\right|$，$y(t)=y_{zi}(t)+y_{zs}(t)$，该系统满足分解特性，但是当激励增大 a 倍时，$T[\{0\},\{af(t)\}]=5\left|af(t)\right|\neq ay_{zs}(t)$，因此不满足零状态响应线性性质，该系统是非线性系统。

3) 该系统的零输入响应为 $y_{zi}(k)=2x(0)^2$，零状态响应为 $y_{zs}(k)=7f(k)$，$y(k)=y_{zi}(k)+y_{zs}(k)$，该系统满足分解特性，但是当初始状态增大 a 倍时，$T[\{ax(0)\},\{0\}]=2[ax(0)]^2\neq ay_{zi}(k)$，因此不满足零输入响应线性性质，该系统是非线性系统。

2. 时变系统与时不变系统

如果激励 $f(\cdot)$ 作用于某系统时的零状态响应为 $y_{zs}(\cdot)$，当激励延迟一定的时间 t_d（连续系统）或 k_d（离散系统）时，系统的零状态响应也延迟同样的时间，那么该系统为时不变系统，否则为时变系统。因此，时不变系统应满足如下条件：

$$T[\{0\},\{f(t-t_d)\}]=y_{zs}(t-t_d) \tag{1-87}$$

$$T[\{0\},\{f(k-k_d)\}]=y_{zs}(k-k_d) \tag{1-88}$$

24

以连续系统为例，时不变系统的图形表示如图 1-36 所示。

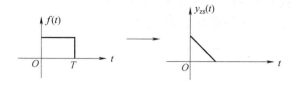

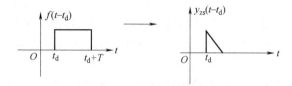

图 1-36　时不变系统的图形表示

例 1-5　请判断下述四个系统是时变系统还是时不变系统。

1）$y_{zs}(t)=f(t)f(t-5)$。

2）$y_{zs}(k)=kf(k-2)$。

3）$y_{zs}(k)=f(-k)$。

4）$y_{zs}(k)=f(3k)$。

解

1）令 $g(t)$ 为 $f(t)$ 延迟 t_d 后的信号，即 $g(t)=f(t-t_d)$，则当 $g(t)$ 作用于系统时，系统的零状态响应为 $T[\{0\},\{g(t)\}]=g(t)g(t-5)=f(t-t_d)f(t-t_d-5)$；而原本零状态响应延迟 t_d 后为 $y_{zs}(t-t_d)=f(t-t_d)f(t-t_d-5)$，由于 $T[\{0\},\{f(t-t_d)\}]=y_{zs}(t-t_d)$，因此该系统为时不变系统。

2）令 $g(k)$ 为 $f(k)$ 延迟 k_d 后的信号，即 $g(k)=f(k-k_d)$，则当 $g(k)$ 作用于系统时，系统的零状态响应为 $T[\{0\},\{g(k)\}]=kg(k-2)=kf(k-k_d-2)$，而原本零状态响应延迟 k_d 后为 $y_{zs}(k-k_d)=(k-k_d)f(k-k_d-2)$，由于 $T[\{0\},\{f(k-k_d)\}]\neq y_{zs}(k-k_d)$，因此该系统为时变系统。

3）令 $g(k)$ 为 $f(k)$ 延迟 k_d 后的信号，即 $g(k)=f(k-k_d)$，则当 $g(k)$ 作用于系统时，系统的零状态响应为 $T[\{0\},\{g(k)\}]=g(-k)=f(-k-k_d)$，而原本零状态响应延迟 k_d 后为 $y_{zs}(k-k_d)=f(-(k-k_d))$，由于 $T[\{0\},\{f(k-k_d)\}]\neq y_{zs}(k-k_d)$，因此该系统为时变系统。

4）令 $g(k)$ 为 $f(k)$ 延迟 k_d 后的信号，即 $g(k)=f(k-k_d)$，则当 $g(k)$ 作用于系统时，系统的零状态响应为 $T[\{0\},\{g(k)\}]=g(3k)=f(3k-k_d)$，而原本零状态响应延迟 k_d 后为 $y_{zs}(k-k_d)=f(3(k-k_d))$，由于 $T[\{0\},\{f(k-k_d)\}]\neq y_{zs}(k-k_d)$，因此该系统为时变系统。

通过例 1-5 可以看出，若激励 $f(\cdot)$ 之前有变系数，或进行了反转、展缩变换，则系统为时变系统。

3. 因果系统与非因果系统

所谓因果系统，是指当且仅当输入信号激励系统时，系统才出现零状态响应输出的系统。即系统的零状态响应不出现于激励之前。反之则为非因果系统。

上面的定义还可以换句话说，对于连续式离散系统，若 $t<t_0$（或 $k<k_0$）时，激励 $f(t)=0$ 或 $f(k)=0$，则当 $t<t_0$ 或 $k<k_0$ 时，$y_{zs}(t)=0$ 或 $y_{zs}(k)=0$。

例 1-6 请判断下述三个系统是否为因果系统。

1）$y_{zs}(t)=f(t-1)$。

2）$y_{zs}(t)=f(t+1)$。

3）$y_{zs}(t)=f(2t)$。

解

1）当 $t<t_0$ 时，$f(t)=0$，有 $y_{zs}(t_0)=f(t_0-1)=0$，因此该系统是因果系统。

2）当 $t<t_0$ 时，$f(t)=0$，有 $y_{zs}(t_0)=f(t_0+1)\neq0$，因此该系统是非因果系统。

3）当 $t<t_0$ 时，$f(t)=0$，有 $y_{zs}(t_0)=f(2t_0)\neq0$，因此该系统是非因果系统。

4. 记忆系统与非记忆系统

记忆系统又称为动态系统，即系统的输出不仅与当前时刻的输入有关，还与过去或将来的输入有关，如含有电容、电感的系统。

非记忆系统又称为即时系统，即系统的输出仅与当前时刻的输入有关，与过去或将来的输入无关，如仅含有电阻的简单系统。

5. 稳定系统与发散系统

当某系统对于有界激励 $f(\cdot)$ 产生的零状态响应 $y_{zs}(\cdot)$ 也有界时，称该系统为有界输入有界输出系统，也称为稳定系统，若 $|f(\cdot)|<\infty$，则有 $|y_{zs}(\cdot)|<\infty$；否则，该系统为发散系统或不稳定系统。因此，$y(t)=f(t-1)+f(t+2)$ 是稳定系统，但是 $y(t)=\int_{-\infty}^{t}f(x)\mathrm{d}x$ 是发散系统，因为当 $f(t)=\varepsilon(t)$ 时，该系统输入有界，而响应 $y(t)=t\varepsilon(t)$ 无界。

本书重点讨论线性时不变（Linear Time Invariant, LTI）连续系统和离散系统。它们是系统理论的核心与基础，后续内容若无特殊说明，都是指的此类系统。

1.4.3 系统分析

系统分析又称为系统方法，是指以系统的整体最优为目标，对系统的各个方面进行定性和定量分析。从广义上说，系统分析就是系统工程；从狭义上说，系统分析就是对特定的问题，利用数据资料和有关管理科学的技术和方法进行研究，以解决方案和决策的优化问题的方法和工具。

20 世纪 40 年代末，美国兰德公司首先提出"系统分析"一词。该公司的代表人物之一希尔认为系统分析的要素有以下五点：

1）期望达到的目标。复杂系统是多目标的，常用图解方法绘制目标图或目标树，以及多级目标分别相应的目标——手段系统图。确立目标及其手段是为了获得可行方案。可行方案是诸方案中最强壮（抗干扰）、最适应（适应变化了的目标）、最可靠（任何时候都可以正常工作）、最现实（有实施可能性）的方案。

2）达到预期目标所需要的各种设备和技术。

3）达到各方案所需的资源与费用。

4）建立方案的数学模型。

5）按照费用和效果优选的评价标准。

系统分析的步骤一般为确立目标、建立模型、系统最优化（利用模型对可行方案进行优化）、系统评价（在定量分析的基础上，考虑其他因素，综合评价选出最佳方案）。进行系统分析还必须坚持外部条件与内部条件相结合，当前利益与长远利益相结合，局部利益与整体利益相结合，定量分析与定性分析相结合的一些原则。

系统分析广泛应用于科技、军事、社会、经济、环境、教育、医疗、交通、能源等许多领域。例如，系统分析在新技术的开发与设计过程中发挥着重要作用。通过进行系统分析，可以明确新技术的需求、目标和约束条件，提出多种设计方案，并进行评估和选择，从而确保新技术的可行性和有效性。

本书所讲的系统分析属于狭义范畴，内容主要如下：

1）建立描述系统特性的数学方程式，对给定的激励求出系统的响应。应用方法是输入—输出法。

2）利用冲激信号作为激励求出系统的冲激响应。冲激响应代表系统的本身特性，是系统分析的纽带，从而引出卷积的概念以及任意激励下的系统响应求解。应用方法是卷积（和）法。

3）研究系统函数及零、极点分布，从而了解系统的频率特性及各种响应的变化规律与趋势。

4）研究系统的稳定性。任何实际意义的、工程领域的系统必须是稳定系统，分析和判断系统的稳定性是其重要内容。

5）研究系统特性实现对信号进行相关处理和传输的方法，如滤波、无失真传输等。

与信号分析类似，系统分析方法也有时域法和变换域法（包括频域法）两种。时域法针对连续系统与离散系统主要介绍卷积法、卷积和法。变换域法主要介绍采用傅里叶变换、拉普拉斯变换和 z 变换求系统函数，进一步分析系统特性与响应。

习题与思考题

1-1 画出下列信号的波形。

1）$f(t) = e^{|t|}$。

2）$f(t) = \cos \pi t \varepsilon(t)$。

3）$f(t) = 3\varepsilon(t+1) - 4\varepsilon(t-1) + \varepsilon(t-2)$。

4）$f(k) = 3^k \varepsilon(k)$。

5）$f(k) = (k-1)\varepsilon(k)$。

6）$f(k) = 2^k [\varepsilon(4-k) - \varepsilon(-k)]$。

1-2 已知离散信号 $f(k)$ 如图 1-37 所示，试画出 $f(-k-2)$ 的图形。

1-3 判断下列信号是否为周期信号。

1）$f_1(t) = \sin 3t + \sin 5t$。

2）$f_2(t) = \cos 2t + \cos \pi t$。

3）$f_3(k) = \sin \dfrac{\pi}{6}k + \sin \dfrac{\pi}{2}k$。

4）$f_4(k) = \left(\dfrac{1}{2}\right)^k \varepsilon(k)$。

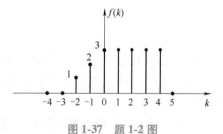

图 1-37 题 1-2 图

1-4 判断下列信号是否为周期信号，如果是，确定其周期。

1) $f(t) = \sin 5t - \sin 10t$。

2) $f(t) = (3\sin 4t)^2$。

3) $f(t) = \sin\left(2t + \dfrac{\pi}{4}\right)$，$t \geqslant 0$。

4) $f(k) = \mathrm{e}^{\mathrm{j}\frac{\pi}{4}k}$。

5) $f(k) = \sin\left(\dfrac{\pi}{3}k + \dfrac{\pi}{4}\right) + \sin\left(\dfrac{3\pi}{5} + \dfrac{\pi}{6}\right)$。

6) $f(k) = \cos\dfrac{k}{2}\cos\dfrac{\pi k}{4}$。

1-5 计算下列各题。

1) $(1-2t)\dfrac{\mathrm{d}}{\mathrm{d}t}\big[\mathrm{e}^{-3t}\delta(t)\big]$。

2) $\displaystyle\int_{-\infty}^{\infty} \mathrm{e}^{-t}\big[\delta'(t) + 3\delta(t)\big]\mathrm{d}t$。

3) $\displaystyle\int_{-\infty}^{\infty} (5t^2 + 2)\delta\left(\dfrac{t}{2}\right)\mathrm{d}t$。

4) $\displaystyle\int_{-\infty}^{t} (4-3x)\delta'(x)\mathrm{d}x$。

1-6 写出图 1-38 和图 1-39 的微分方程或差分方程。

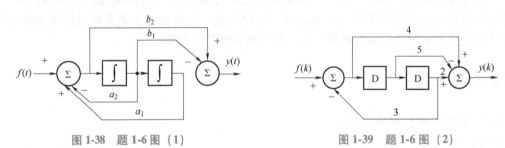

图 1-38 题 1-6 图（1）　　　　图 1-39 题 1-6 图（2）

1-7 根据下述微分方程和差分方程画出系统的框图。

1) $y''(t) - 5y(t) = f''(t) + f'(t) + 3f(t)$。

2) $y(k) + y(k-1) + 3y(k-2) = f(k) - 3f(k-2)$。

1-8 判断下列系统是否为线性的、时不变的、因果的。

1) $y_{\mathrm{zs}}(k) = (k-3)f(k)$。

2) $y_{\mathrm{zs}}(t) = f(t)\sin 3\pi t$。

3) $y_{\mathrm{zs}}(t) = f^2(t)$。

4) $y_{\mathrm{zs}}(k) = f(5-k)$。

1-9 某 LTI 连续系统，假设其初始状态固定，当激励为 $f(t)$ 时，其全响应为 $y_1(t) = 5\mathrm{e}^{-t} + 3\cos \pi t$，$t \geqslant 0$；当激励为 $3f(t)$ 时，其全响应为 $y_2(t) = \mathrm{e}^{-t}$，$t \geqslant 0$。求激励为 $2f(t)$ 时系统的全响应。

1-10 某 LTI 离散系统的初始状态固定，当激励为 $f(k)$ 时，其全响应为 $y_1(k) = 3\varepsilon(k)$；

当激励为 $2f(k)$ 时,其全响应为 $y_2(k)=(3\times0.7^k+5)\varepsilon(k)$。若某一时刻,系统的初始状态变为原来的 2 倍,激励变为 $3f(k)$,求其全响应。

1-11　已知的波形如图 1-40 所示,画出下列各信号的波形。

1)$f(2t+1)$。

2)$f(-3t+6)$。

3)若图 1-40 中信号表示的是 $f(4t-3)$,试画出原信号 $f(t)$ 波形。

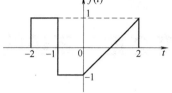

图 1-40　题 1-11 图

1-12　某二阶 LTI 连续系统的初始状态分别为 $x_1(0)$ 和 $x_2(0)$,假设当 $x_1(0)=0$、$x_2(0)=1$ 时,其零输入响应为 $y_{zi1}(t)=(3e^{-t}+2e^{-2t})\varepsilon(t)$;当 $x_1(0)=1$、$x_2(0)=0$ 时,其零输入响应为 $y_{zi2}(t)=(3e^{-t}-2e^{-2t})\varepsilon(t)$;当 $x_1(0)=-1$、$x_2(0)=1$,而输入为 $f(t)$ 时,系统的全响应为 $y(t)=(5-2e^{-t})\varepsilon(t)$。求当 $x_1(0)=2$、$x_2(0)=5$,而输入为 $3f(t)$ 时,系统的全响应。

1-13　判断下列系统是否为 LTI 系统。

1)$y(t)=g(t)f(t)$。

2)$y(t)=kf(t)+f^2(t)$。

3)$y(t)=t\cos tf(t)$。

1-14　画出下列微分或差分方程的系统框图。

1)$y'''(t)+3y''(t)+3y'(t)+y(t)=f''(t)+2f'(t)$。

2)$y(k)+y(k-2)+5y(k-3)=f(k-1)+2f(k-2)$。

1-15　设注入的粒子数为 $f(k)$。

1)若第 ks 末反应器中的粒子数目为 $y(k)$,试写出其差分方程。

2)当每个粒子一分为二时,其中一个是原有的,另一个是新产生的,且每个粒子的寿命为 4s(即从第 0s 产生,到第 4s 消失)。假设第 ks 末的粒子数为 $y(k)$,$f(k)$ 都是新生粒子,写出此时的差分方程。

1-16

1)众所周知,声音信号 $f(t)$ 在传播过程中遇到障碍物反射后会产生回声。图 1-41 所示为回声信号延迟 τ 并被衰减,衰减系数为 $\alpha(\alpha<1)$。在某处听到的声音信号 $y(t)$ 将是原声与回声的叠加,试写出 $y(t)$ 的表达式。

2)通过采用反馈方式,试构造一个针对 1)的回声消除系统,并证明系统的有效性。

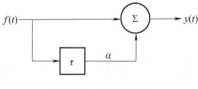

图 1-41　题 1-16 图

第 2 章　系统的时域分析

> ## 导　读
>
> 　　LTI 系统的时域分析可以归纳为建立并求解线性微（差）分方程。这种方法是在时域内进行的，比较直观，物理概念清晰，是学习各种变换域分析方法的基础。
>
> 　　本章将在经典法求解微（差）分方程的基础上，学习用零输入响应、零状态响应来求解系统，然后通过信号分解思想，利用 LTI 系统特性求解系统的零状态响应，从而引入利用卷积积分（卷积和）求解系统零状态响应的方法，使 LTI 系统的求解更加简捷、明晰。

本章知识点

- LTI 系统的描述、特点
- 经典法求解系统的微（差）分方程
- 系统的零输入响应、零状态响应求解
- 卷积积分（卷积和）的定义、性质
- 利用卷积积分（卷积和）求解零状态响应

2.1　LTI 系统的描述及特点

2.1.1　连续系统的数学描述

　　对于单输入-单输出系统，若激励信号为 $f(t)$，系统响应为 $y(t)$，则可以用 n 阶常系数微分方程描述 LTI 连续系统激励与响应之间的关系，可以写成

$$y^{(n)}(t)+a_{n-1}y^{(n-1)}(t)+\cdots+a_1 y^{(1)}(t)+a_0 y(t)$$
$$=b_m f^{(m)}(t)+b_{m-1}f^{(m-1)}(t)+\cdots+b_1 f^{(1)}(t)+b_0 f(t) \tag{2-1}$$

缩写为

码 2-v1【视频讲解】
LTI 系统描述

$$\sum_{j=0}^{n} a_j y^{(j)}(t) = \sum_{i=1}^{m} b_i f^{(i)}(t), \quad a_n = 1 \tag{2-2}$$

对于电路系统，方程的阶次由独立动态元件的个数决定。

例 2-1 如图 2-1 所示为 RLC 串联电路，求电容两端的电压 $u_C(t)$ 与电压源 $u_S(t)$ 间的关系。

解 由基尔霍夫电压定律以及各元件端电压与电流的关系化简可得

$$u_C''(t) + \frac{R}{L} u_C'(t) + \frac{1}{LC} u_C(t) = \frac{1}{LC} u_S(t) \tag{2-3}$$

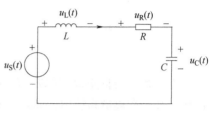

图 2-1 RLC 串联电路

式中，$u_C(t)$ 是系统响应，$u_S(t)$ 是系统激励。这是一个二阶常系数微分方程。RLC 串联电路中有两个相互独立的动态元件（储能元件）：一个电感和一个电容。如果将响应 $u_C(t)$ 替换为 $y(t)$，激励 $u_S(t)$ 替换为 $f(t)$，即可写为与式（2-1）相同的二阶常系数微分方程。

2.1.2 离散系统的数学描述

LTI 连续系统与 LTI 离散系统在变量、函数表示和求导运算上既有相似点也有差别，两者的描述方式对比见表 2-1。

表 2-1 两者的描述方式对比

描述方式	LTI 连续系统	LTI 离散系统
变量	t	k
函数表示	激励为 $f(t)$，响应为 $y(t)$	激励为 $f(k)$，响应为 $y(k)$
求导运算	微分	差分
数学描述	常系数微分方程	常系数差分方程

1. 变量和函数

本书中连续系统的自变量用 t 表示，离散系统的自变量用 k 表示。连续系统的自变量 t 在定义域范围 $(-\infty, +\infty)$ 内连续变化，而离散系统的自变量 k 只能取整数，在非整数点没有定义。连续信号和离散信号的变量、函数对比如图 2-2 所示。

码 2-1【程序代码】
变量、函数对比

图 2-2 中前两个信号都是连续信号，图 2-2b 所示的信号对图 2-2a 所示的信号进行了采样，仅保留了固定采样间隔点的函数值，非采样点函数值为零。图 2-2c 所示的信号与图 2-2b 所示的信号虽然看上去类似，但图 2-2c 所示的信号为离散信号，在自变量 k 为整数的点可以为非零值，对于非整数点（如 $k=0.5$），$f(k)$ 没有定义。

2. 求导运算

连续系统中的信号求导运算是通过极限形式来表示函数在某一点的变化率，即

$$f'(t) = \lim_{\Delta t \to 0} \frac{f(t) - f(t - \Delta t)}{t - (t - \Delta t)} \tag{2-4}$$

图 2-2 变量、函数对比

连续系统的自变量 t 可以在 $(-\infty, +\infty)$ 范围内连续变化，Δt 为无穷小，信号点 $f(t-\Delta t)$ 存在定义。在离散系统中，如果参照连续信号微分的方式用 Δk 取代 Δt 定义离散信号的求导运算，Δk 也取无穷小，信号点 $f(k-\Delta k)$ 就没有定义。连续信号里 Δt 取连续变化量的最小值（无穷小）；离散变化量的最小值就是单位 1，若离散信号里 Δk 取单位 1，则可以得到离散系统的一阶差分定义式，为

$$\Delta f(k) = f(k) - f(k-1) \tag{2-5}$$

改写一下，得到如下形式：

$$\Delta f(k) = f(k) - f(k-1) = \frac{f(k) - f(k-1)}{k - (k-1)} \tag{2-6}$$

将式（2-6）与式（2-4）作比较可以看出，无论是微分还是差分，本质上都是描述函数参照时间轴的变化速率。

由差分的定义可知，若有序列 $f_1(k)$、$f_2(k)$ 和常数 a_1、a_2，那么

$$\begin{aligned}
\Delta[a_1 f_1(k) + a_2 f_2(k)] &= [a_1 f_1(k) + a_2 f_2(k)] - [a_1 f_1(k-1) + a_2 f_2(k-1)] \\
&= a_1[f_1(k) - f_1(k-1)] + a_2[f_2(k) - f_2(k-1)] \\
&= a_1 \Delta f_1(k) + a_2 \Delta f_2(k)
\end{aligned}$$

这表明差分运算具有线性性质。

类似地，可以定义 n 阶差分方程为

$$\Delta^n f(k) = \Delta[\Delta^{n-1} f(k)] = \sum_{j=0}^{n} (-1)^j \binom{n}{j} f(k-j) \tag{2-7}$$

式中，

$$\binom{n}{j} = \frac{n!}{(n-j)!\, j!}, \quad j = 0, 1, 2, \cdots, n$$

为二项式系数。

3. 数学描述

如果将差分运算替换式（2-1）中的微分运算，可以得到如下方程形式：

$$\begin{aligned}
&\Delta^n y(k) + a_{n-1} \Delta^{(n-1)} y(k) + \cdots + a_1 \Delta y(k) + a_0 y(k) \\
&= b_m \Delta^m f(k) + b_{m-1} \Delta^{(m-1)} f(k) + \cdots + b_1 \Delta f(k) + b_0 f(k)
\end{aligned} \tag{2-8}$$

将式（2-8）中各高阶差分依据式（2-7）展开并合并，方程左边得到 $y(k)$ 及其时移序列的线性组合，且最大时移序列 $y(k-n)$ 是由 $y(k)$ 的 n 阶差分产生的，同样方程右边也可以得到 $f(k)$ 及其时移序列的线性组合。将方程左右两边整理，可以得到离散时间系统里描述激励 $f(k)$ 与响应 $y(k)$ 之间的差分方程展开形式，为 n 阶常系数差分方程，可以写为

$$y(k)+a_{n-1}y(k-1)+\cdots+a_0y(k-n)=b_mf(k)+b_{m-1}f(k-1)+\cdots+b_0f(k-m) \tag{2-9}$$

注意式（2-9）中的系数只为了统一简化表示，并不代表计算结果。可将式（2-9）缩写为

$$\sum_{j=0}^{n}a_{n-j}y(k-j)=\sum_{i=1}^{m}b_{m-i}f(k-i) \tag{2-10}$$

式中，$a_n=1$。

2.2　LTI 连续系统的响应

2.2.1　微分方程经典解

对常系数微分方程

$$\sum_{j=0}^{n}a_jy^{(j)}(t)=\sum_{i=1}^{m}b_if^{(i)}(t)$$

求解时，全解由齐次解 $y_h(t)$ 和特解 $y_p(t)$ 组成，即

$$y(t)=y_h(t)+y_p(t) \tag{2-11}$$

下面举例说明齐次解和特解的求解方法，该方法为经典法。

例 2-2　如图 2-1 所示的 RLC 串联电路，$u_S(t)=\dfrac{1}{3}\mathrm{e}^{-t}\mathrm{V}(t\geq0)$，$C=\dfrac{1}{6}\mathrm{F}$，$L=1\mathrm{H}$，$R=5\Omega$。当 $u_C(0)=2\mathrm{V}$，$u'_C(0)=-1$ 时，求 $u_C(t)$。

解　电路系统中 $u_C(t)$ 是系统响应，改用 $y(t)$ 表示，$u_S(t)$ 是系统激励，改用 $f(t)$ 表示，式（2-3）可写为

$$y''(t)+5y'(t)+6y(t)=6f(t) \tag{2-12}$$

（1）齐次解 $y_h(t)$

齐次解是式（2-12）的齐次微分方程

$$y''_h(t)+5y'_h(t)+6y_h(t)=0 \tag{2-13}$$

码 2-2【程序代码】
例 2-2

的解，特征方程为

$$\lambda^2+5\lambda+6=0$$

其特征根 $\lambda_1=-2$，$\lambda_2=-3$。

常用齐次解的形式见表 2-2，由表 2-2 可知，对应的齐次解为

$$y_h(t)=C_1\mathrm{e}^{-2t}+C_2\mathrm{e}^{-3t} \tag{2-14}$$

式中，常数 C_1、C_2 将在求得全解后，由初始条件确定。

表 2-2　常用齐次解的形式

特征根 λ	齐次解 $y_h(t)$
单实根	$\mathrm{e}^{\lambda t}$
r 重实根	$(C_{r-1}t^{r-1}+C_{r-2}t^{r-2}+\cdots+C_1t+C_0)\mathrm{e}^{\lambda t}$
一对共轭复根 $\lambda_{1,2}=\alpha\pm\mathrm{j}\beta$	$\mathrm{e}^{\alpha t}(C\cos\beta t+D\sin\beta t)$
r 重共轭复根	$t^{r-1}\cos(\beta t+\theta_{r-1})$

（2）特解 $y_p(t)$

特解 $y_p(t)$ 的形式与激励函数的形式有关，常用特解的形式见表2-3。选定特解后，将它代入到原微分方程中，求出各待定系数，就得出方程的特解。

表2-3　常用特解的形式

激励 $f(t)$		特解 $y_p(t)$
E（常数）		P
t^m	所有特征根均不等于0	$P_m t^m + P_{m-1} t^{m-1} + \cdots + P_1 t + P_0$
	有 r 重等于0的特征根	$t^r (P_m t^m + P_{m-1} t^{m-1} + \cdots + P_1 t + P_0)$
e^{at}	α 不等于特征根	$P e^{at}$
	α 等于特征根	$P_1 t + P_0 e^{at}$
	α 等于 r 重特征根	$P_r t^r + P_{r-1} t^{r-1} + \cdots + P_1 t + P_0 e^{at}$
$\cos \omega t$	所有特征根都不等于 $\pm j\omega$	$P \cos \omega t + Q \sin \omega t$
$\sin \omega t$		

由表2-3可知，当输入 $f(t) = \dfrac{1}{3} e^{-t}$ 时，其特解可设为

$$y_p(t) = P e^{-t}$$

将 $y_p''(t)$、$y_p'(t)$、$y_p(t)$ 和 $f(t)$ 代入式（2-12）中，得

$$P e^{-t} + 5 - P e^{-t} + 6 P e^{-t} = 2 e^{-t}$$

可以解得 $P = 1$，则微分方程的特解为

$$y_p(t) = e^{-t} \tag{2-15}$$

微分方程的全解为

$$y(t) = y_h(t) + y_p(t) = C_1 e^{-2t} + C_2 e^{-3t} + e^{-t} \tag{2-16}$$

输出一阶导数为

$$y'(t) = -2 C_1 e^{-2t} - 3 C_2 e^{-3t} - e^{-t}$$

令 $t = 0$，将初始值代入，得

$$y(0) = C_1 + C_2 + 1 = 2$$
$$y'(0) = -2 C_1 - 3 C_2 - 1 = -1$$

解得 $C_1 = 3$，$C_2 = -2$，最后得到微分方程的全解为

$$y(t) = \underbrace{\overbrace{3 e^{-2t} - 2 e^{-3t}}^{\text{齐次解}}}_{\text{自由响应}} + \underbrace{\overbrace{e^{-t}}^{\text{特解}}}_{\text{强迫响应}}, \quad t \geq 0 \tag{2-17}$$

可见，常系数微分方程的解由齐次解和特解组成，齐次解的函数形式仅仅依赖于系统本身的特性，而与激励 $f(t)$ 的形式无关，称为系统的自由响应或固有响应。特征方程的根 λ_i 称为系统的固有频率，它决定了系统自由响应的形式，但是齐次解的系数 C_i 是与激励有关的。特解的形式由激励信号确定，称为强迫响应。

2.2.2　0_- 到 0_+ 的问题

通过求解 LTI 系统的 n 阶常系数微分方程，可以得到系统的输出。对于一个实际系统，

往往不需要知道系统在$(-\infty, +\infty)$整个时间轴上的输出变化，我们更关心某特定时刻（如激励加入系统）以后系统响应的变化规律。一般把这个特定时刻称为 0 时刻。

为了更好地分析系统响应在 0 时刻的变化，我们把 0_- 理解为从 $-\infty$ 出发最接近 0 的点，0_+ 理解为从正无穷出发最接近 0 的点（见图 2-3）。在系统分析中，把响应区间确定为激励信号 $f(t)$ 加入之后系统状态的变化区间，这样系统的响应区间一般定义为 $t>0$ 或 $0_+ \leqslant t<+\infty$。

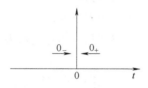

图 2-3　0_- 与 0_+

码 2-v2【视频讲解】
0_- 到 0_+ 的问题

对于确定的 n 阶常系数微分方程，系统的响应由激励和 n 个初始条件决定。

系统起始状态（简称 0_- 状态）是指 $y(0_-)$，$y^{(1)}(0_-), \cdots, y^{(n-1)}(0_-)$ 的取值，此时激励尚未接入系统，这些取值反映了系统的历史信息，与激励无关。

系统初始状态（简称 0_+ 状态）是指 $y(0_+)$，$y^{(1)}(0_+), \cdots, y^{(n-1)}(0_+)$，此时激励已经接入系统，这些取值与系统的历史信息和 0 时刻的输入都有关。

用经典法求解系统响应时，为确定自由响应部分的常数，有时必须根据系统 0_- 状态和激励求出 0_+ 状态。一个电路系统的 0_- 状态就是系统中储能元件的历史储能情况。

例 2-3　描述某系统的微分方程为 $y''(t)+3y'(t)+2y(t)=f(t)$，已知 $y(0_-)=2$，$y'(0_-)=0$，$f(t)=\delta''(t)+\mathrm{e}^{-3t}\varepsilon(t)$，求 $y(0_+)$ 和 $y'(0_+)$ 和 $y(t)(t\geqslant0)$。

解　将输入 $f(t)=\delta''(t)+\mathrm{e}^{-3t}\varepsilon(t)$ 代入系统微分方程得

$$y''(t)+3y'(t)+2y(t)=\delta''(t)+\mathrm{e}^{-3t}\varepsilon(t) \tag{2-18}$$

利用系数匹配法分析，方程左右两边奇异函数匹配，设 $y''(t)$ 等形式如下

$$y''(t)=a\delta''(t)+b\delta'(t)+c\delta(t)+r_1(t) \tag{2-19}$$

$$y'(t)=a\delta'(t)+b\delta(t)+r_2(t) \tag{2-20}$$

$$y(t)=a\delta(t)+r_3(t) \tag{2-21}$$

码 2-3【程序代码】
例 2-3

式中，$r_1(t)$、$r_2(t)$、$r_3(t)$ 为 $t>0$ 时的非奇异函数。将上述关系代入式（2-18），整理得

$$a\delta''(t)+(b+3a)\delta'(t)+(c+3b+2a)\delta(t)+[r_1(t)+3r_2(t)+2r_3(t)]=\delta''(t)+\mathrm{e}^{-3t}\varepsilon(t)$$

由两边 $\delta(t)$ 及各阶导数的系数应分别相等，可得

$$a=1$$

$$b+3a=0$$

$$c+3b+2a=0$$

解得 $a=1$，$b=-3$，$c=7$。将 a、b 代入式（2-20），并对等号两边从 0_- 到 0_+ 进行积分，有

$$y(0_+)-y(0_-)=\int_{0_-}^{0_+}\delta'(t)\,\mathrm{d}t-3\int_{0_-}^{0_+}\delta(t)\,\mathrm{d}t+\int_{0_-}^{0_+}r_2(t)\,\mathrm{d}t \tag{2-22}$$

由于 $\delta'(t)$ 为偶对称函数，故 $\int_{0_-}^{0_+}\delta'(t)\,\mathrm{d}t=0$，$r_2(t)$ 不含冲激函数及其导数，且积分区间

为 $[0_-, 0_+]$，所以式（2-22）第三项积分为 0，故有
$$y(0_+) - y(0_-) = -3, \quad y(0_+) = 2-3 = -1$$

同理，将 a、b、c 代入式（2-19），并对等号两边从 0_- 到 0_+ 进行积分，有
$$y'(0_+) - y'(0_-) = \int_{0_-}^{0_+} \delta''(t)\,\mathrm{d}t - 3\int_{0_-}^{0_+} \delta'(t)\,\mathrm{d}t + 7\int_{0_-}^{0_+} \delta(t) + \int_{0_-}^{0_+} r_1(t)\,\mathrm{d}t \tag{2-23}$$

由于 $\delta''(t)$、$\delta'(t)$、$r_1(t)$ 在 $[0_-, 0_+]$ 区间的积分均为 0，可得
$$y'(0_+) - y'(0_-) = 7, \quad y'(0_+) = 0+7 = 7$$

由此可见，当微分方程右边含有冲激函数及其导数时，响应 $y(t)$ 及其各阶导数由 0_- 到 0_+ 可能发生跳变。

下面求解 $y(t)$，当 $t>0$ 时，系统的输入 $f(t) = \mathrm{e}^{-3t}$，系统的特征方程为
$$\lambda^2 + 3\lambda + 2 = 0 \tag{2-24}$$

其特征根为 $\lambda_1 = -1$，$\lambda_1 = -2$。由表 2-2 可知对应的齐次解为
$$y_h(t) = C_1\mathrm{e}^{-t} + C_2\mathrm{e}^{-2t} \tag{2-25}$$

系统的特解 $y_p(t) = 0.5\mathrm{e}^{-3t}$，则 $t>0$ 时全解为
$$y(t) = C_1\mathrm{e}^{-t} + C_2\mathrm{e}^{-2t} + 0.5\mathrm{e}^{-3t} \tag{2-26}$$

将 $y'(0_+)$ 和 $y(0_+)$ 代入式（2-26），得
$$C_1 + C_2 + 0.5 = -1$$
$$-C_1 - 2C_2 - 1.5 = 7$$

求得 $C_1 = 5.5$，$C_2 = -7$。当 $t>0$ 时，有
$$y(t) = 5.5\mathrm{e}^{-t} - 7\mathrm{e}^{-2t} + 0.5\mathrm{e}^{-3t}$$

结合式（2-21）可知，$y(t)$ 包含冲激函数，所以响应 $y(t)$ 为
$$y(t) = \delta(t) + (5.5\mathrm{e}^{-t} - 7\mathrm{e}^{-2t} + 0.5\mathrm{e}^{-3t})\varepsilon(t) \tag{2-27}$$

2.2.3 零输入响应和零状态响应

经典解是把响应分成齐次解（自由响应）和特解（强迫响应），在这种分解形式下齐次解的待定系数与 0_- 状态和激励都有关。LTI 系统全响应 $y(t)$ 也可以分为零输入响应和零状态响应。

1. 零输入响应

零输入响应是当激励为零时仅由系统的起始状态所引起的响应，用 $y_{zi}(t)$ 表示。在零输入条件下，微分方程式等号右边为零，与齐次方程相同，即

码 2-v3【视频讲解】
零输入响应和
零状态响应

$$\sum_{j=0}^{n} a_j y^{(j)}(t) = 0 \tag{2-28}$$

零输入响应的求解方法与经典法中齐次解的求解方法类似，差别在于确定待定系数时不需要像经典法那样先确定特解。

例 2-4 在例 2-3 的系统中，系统微分方程为 $y''(t) + 3y'(t) + 2y(t) = f(t)$，已知 $y(0_-) = 2$，$y'(0_-) = 0$，求系统的零输入响应 $y_{zi}(t)$。

解 该系统的零输入响应满足如下方程：
$$y''_{zi}(t) + 3y'_{zi}(t) + 2y_{zi}(t) = 0$$

上述微分方程的特征方程为

$$\lambda^2 + 3\lambda + 2 = 0$$

其特征根 $\lambda_1 = -1$，$\lambda_1 = -2$。故零输入响应及其导数为

$$y_{zi}(t) = C_{zi1}e^{-t} + C_{zi2}e^{-2t} \tag{2-29}$$

$$y'_{zi}(t) = -C_{zi1}e^{-t} - 2C_{zi2}e^{-2t} \tag{2-30}$$

由于不考虑输入，所以响应在 0 时刻不会发生跳变，即有

$$y_{zi}(0_-) = y_{zi}(0_+) = y(0_-) = 2$$

$$y'_{zi}(0_-) = y'_{zi}(0_+) = y'(0_-) = 0$$

码 2-4【程序代码】
例 2-4

令 $t=0$，将初始条件代入，可得

$$y_{zi}(0_+) = C_{zi1} + C_{zi2} = 2$$

$$y'_{zi}(0_+) = -C_{zi1} - 2C_{zi2} = 0$$

可解得 $C_{zi1} = 4$，$C_{zi2} = -2$，将它们代入式（2-29），得系统的零输入响应为

$$y_{zi}(t) = (4e^{-t} - 2e^{-2t})\varepsilon(t) \tag{2-31}$$

2. 零状态响应

零状态响应是当系统的起始状态为零时，仅由输入信号 $f(t)$ 引起的响应，用 $y_{zs}(t)$ 表示，这时方程式仍是非齐次形式，即

$$\sum_{j=0}^{n} a_j y_{zs}^{(j)}(t) = \sum_{i=0}^{m} b_i f^{(i)}(t) \tag{2-32}$$

式中，起始状态 $y_{zs}^{(j)}(0_-) = 0$。

零状态响应的求解方法与经典法基本相同，只是在求解待定系数时需要保证起始状态为零，对于 LTI 系统，仅与输入有关的部分（零状态响应）或者仅与起始状态有关的部分（零输入响应）才满足线性性质，所以经典解中自由响应和强迫响应的分解方式无法利用 LTI 系统的线性性质。

例 2-5 已知系统的微分方程为 $y''(t) + 3y'(t) + 2y(t) = f(t)$，若输入 $f(t) = \delta'(t) + e^{-3t}\varepsilon(t)$，求系统的零状态响应 $y_{zs}(t)$。

解 当 $t \geqslant 0$ 时，该系统的零状态响应满足以下方程：

$$y''(t) + 3y'(t) + 2y(t) = \delta'(t) + e^{-3t}\varepsilon(t) \tag{2-33}$$

设 $y''(t)$ 等形式如下：

码 2-5【程序代码】
例 2-5

$$y''(t) = a\delta'(t) + b\delta(t) + r_1(t)$$

$$y'(t) = a\delta(t) + r_2(t)$$

$$y(t) = r_3(t)$$

利用系数匹配法分析，可得 $a=1$，$b=-3$。对 $y''(t)$、$y'(t)$ 从 0_- 到 0_+ 进行积分，有

$$y'_{zs}(0_+) - y'_{zs}(0_-) = -3, \quad y'_{zs}(0_+) = 0 - 3 = -3$$

$$y_{zs}(0_+) - y_{zs}(0_-) = 1, \quad y_{zs}(0_+) = 0 + 1 = 1$$

当 $t>0$ 时，系统的输入 $f(t) = e^{-3t}\varepsilon(t)$，齐次解为 $C_{zs1}e^{-t} + C_{zs2}e^{-2t}$，特解为 $0.5e^{-3t}$，则

$$y_{zs}(t) = C_{zs1}e^{-t} + C_{zs2}e^{-2t} + 0.5e^{-3t} \tag{2-34}$$

将 $y'_{zs}(0_+)$ 和 $y_{zs}(0_+)$ 代入式（2-34），得

$$y_{zs}(0_+) = C_{zs1} + C_{zs2} + 0.5 = 1$$

$$y'_{zs}(0_+) = -C_{zs1} - 2C_{zs2} - 1.5 = -3$$

解得 $C_{zs1} = -0.5$，$C_{zs2} = 1$。可知当 $t > 0$ 时，有

$$y_{zs}(t) = (-0.5e^{-t} + e^{-2t} + 0.5e^{-3t})\varepsilon(t) \tag{2-35}$$

3. 全响应

如果系统的起始状态不为零，在激励 $f(t)$ 的作用下，LTI 系统的响应称为全响应，它是零输入响应和零状态响应之和，即

$$y(t) = y_{zi}(t) + y_{zs}(t) \tag{2-36}$$

其各阶导数为

$$y^{(j)}(t) = y_{zi}^{(j)}(t) + y_{zs}^{(j)}(t)，j = 0, 1, \cdots, n-1 \tag{2-37}$$

计算零输入响应或零状态响应时，用到的初始条件也可以分成两个部分，分别为

$$y^{(j)}(0_-) = y_{zi}^{(j)}(0_-) + y_{zs}^{(j)}(0_-) \tag{2-38}$$

$$y^{(j)}(0_+) = y_{zi}^{(j)}(0_+) + y_{zs}^{(j)}(0_+) \tag{2-39}$$

对于零状态响应，当 $t = 0_-$ 时，激励还没有接入，故 $y_{zs}^{(j)}(0_-) = 0$，所以有

$$y^{(j)}(0_-) = y_{zi}^{(j)}(0_-) \tag{2-40}$$

对于零输入响应，当输入为零时，方程右边不包含冲激函数及其导数，从 0_- 到 0_+ 的过程中 $y(t)$ 不会发生跳变，即

$$y_{zi}^{(j)}(0_+) = y_{zi}^{(j)}(0_-) = y^{(j)}(0_-) \tag{2-41}$$

根据给定的起始状态（即 0_- 值），利用式（2-40）和式（2-41），以及 2.2.2 节中关于求解 0_- 到 0_+ 问题的方法，可以求得零输入响应和零状态响应的初始状态（即 0_+ 值）。

例 2-6 系统的微分方程为 $y''(t) + 3y'(t) + 2y(t) = f(t)$，已知如下条件，求系统的全响应。

1）已知 $y(0_-) = 2$，$y'(0_-) = 0$，$f(t) = \delta'(t) + e^{-3t}\varepsilon(t)$。

2）已知 $y(0_-) = 3$，$y'(0_-) = 0$，$f(t) = 2\delta'(t) + 2e^{-3t}\varepsilon(t)$。

码 2-6【程序代码】
例 2-6

解 系统的全响应可以分为齐次解和特解，依据经典法按例 2-5 进行求解。本题将全响应分为零输入响应和零状态响应进行求解。

1）$y_{zi}(t)$ 与输入无关，仅由起始条件 $y(0_-) = 2$、$y'(0_-) = 0$ 产生，与例 2-4 一致，直接采用式（2-31）的结果，为

$$y_{zi}(t) = (4e^{-t} - 2e^{-2t})\varepsilon(t) \tag{2-42}$$

而 $y_{zs}(t)$ 与初始状态无关，仅由输入决定，与例 2-5 一致，直接采用式（2-35）的结果，为

$$y_{zs}(t) = (-0.5e^{-t} + e^{-2t} + 0.5e^{-3t})\varepsilon(t) \tag{2-43}$$

因此，全响应为

$$
\begin{aligned}
y(t) &= y_{zi}(t) + y_{zs}(t) \\
&= \underbrace{(4e^{-t} - 2e^{-2t})\varepsilon(t)}_{\text{零输入响应}} + \underbrace{(-0.5e^{-t} + e^{-2t})\varepsilon(t) + 0.5e^{-3t}\varepsilon(t)}_{\text{零状态响应}} \\
&= \underbrace{(3.5e^{-t} - e^{-2t})\varepsilon(t)}_{\text{自由响应}} + \underbrace{0.5e^{-3t}\varepsilon(t)}_{\text{强迫响应}}
\end{aligned} \tag{2-44}
$$

2）由式（2-44）中全响应的划分方式可知，把全响应分为零输入响应和零状态响应后，可以分别利用线性性质。

由于 2）中的起始条件是 1）的 1.5 倍，依据式（2-42）可得

$$y_{zi}(t) = 1.5(4e^{-t} - 2e^{-2t})\varepsilon(t) \tag{2-45}$$

由于 2）中的输入是 1）中的 2 倍，依据式（2-43）可得

$$y_{zs}(t) = 2(-0.5e^{-t} + e^{-2t} + 0.5e^{-3t})\varepsilon(t) \tag{2-46}$$

因此，全响应为

$$y(t) = y_{zi}(t) + y_{zs}(t) = (5e^{-t} - e^{-2t} + e^{-3t})\varepsilon(t) \tag{2-47}$$

零输入响应和零状态响应的求解方法，从计算过程来看相对于经典法并无太大差别，甚至还略显烦琐（零输入和零状态过程中分别要确定一次待定系数）。但是由于例 2-3 中所求全响应分解为自由响应和强迫响应，两部分都与激励和初始状态有关，因此无法利用 LTI 系统的线性性质。

2.2.4　冲激响应和阶跃响应

当把全响应分成零输入响应和零状态响应时，对于某个 LTI 系统，如果可以先求出一些简单信号对应的零状态响应，那么由这些简单信号的线性组合构成的复杂信号的零状态响应，利用线性性质也可以很方便得到。单位冲激信号和单位阶跃信号就是时域分析里最常用的简单信号。

码 2-v4【视频讲解】
冲激响应和阶跃响应

以单位冲激信号 $\delta(t)$ 作为激励，系统产生的零状态响应称为单位冲激响应，简称冲激响应，用 $h(t)$ 表示。

以单位阶跃信号 $\varepsilon(t)$ 作为激励，系统产生的零状态响应称为单位阶跃响应，简称阶跃响应，用 $g(t)$ 表示。

1. 冲激响应

一个 LTI 连续系统用常系数微分方程表示为

$$y^{(n)}(t) + a_{n-1}y^{(n-1)}(t) + \cdots + a_1y^{(1)}(t) + a_0y(t)$$
$$= b_m f^{(m)}(t) + b_{m-1}f^{(m-1)}(t) + \cdots + b_1 f^{(1)}(t) + b_0 f(t) \tag{2-48}$$

在给定 $f(t)$ 为单位冲激信号的条件下，$y(t)$ 称为冲激响应，记作 $h(t)$。将 $f(t) = \delta(t)$ 代入方程，则等式右边就出现了冲激函数和它的逐次导数，表达式为

$$h^{(n)}(t) + a_{n-1}h^{(n-1)}(t) + \cdots + a_1h^{(1)}(t) + a_0h(t)$$
$$= b_m\delta^{(m)}(t) + b_{m-1}\delta^{(m-1)}(t) + \cdots + b_1\delta^{(1)}(t) + b_0\delta(t) \tag{2-49}$$

待求的 $h(t)$ 函数式应保证式（2-49）左右两边的奇异函数平衡。$h(t)$ 的形式将与 m 和 n 的相对大小有着密切关系。

当 $n > m$ 时，方程式左边的 $h^{(n)}(t)$ 项应包含冲激函数的 m 阶导数 $\delta^{(m)}(t)$，才能与右边匹配，依次类推，$h^{(n-1)}(t)$ 应包含 $\delta^{(m-1)}(t)$，……，$h^{(n-m)}(t)$ 应包含 $\delta(t)$，$h(t)$ 不包含冲激函数项。

$h(t)$ 为零状态响应，起始状态 $h^{(j)}(0_-) = 0(j = 0, 1, \cdots, n-1)$。由于 $\delta(t)$ 及其各阶导数在 $t \geq 0_+$ 时都等于 0，因此式（2-49）右边在 $t \geq 0_+$ 时恒等于 0，冲激响应 $h(t)$ 的形式与齐次解的形式相同。当式（2-49）的特征方程都为单根时，$h(t)$ 可以表示为

$$h(t) = \left(\sum_{j=1}^{n} C_j e^{a_j t}\right)\varepsilon(t) \tag{2-50}$$

当 $n=m$ 时，$h(t)$ 包含冲激项 $\delta(t)$。当 $n<m$ 时，$h(t)$ 包含冲激项 $\delta^{(m-n)}(t)$。实际物理系统中输出一般不包含冲激项 $\delta(t)$，$n>m$ 是最常见的情况。

例 2-7 描述某系统的微分方程为 $y''(t)+3y'(t)+2y(t)=f'(t)+3f(t)$，求其冲激响应 $h(t)$。

码 2-7【程序代码】
例 2-7

解 将冲激函数代入，系统的微分方程写为

$$h''(t)+3h'(t)+2h(t)=\delta'(t)+3\delta(t) \tag{2-51}$$

方程左边 $h(t)$ 导数最高阶次 $n=2$，方程右边冲激函数 $\delta(t)$ 最高阶次 $m=1$，由式（2-50）可知，冲激响应的形式可写为

$$h(t)=(C_1 e^{-t}+C_2 e^{-2t})\varepsilon(t) \tag{2-52}$$

对 $h(t)$ 逐次求导，可得

$$\begin{cases} h'(t)=(C_1+C_2)\delta(t)+(-C_1 e^{-t}-2C_2 e^{-2t})\varepsilon(t) \\ h''(t)=(C_1+C_2)\delta'(t)+(-C_1-2C_2)\delta(t)+(C_1 e^{-t}+4C_2 e^{-2t})\varepsilon(t) \end{cases} \tag{2-53}$$

将式（2-52）、式（2-53）代入系统的微分方程式左边，可得

$$(c_1+c_2)\delta'(t)+(-c_1-2c_2)\delta(t)+(c_1 e^{-t}+4c_2 e^{-2t})\varepsilon(t)+$$
$$3(c_1+c_2)\delta(t)+3(-c_1 e^{-t}-2c_2 e^{-2t})\varepsilon(t)+$$
$$2(c_1 e^{-t}+c_2 e^{-2t})\varepsilon(t)=\delta'(t)+3\delta(t)$$
$$(C_1+C_2)\delta'(t)+(2C_1+C_2)\delta(t)=\delta'(t)+3\delta(t) \tag{2-54}$$

令左、右两边 $\delta'(t)$ 的系数和 $\delta(t)$ 的系数对应相等，得

$$C_1+C_2=1$$
$$2C_1+C_2=3$$

解得 $C_1=2$，$C_2=-1$。冲激响应为

$$h(t)=(2e^{-t}-e^{-2t})\varepsilon(t)$$

此求解方法与例 2-5 不同，没有从 $h(0_-)$ 求解 $h(0_+)$ 的步骤，而是直接求解系数 C_1 和 C_2，这种方法称为奇异函数相平衡法。

2. 阶跃响应

一个 LTI 连续系统用常系数微分方程表示为

$$y^{(n)}(t)+a_{n-1}y^{(n-1)}(t)+\cdots+a_1 y^{(1)}(t)+a_0 y(t)$$
$$=b_m f^{(m)}(t)+b_{m-1}f^{(m-1)}(t)+\cdots+b_1 f^{(1)}(t)+b_0 f(t) \tag{2-55}$$

在给定 $f(t)$ 为单位阶跃信号的条件下，$y(t)$ 称为阶跃响应，记作 $g(t)$。将 $f(t)=\varepsilon(t)$ 代入方程，则等式右边除了一项为阶跃函数以外，其余是冲激函数及其逐次导数，等式如下：

$$g^{(n)}(t)+a_{n-1}g^{(n-1)}(t)+\cdots+a_1 g^{(1)}(t)+a_0 g(t)$$
$$=b_m\delta^{(m-1)}(t)+b_{m-1}\delta^{(m-2)}(t)+\cdots+b_1\delta(t)+b_0\varepsilon(t) \tag{2-56}$$

求解式（2-56）需要处理 0_- 到 0_+ 时初始条件的跳变，如果将问题简化为等号右边只包含激励 $f(t)$ 的 n 阶微分方程，那么式（2-56）可以写为

$$\begin{cases} g^{(n)}(t)+a_{n-1}g^{(n-1)}(t)+\cdots+a_1 g^{(1)}(t)+a_0 g(t)=\varepsilon(t) \\ g^{(j)}(0_-)=0, j=0,1,2,\cdots,n-1 \end{cases} \tag{2-57}$$

由于等号右边只有 $\varepsilon(t)$，故除 $g^{(n)}(t)$ 以外，$g(t)$ 及其直到 $n-1$ 阶导数均连续，即有

$$g^{(j)}(0_+) = g^{(j)}(0_-) = 0, \ j=0,1,2,\cdots,n-1 \tag{2-58}$$

若式（2-56）的特征根均为单根，则阶跃响应为

$$g(t) = \left(\sum_{j=1}^{n} C_j e^{a_j t} + \frac{1}{a_0} \right) \varepsilon(t) \tag{2-59}$$

式中，$\dfrac{1}{a_0}$ 为式（2-59）的特解，待定常数 C_j 由式（2-59）的 0_+ 初始值确定。

当已知式（2-59），求解式（2-56）时，此时微分方程的等号右边含有 $\varepsilon(t)$ 及其各阶导数，则可根据 LTI 系统的线性性质和微分性质求得其阶跃响应。

单位阶跃函数 $\varepsilon(t)$ 与单位冲激函数 $\delta(t)$ 为微分（积分）关系，根据 LTI 系统的微（积）分性质，同一系统的阶跃响应和冲激响应的关系为

$$h(t) = \frac{\mathrm{d}g(t)}{\mathrm{d}t} \tag{2-60}$$

$$g(t) = \int_{-\infty}^{t} h(x)\,\mathrm{d}x \tag{2-61}$$

例 2-8　如例 2-7 系统，微分方程为 $y''(t)+3y'(t)+2y(t)=f'(t)+3f(t)$，求阶跃响应。

解　选新变量 $y_1(t)$，它满足方程

$$y_1''(t)+3y_1'(t)+2y_1(t)=f(t)$$

设其阶跃响应为 $g_1(t)$，则由 LTI 系统的性质，系统的阶跃响应为

$$g(t) = g_1'(t)+3g_1(t) \tag{2-62}$$

由式（2-57）可知，阶跃响应 $g_1(t)$ 满足如下方程：

$$g_1''(t)+3g_1'(t)+2g_1(t)=\varepsilon(t)$$

由式（2-58）可知，$g_1'(0_+) = g_1(0_+) = 0$。

由式（2-59）可知 $g_1(t) = \left(C_1 e^{-t}+C_2 e^{-2t}+\dfrac{1}{a_0} \right)\varepsilon(t)$。

41

码 2-8【程序代码】
例 2-8

式中，特解 $\dfrac{1}{a_0} = 0.5$。将初始条件代入可得

$$g_1(0_+) = C_1+C_2+0.5 = 0$$

$$g_1'(0_+) = -C_1-2C_2 = 0$$

解得 $C_1 = -1$，$C_2 = 0.5$。因此 $g_1(t) = (-e^{-t}+0.5e^{-2t}+0.5)\varepsilon(t)$，其一阶导数为

$$g_1'(t) = (-e^{-t}+0.5e^{-2t}+0.5)\delta(t)+(e^{-t}-e^{-2t})\varepsilon(t) = (e^{-t}-e^{-2t})\varepsilon(t)$$

将它们代入式（2-62），可得

$$g(t) = g_1'(t)+3g_1(t) = (-2e^{-t}+0.5e^{-2t}+1.5)\varepsilon(t)$$

2.3　卷积积分

LTI 系统的输入如果可以分解成几个简单信号的线性组合，那么输入对应的零状态响应可以由简单信号对应的零状态响应通过 LTI 性质得到。冲激函数是时域分析里的一个典型简单信号，卷积积分的原理就是将激励信号分解为冲激信号及其移位信号，借助系统的冲激响应求解系统对任意激励信号的零状态响应。

2.3.1 卷积积分的定义与计算

1. 卷积积分的定义

连续信号分解为冲激信号之和的信号分解近似表示如图 2-4 所示，图 2-4a 定义了强度为 1（即脉冲波形下的面积为 1）、宽度很窄的脉冲 $p_n(t)$。图 2-4b 为任意激励信号 $f(t)$，把激励 $f(t)$ 分解为许多宽度为 Δ 的窄脉冲，中心点出现在 $t=0$ 时刻的脉冲其强度（脉冲下的面积）为 $f(0)$，中心点出现在 Δ 处的脉冲强度为 $f(\Delta)$，这样可以将 $f(t)$ 近似地看作由一系列强度不同、接入时刻不同的窄脉冲组成，这些脉冲的和近似等于 $f(t)$，即

码 2-v5【视频讲解】
卷积积分的定义与计算

$$f(t) \approx \sum_{k=-\infty}^{\infty} f(k\Delta) p_n(t-k\Delta)\Delta$$

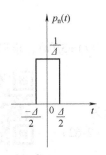
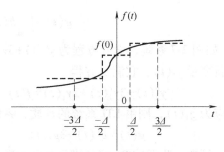

a) 强度为1的矩形窄脉冲   b) 激励分解为多个矩形窄脉冲和

图 2-4 信号分解近似表示

当 $\Delta \to 0$ 时，$f(k\Delta)$ 可以写成 $f(\tau)$，$p_n(t-k\Delta)$ 可以写成 $\delta(t-\tau)$，任意信号就分解为如下冲激信号及其移位乘一个常数并累加的形式：

$$f(t) \approx \lim_{\Delta \to 0}\sum_{k=-\infty}^{\infty} f(k\Delta) p_n(t-k\Delta)\Delta =\int_{-\infty}^{+\infty} f(\tau)\delta(t-\tau)\,\mathrm{d}\tau \qquad (2\text{-}63)$$

任意信号的零状态响应关系如图 2-5 所示。

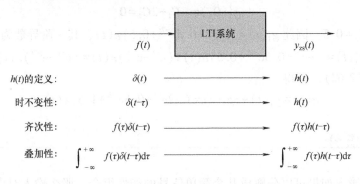

图 2-5 任意信号的零状态响应关系

图 2-5 从信号分解的角度，利用 LTI 系统 LTI 性质，从冲激响应出发分析了任意激励输入一个 LTI 系统引起的零状态响应。

由于 $\int_{-\infty}^{+\infty} f(\tau)\delta(t-\tau)\mathrm{d}\tau$ 就是 $f(t)$ ，因此有

$$y_{\mathrm{zs}}(t)=\int_{-\infty}^{+\infty} f(\tau)h(t-\tau)\mathrm{d}\tau \tag{2-64}$$

对于 $y_{\mathrm{zs}}(t)$ 的这种形式，我们给出如下定义：已知定义在区间 $(-\infty,+\infty)$ 上的两个函数 $f_1(t)$ 和 $f_2(t)$ ，则定义

$$f(t)=\int_{-\infty}^{+\infty} f_1(\tau)f_2(t-\tau)\mathrm{d}\tau \tag{2-65}$$

为 $f_1(t)$ 与 $f_2(t)$ 的**卷积积分**，简称**卷积**，记为 $f(t)=f_1(t)*f_2(t)$ 。

式（2-63）表示任意信号可分解为冲激信号，式（2-64）表示任意信号输入 LTI 系统所对应的零状态响应，两者本质上就是一个求卷积的过程表达式如下：

$$f(t)=\int_{-\infty}^{+\infty} f(\tau)\delta(t-\tau)\mathrm{d}\tau=f(t)*\delta(t) \tag{2-66}$$

$$y_{\mathrm{zs}}(t)=f(t)*h(t) \tag{2-67}$$

需要指出的是，卷积积分是在虚设的变量 τ 下进行的，τ 为积分变量，t 为参变量，结果仍为 t 的函数。由于系统的因果性或激励信号存在时间的局限性，卷积积分的范围会有所变化。

2. 卷积的图解法

图解法求解卷积过程直观，尤其是当函数形式复杂时，用图形分段求出积分限尤为方便准确。卷积求解中定义求解和图解法最好结合起来使用。

码 2-v6【视频讲解】卷积的图解法

例 2-9 已知 $f_1(t)=\begin{cases}1, & |t|<1 \\ 0, & |t|>1\end{cases}$，$f_2(t)=\dfrac{t}{2},(0\leqslant t\leqslant 3)$，求卷积 $g(t)$ 。

解 $f_1(t)$ 和 $f_2(t)$ 的图形如图 2-6a 和图 2-6b 所示，将 $f_1(t)$ 和 $f_2(t)$ 写成以 τ 为自变量，然后将 $f_2(\tau)$ 反转，并将 $f_2(-\tau)$ 平移 t ，就得到 $f_2(t-\tau)$ ，画出图形分别如图 2-6c~图 2-6e 所示。

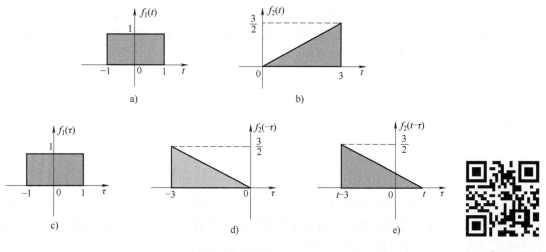

图 2-6　例 2-9 图

码 2-9【程序代码】例 2-9

43

当 t 从 $-\infty$ 逐渐增大时，$f_2(t-\tau)$ 沿着 τ 轴从左向右移动。对应不同的 t 值，将 $f_1(\tau)$ 与 $f_2(t-\tau)$ 相乘并积分就可以得到 $f_1(t)$ 与 $f_2(t)$ 的卷积积分，表达式如下：

$$g(t)=f_1(t)*f_2(t)=\int_{-\infty}^{+\infty}f_1(\tau)f_2(t-\tau)\mathrm{d}\tau$$

分段计算结果如下。

1）当 $-\infty<t<-1$ 时，$g(t)=0$。

2）当 $-1<t<1$ 时，被积分函数 $f_1(\tau)f_2(t-\tau)$ 仅在 $-1<\tau<t$ 区间内（即两函数图形的重叠部分）不等于 0，故得 $g(t)=\int_{-1}^{t}f_1(\tau)f_2(t-\tau)\mathrm{d}\tau=\dfrac{t^2}{4}+\dfrac{t}{2}+\dfrac{1}{4}$。

3）当 $1<t<2$ 时，被积分函数 $f_1(\tau)f_2(t-\tau)$ 仅在 $-1<\tau<1$ 区间内（即两函数图形的重叠部分）不等于 0，故得 $g(t)=\int_{-1}^{1}f_1(\tau)f_2(t-\tau)\mathrm{d}\tau=t$。

4）当 $2<t<4$ 时，被积分函数 $f_1(\tau)f_2(t-\tau)$ 仅在 $t-3<\tau<1$ 区间内（即两函数图形的重叠部分）不等于 0，故得 $g(t)=\int_{t-3}^{1}f_1(\tau)f_2(t-\tau)\mathrm{d}\tau=-\dfrac{t^2}{4}+\dfrac{t}{2}+2$。

5）当 $t>4$ 时，当 $g(t)=0$。

综合以上五种情况，可得最终结果为

$$g(t)=\begin{cases}\dfrac{t^2}{4}+\dfrac{t}{2}+\dfrac{1}{4}, & -1\leqslant t<1 \\[2mm] t, & 1\leqslant t<2 \\[2mm] -\dfrac{t^2}{4}+\dfrac{t}{2}+2, & 2\leqslant t<4 \\[2mm] 0, & \text{其他}\end{cases}$$

2.3.2 卷积积分的性质

卷积积分是一种数学运算，卷积运算具有许多特殊性质，这些性质在信号与系统分析中有着重要的作用，可以简化运算。以下讨论均假设卷积积分是收敛的，这样二重积分的次序可以交换，导数与积分的次序也可以交换。

1. 代数性质

（1）交换律

表达式为

$$f_1(t)*f_2(t)=f_2(t)*f_1(t) \tag{2-68}$$

（2）分配率

表达式为

$$f_1(t)*[f_2(t)+f_3(t)]=f_1(t)*f_2(t)+f_1(t)*f_3(t) \tag{2-69}$$

分配率可用于系统分析，相当于并联 LTI 系统的冲激响应等于组成并联系统的各子系统冲激响应之和。LTI 系统并联如图 2-7 所示。

结合图 2-7 所示，两个子系统的冲激响应分别是 $h_1(t)$ 和 $h_2(t)$，并联后的效果对应的冲激响应写为 $h(t)$，即 $h(t)=h_1(t)+h_2(t)$。

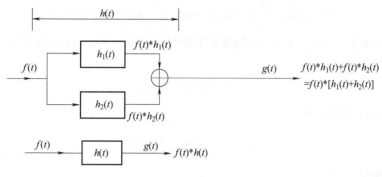

图 2-7　LTI 系统并联

（3）结合律

表达式为

$$[f_1(t) * f_2(t)] * f_3(t) = f_1(t) * [f_2(t) * f_3(t)] \qquad (2-70)$$

结合律用于系统分析，相当于串联 LTI 系统的冲激响应等于组成串联系统的各子系统冲激响应的卷积。LTI 系统串联如图 2-8 所示，两个子系统的冲激响应分别是 $h_1(t)$ 和 $h_2(t)$，串联后的效果对应的冲激响应写为 $h(t)$，即 $h(t) = h_1(t) * h_2(t)$。

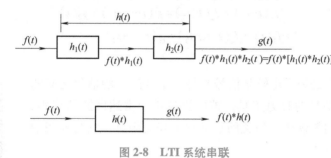

图 2-8　LTI 系统串联

2. 微分和积分性质

两个函数卷积后的导数等于其中一个函数的导数与另一个函数的卷积，表达式为

$$\frac{\mathrm{d}}{\mathrm{d}t}[f_1(t) * f_2(t)] = f_1(t) * \frac{\mathrm{d}f_2(t)}{\mathrm{d}t} = \frac{\mathrm{d}f_1(t)}{\mathrm{d}t} * f_2(t) \qquad (2-71)$$

需要注意的是，式（2-71）成立的前提条件是

$$f_1(-\infty) = f_2(-\infty) = 0$$

将式（2-71）推广到卷积高阶导数或多重积分，设 $s(t) = f_1(t) * f_2(t)$，则有

$$s^{(i)}(t) = f_1^{(j)}(t) * f_2^{(i-j)}(t) \qquad (2-72)$$

式中，i、j 取正整数时为导数阶次，取负整数时为重积分的次数。例如，

$$\frac{\mathrm{d}f_1(t)}{\mathrm{d}t} * \int_{-\infty}^{t} f_2(\lambda)\mathrm{d}\lambda = f_1(t) * f_2(t) \qquad (2-73)$$

3. 函数与冲激函数的卷积

函数 $f(t)$ 与单位冲激函数 $\delta(t)$ 卷积的结果仍然是函数本身，表达式为

$$f(t) * \delta(t) = \delta(t) * f(t) = f(t) \qquad (2-74)$$

45

$$\delta(t) * f(t) = \int_{-\infty}^{\infty} \delta(\tau)f(t-\tau)\,\mathrm{d}\tau = \int_{-\infty}^{\infty} \delta(\tau)f(t)\,\mathrm{d}\tau = f(t)$$

进一步有 $f(t) * \delta(t-t_0) = f(t-t_0)$。利用卷积的微分、积分性质，可以进一步得到以下结论：

对于冲激偶，有

$$f(t) * \delta'(t) = f'(t) \tag{2-75}$$

对于单位阶跃函数，有

$$f(t) * \varepsilon(t) = \int_{-\infty}^{t} f(\lambda)\,\mathrm{d}\lambda \tag{2-76}$$

推广到一般情况为

$$f(t) * \delta^{(k)}(t) = f^{(k)}(t) \tag{2-77}$$

$$f(t) * \delta^{(k)}(t-t_0) = f^{(k)}(t-t_0) \tag{2-78}$$

式中，k 为求导阶次或取重积分的次数，k 取正整数时为求导阶次，k 取负整数时为重积分的次数，例如 $\delta^{-1}(t)$ 表示冲激函数的积分，也就是阶跃函数 $\varepsilon(t)$。

4. 卷积的移位性质

若 $g(t) = f_1(t) * f_2(t)$，则

$$f_1(t-t_1) * f_2(t-t_2) = f_1(t-t_1-t_2) * f_2(t)$$
$$= f_1(t) * f_2(t-t_1-t_2) = g(t-t_1-t_2) \tag{2-79}$$

5. 相关函数

相关函数的引入是为了比较某信号与另一个延时 τ 的信号之间的相似程度，是鉴别信号的有力工具，被广泛应用于雷达回波的识别、通信同步信号的识别等领域。相关函数又称为相关积分，它与卷积的方法类似。

码 2-10【程序代码】
相关函数

实函数 $f_1(t)$ 和 $f_2(t)$ 若为能量有限信号，则它们之间的互相关函数定义为

$$R_{12}(\tau) = \int_{-\infty}^{+\infty} f_1(t)f_2(t-\tau)\,\mathrm{d}t = \int_{-\infty}^{+\infty} f_1(t+\tau)f_2(t)\,\mathrm{d}t \tag{2-80}$$

$$R_{21}(\tau) = \int_{-\infty}^{+\infty} f_1(t-\tau)f_2(t)\,\mathrm{d}t = \int_{-\infty}^{+\infty} f_1(t)f_2(t+\tau)\,\mathrm{d}t \tag{2-81}$$

由式（2-80）和式（2-81）可见，互相关函数是两信号之间时间差 τ 的函数。需要注意的是，一般情况下 $R_{12}(\tau) \neq R_{21}(\tau)$。不难证明，它们之间的关系为

$$R_{12}(\tau) = R_{21}(-\tau), \quad R_{21}(\tau) = R_{12}(-\tau)$$

如果实函数 $f_1(t)$ 和 $f_2(t)$ 是同一信号 $f(t)$，此时无须区分 $R_{12}(\tau)$ 与 $R_{21}(\tau)$，可用 $R(\tau)$ 表示，称为自相关函数。即

$$R(\tau) = \int_{-\infty}^{+\infty} f(t)f(t-\tau)\,\mathrm{d}t = \int_{-\infty}^{+\infty} f(t+\tau)f_2(t)\,\mathrm{d}t \tag{2-82}$$

由式（2-82）易知，对于自相关函数，有 $R(\tau) = R(-\tau)$。实函数的自相关函数是时移 τ 的偶函数。互相关函数 $R_{12}(\tau)$、$R_{21}(\tau)$ 与卷积定义式（2-65）比较可得

$$R_{12}(\tau)=f_1(t)*f_2(-t)$$
$$R_{21}(\tau)=f_1(-t)*f_2(t)$$

综上所述，若实函数 $f_1(t)$ 和 $f_2(t)$ 均为偶函数，则卷积与相关函数相同。

2.4　LTI 离散系统的响应

离散系统分析与连续系统分析在许多方面可以类比，2.1 节中已经对比了连续（离散）系统的变量与函数、微分与差分以及微分方程与差分方程之间的异同。另外，LTI 离散系统的求解过程与 LTI 连续系统的求解过程也类似，都可以通过经典法求解或者将全响应分解为零输入响应和零状态响应并结合经典法求解。

码 2-v7【视频讲解】
LTI 离散系统的响应

2.4.1　差分方程经典解

描述离散系统激励 $f(k)$ 与响应 $y(k)$ 之间关系的数学模型是 n 阶常系数差分方程，它可以写为

$$y(k)+a_{n-1}y(k-1)+\cdots+a_0y(k-n)=b_m f(k)+b_{m-1}f(k-1)+\cdots+b_0 f(k-m) \tag{2-83}$$

与微分方程的经典解类似，差分方程的经典解也可以表示为齐次解和特解相加的形式，表达式为

$$y(k)=y_{\rm h}(k)+y_{\rm p}(k) \tag{2-84}$$

当式（2-84）中的 $f(k)$ 及其各移位项均为零时，齐次方程为

$$y(k)+a_{n-1}y(k-1)+\cdots+a_0y(k-n)=0 \tag{2-85}$$

的解称为齐次解，n 阶齐次差分方程的齐次解由形式为 $C\lambda^k$ 的序列组合而成，将 $C\lambda^k$ 代入到式（2-86）中，化简得

$$1+a_{n-1}\lambda^{-1}+\cdots+a_0\lambda^{-n}=0 \tag{2-86}$$

式（2-86）称为差分方程的特征方程，它有 n 个根 $\lambda_j(j=1,2,\cdots,n)$，称为差分方程的特征根。显然，形式为 $C_j\lambda_j^k$ 的序列都满足式（2-85），因而它们是方程的齐次解。依特征根取值的不同，差分方程常用齐次解的形式见表 2-4。

表 2-4　差分方程常用齐次解的形式

特征根 λ	齐次解 $y_{\rm h}(k)$
单实根	$C\lambda^k$
r 重实根	$(C_{r-1}k^{r-1}+C_{r-2}k^{r-2}+\cdots+C_1 k+C_0)\lambda^k$
一对共轭复根 $\lambda_{1,2}=\alpha\pm{\rm j}\beta=\rho {\rm e}^{\pm{\rm j}\theta}$	$\rho^k(C\cos\beta k+D\sin\beta k)$ 或 $A\rho^k\cos(\beta k-\theta)$，其中 $A{\rm e}^{{\rm j}\theta}=C+{\rm j}D$
r 重共轭复根	$\rho^k[A_{r-1}k^{r-1}\cos(\beta k-\theta_{r-1})+\cdots+A_0\cos(\beta k-\theta_0)]$

特解的形式与差分方程右边的形式（激励）类似，表 2-5 列出了几种典型的激励 $f(k)$ 常用特解 $y_{\rm p}(k)$ 的形式。选定特解后代入原差分方程，求出其待定系数，就得出方程的特解。

表 2-5　差分方程常用特解的形式

激励 $f(k)$	特解 $y_p(k)$	
E（常数）	P	
k^m	$k^m+P_{m-1}k^{m-1}+\cdots+P_1k+P_0$	所有特征根均不等于 0
	$k^r(P_mk^m+P_{m-1}k^{m-1}+\cdots+P_1k+P_0)$	有 r 重等于 0 的特征根
a^k	Pa^k	a 不等于特征根
	$P_1k+P_0a^k$	a 等于特征单根
	$P_rk^r+P_{r-1}k^{r-1}+\cdots+P_1k+P_0a^k$	a 等于 r 重特征根
$\cos \omega k$ $\sin \omega k$	$P\cos \omega k+Q\sin \omega k$	所有特征根都不等于 $e^{\pm j\omega}$

线性差分方程的全解是齐次解与特解之和。若差分方程的特征根均为单根,则差分方程的全解为

$$y(k)=y_h(k)+y_p(k)=\sum_{j=1}^{n}C_j\lambda_j^k+y_p(k) \tag{2-87}$$

若特征根 λ_1 为 r 重根,而其余 $n-r$ 个特征根为单根,则差分方程的全解为

$$y(k)=y_h(k)+y_p(k)=\sum_{j=1}^{r}C_jk^{r-j}\lambda_j^k+\sum_{j=r+1}^{n}C_j\lambda_j^k+y_p(k) \tag{2-88}$$

式中,各系数 C_j 由初始条件决定。

若激励信号在 $k=0$ 时接入,则差分方程的解适用于 $k\geqslant0$ 的情况。对于 n 阶差分方程,用给定的 n 个初始条件 $y(0),y(1),\cdots,y(n-1)$ 就可确定全部待定系数 C_j。连续系统的初始条件是给定 0 时刻响应的各阶微分 $y^{(n)}(0)$,离散系统与之对应初始条件也可以理解为给定的各阶差分。初始条件对比见表 2-6。

表 2-6　初始条件对比

连续系统初始条件	离散系统初始条件
$y(0)$	$y(0)$
$y'(0)$	$\Delta y(1)=y(1)-y(0)$
$y''(0)$	$\Delta y(2)=y(2)-2y(1)+y(0)$
$\vdots$	$\vdots$
$y^{n-1}(0)$	$\Delta y(n-1)$

已知条件给定 $\Delta y(2)$ 时,如果已给定 $y(0)$ 和 $y(1)$,计算 $\Delta y(2)$ 只需要知道 $y(2)$,所以离散系统给出 $n-1$ 个点的取值和给出 $n-1$ 个差分实质上是相同的。

例 2-10　系统方程为 $y(k)-2y(k-1)+2y(k-2)=f(k)$,已知初始条件 $y(-1)=0$、$y(-2)=0.5$,激励 $f(k)=2\varepsilon(k)$ $(k\geqslant0)$,求方程的全解。

码 2-11【程序代码】
例 2-10

解　特征方程为 $\lambda^2-2\lambda+2=0$,特征根 $\lambda_{1,2}=1\pm j1$,查表 2-4,齐次解形式为

$$y_{\mathrm{h}}(k)=(\sqrt{2})^{k}\left(C\cos\frac{k\pi}{4}+D\sin\frac{k\pi}{4}\right)$$

查表 2-5，特解为 $y_{\mathrm{p}}(k)=P$。

代入差分方程得 $P-2P+2P=2$，特解 $y_{\mathrm{p}}(k)=2$。

依据全解

$$y(k)=y_{\mathrm{h}}(k)+y_{\mathrm{p}}(k)=(\sqrt{2})^{k}\left(C\cos\frac{k\pi}{4}+D\sin\frac{k\pi}{4}\right)+2,\quad k\geqslant 0 \tag{2-89}$$

由差分方程递推求出初始条件 $y(0)$、$y(1)$ 为

$$y(0)=2y(-1)-2y(-2)+f(0)=1$$
$$y(1)=2y(0)-2y(-1)+f(1)=4$$

将初始条件代入式 (2-89)，解得 $C=-1$、$D=3$，则

$$y(k)=(\sqrt{2})^{k}\left(-\cos\frac{k\pi}{4}+3\sin\frac{k\pi}{4}\right)+2,\quad k\geqslant 0$$

2.4.2 零输入响应与零状态响应

与连续系统的分析类似，在差分方程求解中也可以把全响应分解成零输入响应和零状态响应两个部分，这种分解方式可以利用 LTI 系统的线性性质。

1. 零输入响应

系统的激励为 0 时，仅由系统的起始状态引起的响应，称为零输入响应，用 $y_{\mathrm{zi}}(k)$ 表示。在零输入条件下，有

$$\sum_{j=0}^{n}a_{n-j}y_{\mathrm{zi}}(k-j)=0 \tag{2-90}$$

一般设定激励在 $k=0$ 时接入系统，在 $k<0$ 时，激励尚未接入，所以起始状态不会受到输入的影响，有

$$\begin{cases} y_{\mathrm{zi}}(-1)=y(-1) \\ y_{\mathrm{zi}}(-2)=y(-2) \\ \quad\vdots \\ y_{\mathrm{zi}}(-n)=y(-n) \end{cases} \tag{2-91}$$

式中，$y(-1)$，$y(-2)$，$\cdots$，$y(-n)$ 为系统的起始状态。由起始状态结合式 (2-91)，通过迭代计算得到初始状态 $y_{\mathrm{zi}}(0)$，$y_{\mathrm{zi}}(1)$，$\cdots$，$y_{\mathrm{zi}}(n-1)$ 为

$$\begin{cases} y_{\mathrm{zi}}(0)=-\sum_{j=1}^{n}a_{n-j}y_{\mathrm{zi}}(-j) \\ y_{\mathrm{zi}}(1)=-\sum_{j=1}^{n}a_{n-j}y_{\mathrm{zi}}(1-j) \\ \quad\vdots \\ y_{\mathrm{zi}}(n-1)=-\sum_{j=1}^{n}a_{n-j}y_{\mathrm{zi}}(n-1-j) \end{cases} \tag{2-92}$$

例 2-11 系统方程为 $y(k)-2y(k-1)+2y(k-2)=f(k)$，起始状态 $y(-1)=0$、$y(-2)=0.5$，求系统的零输入响应。

解　零输入响应 $y_{zi}(k)$ 满足如下方程：

$$y_{zi}(k)-2y_{zi}(k-1)+2y_{zi}(k-2)=0$$

$$y_{zi}(-1)=y(-1)=0$$

$$y_{zi}(-2)=y(-2)=0.5$$

依据差分方程递推求出初始值 $y_{zi}(0)$、$y_{zi}(1)$ 分别为

码 2-12【程序代码】

例 2-11

$$y_{zi}(0)=2y_{zi}(-1)-2y_{zi}(-2)=-1$$

$$y_{zi}(1)=2y_{zi}(0)-2y_{zi}(-1)=-2$$

特征方程为 $\lambda^2-2\lambda+2=0$，特征根为 $\lambda_{1,2}=1\pm j1$，由表 2-4 可知，零输入响应为

$$y_{zi}(k)=(\sqrt{2})^k\left(C_{zi1}\cos\frac{k\pi}{4}+D_{zi1}\sin\frac{k\pi}{4}\right)$$

将初始值 $y_{zi}(0)=-1$、$y_{zi}(1)=-2$ 代入并解得 $C_{zi1}=-1$、$D_{zi1}=-1$，得

$$y_{zi}(k)=-(\sqrt{2})^k\left(\cos\frac{k\pi}{4}+\sin\frac{k\pi}{4}\right),\ k\geqslant0$$

2. 零状态响应

零状态响应是系统的初始条件为零时，仅由输入信号 $f(t)$ 引起的响应，用 $y_{zs}(t)$ 表示，这时方程式仍是非齐次方程，即

$$\sum_{j=0}^{n}a_{n-j}y_{zs}(k-j)=\sum_{i=0}^{m}b_{m-i}f(k-i) \tag{2-93}$$

起始状态为 0，即

$$\begin{cases} y_{zs}(-1)=0 \\ y_{zs}(-2)=0 \\ \vdots \\ y_{zs}(-n)=0 \end{cases}$$

由于存在输入，所以起始状态可以由式（2-94）计算得到，不一定等于零：

$$\begin{cases} y_{zs}(0)=-\sum_{j=1}^{n}a_{n-j}y_{zs}(-j)+\sum_{i=0}^{m}b_{m-i}f(-i) \\ y_{zs}(1)=-\sum_{j=1}^{n}a_{n-j}y_{zs}(1-j)+\sum_{i=0}^{m}b_{m-i}f(1-i) \\ \vdots \\ y_{zs}(n-1)=-\sum_{j=1}^{n}a_{n-j}y_{zs}(n-1-j)+\sum_{i=0}^{m}b_{m-i}f(n-1-i) \end{cases} \tag{2-94}$$

进行递推时要注意，在 $k<0$ 时，激励尚未接入，因此若没有特别指出，则 $k<0$ 时 $f(k)=0$。

例 2-12　例 2-12 所述系统，系统方程为 $y(k)-2y(k-1)+2y(k-2)=f(k)$，已知激励 $f(k)=2\varepsilon(k)(k\geqslant0)$，求系统的零状态响应。

解　根据定义，零状态响应 $y_{zs}(k)$ 满足

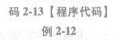

码 2-13【程序代码】

例 2-12

$$y_{zs}(k)-2y_{zs}(k-1)+2y_{zs}(k-2)=f(k)$$

$$y_{zs}(-1)=y_{zs}(-2)=0$$

递推求得初始值 $y_{zs}(0)$、$y_{zs}(1)$ 分别为

$$y_{zs}(0) = 2y_{zs}(-1) - 2y_{zi}(-2) + f(0) = 2$$

$$y_{zs}(1) = 2y_{zs}(0) - 2y_{zi}(-1) + f(1) = 6$$

不难求出特解 $y_p(k) = 2$，齐次解的形式与例 2-12 相同，可得

$$y_{zs}(k) = (\sqrt{2})^k \left(C_{zs1} \cos \frac{k\pi}{4} + D_{zs1} \sin \frac{k\pi}{4} \right) + y_p(k)$$

代入初始值，递推得

$$y_{zs}(0) = C_{zs1} + 2 = 2$$

$$y_{zs}(1) = \sqrt{2} \left(\frac{\sqrt{2}}{2} C_{zs1} + \frac{\sqrt{2}}{2} D_{zs1} \right) + 2 = 6$$

解得 $C_{zs1} = 0$、$D_{zs1} = 4$，因此零状态响应为

$$y_{zs}(k) = 4(\sqrt{2})^k \sin \frac{k\pi}{4} + 2, \quad k \geqslant 0$$

与连续系统类似，一个初始状态不为零的 LTI 离散系统，在外加激励作用下，全响应等于零输入响应与零状态响应之和，即 $y(k) = y_{zi}(k) + y_{zs}(k)$

例 2-10 中采用的是经典法求解差分方程，如果将全响应分解为零状态响应和零输入响应进行求解，其结果可以写为例 2-11 和例 2-12 的和，表示如下：

$$y(k) = y_{zi}(k) + y_{zs}(k)$$

$$= \underbrace{-(\sqrt{2})^k \left(\cos \frac{k\pi}{4} + \sin \frac{k\pi}{4} \right)}_{\text{零输入响应}} + \underbrace{4(\sqrt{2})^k \sin \frac{k\pi}{4} + 2}_{\text{零状态响应}}$$

$$= \underbrace{(\sqrt{2})^k \left(-\cos \frac{k\pi}{4} + 3\sin \frac{k\pi}{4} \right)}_{\text{齐次解（自由响应）}} + \underbrace{2}_{\text{特解（强迫响应）}}, \quad k \geqslant 0 \tag{2-95}$$

可见离散系统的全响应也有两种分解方式：由经典法求解得到的结果可以分解为齐次解（自由响应）和特解（强迫响应），也可以分解为零输入响应和零状态响应。虽然零输入响应与自由响应都是齐次解的形式，但它们的系数并不相同，零输入响应的系数仅由系统的起始状态决定，而自由响应的系数则由起始状态和输入共同决定。

2.4.3　单位序列响应和单位阶跃响应

单位序列 $\delta(k)$ 与单位阶跃序列 $\varepsilon(k)$ 之间的关系是

$$\delta(k) = \Delta\varepsilon(k) = \varepsilon(k) - \varepsilon(k-1) \tag{2-96}$$

$$\varepsilon(k) = \sum_{i=-\infty}^{k} \delta(i) \tag{2-97}$$

式（2-96）和式（2-97）分别是差分运算和累加运算，可以对比连续系统中的微分和积分运算。式（2-97）中，若令 $i = k-j$，则当 $i = -\infty$ 时，$j = \infty$；当 $i = k$ 时，$j = 0$，式（2-97）可以写为

$$\varepsilon(k) = \sum_{i=-\infty}^{k} \delta(i) = \sum_{j=+\infty}^{0} \delta(k-j) = \sum_{j=0}^{+\infty} \delta(k-j) \tag{2-98}$$

即

码 2-v8【视频讲解】
单位序列响应和
单位阶跃响应

$$\varepsilon(k) = \sum_{j=0}^{+\infty} \delta(k-j) \tag{2-99}$$

式（2-99）直接体现了信号分解的思想，$\varepsilon(k)$和$\delta(k)$的关系可以看作是把$\varepsilon(k)$分解为了单位序列$\delta(k)$及若干移位序列的累加。

1. 单位序列响应

当 LTI 离散系统的激励为单位序列$\delta(k)$时，系统的零状态响应称为单位序列响应（或单位样值响应、单位取样响应），用$h(k)$表示，它的作用与连续系统中的冲激响应$h(t)$类似。

由于单位序列$\delta(k)$仅在$k=0$处等于1，而当$k>0$时为0。以$\delta(k)$为激励从特解表里找不到对应的特解形式，但如果从激励结束以后（$k \geqslant 1$）开始分析，系统此时的响应形式与零输入响应的函数形式相同。这样就把求单位序列响应的问题转化成求差分方程齐次解的问题，而$k=0$处的值$h(0)$可按零状态的条件由差分方程确定。

例 2-13 系统的差分方程为$y(k)-2.5y(k-1)+y(k-2)=f(k)-f(k-2)$，求系统的单位序列响应。

解 设定新系统的差分方程为
$$y(k)-2.5y(k-1)+y(k-2)=f(k)$$
则单位序列响应为$h_1(k)$写成如下形式：
$$h_1(k)-2.5h_1(k-1)+h_1(k-2)=\delta(k)$$
当输入为$\delta(k-2)$时，输出为$h_2(k)$，满足下式：
$$h_2(k)-2.5h_2(k-1)+h_2(k-2)=\delta(k-2)$$

码 2-14【程序代码】
例 2-13

由线性性质可得$h(k)=h_1(k)-h_2(k)$，由 LTI 系统的移位不变性可得$h_2(k)=h_1(k-2)$，因此系统的单位序列响应为$h(k)=h_1(k)-h_1(k-2)$。

新系统先求特征根，然后写出$h_1(k)$的形式为
$$h_1(k)=C_1 0.5^k+C_2 2^k, k \geqslant 1 \tag{2-100}$$

由式（2-100）可知，系统在$k \geqslant 1$时输入为零，只需要以$h_1(0)$和$h_1(-1)$为初始条件即可。由改写的差分方程可得
$$h_1(0)=2.5h_1(-1)-h_1(-2)+\delta(0)=1$$
$$h_1(-1)=0$$

将初始条件代入式（2-100）可得$C_1=-\dfrac{1}{3}$、$C_2=\dfrac{4}{3}$，此时已将$h_1(0)$代入，因而方程的解也满足$k=0$，于是有
$$h_1(k)=\left(-\frac{1}{3}\times 0.5^k+\frac{4}{3}\times 2^k\right)\varepsilon(k)$$

原系统的单位序列响应为
$$h(k)=h_1(k)-h_1(k-2)$$
$$=\left(-\frac{1}{3}\times 0.5^k+\frac{4}{3}\times 2^k\right)\varepsilon(k)-\left(-\frac{1}{3}\times 0.5^{k-2}+\frac{4}{3}\times 2^{k-2}\right)\varepsilon(k-2)$$
$$=\delta(k)+(0.5^k+2^k)\varepsilon(k-1)$$

$$= \begin{cases} 0, & k<0 \\ 1, & k=0 \\ 0.5^k+2^k, & k\geqslant 1 \end{cases} \qquad (2\text{-}101)$$

2. 单位阶跃响应

当 LTI 离散系统的激励为单位阶跃序列 $\varepsilon(k)$ 时，系统的零状态响应称为单位阶跃响应或阶跃响应，用 $g(k)$ 表示。若已知系统的差分方程，则利用经典法可以求得系统的单位阶跃响应 $g(k)$。另外，由式（2-98）可知

$$\varepsilon(k)=\sum_{i=-\infty}^{k}\delta(i)=\sum_{j=0}^{\infty}\delta(k-j) \qquad (2\text{-}102)$$

若已知系统的单位序列响应 $h(k)$，则根据 LTI 系统的线性性质和移位不变性，系统的单位阶跃响应为

$$g(k)=\sum_{i=-\infty}^{k}h(i)=\sum_{j=0}^{\infty}h(k-j) \qquad (2\text{-}103)$$

反之，由于 $\delta(k)=\Delta\varepsilon(k)=\varepsilon(k)-\varepsilon(k-1)$，若已知系统的单位阶跃响应 $g(k)$，则系统的单位序列响应为

$$h(k)=\Delta g(k)=g(k)-g(k-1)$$

2.5　序列卷积和

在 LTI 连续系统中，通过把激励信号分解为一系列冲激函数，求出各冲激函数单独作用于系统的冲激响应，然后利用线性系统的叠加原理，将这些冲激响应相加，就可得到系统对于该激励信号的零状态响应。这个相加的过程即为求卷积积分。在 LTI 离散系统中，也可以用相同思路与方法进行分析。由于离散信号本身就是一个序列，因此激励信号分解为单位序列及其移位信号累加的过程更加容易理解。如果单位序列响应已知或已经求出，那么不难求得任意序列作用下离散系统的零状态响应，这个过程实际上就是求卷积和。

2.5.1　卷积和的定义与计算

任意序列 $f(k)$ 可表示为

$$f(k)=\cdots+f(-1)\delta(k+1)+f(0)\delta(k)+f(1)\delta(k-1)+\cdots+f(i)\delta(k-i)$$

$$=\sum_{i=-\infty}^{+\infty}f(i)\delta(k-i) \qquad (2\text{-}104)$$

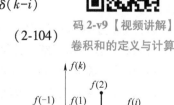

码 2-v9【视频讲解】
卷积和的定义与计算

任意序列分解示意图如图 2-9 所示。

设 LTI 系统的单位序列响应为 $h(k)$，下面分析一下任意序列输入一个 LTI 离散系统的零状态响应（参考图 2-10）。依据式（2-104），有

$$f(k)=\sum_{i=-\infty}^{+\infty}f(i)\delta(k-i) \qquad (2\text{-}105)$$

系统激励为 $f(k)$ 时的零状态响应为

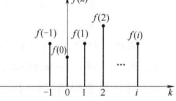

图 2-9　任意序列分解示意图

$$y_{zs}(k) = \sum_{i=-\infty}^{+\infty} f(i)h(k-i) \tag{2-106}$$

已知定义在区间 $(-\infty, +\infty)$ 上的两个函数 $f_1(k)$ 和 $f_2(k)$，则定义

$$f(k) = \sum_{i=-\infty}^{+\infty} f_1(i)f_2(k-i) \tag{2-107}$$

为 $f_1(k)$ 与 $f_2(k)$ 的**卷积和**，简称**卷积**，记为

$$f(k) = f_1(k) * f_2(k) \tag{2-108}$$

求和是在虚设的变量 i 下进行的，i 为求和变量，k 为参变量。结果仍为 k 的函数。由于系统的因果性或激励信号存在时间的局限性，卷积和的累加限会有所变化。任意序列的零状态响应关系如图 2-10 所示。

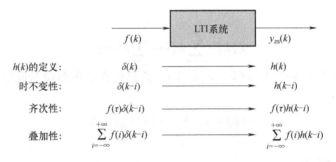

图 2-10　任意序列的零状态响应关系

例 2-14　LTI 系统的激励为 $f(k) = a^k \varepsilon(k)$，单位序列响应 $h(k) = b^k \varepsilon(k)$，求 $y_{zs}(k)$。

解　依据卷积和定义式 (2-107)，有

$$y_{zs}(k) = f(k) * h(k) = \sum_{i=-\infty}^{+\infty} f(i)h(k-i) = \sum_{i=-\infty}^{+\infty} a^i \varepsilon(i) b^{k-i} \varepsilon(k-i)$$

$$= \left(\sum_{i=0}^{k} a^i b^{k-i}\right) \varepsilon(k) = b^k \left[\sum_{i=0}^{k} \left(\frac{a}{b}\right)^i\right] \varepsilon(k)$$

$$= \begin{cases} \left[b^k \dfrac{1-(a/b)^{k+1}}{1-a/b}\right] \varepsilon(k), & a \neq b \\ b^k(k+1)\varepsilon(k), & a = b \end{cases}$$

码 2-15【程序代码】
例 2-14

在进行卷积计算的过程中，可以通过调整累加的上下限消去阶跃函数。

解析形式的函数可依据卷积的定义去求解，而对于通过图形形式给出的函数则往往用图解法计算卷积，图解法可以分解成以下四步。

码 2-v10【视频讲解】
卷积和的计算与性质

1）换元：将 k 换为 i，得 $f_1(i)$ 和 $f_2(i)$。

2）反转平移：由 $f_2(i)$ 反转得到 $f_2(-i)$，并右移 k，得到 $f_2(k-i)$。

3）乘积：计算 $f_1(i)f_2(k-i)$。

4）求和：对 i 从 $-\infty$ 到 $+\infty$ 的乘积项 $f_1(i)f_2(k-i)$ 求和。

k 为待计算卷积结果的时间变量取值。

例 2-15　$f_1(k)$、$f_2(k)$ 如图 2-11 所示，已知 $f(k) = f_1(k) * f_2(k)$，求 $f(2)$。

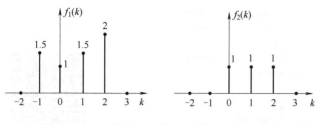

图 2-11　例 2-15 图

码 2-16【程序代码】
例 2-15

解　依据卷积的定义式（2-107），有 $f(2)=\displaystyle\sum_{i=-\infty}^{+\infty} f_1(i)f_2(2-i)$，换元得 $f_1(i)$、$f_2(i)$，并将 $f_2(i)$ 反转得 $f_2(-i)$，如图 2-12 所示。

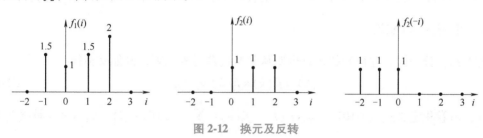

图 2-12　换元及反转

将 $f_2(-i)$ 右移 2 个单位，得 $f_2(2-i)$，如图 2-13 所示。$f_1(i)$ 与 $f_2(2-i)$ 相乘，如图 2-14 所示。

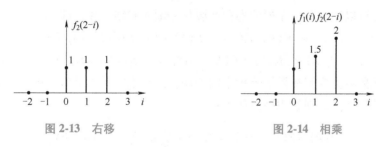

图 2-13　右移　　　　　　　　　图 2-14　相乘

求和得 $f(2)=4.5$。

图解法求解卷积很直观，下面介绍不进位乘法求卷积，计算过程更加简便。

$$f(k)=\sum_{i=-\infty}^{+\infty} f_1(i)f_2(k-i)$$
$$=\cdots+f_1(-1)f_2(k+1)+f_1(0)f_2(k)+f_1(1)f_2(k-1)+\cdots+f_1(i)f_2(k-i)+\cdots \quad (2\text{-}109)$$

从式（2-109）可以看出，给定特定的序列时间点 k，$f(k)$ 等于所有两序列序号之和为 k 的点的乘积之和。例如，当 $k=2$ 时，有

$$f(2)=\cdots+f_1(-1)f_2(3)+f_1(0)f_2(2)+f_1(1)f_2(1)+f_1(2)f_2(0)+\cdots$$

例 2-16　$f_1(k)=\{\cdots,0,f_1(1),f_1(2),f_1(3),0,\cdots\}$，$f_2(k)=\{\cdots,0,f_2(0),f_2(1),0,\cdots\}$，求 $f_1(k)*f_2(k)$。

解　将 $f_1(k)$ 和 $f_2(k)$ 按乘法计算式写成两行，依次计算各项相乘的结果，并将下标和相同的项写在同一列不进位乘法示意图如图 2-15 所示。

$$f_1(1), \qquad f_1(2), \qquad f_1(3)$$
$$f_2(0), \qquad f_2(1)$$
$$\times \overline{\qquad\qquad\qquad\qquad\qquad\qquad\qquad}$$

$$\qquad\qquad f_1(1)f_2(1), \quad f_1(2)f_2(1), \qquad f_1(3)f_2(1)$$
$$f_1(1)f_2(0), \quad f_1(2)f_2(0), \quad f_1(3)f_2(0)$$
$$+ \overline{\qquad\qquad\qquad\qquad\qquad\qquad\qquad\qquad}$$
$$\qquad\qquad f_1(1)f_2(1)+f_1(2)f_2(0) \qquad\qquad f_1(3)f_2(1)$$
$$f_1(1)f_2(0) \qquad\qquad f_1(2)f_2(1)+f_1(3)f_2(0)$$

图 2-15　不进位乘法示意图

将所有项相加可得

$$f(k) = \{0, f_1(1)f_2(0), f_1(1)f_2(1)+f_1(2)f_2(0), f_1(2)f_2(1)+f_1(3)f_2(0), f_1(3)f_2(1), 0\}$$

2.5.2　卷积和的性质

与卷积积分一样，卷积和的运算也服从某些代数运算规则，例如交换律：

$$f_1(k) * f_2(k) = f_2(k) * f_1(k) \tag{2-110}$$

证：由卷积定义式（2-107）得，$f_1(k) * f_2(k) = \sum_{i=-\infty}^{+\infty} f_1(i) f_2(k-i)$，将变量 j 替换为 $k-i$，

则 $k-j$ 应替换为 i，上式可以改写为

$$f_1(k) * f_2(k) = \sum_{j=+\infty}^{-\infty} f_1(k-j) f_2(j) = \sum_{j=-\infty}^{+\infty} f_2(j) f_1(k-j) = f_2(k) * f_1(k)$$

类似地，也可以证明两个序列的卷积和服从分配率和结合律，即

$$f_1(k) * [f_2(k) + f_3(k)] = f_1(k) * f_2(k) + f_1(k) * f_3(k) \tag{2-111}$$

$$f_1(k) * [f_2(k) * f_3(k)] = [f_1(k) * f_2(k)] * f_3(k) \tag{2-112}$$

卷积和的代数运算规则在系统分析中的物理含义与连续系统类似，可参考 2.3.2 节。若两序列之一是单位序列，则卷积结果如下：

$$f(k) * \delta(k) = \delta(k) * f(k) = \sum_{i=-\infty}^{+\infty} \delta(i) f(k-i) = f(k) \tag{2-113}$$

2.5.3　离散系统卷积和的分析方法

利用卷积和求解离散系统零状态响应时，只需先求出系统的单位序列响应，就可以通过卷积和求解任意序列对应的零状态响应。

例 2-17　系统差分方程为 $y(k) - 2.5y(k-1) + y(k-2) = f(k) - f(k-2)$，求激励为 $f(k) = \varepsilon(k)$ 时，系统的零状态响应。

解　当激励 $f(k) = \varepsilon(k)$ 时，系统的零状态响应即为单位阶跃响应，依据式（2-106），零状态响应可以写成激励和单位序列响应的卷积，即

$$y_{zs}(k) = \varepsilon(k) * h(k) = \sum_{i=-\infty}^{+\infty} \varepsilon(i) h(k-i) = \sum_{i=0}^{+\infty} h(k-i) \tag{2-114}$$

作变量替换，式（2-114）可以改写为

$$y_{zs}(k) = \sum_{i=-\infty}^{k} h(i) \qquad (2\text{-}115)$$

其形式与式（2-103）前部完全相同，可以将卷积运算理解为将任意序列分解为单位序列及其移位序列的过程，而将单位阶跃序列分解为单位序列仅仅只是分解的一个特例。将单位序列响应即 $h(k) = \delta(k) + (0.5^k + 2^k)\varepsilon(k-1)$ 代入得

$$y_{zs}(k) = \delta(k) + \left[2^{k+1} - 0.5^k \right]\varepsilon(k-1) \qquad (2\text{-}116)$$

码 2-18【程序代码】
例 2-17

习题与思考题

2-1　已知系统响应的微分方程和起始状态如下，试求其零输入响应。

1）$y''(t) + 5y'(t) + 6y(t) = f(t)$，$y(0_-) = 1$，$y'(0_-) = -1$。

2）$y''(t) + 2y'(t) + y(t) = f(t)$，$y(0_-) = 1$，$y'(0_-) = 2$。

3）$y'''(t) + 4y''(t) + 5y'(t) + 3y(t) = f(t)$，$y(0_-) = 0$，$y'(0_-) = 1$，$y''(0_-) = -1$。

2-2　已知系统响应的微分方程和起始状态如下，试求其 0_+ 值 $y(0_+)$ 和 $y'(0_+)$。

1）$y''(t) + 3y'(t) + 2y(t) = f(t)$，$y(0_-) = 1$，$y'(0_-) = 1$，$f(t) = \varepsilon(t)$。

2）$y''(t) + 6y'(t) + 8y(t) = f''(t)$，$y(0_-) = 1$，$y'(0_-) = 1$，$f(t) = \delta(t)$。

3）$y''(t) + 4y'(t) + 3y(t) = f''(t) + f(t)$，$y(0_-) = 2$，$y'(0_-) = 1$，$f(t) = e^{-2t}\varepsilon(t)$。

2-3　如图 2-16 所示，已知 $L = 0.5\mathrm{H}$，$C = 2\mathrm{F}$，若以 $u_2(t)$ 为输出，求零状态响应。

1）$u_1(t) = \varepsilon(t)\mathrm{V}$。

2）$u_1(t) = \cos t\varepsilon(t)\mathrm{V}$。

2-4　已知系统响应的微分方程和起始状态如下，试求其零输入响应、零状态响应和全响应。

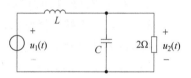

图 2-16　题 2-3 图

1）$y''(t) + 5y'(t) + 6y(t) = f(t)$，$y(0_-) = y'(0_-) = 1$，$f(t) = \varepsilon(t)$。

2）$y''(t) + 4y'(t) + 3y(t) = f'(t) + 3f(t)$，$y(0_-) = 1$，$y'(0_-) = 2$，$f(t) = e^{-t}\varepsilon(t)$。

2-5　描述系统的方程为 $y''(t) + 5y'(t) + 6y(t) = f'(t) - f(t)$，求其冲激响应和阶跃响应。

2-6　信号 $f_1(t)$、$f_2(t)$ 的波形如图 2-17a、图 2-17b 所示，设 $f(t) = f_1(t) * f_2(t)$，求 $f(t)$ 分别在 $t = 4, 6, 8$ 时的数值。

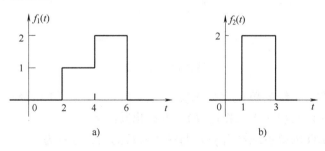

a)　　　　　　　　　　b)

图 2-17　题 2-6 图

2-7　$f_1(t)$ 和 $f_2(t)$ 如图 2-18 所示，求 $f(t) = f_1(t) * f_2(t)$，并画出其波形。

57

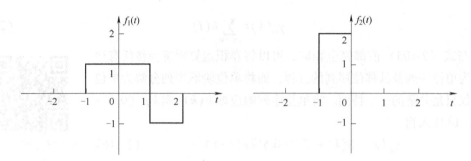

图 2-18 题 2-7 图

2-8 求下列差分方程的零输入响应。

1) $y(k)+\dfrac{1}{3}y(k-1)=f(k)$，$y(-1)=-1$。

2) $y(k)+3y(k-1)+2y(k-2)=f(k)-f(k-1)$，$y(-1)=0$，$y(-2)=1$。

3) $y(k)+y(k-2)=f(k-2)$，$y(-1)=-2$，$y(-2)=-1$。

2-9 求下列差分方程所描述的 LTI 离散系统的零输入响应、零状态响应和全响应。

1) $y(k)+2y(k-1)=f(k)$，$y(-1)=1$，$f(k)=2^{k}\varepsilon(k)$。

2) $y(k)+2y(k-1)+y(k-2)=f(k)$，$y(-1)=3$，$y(-2)=1$，$f(k)=\varepsilon(k)$。

2-10 求下列差分方程的单位序列响应和单位阶跃响应。

1) $y(k)+2y(k-1)+y(k-2)=f(k)$。

2) $y(k)+3y(k-1)+2y(k-2)=f(k)-f(k-2)$。

2-11 已知系统的激励 $f(k)$ 和单位序列响应 $h(k)$ 如下，求系统的零状态响应 $y_{zs}(k)$。

1) $f(k)=h(k)=\varepsilon(k)$。

2) $f(k)=h(k)=\varepsilon(k)-\varepsilon(k-4)$。

3) $f(k)=0.5^{k}\varepsilon(k)$，$h(k)=\varepsilon(k)-\varepsilon(k-4)$。

2-12 离散序列 $f_1(k)$ 和 $f_2(k)$ 如图 2-19a、图 2-19b 所示。设 $f(k)=f_1(k)*f_2(k)$，分别求 $f(2)$、$f(4)$、$f(6)$。

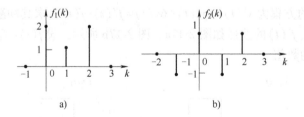

a)   b)

图 2-19 题 2-12 图

2-13 某 LTI 离散系统的单位序列响应 $h(k)=\delta(k)-2\delta(k-1)+3\delta(k-2)$，系统的输入 $f(k)=3\delta(k)+2\delta(k-1)-\delta(k-2)$，求 $y_{zs}(k)$，并画出其波形。

2-14 描述某 LTI 因果系统输出 $y(t)$ 与输入 $f(t)$ 的微分方程为

$$y''(t)+3y'(t)+ky(t)=f'(t)+3f(t)$$

已知输入信号 $f(t)=e^{-t}\varepsilon(t)$，$t\geqslant0$ 时系统的全响应为 $y(t)=\left[(2t+3)e^{-t}-2e^{-2t}\right]\varepsilon(t)$。

1）求微分方程中的常数 k。

2）求系统的零输入响应。

2-15 某 LTI 连续系统，初态为零，当输入 $f_1(t) = 2\varepsilon(t) - 2\varepsilon(t-2)$ 时，输出响应 $y_1(t) = 4[\varepsilon(t) - \varepsilon(t-1)] - 4[\varepsilon(t-2) - \varepsilon(t-3)]$。设输入 $f_2(t)$ 如图 2-20 所示，求此时的输出响应 $y_2(t)$。

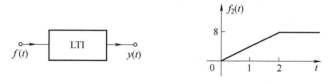

图 2-20 题 2-15 图

2-16 某 LTI 系统的输入输出方程为

$$y''(t) + 2y'(t) + 2y(t) = f'(t) + 3f(t)$$

1）求该系统的冲激响应 $h(t)$。

2）若 $f(t) = \varepsilon(t)$，$y(0_+) = 1$，$y'(0_+) = 3$，求系统的零输入响应 $y_{zi}(t)$。

2-17 设某 LTI 系统的阶跃响应为 $g(k)$，已知当输入为因果序列 $f(k)$ 时，其零状态响应 $y_{zs}(k) = \sum_{i=0}^{k} g(i)$，求输入 $f(k)$。

2-18 某系统的微分方程为 $y''(t) + 3y'(t) + 2y(t) = 2f'(t) + f(t)$。已知 $y(0_-) = 2$，$y'(0_-) = 0$，$f(t) = 2\varepsilon(t)$。

1）根据方程画出系统时域原理框图。

2）求此时系统的全响应。

第 3 章　信号的频域分析

导　读

　　信号的频域分析主要基于傅里叶（Fourier）级数与傅里叶变换分析理论。傅里叶变换最早用于研究热传播和扩散，对数学和物理的发展产生了重大的作用，并进一步被运用于信号的频域分析与处理领域。

　　本章首先从连续周期信号的傅里叶级数分解推出傅里叶变换（频谱密度函数）的概念，然后讨论了傅里叶变换的性质、周期和非周期信号的傅里叶变换、傅里叶逆变换，以及能量谱与功率谱的概念与应用；针对离散信号，从抽样定理出发，介绍了周期序列的离散傅里叶级数（DFS）、离散时间傅里叶变换（DTFT）、离散傅里叶变换（DFT）。

本章知识点

- 信号正交分解、傅里叶级数与信号带宽
- 傅里叶变换的定义、性质
- 常用周期信号、非周期信号的傅里叶变换
- 傅里叶逆变换
- 能量谱与功率谱
- 离散信号的傅里叶分析

3.1　信号分解与傅里叶级数

3.1.1　信号的正交分解

　　信号正交分解是指在信号空间中找到若干个相互正交的信号作为基本信号，使得信号空间中任意信号均可以表示成基本信号的线性组合。

1. 正交函数集

若有定义在 (t_1, t_2) 区间内的两个函数 $\phi_1(t)$ 和 $\phi_2(t)$ 满足

$$\int_{t_1}^{t_2} \phi_1(t) \phi_2(t) \mathrm{d}t = 0$$

则称函数 $\phi_1(t)$ 和 $\phi_2(t)$ 在 (t_1, t_2) 区间内正交。

假设有一个包含 n 个函数的函数集 $\{\phi_1(t), \phi_2(t), \cdots, \phi_n(t)\}$，这些函数在 (t_1, t_2) 区间内满足

$$\int_{t_1}^{t_2} \phi_i(t) \phi_j(t) \mathrm{d}t = \begin{cases} 0, & i \neq j \\ M_i \neq 0, & i = j \end{cases} \tag{3-1}$$

码 3-v1【视频讲解】
信号的正交分解

式中，M_i 为常数，则称该函数集为在 (t_1, t_2) 区间内的正交函数集。在 (t_1, t_2) 区间内的正交函数集构成了正交信号空间。

若在正交函数集 $\{\phi_1(t), \phi_2(t), \cdots, \phi_n(t)\}$ 之外不存在函数 $\varphi(t)$ 满足

$$\int_{t_1}^{t_2} \phi_i(t) \varphi(t) \mathrm{d}t = 0, \quad i = 1, 2, \cdots, n \tag{3-2}$$

则称该函数集为完备正交函数集。也就是说，若可以找到一个函数 $\varphi(t)$，使式（3-2）成立，即 $\varphi(t)$ 与正交函数集 $\{\phi_1(t), \phi_2(t), \cdots, \phi_n(t)\}$ 中的每个函数都正交，那函数 $\varphi(t)$ 本身就应该属于该函数集。

2. 信号的正交分解

对于 (t_1, t_2) 区间内的正交函数集 $\{\phi_1(t), \phi_2(t), \cdots, \phi_n(t)\}$，任一函数 $f(t)$ 都可以用这 n 个正交函数的线性组合来近似，有

$$f(t) \approx C_1 \phi_1(t) + C_2 \phi_2(t) + \cdots + C_n \phi_n(t) = \sum_{j=1}^{n} C_j \phi_j(t) \tag{3-3}$$

式中，C_j 是各正交函数的系数。式（3-3）是对 $f(t)$ 的近似，C_j 的值将直接影响逼近效果。对于逼近问题，可采用均方误差从数学上刻画近似效果，即均方误差 ε^2 可表示为

$$\varepsilon^2 = \frac{1}{t_2 - t_1} \int_{t_1}^{t_2} \left[f(t) - \sum_{j=1}^{n} C_j \phi_j(t) \right]^2 \mathrm{d}t \tag{3-4}$$

为了使均方误差最小，对于每一个正交函数的系数 C_j，需要有

$$\frac{\partial \varepsilon^2}{\partial C_j} = \frac{\partial}{\partial C_j} \int_{t_1}^{t_2} \left[f(t) - \sum_{i=1}^{n} C_i \phi_i(t) \right]^2 \mathrm{d}t = 0 \tag{3-5}$$

对式（3-5）求 C_j 偏导，有

$$-2 \int_{t_1}^{t_2} f(t) \phi_j(t) \mathrm{d}t + 2 C_j \int_{t_1}^{t_2} \phi_j^2(t) \mathrm{d}t = 0$$

因此，有

$$C_j = \frac{\int_{t_1}^{t_2} f(t) \phi_j(t) \mathrm{d}t}{\int_{t_1}^{t_2} \phi_j^2(t) \mathrm{d}t} = \frac{1}{S_j} \int_{t_1}^{t_2} f(t) \phi_j(t) \mathrm{d}t \tag{3-6}$$

式中，$S_j = \int_{t_1}^{t_2} \phi_j^2(t) \mathrm{d}t$。式（3-6）就是最小均方误差条件下各正交函数的系数 C_j 的表达式，当 C_j 满足当前条件时，函数 $f(t)$ 将在正交函数集 $\{\phi_1(t), \phi_2(t), \cdots, \phi_n(t)\}$ 中获得最佳逼近。

根据式（3-6），可以计算系数为 C_j 时的均方误差，考虑正交空间和 $S_j = \int_{t_1}^{t_2} \phi_j^2(t) \mathrm{d}t$，有

$$\varepsilon^2 = \frac{1}{t_2 - t_1} \int_{t_1}^{t_2} \left[f(t) - \sum_{j=1}^{n} C_j \phi_j(t) \right]^2 \mathrm{d}t$$

$$= \frac{1}{t_2-t_1} \int_{t_1}^{t_2} \left[f^2(t) - 2f(t) \sum_{j=1}^{n} C_j \phi_j(t) + \sum_{j=1}^{n} C_j^2 \phi_j^2(t) \right] \mathrm{d}t$$

$$= \frac{1}{t_2-t_1} \left[\int_{t_1}^{t_2} f^2(t)\,\mathrm{d}t - 2\sum_{j=1}^{n} C_j^2 S_j + \sum_{j=1}^{n} C_j^2 S_j \right]$$

$$= \frac{1}{t_2-t_1} \left[\int_{t_1}^{t_2} f^2(t)\,\mathrm{d}t - \sum_{j=1}^{n} C_j^2 S_j \right] \tag{3-7}$$

根据最小均方误差定义可知，其均方过程保证了 ε^2 非负性。因此，由式（3-7）可知，使用正交函数逼近 $f(t)$ 时，所使用的正交函数越多，相应的均方误差越小，当 $n \to \infty$ 时，有 $\varepsilon^2 = 0$，进一步，式（3-3）可写为

$$f(t) = \sum_{j=1}^{\infty} C_j \phi_j(t) \tag{3-8}$$

即函数 $f(t)$ 在 (t_1, t_2) 区间内可分解为无穷多个正交函数之和。

3.1.2 周期信号的傅里叶级数形式

1. 周期信号的傅里叶级数

若存在一个最小的非零正数 T，使得 $f(t+T) = f(t)$ 成立，则称 $f(t)$ 是以 T 为周期的连续周期信号。由式（3-8）可知，周期信号 $f(t)$ 在区间 (t_0, t_0+T) 内可以展开成在完备正交信号空间中的无穷级数。当周期信号满足狄利克雷条件时，若完备的正交函数集是三角函数集或指数函数集，则周期信号所展开的无穷级数可称为傅里叶级数。

码 3-v2【视频讲解】
周期信号的傅里叶级数

设有周期信号 $f(t)$，其周期是 T，角频率 $\Omega = 2\pi/T$，则 $f(t)$ 可分解为

$$f(t) = \frac{a_0}{2} + \sum_{n=1}^{\infty} a_n \cos(n\Omega t) + \sum_{n=1}^{\infty} b_n \sin(n\Omega t) \tag{3-9}$$

式中，a_n 和 b_n 称为傅里叶系数，根据式（3-6），简化信号周期为 $(-T/2, T/2)$，可得傅里叶系数

$$a_n = \frac{2}{T} \int_{-\frac{T}{2}}^{\frac{T}{2}} f(t) \cos(n\Omega t)\,\mathrm{d}t, \quad n = 0,1,2,\cdots \tag{3-10}$$

$$b_n = \frac{2}{T} \int_{-\frac{T}{2}}^{\frac{T}{2}} f(t) \sin(n\Omega t)\,\mathrm{d}t, \quad n = 1,2,\cdots \tag{3-11}$$

由式（3-10）和式（3-11）可知，傅里叶系数 a_n 和 b_n 都是 n 的函数，其中，a_n 为 n 的偶函数，b_n 为 n 的奇函数，即 $a_{-n} = a_n$，$b_{-n} = -b_n$。

将式（3-9）中的同频率项合并，即将各频率为 $n\Omega$ 的项合并，有

$$f(t) = \frac{A_0}{2} + \sum_{n=1}^{\infty} A_n \cos(n\Omega t + \varphi_n) \tag{3-12}$$

式中，$A_0 = a_0$；$A_n = \sqrt{a_n^2 + b_n^2}$，$n = 1,2,\cdots$；$\varphi_n = -\arctan \dfrac{b_n}{a_n}$。

可以看出，任何满足狄利克雷条件的周期函数都可分解为直流分量和各次谐波分量，其中，$A_0/2$ 是直流分量；$A_n \cos(n\Omega t + \varphi_n)$ 为 n 次谐波分量，A_n 为该次谐波的振幅，φ_n 为该次

谐波的初相位。

2. 傅里叶级数的虚指数形式

三角函数形式的傅里叶级数含义比较明确，但该形式在当今工程应用和分析中不便使用，可选用更为简洁直观的虚指数形式表示。

根据欧拉公式 $\cos x = \dfrac{e^{jx} + e^{-jx}}{2}$，式（3-12）可写为

$$f(t) = \frac{A_0}{2} + \sum_{n=1}^{\infty} \frac{A_n}{2} \left[e^{j(n\Omega t + \varphi_n)} + e^{-j(n\Omega t + \varphi_n)} \right]$$

$$= \frac{A_0}{2} + \frac{1}{2} \sum_{n=1}^{\infty} A_n e^{jn\Omega t} e^{j\varphi_n} + \frac{1}{2} \sum_{n=1}^{\infty} A_n e^{-jn\Omega t} e^{-j\varphi_n} \tag{3-13}$$

将式（3-13）第三项中的 n 用 $-n$ 代换，由于 A_n 是 n 的偶函数，φ_n 是 n 的奇函数，因此有 $A_{-n} = A_n$ 和 $\varphi_{-n} = -\varphi_n$，则式（3-13）可重写为

$$f(t) = \frac{A_0}{2} + \frac{1}{2} \sum_{n=1}^{\infty} A_n e^{jn\Omega t} e^{j\varphi_n} + \frac{1}{2} \sum_{n=-1}^{-\infty} A_{-n} e^{jn\Omega t} e^{-j\varphi_{-n}}$$

$$= \frac{A_0}{2} + \frac{1}{2} \sum_{n=1}^{\infty} A_n e^{jn\Omega t} e^{j\varphi_n} + \frac{1}{2} \sum_{n=-1}^{-\infty} A_n e^{jn\Omega t} e^{j\varphi_n} \tag{3-14}$$

进一步将 A_0 写成 $A_0 e^{j\varphi_0} e^{jn\Omega t}$，则式（3-14）可写为 $f(t) = \dfrac{1}{2} \sum_{n=-\infty}^{\infty} A_n e^{jn\Omega t} e^{j\varphi_n}$。

令复数量 $\dfrac{1}{2} A_n e^{j\varphi_n} = |F_n| e^{j\varphi_n} = F_n$，称其为复傅里叶系数，简称傅里叶系数，其模值为 $|F_n|$，相角为 φ_n，则傅里叶级数的虚指数形式为

$$f(t) = \sum_{n=-\infty}^{\infty} F_n e^{jn\Omega t} \tag{3-15}$$

式（3-15）表明，任意周期信号 $f(t)$ 可分解为许多不同频率的虚指数信号 $e^{jn\Omega t}$ 之和，其各分量的幅度为 F_n。傅里叶系数可通过下面方法确定。

将式（3-15）两边乘以复指数 $e^{-jm\Omega t}$，m 为任意整数，并在一个周期内积分，有

$$\int_0^T f(t) e^{-jm\Omega t} dt = \sum_{n=-\infty}^{\infty} F_n \int_0^T e^{j(n-m)\Omega t} dt \tag{3-16}$$

因为

$$\int_0^T e^{j(n-m)\Omega t} dt = \begin{cases} \dfrac{1}{j(n-m)\Omega} e^{j(n-m)\Omega t} \Big|_0^T, & n \neq m \\ t \big|_0^T, & n = m \end{cases}$$

所以有

$$\int_0^T e^{j(n-m)\Omega t} dt = \begin{cases} 0, & n \neq m \\ T, & n = m \end{cases}$$

因此，只有当 $n = m$ 时，式（3-16）右边才不为 0，有 $\int_0^T f(t) e^{-jm\Omega t} dt = F_m T$，即 $F_m = \dfrac{1}{T} \int_0^T f(t) e^{-jm\Omega t} dt$，因为 m 和 n 都是整数，所以可将 F_m 写为 F_n，即 $F_n = \dfrac{1}{T} \int_0^T f(t) e^{-jn\Omega t} dt$。

在上述推导过程中，积分的范围不一定要求从 0 到 T，在任一周期内积分均可，因此积

分限可扩展至任意时刻 t_0 至 t_0+T，即 $F_n = \frac{1}{T}\int_{t_0}^{t_0+T} f(t)\mathrm{e}^{-\mathrm{j}n\Omega t}\mathrm{d}t$，可简写为

$$F_n = \frac{1}{T}\int_T f(t)\mathrm{e}^{-\mathrm{j}n\Omega t}\mathrm{d}t$$

3. 信号的时域对称性与谐波特性关系

当周期信号的波形在时域具有某种对称性时，其对应的傅里叶系数会呈现一定的特征，这种特征被称为谐波特性。周期信号的对称性大致分为两大类：一类是整周期的对称性，例如奇函数与偶函数，这种对称特点决定了傅里叶级数展开式中是否含有正弦项或余弦项；另一类是半周期对称性，其含义是指原周期信号错开半周期后的信号是否与原信号一致或成镜像关系，这种对称特点决定了傅里叶级数展开式中是否有偶次谐波或奇次谐波。下面分别进行讨论。

（1）奇、偶函数的傅里叶级数

如果给定的函数 $f(t)$ 具有某些特点，那么有些傅里叶系数将等于 0，从而使傅里叶系数的计算较为简便。

1）$f(t)$ 为偶函数。若函数 $f(t)$ 是 t 的偶函数，即 $f(-t)=f(t)$，则信号波形关于纵轴对称。

当 $f(t)$ 是 t 的偶函数时，式（3-10）、式（3-11）中被积函数 $f(t)\cos(n\Omega t)$ 是 t 的偶函数，而 $f(t)\sin(n\Omega t)$ 是 t 的奇函数。当被积函数为偶函数时，其在对称区间 $(-0.5T, 0.5T)$ 的积分等于其半区间 $(0, T/2)$ 积分的两倍；当被积函数为奇函数时，其在对称区间的积分为 0，故得出

$$\begin{cases} a_n = \frac{4}{T}\int_0^{\frac{T}{2}} f(t)\cos(n\Omega t)\mathrm{d}t \\ b_n = 0 \end{cases}, n=0,1,2,\cdots$$

进而有

$$\begin{cases} A_n = |a_n| \\ \varphi_n = m\pi\ (m\ \text{为整数}) \end{cases}, n=0,1,2,\cdots$$

2）$f(t)$ 为奇函数。若函数 $f(t)$ 是 t 的奇函数，即 $f(-t)=-f(t)$，则信号波形关于原点对称。这时有

$$\begin{cases} a_n = 0 \\ b_n = \frac{4}{T}\int_{\frac{T}{2}} f(t)\sin(n\Omega t)\mathrm{d}t \end{cases}, n=0,1,2,\cdots$$

进而有

$$\begin{cases} A_n = |b_n| \\ \varphi_n = \frac{(2m+1)\pi}{2}\ (m\ \text{为整数}) \end{cases}, n=0,1,2,\cdots$$

实际上，任意函数 $f(t)$ 都可以分解为奇函数和偶函数两部分，即

$$f(t) = f_\mathrm{o}(t) + f_\mathrm{e}(t) \tag{3-17}$$

式中，$f_\mathrm{o}(t)$ 为奇函数部分，$f_\mathrm{e}(t)$ 为偶函数部分。由于

$$f(-t) = f_\mathrm{o}(-t) + f_\mathrm{e}(-t) = -f_\mathrm{o}(t) + f_\mathrm{e}(t)$$

因此有

$$\begin{cases} f_{\text{o}}(t) = \dfrac{f(t)-f(-t)}{2} \\[2mm] f_{\text{e}}(t) = \dfrac{f(t)+f(-t)}{2} \end{cases} \tag{3-18}$$

需要注意的是，某函数是否为奇函数或偶函数，不仅与周期函数 $f(t)$ 的波形有关，而且与时间坐标原点的选择有关。

（2）奇谐函数与偶谐函数的傅里叶级数

1）奇谐函数。若以 T 为周期的周期信号 $f(t)$ 具有下列关系：

$$f(t) = -f\left(t\pm\frac{T}{2}\right) \tag{3-19}$$

则表示该周期信号平移半个周期后的波形与原信号波形关于横轴对称，称具有此特征的信号为奇谐函数（见图 3-1）。该信号的傅里叶级数展开式中只含有奇次谐波分量，而无直流分量与偶次谐波分量。

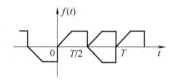

图 3-1　奇谐函数

2）偶谐函数。若以 T 为周期的周期信号 $f(t)$ 具有下列关系：

$$f(t) = f\left(t\pm\frac{T}{2}\right) \tag{3-20}$$

则表示该周期信号平移半个周期后的波形与原信号波形完全重合，称具有此特征的信号为偶谐函数（见图 3-2）。该信号的傅里叶级数展开式中只含有偶次谐波分量，而无奇次谐波分量。尽管只含有偶次谐波，但其可能既有正弦分量又有余弦分量。

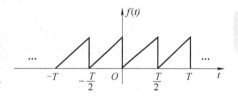

图 3-2　偶谐函数

4. 频谱概念及图形表示

根据傅里叶级数的定义可知，周期信号可以分解成一系列余弦信号或虚指数信号之和，即

$$f(t) = \frac{A_0}{2} + \sum_{n=1}^{\infty} A_n\cos(n\Omega t+\varphi_n) \tag{3-21}$$

或

$$f(t) = \sum_{n=-\infty}^{\infty} F_n \text{e}^{jn\Omega t} \tag{3-22}$$

码 3-v3【视频讲解】
频谱概念及图形表示

式中，$F_n = 1/2 A_n \text{e}^{j\varphi_n} = |F_n|\text{e}^{j\varphi_n}$。为了更直观表示出信号分解得到的各分量的振幅，以频率（或角频率）为横坐标，以各谐波分量的振幅 A_n 或虚指数函数的幅度 $|F_n|$ 为纵坐标，即可画出振幅频谱，简称幅度谱。周期信号的幅度谱如图 3-3 所示，每条竖线代表了该频率分量所对应的幅度，称为谱线。连接各谱线顶点，即可得到包络线，它反映了各分量幅度随频率变化的情况。根据式（3-21）可知，周期信号的余弦谐波分量为非负，因此该幅度谱为单边幅度谱（见图 3-3a），根据式（3-22）可知，周期信号的虚指数谐波分量包含了正负谐波，因此该幅度谱为双边幅度谱（见图 3-3b）。

类似地，可以画出各谐波分量的初相角 φ_n 与频率的对应关系图，称为相位频谱，简称相位谱，如图 3-4 所示。

65

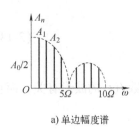

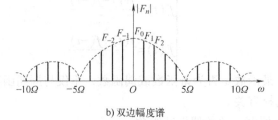

a) 单边幅度谱   b) 双边幅度谱

图 3-3   周期信号的幅度谱

码 3-1【程序代码】
周期信号频谱

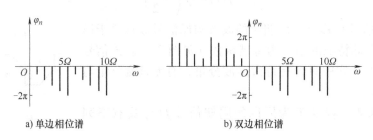

a) 单边相位谱   b) 双边相位谱

图 3-4   周期信号的相位谱

若 F_n 为实数，则可用 F_n 的正负表示 φ_n 为 0 或 π，这时可以把幅度谱和相位谱画在一张图上。由于周期信号的谱线只出现在 Ω 的整数倍频率上，因此周期信号的频谱是离散谱。

3.1.3　周期信号的频谱特点及带宽

1. 周期信号的频谱特点

前面介绍了周期信号两种形式不同但实质相同的傅里叶级数，即三角形式级数和虚指数形式级数。从这两种形式的傅里叶展开式不难看出，周期信号的频谱都是谐波离散的，它仅含有 $n\Omega$ ($n=0,1,$ $2,\cdots$) 的各频率分量，即含有基频 $\Omega=2\pi/T$ 整数倍的频率成分。频谱中相邻谱线的间隔是基频 Ω，信号的周期越长，谱线间隔越小，频谱越稠密，反之越稀疏。这是周期信号频谱最基本的特点。

码 3-v4【视频讲解】
周期信号的频谱
特点及带宽

下面以周期矩形脉冲信号为例进行讨论。设有一个幅度为 1、脉冲宽度为 τ 的周期矩形脉冲，其周期为 T，如图 3-5 所示，则该周期信号的虚指数形式傅里叶系数为

$$F_n = \frac{1}{T}\int_{-\frac{T}{2}}^{\frac{T}{2}} f(t)\,\mathrm{e}^{-\mathrm{j}n\Omega t}\mathrm{d}t = \frac{1}{T}\int_{-\frac{\tau}{2}}^{\frac{\tau}{2}} \mathrm{e}^{-\mathrm{j}n\Omega t}\mathrm{d}t = \frac{1}{T}\left.\frac{\mathrm{e}^{-\mathrm{j}n\Omega t}}{-\mathrm{j}n\Omega}\right|_{-\frac{\tau}{2}}^{\frac{\tau}{2}} = \frac{2}{T}\frac{\sin\dfrac{n\Omega\tau}{2}}{n\Omega}$$

$$= \frac{\tau}{T}\frac{\sin\dfrac{n\Omega\tau}{2}}{\dfrac{n\Omega\tau}{2}} = \frac{\tau}{T}\mathrm{Sa}\left(\frac{n\Omega\tau}{2}\right) \tag{3-23}$$

周期矩形脉冲的双边幅度谱如图 3-6 所示。图 3-6 中绘制的是 $T=5\tau$ 时的双边幅度谱。

由于本例中 F_n 为实数，故其相位为 0 或 π，无须另外绘制相位谱。

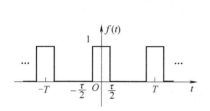

图 3-5　周期矩形脉冲

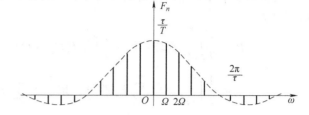

图 3-6　周期矩形脉冲的双边幅度谱 （$T=5\tau$）

由此可见，周期矩形信号的频谱具有一般周期信号频谱的共同特点，即离散性、谐波性与收敛性。

（1）离散性

从图 3-6 中可以看出，频谱是离散的，仅含有 $n\Omega(n=0,\pm 1,\pm 2,\pm 3,\cdots)$ 分量，其相邻两谱线的间隔是 $\Omega(\Omega=2\pi/T)$，脉冲周期 T 越长，谱线间隔越小，频谱越稠密，反之越稀疏。

（2）谐波性

根据式（3-23）可以写出该周期矩形脉冲的虚指数形式傅里叶级数展开式，为

$$f(t)=\sum_{n=-\infty}^{\infty}F_n\mathrm{e}^{jn\Omega t}=\frac{\tau}{T}\sum_{n=-\infty}^{\infty}\mathrm{Sa}\left(\frac{n\pi\tau}{T}\right)\mathrm{e}^{jn\Omega t} \tag{3-24}$$

式中，$\Omega=2\pi/T$ 是基波，$n\Omega(n=\pm 1,\pm 2,\pm 3,\cdots)$ 是各次谐波。最大值幅值出现在 $n=0$ 处，为 τ/T；第一个零点出现在 $2\pi/\tau$ 处。

（3）收敛性

从式（3-23）可以看出，周期矩形脉冲的虚指数傅里叶级数系数表达式是抽样函数形式，其频谱包络（见图 3-6 中虚线部分）呈抽样函数形式变化。随着 n 增大，其系数值越来越小，当 $n\rightarrow\infty$ 时，其值趋近于 0。

以上分析表明，绝大多数的非正弦周期信号具有无穷多次谐波。然而，对非正弦周期信号进行处理时，通常总是让有限项谐波通过系统。因为让过多的谐波通过系统，必将加重系统的负担，使系统变得十分复杂。而周期信号的功率主要集中在低频段，忽略高次谐波可以近似满足工程要求。

2. 功率谱

周期信号 $f(t)$ 是功率有限信号。为了方便，一般研究周期信号在 1Ω 电阻上消耗的平均功率，称为归一化平均功率。因此，无论该信号是电压信号还是电流信号，其平均功率 P 都为

$$P=\frac{1}{T}\int_{-\frac{T}{2}}^{\frac{T}{2}}|f(t)|^2\mathrm{d}t=\frac{1}{T}\int_{-\frac{T}{2}}^{\frac{T}{2}}f(t)f^*(t)\mathrm{d}t \tag{3-25}$$

将周期信号 $f(t)$ 的三角形式傅里叶级数展开式（3-21）代入式（3-25），得

$$P=\frac{1}{T}\int_{-\frac{T}{2}}^{\frac{T}{2}}|f(t)|^2\mathrm{d}t=\frac{1}{T}\int_{-\frac{T}{2}}^{\frac{T}{2}}\left[\frac{A_0}{2}+\sum_{n=1}^{\infty}A_n\cos(n\Omega t+\varphi_n)\right]^2\mathrm{d}t$$

$$=\left(\frac{A_0}{2}\right)^2+\sum_{n=1}^{\infty}\frac{1}{2}A_n^2=\left(\frac{A_0}{2}\right)^2+\sum_{n=1}^{\infty}\left(\frac{\sqrt{2}A_n}{2}\right)^2 \tag{3-26}$$

式（3-26）表明，周期信号的总平均功率等于直流功率与各次谐波功率之和。

若将周期信号 $f(t)$ 的虚指数形式傅里叶级数展开式（3-22）代入式（3-25），得其平均功率 P 为

$$P = \frac{1}{T}\int_{-\frac{T}{2}}^{\frac{T}{2}} |f(t)|^2 \mathrm{d}t = \frac{1}{T}\int_{-\frac{T}{2}}^{\frac{T}{2}} f(t)f^*(t)\mathrm{d}t$$

$$= \frac{1}{T}\int_{-\frac{T}{2}}^{\frac{T}{2}} f(t)\left[\sum_{n=-\infty}^{\infty} F_n \mathrm{e}^{jn\Omega t}\right]^* \mathrm{d}t \frac{1}{2} = \sum_{n=-\infty}^{\infty} F_n^*\left[\frac{1}{T}\int_{-\frac{T}{2}}^{\frac{T}{2}} f(t)\mathrm{e}^{-jn\Omega t}\mathrm{d}t\right]$$

$$= \sum_{n=-\infty}^{\infty} F_n^* \times F_n = \sum_{n=-\infty}^{\infty} |F_n|^2 = |F_0|^2 + 2\sum_{n=1}^{\infty} |F_n|^2 \tag{3-27}$$

式（3-26）和式（3-27）称为功率有限信号的帕塞瓦尔等式。它从功率的角度揭示了周期信号的时间特性和频率特性之间的关系，即在时域中所求的信号功率与在频域中所求的信号功率相等。从正交信号集的观点来看，该式表明一个周期信号的平均功率恒等于此信号在完备正交信号集中各分量的平均功率之和。式（3-26）中的 $(A_0/2)^2$ 是信号所含直流分量的功率，$(\sqrt{2}A_n/2)^2(n=1,2,\cdots)$ 是第 n 次谐波分量的功率。$(A_0/2)^2$、$(\sqrt{2}A_n/2)^2$ 与 $n\Omega$ 的关系称为周期信号的单边功率谱，$|F_n|^2$ 与 $n\Omega(n=\pm1,\pm2,\cdots)$ 的关系则称为周期信号的双边功率谱。周期信号的功率谱表明了其平均功率在各次谐波功率上的分配情况，显然这也是离散的。

3. 有效频带宽度

前面已提及，周期信号的功率主要集中在低频段。因此，通常把信号中从零频率（直流）到所需考虑最高频率的范围称为信号所占有的有效频带宽度，记作 $B_\omega(\mathrm{rad/s})$ 或 $B_\mathrm{f}(\mathrm{Hz})$。

至于到底应该考虑到哪一次谐波，工程上有时用从零频率开始到幅度谱下降为谱包络最大值的某个百分数（如 10%）作为标准，有时用从零频率开始到某次谐波的平均功率不小于周期信号整个平均功率的某个百分数（如 90%）作为标准。在工程实际中，这些百分数视具体要求选定。

例如，计算图 3-5 中周期矩形脉冲 $T=5\tau$ 时第一个过零点的功率占比与带宽，并假设 $T=0.25\mathrm{s}$。此时信号总的平均功率为

$$P = \frac{1}{T}\int_0^T f^2(t)\mathrm{d}t = \frac{1}{0.25}\int_0^{\frac{1}{20}} 1^2 \mathrm{d}t = \frac{1}{5} = 0.2$$

由第一个过零点 $\frac{n\pi\tau}{T}=\pi$，可求得 $n=5$。根据式（3-23），可依次计算出上述条件下的直流、一次谐波至五次谐波的傅里叶系数，然后根据帕塞瓦尔等式计算出从零频率开始到五次谐波的平均功率为

$$P_{0\text{-}5} = F_0^2 + |F_1|^2 + |F_2|^2 + |F_3|^2 + |F_4|^2 + |F_{-1}|^2 + |F_{-2}|^2 + |F_{-3}|^2 + |F_{-4}|^2$$

$$= 0.2^2 + 0.187^2 + 0.151^2 + 0.101^2 + 0.047^2 + 0.187^2 + 0.151^2 + 0.101^2 + 0.047^2 = 0.18$$

此时，二者的功率比值为 $P_{0\text{-}5}/P = 90\%$。计算第一个过零点作为截止频率的信号带宽，此时 $B_\omega = 2\pi/\tau$ 或 $B_\mathrm{f} = 1/\tau$。

4. 典型周期信号的频谱

（1）正余弦信号的频谱

以工程中常见的正余弦信号为例，给出这类信号的频谱。

余弦信号的表达式可写为 $f(t) = A\cos(\Omega_0 t)$。由于

$$f\left(t + \frac{2\pi}{\Omega_0}\right) = A\cos(\Omega_0 t + 2\pi) = A\cos(\Omega_0 t)$$

因此 $f(t)$ 是以 $2\pi/\Omega_0$ 为周期的周期信号，根据欧拉公式，$f(t)$ 可直接表示为

$$f(t) = A\cos(\Omega_0 t) = \frac{A}{2}(e^{j\Omega_0 t} + e^{-j\Omega_0 t}) \tag{3-28}$$

所以，余弦信号 $f(t)$ 的频谱是在角频率为 Ω_0 和 $-\Omega_0$ 处、幅值为 $A/2$ 的两条谱线，相位为 0，如图 3-7 所示。

设正弦信号的表达式为 $f(t) = A\sin(\Omega_0 t)$，根据欧拉公式，可表示为

$$f(t) = A\sin(\Omega_0 t) = \frac{A}{2j}(e^{j\Omega_0 t} - e^{-j\Omega_0 t}) \tag{3-29}$$

因此，正弦信号 $f(t)$ 的频谱是在角频率为 Ω_0 和 $-\Omega_0$ 处、幅值为 $A/2$ 的两条谱线，其相位分别为 $-\pi/2$，$\pi/2$，如图 3-8 所示。

（2）方波信号的频谱

假设有一个幅度为 1、脉冲宽度为 $\tau = 0.5T$ 的方波周期脉冲信号 $f(t)$，T 为其周期。由于信号 $f(t)$ 周期为 T，因此其角频率为 $\Omega = 2\pi/T$，所以 $f(t)$ 的傅里叶级数可表示为 $f(t) = \sum\limits_{n=-\infty}^{\infty} F_n e^{jn\Omega t}$，根据式（3-23），$f(t)$ 的傅里叶系数计算如下：

$$F_n = \frac{\tau}{T} \mathrm{Sa}\left(\frac{n\Omega\tau}{2}\right)\bigg|_{\tau = 0.5T} = \mathrm{Sa}(n\pi) \tag{3-30}$$

其频谱见二维码中的程序运行结果。

码 3-v5【视频讲解】
典型周期信号的频谱

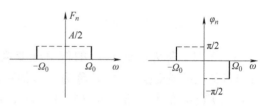

图 3-7　余弦信号的频谱

图 3-8　正弦信号的频谱

码 3-2【程序代码】
方波信号的频谱

69

3.2　傅里叶变换

3.2.1　非周期信号的分解与频谱

在实际工程中，除了周期信号之外，还有许多连续信号是非周期信号，那么针对非周期性，是否也能像上一节一样分解为复指数信号的组合，从而分析信号的频域特性呢？设想一个周期信号的周期趋于无穷大，此时周期信号将演变成一个非周期信号，即非周期信号可以看成周期信号的周期趋于无穷大时的极限形式。基于这种趋近思想，从周期信号的傅里叶级数出发，可推导出非周期信号的复指数分解方法。

当周期 T 趋近于无限大时，相邻谱线的间隔 Ω 趋近于无穷小，从而信号的频谱密集成为连续频谱。同时，各频率分量的幅度也都趋近于无穷小。为了描述非周期信号的频谱特性，引入频谱密度的概念，令 $F(j\omega) = \lim\limits_{T\to\infty} \dfrac{F_n}{1/T} = \lim\limits_{T\to\infty} \dfrac{F_n}{f} = \lim\limits_{T\to\infty} F_n T$，称 $F(j\omega)$ 为频谱密度函数，

是指信号在单位频率上的频谱。根据傅里叶级数的定义，有

$$F_n T = \int_{-\frac{T}{2}}^{\frac{T}{2}} f(t) \mathrm{e}^{-jn\Omega t} \mathrm{d}t \tag{3-31}$$

$$f(t) = \sum_{n=-\infty}^{\infty} F_n T \mathrm{e}^{jn\Omega t} \frac{1}{T} \tag{3-32}$$

考虑当周期 T 趋近于无限大时，Ω 趋近于无穷小，取其为 $\mathrm{d}\omega$，而 $1/T = \Omega/2\pi$ 将趋近于 $\mathrm{d}\omega/2\pi$。$n\Omega$ 是变量，当 $\Omega \neq 0$ 时，它是离散值；当 Ω 趋近于无限小时，$n\Omega$ 就成为连续变量，取为 ω；同时，求和符号将改写为积分符号。因此，当 $T \to \infty$ 时，式（3-31）和式（3-32）可写为

$$F(j\omega) = \lim_{T \to \infty} F_n T = \int_{-\infty}^{\infty} f(t) \mathrm{e}^{-j\omega t} \mathrm{d}t \tag{3-33}$$

$$f(t) = \frac{1}{2\pi} \int_{-\infty}^{\infty} F(j\omega) \mathrm{e}^{j\omega t} \mathrm{d}\omega \tag{3-34}$$

3.2.2　傅里叶变换的定义

式（3-33）称为函数 $f(t)$ 的傅里叶变换，式（3-34）称为函数 $F(j\omega)$ 的傅里叶逆变换。$F(j\omega)$ 称为 $f(t)$ 的频谱密度函数或频谱函数，$f(t)$ 称为 $F(j\omega)$ 的原函数。式（3-33）和式（3-34）也可以用符号简记为

码 3-v6【视频讲解】
傅里叶变换与
逆变换的定义

$$\begin{cases} F(j\omega) = \mathrm{F}[f(t)] \\ f(t) = \mathrm{F}^{-1}[F(j\omega)] \end{cases} \tag{3-35}$$

$f(t)$ 与 $F(j\omega)$ 的对应关系还可以简记为 $f(t) \overset{\mathrm{F}}{\leftrightarrow} F(j\omega)$。

需要说明的是，函数 $f(t)$ 的傅里叶变换存在的充分条件是在无限区间内 $f(t)$ 绝对可积，即 $\int_{-\infty}^{\infty} |f(t)| \mathrm{d}t < \infty$。这就是傅里叶变换存在的狄利克雷条件。若信号 $f(t)$ 满足狄利克雷条件，则其傅里叶变换 $F(j\omega)$ 就存在，并满足反变换式。证明如下：

因为 $F(j\omega) = \int_{-\infty}^{\infty} f(t) \mathrm{e}^{-j\omega t} \mathrm{d}t$，要使 $F(j\omega)$ 存在，必须满足 $F(j\omega) = \int_{-\infty}^{\infty} f(t) \mathrm{e}^{-j\omega t} \mathrm{d}t < \infty$。式中，被积函数 $f(t) \mathrm{e}^{-j\omega t}$ 是变量 t 的函数，其可正可负。因此，对其先取绝对值再进行积分，则必有 $\int_{-\infty}^{\infty} f(t) \mathrm{e}^{-j\omega t} \mathrm{d}t \leqslant \int_{-\infty}^{\infty} |f(t) \mathrm{e}^{-j\omega t}| \mathrm{d}t = \int_{-\infty}^{\infty} |f(t)| |\mathrm{e}^{-j\omega t}| \mathrm{d}t$。又因为 $|\mathrm{e}^{-j\omega t}| = 1$，故有

$$\int_{-\infty}^{\infty} f(t) \mathrm{e}^{-j\omega t} \mathrm{d}t \leqslant \int_{-\infty}^{\infty} |f(t)| \mathrm{d}t \tag{3-36}$$

由式（3-36）可知，如果 $\int_{-\infty}^{\infty} |f(t)| \mathrm{d}t < \infty$，则 $F(j\omega) = \int_{-\infty}^{\infty} f(t) \mathrm{e}^{-j\omega t} \mathrm{d}t$ 必然存在。

3.2.3　傅里叶变换的性质

傅里叶变换的性质从不同侧面反映了一个信号的时域特性和频域描述间的对应关系，掌握这些性质对理解和认识傅里叶变换本质和熟练应用傅里叶变换方法具有十分重要的意义，本节将对傅里叶

码 3-v7【视频讲解】
傅里叶变换的性质（1）

70

变换性质进行详细介绍。

1. 线性

若 $f_1(t) \overset{F}{\leftrightarrow} F_1(j\omega)$、$f_2(t) \overset{F}{\leftrightarrow} F_2(j\omega)$，则对于任意常数 a_1 和 a_2，有

$$a_1 f_1(t) + a_2 f_2(t) \overset{F}{\leftrightarrow} a_1 F_1(j\omega) + a_2 F_2(j\omega) \tag{3-37}$$

傅里叶变换的线性说明了两个信号加权求和的傅里叶变换等于各个信号傅里叶变换的加权求和。线性同样适用于多个信号加权求和的情况。

2. 时移性质

若 $f(t) \overset{F}{\leftrightarrow} F(j\omega)$，则

$$f(t-t_0) \overset{F}{\leftrightarrow} F(j\omega) e^{-j\omega t_0} \tag{3-38}$$

3. 频移性质

若 $f(t) \overset{F}{\leftrightarrow} F(j\omega)$，则

$$e^{\pm j\omega_0 t} f(t) \overset{F}{\leftrightarrow} F(j(\omega \mp \omega_0)) \tag{3-39}$$

4. 尺度变换

若 $f(t) \overset{F}{\leftrightarrow} F(j\omega)$，则

$$f(at) \overset{F}{\leftrightarrow} \frac{1}{|a|} F\left(\frac{j\omega}{a}\right), \quad a \neq 0 \tag{3-40}$$

若令 $a = -1$，得

$$F[f(-t)] = F(-j\omega) \tag{3-41}$$

需要注意的是，常数 a 不能为 0。时移和频移性质表明：若信号在时域上压缩或扩展 a 倍，则相应的傅里叶变换就在频域上扩展或压缩 a 倍。在数字通信系统中，有时需要将信号持续时间缩短，以加快信息传输速度，这就会造成频域内信号带宽展宽，降低频带利用率。

5. 共轭对称性

若 $f(t) \overset{F}{\leftrightarrow} F(j\omega)$，则

$$f^*(t) \overset{F}{\leftrightarrow} F^*(-j\omega) \tag{3-42}$$

式中，$f^*(t)$ 是 $f(t)$ 的共轭函数。

实际工程中遇到的信号都是实信号，因此有必要进一步研究实信号的共轭对称性。

（1）信号为实信号

设实信号 $f(t)$ 的傅里叶变换为 $f(t) \overset{F}{\leftrightarrow} F(j\omega)$，由式（3-42）可知，$f^*(t) \overset{F}{\leftrightarrow} F^*(-j\omega)$，由于 $f(t)$ 为实信号，即 $f^*(t) = f(t)$，所以两者的傅里叶变换应该相等，即有

$$F^*(-j\omega) = F(j\omega) \tag{3-43}$$

或两边取共轭，可得

$$F(-j\omega) = F^*(j\omega) \tag{3-44}$$

式（3-43）和式（3-44）称为 $F(j\omega)$ 满足共轭对称。可以看出，实信号 $f(t)$ 的傅里叶变换是共轭对称的，若知道实信号 $f(t)$ 在 $\omega > 0$ 部分的频谱，则 $\omega < 0$ 部分的频谱可由式（3-44）求出。

71

码 3-v8【视频讲解】
傅里叶变换的性质（2）

（2）信号为实偶信号

若 $f(t)$ 为偶信号，则满足 $f(t) = f(-t)$，对其取傅里叶变换并利用式（3-42）的关系，有 $F(j\omega) = F(-j\omega)$。因为 $f(t)$ 为实信号，由式（3-44）得 $F(j\omega) = F(-j\omega) = F^*(j\omega)$。由此可知，当 $f(t)$ 为实偶信号时，其傅里叶变换 $F(j\omega)$ 是关于 ω 的实偶函数。

（3）信号为实奇信号

奇信号 $f(t)$ 满足 $f(t) = -f(-t)$，根据式（3-41）可得 $F(j\omega) = -F(-j\omega)$，根据式（3-44）可得 $F(j\omega) = -F(-j\omega) = -F^*(j\omega)$。由此可知，当 $f(t)$ 为实奇信号时，其傅里叶变换 $F(j\omega)$ 是关于 ω 的虚奇函数。

（4）实信号奇部和偶部的傅里叶变换

对于实信号 $f(t)$，其偶部 $f_e(t)$ 和奇部 $f_o(t)$ 可分别表示为

$$
\begin{cases}
f_e(t) = \dfrac{1}{2}[f(t) + f(-t)] \\[2mm]
f_o(t) = \dfrac{1}{2}[f(t) - f(-t)]
\end{cases}
\tag{3-45}
$$

根据傅里叶变换的线性和式（3-44）可得

$$
\begin{cases}
F[f_e(t)] = \dfrac{1}{2}[F(j\omega) + F(-j\omega)] = \dfrac{1}{2}[F(j\omega) + F^*(j\omega)] = \mathrm{Re}\, F(j\omega) \\[2mm]
F[f_o(t)] = \dfrac{1}{2}[F(j\omega) - F(-j\omega)] = \dfrac{1}{2}[F(j\omega) - F^*(j\omega)] = j\mathrm{Im}\, F(j\omega)
\end{cases}
\tag{3-46}
$$

因此，有

$$
f_e(t) \overset{F}{\leftrightarrow} \mathrm{Re}\, F(j\omega)
\tag{3-47}
$$

$$
f_o(t) \overset{F}{\leftrightarrow} j\mathrm{Im}\, F(j\omega)
\tag{3-48}
$$

由于因果信号 $f(t)$ 可以完全由其偶部或奇部确定，因此若已知因果信号 $f(t)$ 的傅里叶变换 $F(j\omega)$ 的实部 $\mathrm{Re}\, F(j\omega)$ 或虚部 $\mathrm{Im}\, F(j\omega)$，则可由式（3-47）或式（3-48）求得信号 $f(t)$ 的偶部 $f_e(t)$ 或虚部 $f_o(t)$，进而求出因果信号 $f(t)$。

6. 对称性

若 $f(t) \overset{F}{\leftrightarrow} F(j\omega)$，则

$$
F(jt) \overset{F}{\leftrightarrow} 2\pi f(-\omega)
\tag{3-49}
$$

对称性说明，若已知时间信号 $f(t)$ 的傅里叶变换为 $F(j\omega)$，现有另一个时间信号，其表达式与 $F(j\omega)$ 相同，只是将变量 ω 换成变量 t，则信号 $F(jt)$ 的傅里叶变换正好为 $2\pi f(-\omega)$。

7. 时域卷积特性

若 $f_1(t) \overset{F}{\leftrightarrow} F_1(j\omega)$，$f_2(t) \overset{F}{\leftrightarrow} F_2(j\omega)$，则

$$
f_1(t) * f_2(t) \overset{F}{\leftrightarrow} F_1(j\omega) F_2(j\omega)
\tag{3-50}
$$

式（3-50）表明，两个信号在时域上的卷积，对应于两信号在频域上频谱的乘积。

傅里叶变换的时域卷积特性对于信号与系统的研究非常重要，它将两个时间信号的卷积运算转化为傅里叶变换的乘积运算，乘积运算相对简单，可采用频域相乘方法简化 LTI 系统的响应求解。

码 3-v9【视频讲解】
傅里叶变换的性质（3）

8. 时域微分特性

若 $f(t) \overset{\text{F}}{\leftrightarrow} F(j\omega)$，则

$$\frac{\mathrm{d}f(t)}{\mathrm{d}t} \overset{\text{F}}{\leftrightarrow} j\omega F(j\omega) \tag{3-51}$$

式（3-51）表明，信号 $f(t)$ 在时域求导，对应于其频谱在频域乘 $j\omega$。

9. 时域积分特性

若 $f(t) \overset{\text{F}}{\leftrightarrow} F(j\omega)$，则

$$\int_{-\infty}^{t} f(\tau)\,\mathrm{d}\tau \overset{\text{F}}{\leftrightarrow} \frac{F(j\omega)}{j\omega} + \pi F(0)\delta(\omega) \tag{3-52}$$

10. 时域相乘特性

若 $f_1(t) \overset{\text{F}}{\leftrightarrow} F_1(j\omega)$，$f_2(t) \overset{\text{F}}{\leftrightarrow} F_2(j\omega)$，则

$$f_1(t)f_2(t) \overset{\text{F}}{\leftrightarrow} \frac{1}{2\pi} F_1(j\omega) * F_2(j\omega) \tag{3-53}$$

傅里叶变换的时域相乘特性表明，两个信号在时域相乘，对应于其在频域的卷积。

11. 频域微分和积分特性

若 $f(t) \overset{\text{F}}{\leftrightarrow} F(j\omega)$，则频域微分特性为

$$-jtf(t) \overset{\text{F}}{\leftrightarrow} \frac{\mathrm{d}F(j\omega)}{\mathrm{d}\omega} \tag{3-54}$$

频域积分特性为

$$-\frac{f(t)}{jt} + \pi f(0)\delta(t) \overset{\text{F}}{\leftrightarrow} \int_{-\infty}^{\omega} F(\theta)\,\mathrm{d}\theta \tag{3-55}$$

3.3　常用周期信号和非周期信号的傅里叶变换

前面几节介绍了傅里叶级数、傅里叶变换的定义与性质，接下来针对工程中常见的周期和非周期信号，分别分析其相应的傅里叶变换，即信号频谱。

3.3.1　周期信号的傅里叶变换与频谱

一般来说，周期信号不满足傅里叶变换存在的充分条件——绝对可积，因而无法直接用傅里叶变换的定义式求解。但是在引入冲激信号之后，从极限的观点来看，周期信号的傅里叶变换是存在的。下面首先讨论几种常见周期信号的频谱，在此基础上给出一般周期信号的傅里叶变换。

码 3-v10【视频讲解】
周期信号的傅里叶变换

1. 复指数信号的傅里叶变换

对于复指数信号 $f(t) = e^{\pm j\omega_0 t}$，因为 $1 \overset{\text{F}}{\leftrightarrow} 2\pi\delta(\omega)$。由频移性质可得

$$\begin{cases} e^{j\omega_0 t} \overset{\text{F}}{\leftrightarrow} 2\pi\delta(\omega-\omega_0) \\ e^{-j\omega_0 t} \overset{\text{F}}{\leftrightarrow} 2\pi\delta(\omega+\omega_0) \end{cases} \tag{3-56}$$

复指数信号 $e^{\pm j\omega_0 t}$ 表示一个单位长度的向量以固定的角频率 ω_0 随时间旋转，经傅里叶变换后，频谱为集中于 $\pm\omega_0$ 点、强度为 2π 的冲激信号，这说明信号在时域内的相移对应于频域的频移。

2. 余弦、正弦信号的傅里叶变换

对于余弦信号，根据欧拉公式，有 $\cos\omega_0 t = \dfrac{e^{j\omega_0 t}+e^{-j\omega_0 t}}{2}$，利用

式（3-56），可得其频谱函数为

$$F[\cos\omega_0 t] = \frac{1}{2}[2\pi\delta(\omega-\omega_0)+2\pi\delta(\omega+\omega_0)] = \pi[\delta(\omega+\omega_0)+\delta(\omega-\omega_0)]$$

码 3-3【程序代码】
余弦、正弦信号波形及频谱

它们的时域波形与频谱图可扫描二维码查看。

另外，利用频移特性还可以求出有限长正弦信号 $\sin\omega_0 t\left(-\dfrac{\tau}{2}\leqslant t\leqslant\dfrac{\tau}{2}\right)$ 和有限长余弦信号的傅里叶变换，下面以余弦信号为例进行说明。

首先把长度为 τ 的余弦信号 $f(t)$ 看作门信号 $g_\tau(t)$ 与余弦信号 $\cos\omega_0 t$ 的乘积，即

$$f(t) = g_\tau(t)\cos\omega_0 t \tag{3-57}$$

其时域波形如图 3-9 所示。又因为

$$g_\tau(t)\overset{F}{\longleftrightarrow}\tau\mathrm{Sa}\left(\frac{\omega\tau}{2}\right) \tag{3-58}$$

根据频移特性，可知 $f(t)$ 的频谱为

$$F(j\omega) = \frac{\tau}{2}\mathrm{Sa}\left((\omega+\omega_0)\frac{\tau}{2}\right)+\frac{\tau}{2}\mathrm{Sa}\left((\omega-\omega_0)\frac{\tau}{2}\right) \tag{3-59}$$

其频谱如图 3-10 所示。

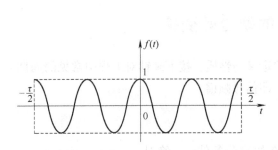

图 3-9　有限长余弦信号的时域波形图

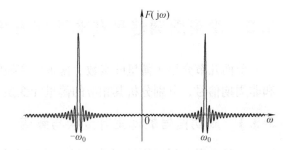

图 3-10　有限长余弦信号的频谱

显然，当 $\tau\to\infty$ 时，$F(j\omega)$ 的极限就是余弦信号 $\cos\omega_0 t$ 的傅里叶变换，由图 3-10 可以看出，当 τ 逐渐增大时，$2\pi/\tau$ 逐渐减小，频谱 $F(j\omega)$ 越来越集中到 $\pm\omega_0$ 的附近。当 $\tau\to\infty$ 时，$f(t)\to\cos\omega_0 t$，即有限长余弦信号变成无穷长余弦信号，此时频谱在 $\pm\omega_0$ 处成为无穷大，而在其他频率处均为零。也就是说，频谱 $F(j\omega)$ 由抽样信号变成了位于 $\pm\omega_0$ 处的两个冲激信号，与余弦信号的频谱完全一致。

3. 周期单位冲激序列 $\delta_T(t)$ 的傅里叶变换

若信号 $f(t)$ 是周期为 T 单位冲激序列，即 $f(t) = \delta_T(t) = \displaystyle\sum_{n=-\infty}^{\infty}\delta(t-nT)$。

依据对周期信号傅里叶级数的分析，可将其表示为指数形式的傅里叶级数，即 $f(t) = \sum_{n=-\infty}^{\infty} F_n e^{jn\Omega t}$，式中，$\Omega$ 为基波角频率（$\Omega = 2\pi/T$），复系数 F_n 为

$$F_n = \frac{1}{T} \int_{-\frac{T}{2}}^{\frac{T}{2}} \delta_T(t) e^{-jn\Omega t} dt = \frac{1}{T} \int_{-\frac{T}{2}}^{\frac{T}{2}} \delta(t) e^{-jn\Omega t} dt = \frac{1}{T} \int_{-\frac{T}{2}}^{\frac{T}{2}} \delta(t) dt = \frac{1}{T}$$

可见，在单位冲激序列的傅里叶级数中只包含位于 $\omega = n\Omega$（n 为整数）的频率分量，每个频率分量的大小相等，均等于 $1/T$。对 $f(t)$ 进行傅里叶变换，并利用线性和频移性质，可得

$$F(j\omega) = \frac{1}{T} \sum_{n=-\infty}^{\infty} 2\pi\delta(\omega - n\Omega) = \Omega \sum_{n=-\infty}^{\infty} \delta(\omega - n\Omega) \tag{3-60}$$

可见，时域内周期为 T 的单位冲激序列，其傅里叶变换仍然是一个冲激序列，冲激序列的周期和强度均为 Ω。单位冲激序列的波形、傅里叶系数 F_n 与傅里叶变换 $F(j\omega)$ 如图 3-11 所示。

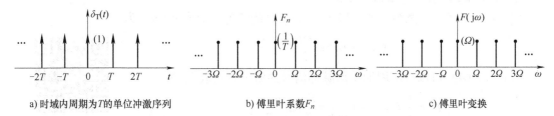

a) 时域内周期为T的单位冲激序列   b) 傅里叶系数F_n c) 傅里叶变换

图 3-11　单位冲激序列的波形、傅里叶系数与傅里叶变换

4. 一般周期信号的傅里叶变换

若周期信号 $f(t)$ 的周期为 T，角频率为 $\Omega = 2\pi/T$，将 $f(t)$ 展成指数形式的傅里叶级数 $f(t) = \sum_{n=-\infty}^{\infty} F_n e^{jn\Omega t}$，将此式两边取傅里叶变换，得

$$F[f(t)] = F\left[\sum_{n=-\infty}^{\infty} F_n e^{jn\Omega t} \right] = \sum_{n=-\infty}^{\infty} F_n F[e^{jn\Omega t}]$$

因为
$$F[e^{jn\Omega t}] = 2\pi\delta(\omega - n\Omega)$$

故周期信号 $f(t)$ 的傅里叶变换为

$$F[f(t)] = 2\pi \sum_{n=-\infty}^{\infty} F_n \delta(\omega - n\Omega) \tag{3-61}$$

式中，傅里叶系数 F_n 为

$$F_n = \frac{1}{T} \int_{-\frac{T}{2}}^{\frac{T}{2}} f(t) e^{-jn\Omega t} dt \tag{3-62}$$

式（3-61）表明，周期信号 $f(t)$ 的傅里叶变换由一系列位于 $n\Omega$（n 为整数）处的冲激信号组成，每个冲激信号的强度等于 $f(t)$ 傅里叶系数 F_n 的 2π 倍。显然，周期信号的频谱也是离散的。然而由于傅里叶变换是反映频谱密度的概念，因此周期信号的傅里叶变换不同于傅里叶级数，这里不再是有限值，而是一系列的冲激信号，它表明在无穷小的频带范围内（频点处）取得了无限大的频谱值。

下面进一步讨论周期脉冲信号 $f(t)$ 的傅里叶系数 F_n 与单脉冲的傅里叶变换之间的关系。

从 $f(t)$ 中截取一个周期，得到所谓的单脉冲信号，它的傅里叶变换 $F_0(j\omega)$ 为

$$F_0(j\omega) = \int_{-\frac{T}{2}}^{\frac{T}{2}} f(t) e^{-j\omega t} dt \tag{3-63}$$

比较式（3-62）和式（3-63），可以得到

$$F_n = \frac{1}{T} F_0(j\omega) \Big|_{\omega = n\Omega} \tag{3-64}$$

或写作

$$F_n = \frac{1}{T} \Big[\int_{-\frac{T}{2}}^{\frac{T}{2}} f(t) e^{-jn\omega t} dt \Big]_{\omega = n\Omega}$$

式（3-64）表明：周期脉冲信号的傅里叶系数 F_n 等于单脉冲信号傅里叶变换 $F_0(j\omega)$ 在 $n\Omega$ 频率点的值乘 $\frac{1}{T}$。因此，利用单脉冲信号傅里叶变换式可以很方便地求出周期脉冲信号的傅里叶级数。

例 3-1 已知周期矩形脉冲信号 $f(t)$ 的幅度为 E，脉宽为 τ，周期为 T，角频率为 $\Omega = 2\pi/T$，求其傅里叶级数与傅里叶变换。

解 幅度为 E、脉宽为 τ 的矩形单脉冲 $f_0(t)$ 的傅里叶变换 $F_0(j\omega)$ 为

$$F_0(j\omega) = E\tau \mathrm{Sa}\left(\frac{\omega\tau}{2}\right)$$

由式（3-64）可以求出周期矩形脉冲信号的傅里叶系数 F_n 为

$$F_n = \frac{1}{T} F_0(j\omega) \Big|_{\omega = n\Omega} = \frac{E\tau}{T} \mathrm{Sa}\left(\frac{n\Omega\tau}{2}\right)$$

码 3-5【程序代码】
周期矩形脉冲信号
的波形及其频谱

这样，$f(t)$ 的傅里叶级数为 $f(t) = \dfrac{E\tau}{T} \displaystyle\sum_{n=-\infty}^{\infty} \mathrm{Sa}\left(\frac{n\Omega\tau}{2}\right) e^{jn\Omega t}$

再由式（3-61）便可得到 $f(t)$ 的傅里叶变换 $F(j\omega)$ 为

$$F(j\omega) = 2\pi \sum_{n=-\infty}^{\infty} F_n \delta(\omega - n\Omega) = E\tau\Omega \sum_{n=-\infty}^{\infty} \mathrm{Sa}\left(\frac{n\Omega\tau}{2}\right) \delta(\omega - n\Omega)$$

周期矩形脉冲信号的波形及其频谱可扫描二维码查看。

由此例也可以看出，非周期信号的频谱是连续函数，而周期信号的频谱是离散函数，它由间隔为 Ω 的一系列冲激信号组成，其强度包络线的形状与单脉冲频谱的形状相同。

以上分析表明，周期信号与非周期信号、傅里叶级数与傅里叶变换、离散谱与连续谱在一定条件下可以相互转化并统一。

3.3.2 典型非周期信号的傅里叶变换与频谱

1. 单个矩形脉冲信号

已知矩形脉冲信号的表达式为

$$f(t) = E\left[\varepsilon\left(t + \frac{\tau}{2}\right) - \varepsilon\left(t - \frac{\tau}{2}\right)\right]$$

式中，E 为脉冲幅度，τ 为脉冲宽度。其波形如图 3-12 所示。

由傅里叶变换的定义式，有

$$F(j\omega) = \int_{-\infty}^{\infty} f(t) e^{-j\omega t} dt = \int_{-\frac{\tau}{2}}^{\frac{\tau}{2}} E e^{-j\omega t} dt$$

码 3-v11【视频讲解】
典型非周期信号的傅里叶变换

进一步求积分，得

$$F(\mathrm{j}\omega)=\frac{2E}{\omega}\sin\frac{\omega\tau}{2}=E\tau\,\frac{\sin\dfrac{\omega\tau}{2}}{\dfrac{\omega\tau}{2}}=E\tau\mathrm{Sa}\!\left(\frac{\omega\tau}{2}\right) \qquad (3\text{-}65)$$

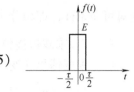

因此，矩形脉冲信号的幅度谱和相位谱分别为

$$\left|F(\mathrm{j}\omega)\right|=E\tau\left|\mathrm{Sa}\!\left(\frac{\omega\tau}{2}\right)\right|$$

$$\varphi(\omega)=\begin{cases}0, & \dfrac{4n\pi}{\tau}<|\omega|<\dfrac{2(2n+1)\pi}{\tau}\\[2mm] \pm\pi, & \dfrac{2(2n+1)\pi}{\tau}<|\omega|<\dfrac{4(n+1)\pi}{\tau}\end{cases}$$

图 3-12　矩形脉冲
信号的波形

式中，$n=0,1,2\cdots$。相位谱也可表示成如下形式：

$$\varphi(\omega)=\begin{cases}0, & \mathrm{Sa}\!\left(\dfrac{\omega\tau}{2}\right)>0\\[2mm] \pm\pi, & \mathrm{Sa}\!\left(\dfrac{\omega\tau}{2}\right)<0\end{cases}$$

码 3-6【程序代码】
矩形脉冲信号的
波形及频谱

此时 $F(\mathrm{j}\omega)$ 是实函数，通常用一条 $F(\mathrm{j}\omega)$ 曲线可以同时表示幅度谱 $|F(\mathrm{j}\omega)|$ 和相位谱 $\varphi(\omega)$，频谱如图 3-13 所示。

周期矩形脉冲频谱的包络形状和非周期性单脉冲频谱曲线的形状完全相同，即它们都具有抽样信号 $\mathrm{Sa}(t)$ 的形式。

另外，单脉冲信号的频谱也具有收敛性，信号的大部分能量都集中在低频段，它的频带宽度的定义和周期脉冲相同。当脉冲持续时间

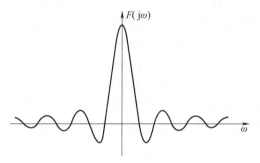

图 3-13　矩形脉冲信号的频谱

τ 减小时，零分量频率会随之增大，频谱的收敛速度变慢，这表明脉冲的频带宽度和脉冲持续时间成反比。

2. 指数信号

已知单边指数信号的表达式为 $f(t)=\mathrm{e}^{-at}\varepsilon(t)$，其中，$a$ 为正实数，则此信号的傅里叶变换为

$$F(\mathrm{j}\omega)=\int_{-\infty}^{\infty}f(t)\mathrm{e}^{-\mathrm{j}\omega t}\mathrm{d}t=\int_{0}^{\infty}\mathrm{e}^{-(a+\mathrm{j}\omega)t}=\frac{1}{a+\mathrm{j}\omega}=\frac{1}{\sqrt{a^2+\omega^2}}\mathrm{e}^{-\mathrm{j}\arctan\frac{\omega}{a}}$$

即

$$\mathrm{e}^{-at}\varepsilon(t)\overset{\mathrm{F}}{\longleftrightarrow}\frac{1}{a+\mathrm{j}\omega} \qquad (3\text{-}66)$$

码 3-7【程序代码】
单边指数信号及其频谱

由此得单边指数信号 $f(t)$ 的幅度谱为 $|F(\mathrm{j}\omega)|=1/\sqrt{a^2+\omega^2}$，相位谱为 $\varphi(\omega)=-\arctan\omega/a$。频谱图可扫描二维码查看。

对于单边指数信号，只有当 $a>0$ 时，傅里叶变换才存在；当 $a<0$ 时，函数 $f(t)$ 不满足

绝对可积条件，即积分 $\int_{-\infty}^{\infty}|e^{-at}|dt$ 不收敛，傅里叶变换就不存在。

例 3-2 求双边指数信号 $f(t)=e^{-a|t|}$ 的傅里叶变换。

解 根据傅里叶变换的定义式，可得

$$F(j\omega)=\int_{-\infty}^{\infty}e^{-a|t|}e^{-j\omega t}dt=\int_{0}^{\infty}e^{-at}e^{-j\omega t}dt+\int_{-\infty}^{0}e^{at}e^{-j\omega t}dt$$

$$=\frac{1}{a+j\omega}+\frac{1}{a-j\omega}=\frac{2a}{a^2+\omega^2} \tag{3-67}$$

码 3-8【程序代码】
双边指数信号的
傅里叶变换

即
$$e^{-a|t|}\overset{F}{\leftrightarrow}\frac{2a}{a^2+\omega^2}$$

式（3-67）也为 $f(t)$ 的幅度谱，其相位谱 $\varphi(\omega)=0$。同样，若其傅里叶变换存在，a 也必须大于 0。双边指数信号 $f(t)$ 的波形、频谱图可扫描二维码查看。

3. 单位冲激信号

考虑到冲激函数 $\delta(t)$ 的抽样性质，可得其傅里叶变换为

$$F(j\omega)=\int_{-\infty}^{\infty}\delta(t)e^{-j\omega t}dt=\int_{-\infty}^{\infty}\delta(t)dt=1$$

即
$$\delta(t)\overset{F}{\leftrightarrow}1 \tag{3-68}$$

上述结果也可由单个矩形脉冲取极限得到。当脉宽 τ 逐渐变窄时，其频谱必然展宽，可以想象，在 $\tau\rightarrow0$ 的过程中，若始终保持 $E\tau=1$ 不变，最终矩形脉冲将变成单位冲激信号 $\delta(t)$，其频谱 $F(j\omega)$ 必等于常数 1。

式（3-68）表明，单位冲激信号 $\delta(t)$ 在 $(-\infty,+\infty)$ 的整个频率范围内具有恒定的频谱函数，即冲激信号在频域内包含了幅度均为 1 的所有频率分量，且相位都为 0。因此，又将这种频谱称为"均匀谱"或"白色谱"。在时域持续时间无限短的冲激信号，其所占有的频带却为无限宽，这也说明了信号持续时间与其频带宽度成反比。

另外，由冲激偶函数 $\delta'(t)$ 的性质 $\int_{-\infty}^{\infty}\delta'(t)f(t)dt=-f'(0)$，可以推得冲激偶的频谱函数为

$$F(j\omega)=\int_{-\infty}^{\infty}\delta'(t)e^{-j\omega t}dt=-\frac{d}{dt}e^{-j\omega t}\bigg|_{t=0}=j\omega$$

即
$$\delta'(t)\overset{F}{\leftrightarrow}j\omega \tag{3-69}$$

同理，由 $\int_{-\infty}^{\infty}\delta^{(n)}(t)f(t)dt=(-1)^n f^{(n)}(0)$，可得

$$\delta^{(n)}(t)\overset{F}{\leftrightarrow}(j\omega)^n \tag{3-70}$$

周期矩形脉冲频谱的包络形状和非周期单脉冲频谱曲线的形状完全相同，即它们都具有抽样信号 $Sa(t)$ 的形式。

4. 符号函数

符号函数 $sgn(t)$ 的表达式为

$$sgn(t)=\begin{cases}+1, & t>0 \\ -1, & t<0\end{cases} \tag{3-71}$$

很明显，这种信号不满足绝对可积条件，但它却存在傅里叶变换，可以通过对以下奇双边指

数信号的频谱取极限，进而求出符号函数 $\mathrm{sgn}(t)$ 的频谱：

$$f_1(t) = \begin{cases} -\mathrm{e}^{at}, & t<0 \\ \mathrm{e}^{at}, & t>0 \end{cases} \tag{3-72}$$

式中，$a>0$。$f_1(t)$ 的傅里叶变换为

$$F_1(\mathrm{j}\omega) = \int_{-\infty}^{\infty} f_1(t)\,\mathrm{e}^{-\mathrm{j}\omega t}\mathrm{d}t = \int_{-\infty}^{0} (-\mathrm{e}^{at})\,\mathrm{e}^{-\mathrm{j}\omega t}\mathrm{d}t + \int_{0}^{\infty} \mathrm{e}^{-at}\mathrm{e}^{-\mathrm{j}\omega t}\mathrm{d}t$$

进一步积分并化简，可得

$$F_1(\mathrm{j}\omega) = \frac{-2\mathrm{j}\omega}{a^2+\omega^2} \tag{3-73}$$

因为当 $a\to 0$ 时，有 $\lim\limits_{a\to 0}f_1(t) = \mathrm{sgn}(t)$，故符号函数的频谱函数为

$$F(\mathrm{j}\omega) = \lim_{a\to 0}\frac{-2\mathrm{j}\omega}{a^2+\omega^2} = \frac{2}{\mathrm{j}\omega} \tag{3-74}$$

其幅度谱和相位谱分别为

$$|F(\mathrm{j}\omega)| = \frac{2}{|\omega|} \tag{3-75}$$

$$\varphi(\omega) = \begin{cases} \dfrac{\pi}{2}, & \omega<0 \\[2mm] -\dfrac{\pi}{2}, & \omega>0 \end{cases} \tag{3-76}$$

5. 直流信号

对于单位直流信号，其表达式为

$$f(t) = 1, \quad -\infty < t < \infty \tag{3-77}$$

显然，该信号也不满足绝对可积条件，但可利用双边指数信号 $\mathrm{e}^{-a|t|}$ 取极限，求得其傅里叶变换，过程如下。

因为 $f(t) = \lim\limits_{a\to 0}\mathrm{e}^{-a|t|} = 1$，且 $\mathrm{e}^{-a|t|} \xleftrightarrow{\mathrm{F}} \dfrac{2a}{a^2+\omega^2}$，故有

$$F(\mathrm{j}\omega) = \lim_{a\to 0}\frac{2a}{a^2+\omega^2} = \begin{cases} 0, & \omega\neq 0 \\ \infty, & \omega=0 \end{cases}$$

且

$$\int_{-\infty}^{\infty}\frac{2a}{a^2+\omega^2}\mathrm{d}\omega = \int_{-\infty}^{\infty}\frac{2}{1+\left(\dfrac{\omega}{a}\right)^2}\mathrm{d}\frac{\omega}{a} = 2\arctan\frac{\omega}{a}\,\Big|_{-\infty}^{\infty} = 2\pi$$

显然，这表明单位直流信号的频谱为一个出现在 $\omega=0$ 处且强度为 2π 的冲激函数，即

$$F(\mathrm{j}\omega) = \lim_{a\to 0}\frac{2a}{a^2+\omega^2} = 2\pi\delta(\omega) \tag{3-78}$$

或表示为

$$1 \xleftrightarrow{\mathrm{F}} 2\pi\delta(\omega) \tag{3-79}$$

同理，容易推出直流信号 E 的频谱为

$$E \xleftrightarrow{\mathrm{F}} 2\pi E\delta(\omega) \tag{3-80}$$

与前面介绍的冲激信号的频谱正好相反，在时域持续时间无限宽的直流信号，其在频域所占有的频带宽度为无限窄。

6. 阶跃信号

阶跃信号 $\varepsilon(t)$ 的定义为

$$\varepsilon(t) = \begin{cases} 1, & t>0 \\ 0, & t<0 \end{cases}$$

虽然阶跃信号不满足绝对可积条件，但其傅里叶变换可以由单边指数衰减信号 $e^{-at}\varepsilon(t)$ 的频谱取极限求得，过程如下。

由于

$$\varepsilon(t) = \begin{cases} \lim\limits_{a\to 0} e^{-at}, & t>0 \\ 0, & t<0 \end{cases}$$

又因为

$$e^{-at}\varepsilon(t) \overset{F}{\leftrightarrow} \frac{1}{a+j\omega} = \frac{a}{a^2+\omega^2} - \frac{j\omega}{a^2+\omega^2}$$

所以阶跃信号 $\varepsilon(t)$ 的傅里叶变换为

$$F(j\omega) = \lim_{a\to 0}\frac{a}{a^2+\omega^2} + \lim_{a\to 0}\frac{-j\omega}{a^2+\omega^2}$$

由式 (3-78) 可知，第一项为 $\lim\limits_{a\to 0}\dfrac{a}{a^2+\omega^2} = \pi\delta(\omega)$。

又由于

$$\lim_{a\to 0}\frac{-j\omega}{a^2+\omega^2} = \frac{1}{j\omega}$$

最后可得

$$\varepsilon(t) \overset{F}{\leftrightarrow} \pi\delta(\omega) + \frac{1}{j\omega} \tag{3-81}$$

阶跃信号的频谱也可由直流信号和符号函数的频谱叠加生成，即

$$\varepsilon(t) = \frac{1}{2} + \frac{1}{2}\mathrm{sgn}(t)$$

两边进行傅里叶变换：

$$F[\varepsilon(t)] = F\left[\frac{1}{2}\right] + \frac{1}{2}F[\mathrm{sgn}(t)]$$

得 $\varepsilon(t)$ 的傅里叶变换为

$$F[\varepsilon(t)] = \pi\delta(\omega) + \frac{1}{j\omega} \tag{3-82}$$

可见，单位阶跃信号 $\varepsilon(t)$ 的频谱在 $\omega=0$ 处存在一个冲激函数，这是 $\varepsilon(t)$ 中含有直流分量的缘故。此外，由于 $\varepsilon(t)$ 不是纯直流信号，它在 $t=0$ 点有跳变，因此在频谱中还出现了其他频率分量。

熟悉上述典型信号的傅里叶变换，将对近一步掌握信号与系统的频域分析带来很大的便利。常用信号的傅里叶变换对见表 3-1。

表 3-1 常用信号的傅里叶变换对

$f(t)$	$F(j\omega)$
$g_\tau(t)$	$\tau\mathrm{Sa}\left(\dfrac{\omega\tau}{2}\right)$
$\tau\mathrm{Sa}\left(\dfrac{\tau t}{2}\right)$	$2\pi G_\tau(\omega)$
$e^{-at}\varepsilon(t)$, $a>0$	$\dfrac{1}{a+j\omega}$
$te^{-at}\varepsilon(t)$, $a>0$	$\dfrac{1}{(a+j\omega)^2}$
$e^{-a\mid t\mid}$, $a>0$	$\dfrac{2a}{a^2+\omega^2}$
$\delta(t)$	1
1	$2\pi\delta(\omega)$
$\delta(t-t_0)$	$e^{-j\omega t_0}$
$\cos\omega_0 t$	$\pi[\delta(\omega+\omega_0)+\delta(\omega-\omega_0)]$
$\sin\omega_0 t$	$j\pi[\delta(\omega+\omega_0)-\delta(\omega-\omega_0)]$
$\varepsilon(t)$	$\pi\delta(\omega)+\dfrac{1}{j\omega}$
$\mathrm{sgn}(t)$	$\dfrac{2}{j\omega}$, $F(0)=0$
$\dfrac{1}{\pi t}$	$-j\mathrm{sgn}(\omega)$
$Ee^{j\omega_0 t}$	$2\pi E\delta(\omega-\omega_0)$
$\delta_{\mathrm{T}}(t)=\displaystyle\sum_{n=-\infty}^{\infty}\delta(t-nT)$	$\Omega\displaystyle\sum_{n=-\infty}^{\infty}\delta(\omega-n\Omega)$, $\Omega=\dfrac{2\pi}{T}$
$\dfrac{t^{n-1}}{(n-1)!}e^{-at}\varepsilon(t)$, $a>0$	$\dfrac{1}{(a+j\omega)^n}$

3.4 傅里叶逆变换

在许多信号分析和处理应用中,常常需要根据已知的信号频谱求出对应的时域信号。这些都涉及傅里叶逆变换的求解问题。可以按照给出的信号的频域分解公式,通过积分运算求解傅里叶逆变换,但有时此积分计算较为复杂,因此本节将总结其他几种常见的傅里叶逆变换求解方法。

1. 利用傅里叶变换的对称性

若 $f(t)\overset{\mathrm{F}}{\leftrightarrow}F(j\omega)$,则 $F(jt)\overset{\mathrm{F}}{\leftrightarrow}2\pi f(-\omega)$。由此可见,在已知 $F(j\omega)$ 的前提下,可以先求出其时域形式的傅里叶变换 $\mathrm{F}[F(jt)]$,即 $2\pi f(-\omega)$,再求得 $f(t)$。

例 3-3 求 $F(j\omega)=G_{\Omega_0}(\omega)$ 对应的时域信号 $f(t)$。

解　$F(j\omega)_{\omega \to t} = F(jt) = G_{\Omega_0}(t)$，所以 $F[F(jt)] = \Omega_0 Sa\left(\dfrac{\Omega_0 \omega}{2}\right)$。根据傅里叶变换的对称性，有

$$f(t) = \frac{1}{2\pi}F[F(jt)]_{\omega \to t} = \frac{\Omega_0}{2\pi}Sa\left(\frac{\Omega_0 \omega}{2}\right)_{\omega \to t} = \frac{\Omega_0}{2\pi}Sa\left(\frac{-\Omega_0 t}{2}\right) = \frac{\Omega_0}{2\pi}Sa\left(\frac{\Omega_0 t}{2}\right)$$

2. 部分分式展开

$F(j\omega)$ 一般是 $j\omega$ 的有理分式，可以将 $j\omega$ 看成一个变量，先做长除法（如果分母阶数低于分子阶数），再将余式（有理真分式）进行部分分式展开，然后利用式（3-83）~式（3-90）进行傅里叶逆变换的求解。

$$F^{-1}\left[\pi\delta(\omega) + \frac{1}{j\omega}\right] = \varepsilon(t) \tag{3-83}$$

$$F^{-1}[1] = \delta(t) \tag{3-84}$$

$$F^{-1}[(j\omega)^n] = \delta^{(n)}(t) = \frac{d^n}{dt^n}\delta(t), \quad n = 1, 2, \cdots \tag{3-85}$$

$$F^{-1}\left[\frac{2}{j\omega}\right] = sgn(t) \tag{3-86}$$

$$F^{-1}\left[\frac{1}{a+j\omega}\right] = e^{-at}\varepsilon(t), \quad a > 0 \tag{3-87}$$

两边对 a 求 n 阶导，可得

$$F^{-1}\left[\frac{1}{(a+j\omega)^n}\right] = \frac{t^{n-1}}{(n-1)!}e^{-at}\varepsilon(t), \quad a > 0, n = 2, 3, \cdots \tag{3-88}$$

以及

$$F^{-1}\left[\frac{\Omega_0}{(a+j\omega)^2 + \Omega_0^2}\right] = e^{-at}\sin\Omega_0 t\varepsilon(t), \quad a > 0 \tag{3-89}$$

$$F^{-1}\left[\frac{a+j\omega}{(a+j\omega)^2 + \Omega_0^2}\right] = e^{-at}\cos\Omega_0 t\varepsilon(t), \quad a > 0 \tag{3-90}$$

式（3-89）、式（3-90）可用于避免傅里叶逆变换结果中出现复杂的复数表示。

例 3-4　已知信号 $f(t)$ 的频谱为 $F(j\omega) = \dfrac{-\omega^2 + 4j\omega + 5}{-\omega^2 + 3j\omega + 2}$，求 $f(t)$。

解　先采用长除法，得

$$F(j\omega) = 1 + \frac{j\omega + 3}{(j\omega)^2 + 3j\omega + 2}$$

然后对余式（上式第二项）作部分分式展开，得

$$F(j\omega) = 1 + \frac{j\omega + 3}{(j\omega + 1)(j\omega + 2)} = 1 + \frac{2}{j\omega + 1} + \frac{-1}{j\omega + 2}$$

最后作逆变换，利用式（3-87）可得时域表达式为

$$f(t) = \delta(t) + 2e^{-t}\varepsilon(t) - e^{-2t}\varepsilon(t)$$

码 3-9【程序代码】
傅里叶逆变换 1

例 3-5　已知信号 $f(t)$ 的频谱为 $F(j\omega) = \dfrac{1}{(j\omega + 1)(j\omega + 2)^3}$，求 $f(t)$。

解
$$F(\mathrm{j}\omega)=\frac{k_0}{\mathrm{j}\omega+1}+\frac{k_{10}}{(\mathrm{j}\omega+2)^3}+\frac{k_{11}}{(\mathrm{j}\omega+2)^2}+\frac{k_{12}}{\mathrm{j}\omega+2}$$

式中，

$$k_0=\left[F(\mathrm{j}\omega)(\mathrm{j}\omega+1)\right]\big|_{\mathrm{j}\omega=-1}=1$$

$$k_{10}=\left[F(\mathrm{j}\omega)(\mathrm{j}\omega+2)^3\right]\big|_{\mathrm{j}\omega=-2}=-1$$

$$k_{11}=\frac{\mathrm{d}}{\mathrm{d}(\mathrm{j}\omega)}\left[F(\mathrm{j}\omega)(\mathrm{j}\omega+2)^3\right]\big|_{\mathrm{j}\omega=-2}=\frac{-1}{(\mathrm{j}\omega+1)^2}\bigg|_{\mathrm{j}\omega=-2}=-1$$

$$k_{12}=\frac{1}{2!}\frac{\mathrm{d}^2}{\mathrm{d}(\mathrm{j}\omega)^2}\left[F(\mathrm{j}\omega)(\mathrm{j}\omega+2)^3\right]\big|_{\mathrm{j}\omega=-2}=\frac{1}{2}\frac{2}{(\mathrm{j}\omega+1)^3}\bigg|_{\mathrm{j}\omega=-2}=-1$$

码 3-10【程序代码】
傅里叶逆变换 2

即
$$F(\mathrm{j}\omega)=\frac{1}{\mathrm{j}\omega+1}-\frac{1}{(\mathrm{j}\omega+2)^3}-\frac{1}{(\mathrm{j}\omega+2)^2}-\frac{1}{\mathrm{j}\omega+2}$$

从而有
$$f(t)=\mathrm{e}^{-t}\varepsilon(t)-\frac{1}{2}t^2\mathrm{e}^{-2t}\varepsilon(t)-t\mathrm{e}^{-2t}\varepsilon(t)-\mathrm{e}^{-2t}\varepsilon(t)$$

3. 利用傅里叶变换的性质和常见信号的傅里叶变换对

本方法要求熟记常见的傅里叶变换对，并要求能熟练掌握傅里叶变换的性质，是上述方法的补充。

例 3-6　已知信号 $f(t)$ 的傅里叶变换为 $F(\mathrm{j}\omega)=\pi\delta(\omega-\omega_0)+\dfrac{1}{\mathrm{j}(\omega-\omega_0)}$，$\omega_0$ 为一个实常数，求 $f(t)$。

解　本题信号的傅里叶变换 $F(\mathrm{j}\omega)$ 可写成

$$F(\mathrm{j}\omega)=\left[\pi\delta(\omega)+\frac{1}{\mathrm{j}\omega}\right]*\delta(\omega-\omega_0)=\frac{1}{2\pi}\left[\pi\delta(\omega)+\frac{1}{\mathrm{j}\omega}\right]*\left[2\pi\delta(\omega-\omega_0)\right]$$

应用傅里叶变换的频域卷积特性，有

$$f(t)=\mathrm{F}^{-1}\left[\pi\delta(\omega)+\frac{1}{\mathrm{j}\omega}\right]\mathrm{F}^{-1}\left[2\pi\delta(\omega-\omega_0)\right]=\mathrm{e}^{\mathrm{j}\omega_0 t}\varepsilon(t)$$

另外，直接利用傅里叶变换对和傅里叶变换的频移性质也可求得 $f(t)=\mathrm{e}^{\mathrm{j}\omega_0 t}\varepsilon(t)$。

例 3-7　已知 $y(t)*\dfrac{\mathrm{d}}{\mathrm{d}t}y(t)=(1-t)\mathrm{e}^{-t}\varepsilon(t)$，求 $y(t)$。

解　根据傅里叶变换的时域卷积特性和时域微分特性，有

$$Y(\mathrm{j}\omega)\times\mathrm{j}\omega Y(\mathrm{j}\omega)=\frac{1}{\mathrm{j}\omega+1}-\frac{1}{(\mathrm{j}\omega+1)^2}$$

即
$$Y(\mathrm{j}\omega)\times Y(\mathrm{j}\omega)=\frac{1}{(\mathrm{j}\omega+1)^2}$$

$$Y(\mathrm{j}\omega)=\pm\frac{1}{\mathrm{j}\omega+1}$$

从而有
$$y(t)=\pm\mathrm{e}^{-t}\varepsilon(t)$$

83

3.5 能量谱与功率谱

信号的频谱是在频域中描述信号特征的方法之一，此外还可以用能量谱或功率谱描述信号。

码 3-v12【视频讲解】
能量谱与功率谱

1. 能量谱的概念

信号 $f(t)$ 在 1Ω 电阻上的瞬时功率为 $|f(t)|^2$，在 $-T<t<T$ 区间的能量为 $\int_{-T}^{T} |f(t)|^2 \mathrm{d}t$。

信号能量定义为在时间 $(-\infty, \infty)$ 区间上信号的能量，用 E 表示，有

$$E = \lim_{T \to \infty} \int_{-T}^{T} |f(t)|^2 \mathrm{d}t$$

也可简写为 $E = \int_{-\infty}^{\infty} |f(t)|^2 \mathrm{d}t$。

若信号能量有限，则称信号为能量有限信号，简称能量信号。进一步，考虑信号能量与信号频谱函数之间的关系，若 $f(t) \overset{\mathrm{F}}{\leftrightarrow} F(\mathrm{j}\omega)$，则

$$\int_{-\infty}^{\infty} |f(t)|^2 \mathrm{d}t = \frac{1}{2\pi} \int_{-\infty}^{\infty} |F(\mathrm{j}\omega)|^2 \mathrm{d}\omega \tag{3-91}$$

式（3-91）左边为信号 $f(t)$ 的总能量，是对信号功率 $|f(t)|^2$ 的积分，式（3-91）右边是对单位频率内的能量关于频率的积分，$|F(\mathrm{j}\omega)|^2$ 表示信号 $f(t)$ 在单位频率内的能量，称为能量谱密度，式（3-91）所表示的关系又称为帕塞瓦尔关系。

2. 功率谱的概念

信号功率定义为在时间区间 $(-\infty, \infty)$ 上信号 $f(t)$ 的平均功率，用 P 表示，有

$$P = \lim_{T \to \infty} \frac{1}{2T} \int_{-T}^{T} |f(t)|^2 \mathrm{d}t$$

若 $f(t)$ 为实函数，则平均功率可写为

$$P = \lim_{T \to \infty} \frac{1}{T} \int_{-\frac{T}{2}}^{\frac{T}{2}} f^2(t) \mathrm{d}t \tag{3-92}$$

若信号功率有限，则称信号为功率有限信号，简称功率信号。

根据信号能量和功率的定义可知，若信号能量有限，则其功率为 0；若信号功率有限，则其能量为无穷大。

将式（3-91）代入式（3-92），有

$$P = \lim_{T \to \infty} \frac{1}{T} \int_{-\frac{T}{2}}^{\frac{T}{2}} f^2(t) \mathrm{d}t = \frac{1}{2\pi} \int_{-\infty}^{\infty} \lim_{T \to \infty} \frac{|F(\mathrm{j}\omega)|^2}{T} \mathrm{d}\omega \tag{3-93}$$

类似于能量谱密度，根据式（3-93）可知，信号的功率谱为 $\wp(\omega) = \lim_{T \to \infty} \dfrac{|F(\mathrm{j}\omega)|^2}{T}$。

3.6　离散信号的傅里叶分析

3.6.1　周期序列的离散傅里叶级数

设 $f_N(k)$ 是一个周期为 N 的周期序列，即

$$f_N(k)=f_N(k+lN)，l \text{ 为任意整数}$$

周期序列不是绝对可和的，所以不能用 Z 变换表示，因为在任何 z

值下，其 Z 变换都不收敛，也就是 $\sum\limits_{k=-\infty}^{\infty}|f_N(k)||z^{-k}|=\infty$。

码 3-v13【视频讲解】
周期序列的离散
傅里叶级数

但是，正如连续周期信号可以用傅里叶级数表示一样，周期序列也可以用离散傅里叶级数表示，该级数相当于成谐波关系的复指数序列（正弦型序列）之和。也就是说，复指数序列的频率是周期序列 $f_N(k)$ 的基频（$2\pi/N$，称为基波数字角频率）的整数倍，这些复指数序列 $e_n(k)$ 的形式为

$$e_n(k)=\mathrm{e}^{\mathrm{j}\frac{2\pi}{N}nk}=\mathrm{e}^{\mathrm{j}\frac{2\pi}{N}(n+lN)k}=e_{n+lN}(k) \tag{3-94}$$

式中，n、l 为整数。

由式（3-94）可见，复指数序列 $e_n(k)$ 对 n 呈现周期性，周期也为 N。也就是说，离散傅里叶级数的谐波成分只有 N 个独立量，这是与连续傅里叶级数的不同之处（后者为无穷多个谐波成分）。因此，周期序列 $f_N(k)$ 的傅里叶级数展开式仅为有限项（N 项）。若取 $n=0$ 到 $N-1$ 的 N 个独立谐波分量，$f_N(k)$ 可展成如下的离散傅里叶级数：

$$f_N(k)=\sum_{n=0}^{N-1}C_n\mathrm{e}^{\mathrm{j}\frac{2\pi}{N}nk} \tag{3-95}$$

式中，C_n 为待定系数。将式（3-95）两端同乘 $\mathrm{e}^{-\mathrm{j}\frac{2\pi}{N}mk}$，并在一个周期 N 内对 k 求和，得

$$\sum_{k=0}^{N-1}\left[f_N(k)\mathrm{e}^{-\mathrm{j}\frac{2\pi}{N}mk}\right]=\sum_{k=0}^{N-1}\left[\left(\sum_{n=0}^{N-1}C_n\mathrm{e}^{\mathrm{j}\frac{2\pi}{N}nk}\right)\mathrm{e}^{-\mathrm{j}\frac{2\pi}{N}mk}\right]$$

等式右边交换求和次序，可得

$$\sum_{k=0}^{N-1}\left[f_N(k)\mathrm{e}^{-\mathrm{j}\frac{2\pi}{N}mk}\right]=\sum_{n=0}^{N-1}C_n\left[\sum_{k=0}^{N-1}\mathrm{e}^{\mathrm{j}\frac{2\pi}{N}(n-m)k}\right] \tag{3-96}$$

式（3-96）右边中括号对 k 求和可得

$$\sum_{k=0}^{N-1}\mathrm{e}^{\mathrm{j}\frac{2\pi}{N}(n-m)k}=\begin{cases}N & ,n=m\\[2mm]\dfrac{1-\left(\mathrm{e}^{\mathrm{j}\frac{2\pi}{N}(n-m)}\right)^N}{1-\mathrm{e}^{\mathrm{j}\frac{2\pi}{N}(n-m)}}=0 & ,n\neq m\end{cases} \tag{3-97}$$

将式（3-97）代入式（3-96）中，可得 $\sum\limits_{k=0}^{N-1}\left[f_N(k)\mathrm{e}^{-\mathrm{j}\frac{2\pi}{N}mk}\right]=C_mN$，即

$$C_m=\frac{1}{N}\sum_{k=0}^{N-1}\left[f_N(k)\mathrm{e}^{-\mathrm{j}\frac{2\pi}{N}mk}\right]$$

换元即可得

$$C_n=\frac{1}{N}\sum_{k=0}^{N-1}\left[f_N(k)\mathrm{e}^{-\mathrm{j}\frac{2\pi}{N}nk}\right]=\frac{1}{N}F_N(n) \tag{3-98}$$

85

式中，

$$F_N(n) = \sum_{k=0}^{N-1} f_N(k) e^{-j\frac{2\pi}{N}nk} \tag{3-99}$$

称为离散傅里叶系数。将式（3-98）代入式（3-95），可得

$$f_N(k) = \frac{1}{N}\sum_{n=0}^{N-1} F_N e^{j\frac{2\pi}{N}nk} \tag{3-100}$$

式（3-100）称为周期序列的离散傅里叶级数。为方便书写，令 $W = e^{-j\frac{2\pi}{N}} = e^{-j\Omega}$，$\Omega$ 为基波数字角频率，单位为弧度，$\Omega = 2\pi/N$。一般用 DFS[·] 表示求离散傅里叶系数（正变换）；以 IDFS[·] 表示求离散傅里叶级数展开式（逆变换）。所以式（3-99）与式（3-100）可以写成

$$\text{DFS}[f_N(k)] = F_N(n) = \sum_{k=0}^{N-1} f_N(k) W^{nk} \tag{3-101}$$

$$\text{IDFS}[F_N(n)] = f_N(k) = \frac{1}{N}\sum_{k=0}^{N-1} F_N(n) W^{-nk} \tag{3-102}$$

式（3-101）与式（3-102）称为离散傅里叶级数变换对。显而易见，它们都便于用计算机求出。

从上面看出，只要知道周期序列一个周期的内容，其他的内容就都知道了。所以，这种无限长序列实际上只有一个周期中的 N 个序列值有信息。因而周期序列和有限长序列有着本质的联系。

例 3-8 求周期序列 $f(k) = \cos\dfrac{\pi}{6}k$ 的离散傅里叶系数。

解 周期序列的基波周期 $N = 2\pi/(\pi/6) = 12$。利用欧拉公式，$f(k) = \cos\dfrac{\pi}{6}k$ 可以改写成 $f(k) = \dfrac{e^{j\frac{\pi}{6}k} + e^{-j\frac{\pi}{6}k}}{2}$。继续将其改写成形如式（3-100）的形式，为

$$f(k) \overset{N=12}{=} \frac{1}{N}\left(6e^{j\frac{2\pi}{N}k} + 6e^{-j\frac{2\pi}{N}k}\right) \overset{W = e^{-j\frac{2\pi}{N}}}{=} \frac{1}{N}\left(6W^{-k} + 6W^k\right)$$

由此可知

$$F_N(n) = \begin{cases} 6, & n = \pm 1 \\ 0, & -5 < n < 6 \text{ 且 } n \neq \pm 1 \end{cases}$$

可画出该周期序列的离散傅里叶系数如图 3-14 所示。

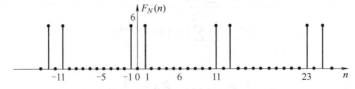

图 3-14　周期序列的离散傅里叶系数

3.6.2　非周期序列的离散时间傅里叶变换

与连续信号类似，当其周期 $N \to \infty$ 时，周期序列 $f_N(k)$ 的周期特点消失，变成非周期序列 $f(k)$。同时，$F_N(n)$ 的谱线间隔（$\Omega = 2\pi/N$）将趋于无穷小，变成连续谱，即当 $N \to \infty$ 时，$n\Omega = 2\pi n/N$ 趋于连续变量 ω［数字角频率，单位为 rad。需要注意的是，它与前面的模拟角频率 ω（单位为 rad/s）在符号上不作区分］。式（3-99）是在一个周期内求和，这时求和区间扩展为 $(-\infty, \infty)$。定义非周期序列 $f(k)$ 的离散时间傅里叶变换为

$$F(\mathrm{e}^{\mathrm{j}\omega}) = \lim_{N \to \infty} \sum_{k=N} f_N(k) \mathrm{e}^{-\mathrm{j}\frac{2\pi}{N}nk} \tag{3-103}$$

式中，求和符号下的 $k=N$ 表示在一个周期内求和。当 $N \to \infty$ 时，$f_N(k) \to f(k)$，$2\pi n/N \to \omega$，于是

$$F(\mathrm{e}^{\mathrm{j}\omega}) = \sum_{k=-\infty}^{\infty} f(k) \mathrm{e}^{-\mathrm{j}k\omega} \tag{3-104}$$

可见，非周期序列的离散时间傅里叶变换 $F(\mathrm{e}^{\mathrm{j}\omega})$ 是 ω 的连续周期函数，周期为 2π。它通常是复函数，可表示为

$$F(\mathrm{e}^{\mathrm{j}\omega}) = |F(\mathrm{e}^{\mathrm{j}\omega})| \mathrm{e}^{\mathrm{j}\varphi(\omega)} \tag{3-105}$$

式中，$|F(\mathrm{e}^{\mathrm{j}\omega})|$ 为幅度谱，$\varphi(\omega)$ 为相位谱。

式（3-100）周期序列的离散傅里叶级数展开式可写成

$$f_N(k) = \frac{1}{N} \sum_{n=0}^{N-1} F_N \mathrm{e}^{\mathrm{j}\frac{2\pi}{N}nk} = \frac{1}{2\pi} \sum_{n=0}^{N-1} F_N \mathrm{e}^{\mathrm{j}\frac{2\pi}{N}nk} \cdot \frac{2\pi}{N} \tag{3-106}$$

当 $N \to \infty$ 时，$2\pi n/N \to \omega$，$2\pi/N$ 趋于无穷小，用 $\mathrm{d}\omega$ 表示，$f_N(k) \to f(k)$，将 F_N 换为 $F(\mathrm{e}^{\mathrm{j}\omega})$。由于 n 的取值周期为 N，$2\pi n/N$ 的周期为 2π。故当 $N \to \infty$ 时，式（3-106）的求和变为在 2π 区间内对数字角频率 ω 的积分。此时，式（3-106）改写为

$$f(k) = \frac{1}{2\pi} \int_{-\pi}^{\pi} F(\mathrm{e}^{\mathrm{j}\omega}) \mathrm{e}^{\mathrm{j}k\omega} \mathrm{d}\omega \tag{3-107}$$

它是非周期序列的离散时间傅里叶逆变换。

通常用以下符号表示非周期序列 $f(k)$ 的离散时间傅里叶正变换与逆变换：

$$\mathrm{DTFT}[f(k)] = F(\mathrm{e}^{\mathrm{j}\omega}) = \sum_{k=-\infty}^{+\infty} f(k) \mathrm{e}^{-\mathrm{j}\omega k} \tag{3-108}$$

$$\mathrm{IDTFT}[F(\mathrm{e}^{\mathrm{j}\omega})] = f(k) = \frac{1}{2\pi} \int_{-\pi}^{+\pi} F(\mathrm{e}^{\mathrm{j}\omega}) \mathrm{e}^{\mathrm{j}\omega k} \mathrm{d}\omega \tag{3-109}$$

离散时间傅里叶变换存在的充分条件是 $f(k)$ 满足绝对可和，即

$$\sum_{k=-\infty}^{\infty} |f(k)| < \infty \tag{3-110}$$

例 3-9　求下列非周期序列的离散时间傅里叶变换。

1）$\delta(k)$。

2）$f(k) = \begin{cases} a^k, & k \geq 0 \\ 0, & k < 0 \end{cases}$，$0 < a < 1$。

3）$f(k) = \begin{cases} 1, & |k| \leq 2 \\ 0, & |k| > 2 \end{cases}$。

解

1) $F(\mathrm{e}^{j\omega}) = \mathrm{DTFT}[\delta(k)] = \sum_{k=-\infty}^{+\infty} \delta(k)\mathrm{e}^{-j\omega k} = 1$。

2) $F(\mathrm{e}^{j\omega}) = \mathrm{DTFT}[f(k)] = \sum_{k=0}^{+\infty} a^k \mathrm{e}^{-j\omega k} = \sum_{k=0}^{+\infty} (a\mathrm{e}^{-j\omega})^k = \dfrac{1}{1-a\mathrm{e}^{-j\omega}}$。

3) $F(\mathrm{e}^{j\omega}) = \mathrm{DTFT}[f(k)] = \sum_{k=-2}^{2} \mathrm{e}^{-j\omega k} = \dfrac{\mathrm{e}^{j2\omega}(1-\mathrm{e}^{-j5\omega})}{1-\mathrm{e}^{-j\omega}} = \dfrac{\sin 2.5\omega}{\sin 0.5\omega}$。

3.6.3 离散傅里叶变换

离散傅里叶级数是周期序列，但是在计算机上实现信号的频谱分析及其他方面的处理工作时，对信号的要求是：在时域和频域都应是离散的，且都应是有限长。离散傅里叶级数虽然是周期序列但只有 K 个独立的复值，只要知道它一个周期的内容，其他的内容也就知道了，即把长度为 N 的有限序列 $f(k)$ 看成周期为 N 的周期序列的一个周期，这样利用离散傅里叶级数计算周期序列的一个周期，也就是计算了有限长序列。

码 3-v14【视频讲解】
离散傅里叶变换（DFT）

设 $f(k)$ 为有限长序列，长度为 N，即 $f(k)$ 只在 $k=0,1,\cdots,N-1$ 时有值，k 为其他值时 $f(k)=0$，表达式为

$$f(k) = \begin{cases} f(k) & ,0 \leqslant k \leqslant N-1 \\ 0 & ,k \text{ 为其他值} \end{cases} \tag{3-111}$$

为了引入周期序列的有关知识，将有限长序列 $f(k)$ 延拓成周期为 N 的周期序列 $f_N(k)$，即

$$f_N(k) = \sum_{l=-\infty}^{\infty} f(k+lN), \quad l \text{ 为整数} \tag{3-112}$$

或者把有限长序列 $f(k)$ 看作周期序列 $f_N(k)$ 某一个周期内的序列取值，即

$$f(k) = \begin{cases} f_N(k) & ,0 \leqslant k \leqslant N-1 \\ 0 & ,k \text{ 为其他值} \end{cases} \tag{3-113}$$

有限长序列 $f(k)$ 与拓展的周期序列 $f_N(k)$ 的对应关系如图 3-15 所示。

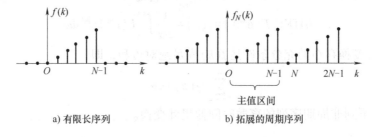

a) 有限长序列　　　　　b) 拓展的周期序列

图 3-15　有限长序列拓展为周期序列

对于周期序列 $f_N(k)$，其第一个周期 $k=0,1,\cdots,N-1$ 的范围定义为主值区间。那么，$f(k)$ 可以看作 $f_N(k)$ 的主值区间序列。

设有限长序列的长度为 N（在 $k=0,1,\cdots,N-1$ 的范围内），则 $f(k)$ 的离散傅里叶变换及

其逆变换的定义为

$$F(n) = \mathrm{DFT}[f(k)] = \sum_{k=0}^{N-1} f(k) \mathrm{e}^{-\mathrm{j}\frac{2\pi}{N}kn} = \sum_{k=0}^{N-1} f(k) W^{kn}, \ 0 \leqslant n \leqslant N-1 \tag{3-114}$$

$$f(k) = \mathrm{IDFT}[F(n)] = \frac{1}{N}\sum_{n=0}^{N-1} F(n) \mathrm{e}^{\mathrm{j}\frac{2\pi}{N}kn} = \frac{1}{N}\sum_{n=0}^{N-1} F(n) W^{-kn}, \ 0 \leqslant k \leqslant N-1 \tag{3-115}$$

式中，DFT 与 IDFT 分别表示离散傅里叶正变换与逆变换。需要注意的是，DFT 并非指对任意离散信号进行的傅里叶变换，而是为了利用计算机对有限长序列进行傅里叶变换而规定的一种专门运算。

分析式（3-114）与式（3-115）可知，周期序列的离散傅里叶级数变换对的两个求和公式都限定在主值区间内。因而，可以把这种变换方法引申到与主值序列相同的有限长非周期序列，定义为有限长序列的离散傅里叶变换。

下面讨论一下有限长序列 $f(k)$ 的离散傅里叶变换 $F(n)$ 与离散时间傅里叶变换 $F(\mathrm{e}^{\mathrm{j}\omega})$ 的关系。

由于将有限长序列 $f(k)$ 看作周期为 N 的周期序列 $f_N(k)$ 的主值序列，因此可将式（3-108）中 k 的求和区间改为 $[0, N-1]$，即

$$F(\mathrm{e}^{\mathrm{j}\omega}) = \sum_{k=0}^{N-1} f(k) \mathrm{e}^{-\mathrm{j}\omega k} \tag{3-116}$$

比较式（3-114）与式（3-116），可得

$$F(n) = F(\mathrm{e}^{\mathrm{j}\omega}) \mid_{\omega = \frac{2\pi}{N}n} = \sum_{k=0}^{N-1} f(k) \mathrm{e}^{-\mathrm{j}\frac{2\pi}{N}nk} \tag{3-117}$$

式（3-117）表明：$F(n)$ 是对 $F(\mathrm{e}^{\mathrm{j}\omega})$ 离散化的结果。$F(\mathrm{e}^{\mathrm{j}\omega})$ 是周期为 2π 的连续函数，$F(n)$ 是对 $F(\mathrm{e}^{\mathrm{j}\omega})$ 在 2π 周期内进行 N 次均匀取样的样值。

离散傅里叶变换也具有线性、对称性、移位、卷积等性质，在此不再详细阐述。

下面重点介绍帕塞瓦尔定理，这个在工程上应用比较广泛。

帕塞瓦尔定理为

$$\sum_{k=0}^{N-1} f(k) y^*(k) = \frac{1}{N}\sum_{n=0}^{N-1} F(n) Y^*(n) \tag{3-118}$$

这表明一个序列在时域中计算的能量与在频域中计算的能量相等。

习题与思考题

3-1 已知周期信号 $f(t) = \sum_{n=1}^{\infty} \dfrac{6}{n}\sin^2\dfrac{n\pi}{2}\cos(1600n\pi t)$，求：

1）基频 Ω 和周期 T。

2）傅里叶系数 a_n、b_n、A_n、φ_n 和 $\dot{F}_n$。

3）判断 $f(t)$ 的对称性。

3-2 已知信号 $\qquad f(t) = \begin{cases} A, & -\dfrac{T}{4} < t \leqslant \dfrac{T}{4} \\[2mm] -A, & -\dfrac{T}{2} < t \leqslant -\dfrac{T}{4} \text{且} \dfrac{T}{4} < t \leqslant \dfrac{T}{2} \end{cases}$

且对于所有的 t，都有 $f(t)=f(t+T)$。求方波的三角傅里叶级数，并解释为什么其只包含余弦项。

3-3 图 3-16 所示为周期信号 $f(t)$ 的双边幅度谱和相位谱。

1) 判断信号的傅里叶级数中的谐波。

2) 判断周期信号的对称性。

3) 写出傅里叶级数的三角形式。

4) 求信号的功率。

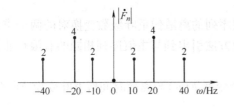 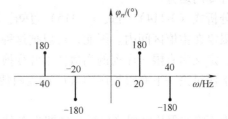

图 3-16   题 3-3 图

3-4   求下列信号的傅里叶变换 $F(\mathrm{j}\omega)$。

1) $f(t)=\mathrm{e}^{-2|t-1|}$。

2) $f(t)=\mathrm{e}^{-2t}\cos 2\pi t\varepsilon(t)$。

3) $f(t)=\dfrac{\sin 2\pi(t-2)}{\pi(t-2)}$。

3-5   求下列信号的傅里叶变换 $F(\mathrm{j}\omega)$。

1) $f(t)=\mathrm{Sa}(t)*\mathrm{Sa}(2t)$。

2) $f(t)=2tG_1(t)$。

3) $f(t)=t\mathrm{e}^{-2t}\varepsilon(t)$。

4) $f(t)=2\mathrm{e}^{2t}\varepsilon(-t)$。

3-6   求下面频谱 $F(\mathrm{j}\omega)$ 的傅里叶逆变换 $f(t)$。

1) $F(\mathrm{j}\omega)=2[\delta(\omega-1)-\delta(\omega+1)]+3[\delta(\omega-2\pi)+\delta(\omega+2\pi)]$。

2) $F(\mathrm{j}\omega)=\mathrm{Sa}\left(\dfrac{\omega}{8}\right)\cos\omega$。

3) $F(\mathrm{j}\omega)=\dfrac{\mathrm{e}^{-\frac{\mathrm{j}\omega}{2}}}{1+\mathrm{j}\omega}\cos\dfrac{\omega}{2}$。

4) $F(\mathrm{j}\omega)=\dfrac{\sin 3\omega}{\omega}\mathrm{e}^{\mathrm{j}\left(3\omega+\frac{\pi}{2}\right)}$。

3-7   求下列序列的离散傅里叶变换。

1) $\{1,1,-1,-1\}$。

2) $\{1,\mathrm{j},-1,-\mathrm{j}\}$。

3) $f(k)=c^k,\ 0\leqslant k\leqslant N-1$。

4) $f(k)=\sin(2\pi k/N)G_N(k)$。

3-8　已知周期信号 $f(t) = \sum_{n=1}^{\infty} \dfrac{6}{n} \sin \dfrac{n\pi}{2} \sin \left(100n\pi t + n\dfrac{\pi}{3} \right)$。

1）求基频 Ω 和周期 T。

2）求傅里叶系数 a_n、b_n、A_n、φ_n 和 $\dot{F}_n$。

3）判断 $f(t)$ 的对称性。

3-9　已知周期信号 $f(t) = \sum_{n=-\infty}^{\infty} \dfrac{1}{1+jn\pi} e^{j\frac{3\pi n t}{2}}$，求：

1）基频 Ω 和周期 T。

2）$f(t)$ 在区间 $(0,T)$ 上的平均值。

3）确定三次谐波分量的幅度和相位。

4）用余弦函数表示傅里叶级数的三次谐波分量。

3-10　图 3-17 所示为周期信号 $y(t)$ 的单边幅度谱和相位谱。

1）判断信号的傅里叶级数中的谐波。

2）判断周期信号的对称性。

3）写出傅里叶级数的三角形式。

4）求信号的功率。

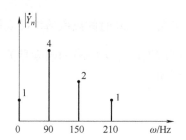 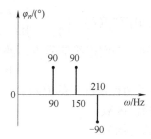

图 3-17　题 3-10 图

3-11　求下列信号的傅里叶变换 $F(j\omega)$。

1）$f(t) = \varepsilon(1-|t|)\operatorname{sgn}(t)$。

2）$f(t) = \cos^2 2\pi t \operatorname{Sa}(2t)$。

3）$f(t) = t^2 \varepsilon(t)\varepsilon(1-t)$。

4）$f(t) = e^{-2t}\varepsilon(t)\varepsilon(1-t)$。

3-12　已知 $f(t)$ 的傅里叶变换 $F(j\omega) = 2G_4(\omega)$，求出并画出下面信号的幅度谱和相位谱。

1）$y(t) = f'(t)$。

2）$y(t) = tf(t)$。

3）$y(t) = f(t) * f(t)$。

4）$y(t) = f(t)\cos t$。

3-13　已知 $f(t) \leftrightarrow F(j\omega)$，其中 $f(t) = te^{-2t}\varepsilon(t)$。在不计算 $F(j\omega)$ 的情况下，求以下频谱对应的时间函数。

1）$X_1(j\omega) = F(j2\omega)$。

2) $X_2(j\omega) = F(\omega-1) + F(\omega+1)$。

3) $X_3(j\omega) = F'(j\omega)$。

4) $X_4(j\omega) = j\omega F(j2\omega)$。

3-14　求周期信号 $f(t)$ 的傅里叶变换 $F(j\omega)$，并画出幅度谱 $|F(j\omega)|$ 和相位谱 $\varphi(\omega)$。

1) $f(t) = 3 + 2\cos 10\pi t$。

2) $f(t) = 3\cos 10\pi t + 6\cos\left(20\pi t + \dfrac{\pi}{4}\right)$。

3-15　利用傅里叶变换的性质证明下列公式。

1) $\displaystyle\int_{-\infty}^{\infty} \dfrac{1}{(a^2+x^2)^2}dx = \dfrac{\pi}{2a^3}$。

2) $\displaystyle\int_{-\infty}^{\infty} \dfrac{\sin^4 ax}{x^4}dx = \dfrac{2}{3}\pi a^3$。

3-16　信号 $f(t) = \mathrm{Sa}(4000\pi t)$ 以间隔 T_s 的冲激串采样。当采样间隔为下列值时，分析采样信号的频谱图是否混叠。

1) $T_s = 0.2\mathrm{ms}$。

2) $T_s = 0.25\mathrm{ms}$。

3) $T_s = 0.4\mathrm{ms}$。

3-17　已知序列 $f(k) = \begin{cases} a^k, & 6 \leqslant k \leqslant 9 \\ 0, & \text{其他 } k \end{cases}$，求 $N=10$ 和 $N=20$ 时的离散傅里叶变换。

3-18　已知一个实连续信号 $f(t)$ 的傅里叶变换为 $F(j\omega)$，$F(j\omega)$ 的模满足关系式
$$\ln|F(j\omega)| = -|\omega|$$
分别求以下两种情况下的 $f(t)$：

1) 时间的偶函数；

2) 时间的奇函数。

3-19　如图 3-18 所示的调制系统，若输入信号为 $f(t) = \dfrac{1}{2\pi}\mathrm{Sa}^2\left(\dfrac{t}{2}\right)$，试画出 $y_1(t)$、$y_2(t)$ 和 $y(t)$ 的频谱图，或写出频域表达式。

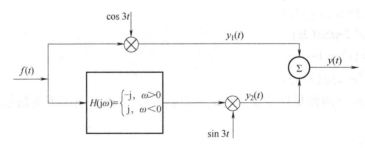

图 3-18　题 3-19 图

3-20　利用傅里叶变换求 $\dfrac{\sin 2\pi t}{2\pi t} * \dfrac{\sin 8\pi t}{8\pi t}$。

3-21　1) 序列 $f(k)$ 为 $f(k) = 2\delta(k) + \delta(k-1) + \delta(k-3)$，计算 $f(k)$ 的 5 点离散傅里叶变换。

2) 对得到的序列求平方 $Y(n) = F^2(n)$，求 $Y(n)$ 的 5 点离散傅里叶变换反变换。

第4章 LTI 系统频域分析

导读

　　LTI 系统的频域分析是一种变换域分析法，它把在时域中求解的相应问题通过傅里叶变换转换成频域中的问题。整个分析过程在频域内进行，因此它主要研究信号频谱通过系统后产生的变化，利用频域分析法可以分析系统的频率响应、波形失真等实际问题。系统频域分析方法为求解 LTI 系统的响应提供了便利。

　　本章主要介绍连续系统与离散系统的频域分析、无失真传输系统与理想低通滤波器、采样定理的理论及其在系统中的应用。

本章知识点

- 频率响应的定义与求解
- 连续系统的频域分析
- 无失真传输系统与理想低通滤波器
- 采样定理
- 离散系统的频域分析

4.1 连续系统的频域分析

4.1.1 频率响应的定义

　　设 $h(t)$ 是 LTI 系统的单位冲激响应，则当激励是角频率为 ω 的虚指数函数 $f(t) = e^{j\omega t}(-\infty < t < \infty)$ 时，响应 $y(t)$ 为

$$y(t) = f(t) * h(t) \tag{4-1}$$

根据卷积的定义，有

$$y(t) = \int_{-\infty}^{\infty} h(t) e^{j\omega(t-\tau)} d\tau = \int_{-\infty}^{\infty} h(t) e^{-j\omega\tau} d\tau \cdot e^{j\omega t} \tag{4-2}$$

码 4-v1【视频讲解】
连续系统的频率响应

令频率响应函数 $H(j\omega) = \int_{-\infty}^{\infty} h(t)e^{-j\omega\tau}d\tau$，则式（4-2）可写为

$$y(t) = H(j\omega)e^{j\omega t} = |H(j\omega)|e^{j[\omega t + \varphi(\omega)]} \tag{4-3}$$

式（4-3）表明，当激励是幅度为 1 的虚指数函数 $e^{j\omega t}$ 时，系统的响应是系数为 $H(j\omega)$ 的同频率虚指数函数，$H(j\omega)$ 反映了响应 $y(t)$ 的幅度和相位。

当激励为任意信号 $f(t)$ 时，根据 $f(t) = F^{-1}[F(j\omega)] = \frac{1}{2\pi}\int_{-\infty}^{\infty} F(j\omega)e^{j\omega t}d\omega$，有

$$f(t) = \frac{1}{2\pi}\int_{-\infty}^{\infty} F(j\omega)e^{j\omega t}d\omega = \int_{-\infty}^{\infty} \frac{F(j\omega)d\omega}{2\pi}e^{j\omega t} \tag{4-4}$$

即信号 $f(t)$ 可以看作无穷多不同频率的虚指数分量之和，其中频率是 ω 的分量为 $\frac{F(j\omega)d\omega}{2\pi}e^{j\omega t}$。

由式（4-3）可知，对应于该分量的响应为 $\frac{F(j\omega)d\omega}{2\pi}H(j\omega)e^{j\omega t}$，将所有这些响应分量求和（或积分），就得到系统的响应，即

$$y(t) = \int_{-\infty}^{\infty} \frac{F(j\omega)d\omega}{2\pi}H(j\omega)e^{j\omega t} = \frac{1}{2\pi}\int_{-\infty}^{\infty} F(j\omega)H(j\omega)e^{j\omega t}d\omega \tag{4-5}$$

设 $Y(j\omega)$ 为响应 $y(t)$ 的频谱函数，根据式（4-5）得

$$y(t) = \frac{1}{2\pi}\int_{-\infty}^{\infty} Y(j\omega)e^{j\omega t}d\omega = \frac{1}{2\pi}\int_{-\infty}^{\infty} F(j\omega)H(j\omega)e^{j\omega t}d\omega \tag{4-6}$$

所以有

$$Y(j\omega) = F(j\omega)H(j\omega) \tag{4-7}$$

对照式（4-1）和式（4-7），两者正是傅里叶变换时域卷积特性的内容。冲激响应 $h(t)$ 反映了系统的时域特性，而频率响应 $H(j\omega)$ 反映了系统的频率特性，二者的关系为

$$h(t) \leftrightarrow H(j\omega) \tag{4-8}$$

通常，频率响应 $H(j\omega)$ 可以定义为系统响应的傅里叶变换 $Y(j\omega)$ 与激励的傅里叶变换 $F(j\omega)$ 之比，即

$$H(j\omega) \overset{\text{def}}{=} \frac{Y(j\omega)}{F(j\omega)} \tag{4-9}$$

它是角频率的复函数，可以写成

$$H(j\omega) = |H(j\omega)|e^{j\varphi(\omega)} \tag{4-10}$$

若令 $Y(j\omega) = |Y(j\omega)|e^{j\theta_y(\omega)}$、$F(j\omega) = |F(j\omega)|e^{j\theta_f(\omega)}$，则根据式（4-7）有

$$|Y(j\omega)|e^{j\theta_y(\omega)} = |F(j\omega)|e^{j\theta_f(\omega)} \cdot |H(j\omega)|e^{j\varphi(\omega)} = |F(j\omega)| \cdot |H(j\omega)|e^{j[\theta_f(\omega)+\varphi(\omega)]} \tag{4-11}$$

可以推出

$$|H(j\omega)| = \frac{|Y(j\omega)|}{|F(j\omega)|} \tag{4-12}$$

$$\varphi(\omega) = \theta_y(\omega) - \theta_f(\omega) \tag{4-13}$$

所以，$|H(j\omega)|$ 是角频率为 ω 的输出和输入信号的幅度之比，称为幅频特性（或幅频响应）；$\varphi(\omega)$ 是输出与输入信号的相位差，称为相频特性（或相频响应）。由于 $H(j\omega)$ 是函数 $h(t)$ 的傅里叶变换，因此当 $h(t)$ 为实函数时，有 $H(-j\omega) = H^*(j\omega)$，即 $|H(j\omega)|$ 是 ω 的偶函数，$\varphi(\omega)$ 是 ω 的奇函数。$|H(j\omega)|$ 和 $\varphi(\omega)$ 分别反映了频率为 ω 的信号经过系统后幅度和

相位的变化。

4.1.2　频率响应的求解

对于用如下的 N 阶线性常系数微分方程描述的 LTI 连续系统：

$$\sum_{k=0}^{N} a_k \frac{\mathrm{d}^k y(t)}{\mathrm{d}t^k} = \sum_{k=0}^{M} b_k \frac{\mathrm{d}^k f(t)}{\mathrm{d}t^k} \tag{4-14}$$

它的频率响应可以直接由方程写出。假设 $y(t) \overset{\mathrm{F}}{\leftrightarrow} Y(\mathrm{j}\omega)$，$f(t) \overset{\mathrm{F}}{\leftrightarrow} F(\mathrm{j}\omega)$，对式（4-14）微分方程两边分别取傅里叶变换，即

$$\mathrm{F}\left[\sum_{k=0}^{N} a_k \frac{\mathrm{d}^k y(t)}{\mathrm{d}t^k}\right] = \mathrm{F}\left[\sum_{k=0}^{M} b_k \frac{\mathrm{d}^k f(t)}{\mathrm{d}t^k}\right] \tag{4-15}$$

利用变换的线性性质，得到

$$Y(\mathrm{j}\omega)\sum_{k=0}^{N} a_k(\mathrm{j}\omega)^k = F(\mathrm{j}\omega)\sum_{k=0}^{M} b_k(\mathrm{j}\omega)^k \tag{4-16}$$

由此，得到这类 LTI 连续系统的系统函数 $|H(\mathrm{j}\omega)|$ 为

$$H(\mathrm{j}\omega) = \frac{Y(\mathrm{j}\omega)}{F(\mathrm{j}\omega)} = \frac{\sum_{k=0}^{M} b_k(\mathrm{j}\omega)^k}{\sum_{k=0}^{N} a_k(\mathrm{j}\omega)^k} \tag{4-17}$$

式中，$H(\mathrm{j}\omega)$ 是 $\mathrm{j}\omega$ 的有理函数。

例 4-1　试求如下微分方程表征的 LTI 因果系统的单位冲激响应：

$$y''(t) + 4y'(t) + 3y(t) = f'(t) + 2f(t)$$

解　设 $y(t) \leftrightarrow Y(\mathrm{j}\omega)$，$f(t) \leftrightarrow F(\mathrm{j}\omega)$，对方程两边同时取傅里叶变换，得

$$(\mathrm{j}\omega)^2 Y(\mathrm{j}\omega) + 4\mathrm{j}\omega Y(\mathrm{j}\omega) + 3Y(\mathrm{j}\omega) = \mathrm{j}\omega F(\mathrm{j}\omega) + 2F(\mathrm{j}\omega)$$

由此可得该系统的频率响应为

码 4-1【程序代码】
系统的单位冲激响应

$$H(\mathrm{j}\omega) = \frac{Y(\mathrm{j}\omega)}{F(\mathrm{j}\omega)} = \frac{1}{2}\left(\frac{1}{\mathrm{j}\omega+1} + \frac{1}{\mathrm{j}\omega+3}\right)$$

对它求傅里叶反变换，得到 $h(t) = 0.5\mathrm{e}^{-t}\varepsilon(t) + 0.5\mathrm{e}^{-3t}\varepsilon(t)$。

4.1.3　连续系统频域分析

利用频域函数分析系统问题的方法通常称为频域分析法。时域分析与频域分析的关系如图 4-1 所示。时域分析是在时域内进行的，可以比较直观地得出系统响应的波形图，而且便于进行数值计算；频域分析是在频域内进行的，能以不同于时域分析的角度对信号进行处理和分析。

信号在频域内被分解成为三角函数、虚指数函数之和，式（4-3）给出了输入为虚指数函数时系统的响应。当输入为三角函数时，先根据欧拉公式将三角函数表示成虚指数函数之和，再根据式（4-3）和 LTI 系统的线性性质，即可求得系统的响应。例如，当 $f(t) = \cos\ \omega t =$

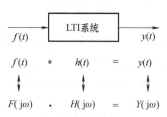

图 4-1　时域分析与频域分析的关系

95

$\dfrac{1}{2}\mathrm{e}^{\mathrm{j}\omega t}+\dfrac{1}{2}\mathrm{e}^{-\mathrm{j}\omega t}$ 时，有

$$y(t)=\frac{1}{2}H(\mathrm{j}\omega)\,\mathrm{e}^{\mathrm{j}\omega t}+\frac{1}{2}H(-\mathrm{j}\omega)\,\mathrm{e}^{-\mathrm{j}\omega t}$$

$$=\frac{1}{2}\left|H(\mathrm{j}\omega)\right|(\mathrm{e}^{\mathrm{j}\varphi(\omega)}\mathrm{e}^{\mathrm{j}\omega t}+\mathrm{e}^{-\mathrm{j}\varphi(\omega)}\mathrm{e}^{-\mathrm{j}\omega t})$$

$$=\left|H(\mathrm{j}\omega)\right|\cos\left[\omega t+\varphi(\omega)\right] \tag{4-18}$$

由式（4-18）可以看出，将角频率为 ω 的三角函数输入系统后，系统响应也是同频率的三角函数，其振幅和相位的变化同样也由 $H(\mathrm{j}\omega)$ 的模和幅角确定。当系统 $H(\mathrm{j}\omega)$ 存在时，若激励 $f(t)$ 是周期信号，其引起的系统响应既为零状态响应，也为稳态响应。

例 4-2 某 LTI 系统的幅频特性 $\left|H(\mathrm{j}\omega)\right|$ 和相频特性 $\varphi(\omega)$ 如图 4-2 所示，设系统的激励为 $f(t)=1+2\cos 2t+2\cos 4t$，求系统的响应。

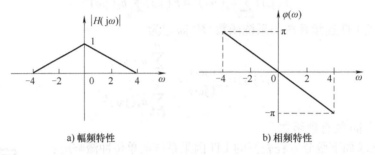

a) 幅频特性 b) 相频特性

图 4-2 例 4-2 图

解

（1）运用傅里叶级数求解

由题可知激励信号 $f(t)$ 含有直流分量（即 $\omega=0$），和角频率分别为 2rad/s、10rad/s 的谐波，根据图 4-2 可得

$$H(\mathrm{j}\cdot 0)=\left|H(\mathrm{j}\cdot 0)\right|\mathrm{e}^{\mathrm{j}\varphi(0)}=1$$

$$H(\mathrm{j}\cdot 2)=\left|H(\mathrm{j}\cdot 2)\right|\mathrm{e}^{\mathrm{j}\varphi(2)}=0.5\mathrm{e}^{\mathrm{j}\cdot(-\pi/2)}$$

$$H(\mathrm{j}\cdot 4)=\left|H(\mathrm{j}\cdot 4)\right|\mathrm{e}^{\mathrm{j}\varphi(4)}=0$$

再由式（4-18）可得

$$y(t)=\left|H(\mathrm{j}\cdot 0)\right|+2\left|H(\mathrm{j}\cdot 2)\right|\cos\left[2t+\varphi(2)\right]+2\left|H(\mathrm{j}\cdot 4)\right|\cos\left[4t+\varphi(4)\right]=1+\cos\left(2t-\frac{\pi}{2}\right)$$

当然，也可以利用欧拉公式，将激励信号写为指数形式的傅里叶级数，即

$$f(t)=1+\mathrm{e}^{\mathrm{j}\cdot 2t}+\mathrm{e}^{\mathrm{j}\cdot(-2t)}+\mathrm{e}^{\mathrm{j}\cdot 4t}+\mathrm{e}^{\mathrm{j}\cdot(-4t)}$$

可见，$f(t)$ 含有 5 个频率分量。由图 4-2 可得，$H(\mathrm{j}\cdot 0)=1$，$H(\mathrm{j}\cdot 2)=0.5\mathrm{e}^{\mathrm{j}\cdot(-\pi/2)}$，$H(\mathrm{j}\cdot(-2))=0.5\mathrm{e}^{\mathrm{j}\cdot(\pi/2)}$，$H(\mathrm{j}\cdot 4)=0$ 和 $H(\mathrm{j}\cdot(-4))=0$，由式（4-18）得

$$y(t)=H(\mathrm{j}\cdot 0)+H(\mathrm{j}\cdot 2)\mathrm{e}^{\mathrm{j}\cdot 2t}+H(\mathrm{j}\cdot(-2))\mathrm{e}^{\mathrm{j}\cdot(-2t)}+H(\mathrm{j}\cdot 4)\mathrm{e}^{\mathrm{j}\cdot 4t}+H(\mathrm{j}\cdot(-4))\mathrm{e}^{\mathrm{j}\cdot(-4t)}$$

$$=1+\cos\left(2t-\frac{\pi}{2}\right)$$

可见，$f(t)$ 两种形式傅里叶级数的运算结果相同。

（2）运用傅里叶变换求解

对激励信号求傅里叶变换，得

$$F(j\omega) = 2\pi\delta(\omega) + 2\pi[\delta(\omega+2)+\delta(\omega-2)] + 2\pi[\delta(\omega+4)+\delta(\omega-4)] = 2\pi\sum_{n=-2}^{2}\delta(\omega+2n)$$

由式（4-7）可得，输出信号 $y(t)$ 的频谱函数为

$$Y(j\omega) = H(j\omega) \cdot 2\pi\sum_{n=-2}^{2}\delta(\omega+2n) = 2\pi\sum_{n=-2}^{2}H(j\omega)\delta(\omega+2n)$$

$$= 2\pi\sum_{n=-2}^{2}H(-2nj)\delta(\omega+2n) = 2\pi[0.5e^{j(\pi/2)}\delta(\omega+2)+\delta(\omega)+0.5e^{j(-\pi/2)}\delta(\omega-2)]$$

取傅里叶逆变换，得

$$y(t) = 0.5e^{-j(2t-\pi/2)} + 1 + 0.5e^{j(2t-\pi/2)} = 1 + \cos(2t-\pi/2)$$

可见，激励信号 $f(t)$ 经过系统后，直流分量不变［因为 $H(0)=1$］，基波分量幅度衰减为原信号的 $1/2$，且相移 $90°$，二次谐波分量被完全滤除。

例 4-3　如图 4-3a 所示的系统，已知乘法器的输入 $f(t) = \dfrac{\sin 3t}{t}$，$s(t) = \cos 4t$，系统的频率响应为 $H(j\omega) = \begin{cases} 1, & |\omega| < 4\text{rad/s} \\ 0, & |\omega| > 4\text{rad/s} \end{cases}$，求输出 $y(t)$。

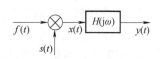

a）系统

解　由图 4-3a 可知，乘法器的输出信号 $x(t) = f(t)s(t)$，依据频域卷积特性可知，其频谱函数为

$$X(j\omega) = \frac{1}{2\pi}F(j\omega) * S(j\omega) \tag{4-19}$$

式中，$f(t) \overset{F}{\leftrightarrow} F(j\omega)$，$s(t) \overset{F}{\leftrightarrow} S(j\omega)$。由于宽度为 α 的门函数与其频谱函数的关系是

$$g_\alpha(t) \overset{F}{\leftrightarrow} \frac{2\sin\dfrac{\alpha}{2}\omega}{\omega}$$

令 $\alpha=6$，根据对称性可得

$$\frac{2\sin 3t}{t} \overset{F}{\leftrightarrow} 2\pi g_6(-\omega) = 2\pi g_6(\omega)$$

故得 $f(t)$ 的频谱函数为

$$F(j\omega) = \pi g_6(\omega)$$

$s(t)$ 的频谱函数为

$$S(j\omega) = \pi[\delta(\omega+4)+\delta(\omega-4)]$$

将它们代入式（4-19），得

$$X(j\omega) = \frac{1}{2\pi}\pi g_6(\omega) * \pi[\delta(\omega+4)+\delta(\omega-4)]$$

$$= \frac{\pi}{2}[g_6(\omega+4)+g_6(\omega-4)]$$

它们的频谱如图 4-3b 所示。系统的频率响应函数可以写为

$$H(j\omega) = g_8(\omega)$$

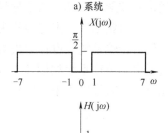

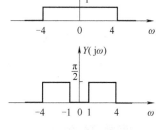

b）$x(t)$、$h(t)$ 和 $y(t)$ 的频谱

图 4-3　例 4-3 图

根据式（4-7），输出信号 $y(t)$ 的频谱（见图 4-3b）函数为

$$Y(j\omega) = H(j\omega)X(j\omega) = g_8(\omega)\frac{\pi}{2}[g_6(\omega+4)+g_6(\omega-4)]$$

$$= \frac{\pi}{2}[g_3(\omega+2.5)+g_3(\omega-2.5)]$$

$$= \frac{1}{2\pi}\pi g_3(\omega) * \pi[\delta(\omega+2.5)+\delta(\omega-2.5)]$$

取傅里叶变换，得

$$y(t) = \frac{\sin 1.5t}{t}\cos 2.5t$$

4.2 无失真传输系统与理想低通滤波器

4.2.1 无失真传输系统

1. 无失真传输的概念与条件

在信号传输过程中，为了不丢失信息，系统应该不失真地传输信号。所谓失真，指信号通过系统时，其响应波形发生了畸变，与原激励信号波形不一样。如果信号通过系统时，只引起时间延迟和幅度增减，而形状不变，则称为不失真。能够不失真传输信号的系统被称为无失真传输系统，也称无失真传输系统为理想传输系统。激励信号通过无失真传输系统如图 4-4 所示。无失真传输系统的响应波形与激励相比，只有幅度大小和时延不同，而形状不变。

码 4-v2【视频讲解】
无失真传输系统

图 4-4 激励信号通过无失真传输系统

设激励信号为 $f(t)$，响应为 $y(t)$，则系统无失真时，响应信号为

$$y(t) = kf(t-\tau) \tag{4-20}$$

式中，k 为系统的增益，为常数；τ 为延迟时间。

设 $f(t)\overset{F}{\leftrightarrow}F(j\omega)$，$y(t)\overset{F}{\leftrightarrow}Y(j\omega)$，对式（4-20）取傅里叶变换，则根据时移特性可知，输出与输入信号频谱之间的关系为

$$Y(j\omega) = k e^{-j\omega\tau}F(j\omega) \tag{4-21}$$

由于 $y(t)=f(t)*h(t)$，为使信号传输无失真，系统的频率响应函数应为

$$H(j\omega) = k e^{-j\omega\tau} \tag{4-22}$$

其幅频特性和相频特性分别为

$$|H(\mathrm{j}\omega)| = k \tag{4-23}$$

$$\varphi(\omega) = -\omega\tau \tag{4-24}$$

式（4-23）和式（4-24）就是为了使信号无失真传输，对频率响应函数提出的要求，即在全部频带内，系统的幅频特性 $|H(\mathrm{j}\omega)|$ 应为一个常数，相频特性 $\varphi(\omega)$ 应为一条过原点的直线，如图 4-5 所示。

此外还可以看出，信号通过无失真传输系统的延迟时间 τ 是相频特性 $\varphi(\omega)$ 斜率的负值，即

$$\tau = -\frac{\mathrm{d}\varphi(\omega)}{\mathrm{d}\omega} \tag{4-25}$$

式（4-23）和式（4-24）是信号无失真传输的理想条件。根据信号传输系统的具体情况或要求，以上条件可以适当放宽，例如，传输有限带宽的信号时，系统的幅频特性和相频特性只要在信号占有频带范围内满足以上条件即可。

对式（4-22）取傅里叶逆变换，就可以得到系统的冲激响应 $h(t)$，即

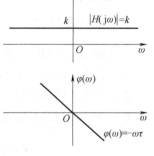

图 4-5　无失真传输系统的幅频特性和相频特性

$$h(t) = k\delta(t-\tau) \tag{4-26}$$

式（4-26）表明，无失真传输系统的冲激响应也应是冲激函数，只是它是输入冲激函数的 k 倍并延迟了时间 τ。

例 4-4　已知某系统的幅频特性、相频特性如图 4-6 所示，激励为 $f(t)$，响应为 $y(t)$。

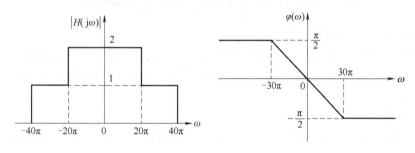

图 4-6　某系统的幅频特性、相频特性

1）求给定激励 $f_1(t) = 2\cos 10\pi t + \sin 12\pi t$ 和 $f_2(t) = 2\cos 10\pi t + \sin 26\pi t$ 时的响应 $y_1(t)$、$y_2(t)$。

2）$y_1(t)$、$y_2(t)$ 有无失真？若有，指出为何种失真。

解　由图 4-6 可得，该系统的幅频特性、相频特性分别为

$$|H(\mathrm{j}\omega)| = \begin{cases} 2, & |\omega| \leqslant 20\pi \\ 1, & 20\pi < |\omega| \leqslant 40\pi \\ 0, & |\omega| > 40\pi \end{cases}$$

$$\varphi(\omega) = \begin{cases} -\dfrac{\pi}{2}, & \omega > 30\pi \\[2mm] -\dfrac{\omega}{60}, & |\omega| \leqslant 30\pi \\[2mm] \dfrac{\pi}{2}, & \omega < -30\pi \end{cases}$$

由幅频、相频特性可知:

信号频率$|\omega| \leqslant 20\pi$,系统增益为$k = 2$;

信号频率$20\pi < |\omega| \leqslant 40\pi$,系统增益为$k = 1$;

信号频率$|\omega| > 40\pi$,系统增益为$k = 0$;

信号频率$|\omega| \leqslant 30\pi$,系统相移与频率成正比,其时延$\tau = \dfrac{\mathrm{d}g(\omega)}{\mathrm{d}\omega} = 1/60$;

信号频率$\omega < -30\pi$,系统相移与频率不成正比,为$\pi/2$;

信号频率$\omega > 30\pi$,系统相移与频率不成正比,为$-\pi/2$。

由无失真传输条件可得,当激励信号频率为$|\omega| \leqslant 20\pi$或$20\pi < |\omega| \leqslant 30\pi$时,响应信号无失真。利用频域分析方法可得,当$f_1(t)$的角频率为$|\omega| \leqslant 20\pi$时,其响应$y_1(t)$为

$$y_1(t) = 2\left\{2\cos\left[10\pi\left(t - \frac{1}{60}\right)\right] + \sin\left[12\pi\left(t - \frac{1}{60}\right)\right]\right\}$$

$$= 4\cos\left(10\pi t - \frac{\pi}{6}\right) + 2\sin\left(12\pi t - \frac{\pi}{5}\right)$$

$$= kf_1(t - \tau)$$

此时,响应信号$y_1(t)$无失真;当$f_2(t)$的角频率为$|\omega| \leqslant 20\pi$或$20\pi < |\omega| \leqslant 30\pi$时,其响应$y_2(t)$为

$$y_2(t) = 4\cos\left(10\pi t - \frac{\pi}{6}\right) + \sin\left(26\pi t - \frac{13\pi}{30}\right) \neq kf_2(t - \tau)$$

此时,响应信号$y_2(t)$有幅度失真。

从例4-4可以得知,在实际应用中,虽然系统不满足全频域无失真传输要求,但在一定条件及范围内可以为无失真传输。这表明系统可以具有分段无失真或线性性质,这种性质在工程中被广泛应用。

2. 实际应用举例

无失真传输系统在生活中的应用非常重要,可以确保信号或数据在传输过程中的质量和完整性。以下是一些常见的应用实例。

1)在音乐会、演讲和会议等场合中,音频传输系统可以确保音频信号进行长距离传输时保持原有的音质和细节。使用高质量的音频处理技术和传输设备,如音响设备、传声器等,可以保证演讲或音乐会现场的音频信号尽可能无失真地传输给远处的观众或听众。

2)在电影制作、电视节目传输和视频会议等方面,视频传输系统可以确保视频信号进行长距离传输时保持原有的画质。使用摄像机、投影仪等高质量的视频处理技术和传输设备,可以保证视频信号在传输过程中尽可能保持无失真状态,观看者能够看到清晰、真实的图像。

3)在网络通信中,如进行发送电子邮件、文件传输、视频直播、语音通话等操作时,数据传输系统利用网络带宽、服务器等网络传输技术和设备保证数据在网络通信中不受到任何损坏或失真,保持原有的数据格式和内容,从而确保数据完整性和准确性。

由此可知,无论是音频、视频、数据还是无线通信系统,都需要使用相应的技术和方法保证信号或数据在传输过程中的无失真性。

以下是仿真无失真和失真电话信道的例子,观察信道特性以及语音信号经过信道后的输出特性。无失真信道的幅频特性和相频特性如图4-7所示。从图中可以看出,无失真信道的

幅频特性为常数 2，相频特性为一条过原点且斜率为 0.5 的直线。对比图 4-8a 与图 4-8d，发现输出语音幅值几乎是原始语音幅值的 2 倍，与图 4-7a 中的信道幅频特性相符合；此外输出语音比原始语音提前了将近 $0.5/2\pi s$，与图 4-7b 中的信道相频特性相符合。从图 4-9 中可以看出，失真信道的幅频特性为一条过原点且斜率的绝对值为 2 的分段直线，相频特性为一条二次曲线。对比图 4-8a 与图 4-10a，发现输出语音与原始语音的差别较为显著，输出语音几乎完全失真。此外，对比图 4-8b 与图 4-10b，发现输出语音低频部分近乎消失，而高频部分幅值剧增，这是由信道幅频特性中高频和低频差异较大导致的。

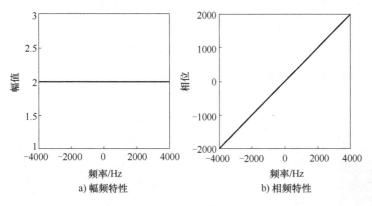

图 4-7 无失真信道的幅频特性和相频特性

101

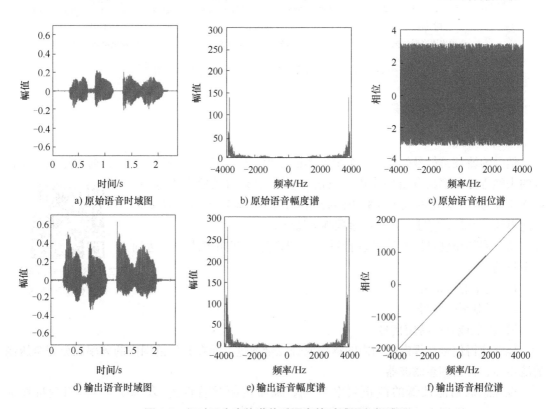

图 4-8 经过无失真信道前后语音的时域图和频域图

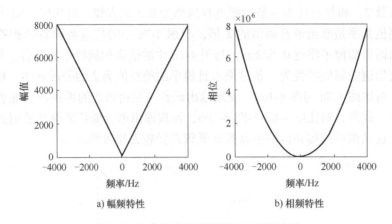

a) 幅频特性   b) 相频特性

图 4-9　失真信道的幅频特性和相频特性

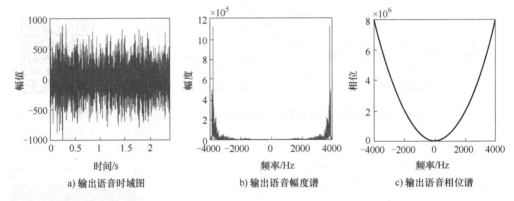

a) 输出语音时域图   b) 输出语音幅度谱   c) 输出语音相位谱

图 4-10　经过失真信道后输出语音的时域图和频域图

4.2.2　理想低通滤波器

1. 基本概念

信号的滤波是信号处理中一个最基本的处理手段，它在信号的分离、信号的增强以及信号的去噪等方面都具有重要作用。设信号 $f(t)$ 的频谱函数为 $F(j\omega)$，将 $F(j\omega)$ 与某个特定的频谱函数 $H(j\omega)$ 相乘，得 $Y(j\omega) = F(j\omega)H(j\omega)$，由此得到一个新的信号 $y(t)$，此过程称为滤波。

从频率的角度对原始信号进行过滤，即通过改变频率成分，达到如下目的：

码 4-v3【视频讲解】
理想低通滤波器

1）突出有效信号。

2）压制无效信号。

3）提取或分离特定信号。

能够使得信号在规定范围内的频率成分完全通过，而在其他范围内的频率成分完全压制的滤波器，称为理想滤波器。

设理想低通滤波器的截止频率为 ω_c，通带内幅频特性为 $|H(j\omega)| = 1$，相频特性为 $\varphi(\omega) = -\omega\tau$，则理想低通滤波器的频率响应可以写为

$$H(j\omega) = \begin{cases} e^{-j\omega\tau}, & |\omega| \leqslant \omega_c \\ 0, & |\omega| > \omega_c \end{cases} \tag{4-27}$$

它可以看作频域中宽度为 $2\omega_c$ 的门函数，写作

$$H(j\omega) = e^{-j\omega\tau} g_{2\omega_c}(\omega) \tag{4-28}$$

理想低通滤波器的幅频特性和相频特性如图 4-11
所示。

从理想低通滤波器的频率特性可以看出，对于
小于 ω_c 的所有信号，系统能无失真传输，而将大于
ω_c 信号完全压制。所以，$|\omega| \leqslant \omega_c$ 的频率范围称为
通带，$|\omega| > \omega_c$ 的频率范围称为阻带。只有在通带内
理想低通滤波器才能满足无失真传输条件。

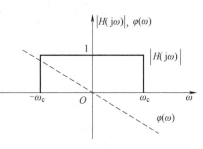

2. 系统冲激响应

根据式（4-28），系统的冲激响应是 $H(j\omega)$ 的傅

图 4-11　理想低通滤波器的
幅频特性和相频特性

里叶逆变换，因此理想低通滤波器的冲激响应为

$$h(t) = F^{-1}\left[e^{-j\omega\tau} g_{2\omega_c}(\omega) \right]$$

根据傅里叶变换的对称性可知，有

$$g_\alpha(t) \overset{F}{\longleftrightarrow} \frac{2\sin\frac{\alpha}{2}\omega}{\omega} = \alpha Sa\left(\frac{\alpha}{2}\omega\right)$$

则

$$\alpha Sa\left(\frac{\alpha}{2}t\right) \overset{F}{\longleftrightarrow} 2\pi g_\alpha(-\omega) = 2\pi g_\alpha(\omega)$$

令 $\alpha = 2\omega_c$，得

$$2\omega_c Sa(\omega_c t) \overset{F}{\longleftrightarrow} 2\pi g_{2\omega_c}(\omega)$$

于是有

$$F^{-1}\left[g_{2\omega_c}(\omega) \right] = \frac{\omega_c}{\pi} Sa(\omega_c t)$$

再由时移特性得，理想低通滤波器的冲激响应为

$$h(t) = F^{-1}\left[e^{-j\omega\tau} g_{2\omega_c}(\omega) \right] = \frac{\omega_c}{\pi} Sa\left[\omega_c(t-\tau) \right] = \frac{\omega_c}{\pi} \frac{\sin\left[\omega_c(t-\tau) \right]}{\omega_c(t-\tau)} \tag{4-29}$$

其波形如图 4-12a 所示。由图可见，理想低通滤波器冲激响应的峰值比输入信号的峰值延迟
了 τ，而且输出脉冲在其建立之前就已出现。对于实际的物理系统，当 $t<0$ 时，输入信号尚
未接入，当然不可能有输出。这里的结果是采用了实际上不可能实现的理想化输出特性
所致。

3. 系统阶跃响应

设理想低通滤波器的阶跃响应为 $g(t)$，它等于 $h(t)$ 与单位阶跃函数的卷积积分，即

$$g(t) = h(t) * \varepsilon(t) = \int_{-\infty}^{t} h(\eta) d\eta$$

将式（4-29）代入，得

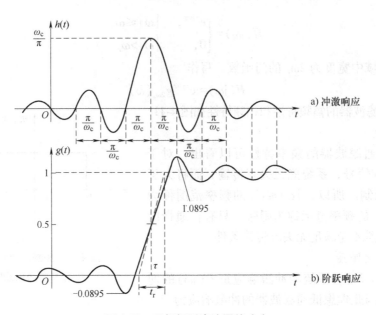

图 4-12　理想低通滤波器的响应

$$g(t) = \int_{-\infty}^{t} \frac{\omega_c}{\pi} \frac{\sin(\omega_c(\eta-\tau))}{\omega_c(\eta-\tau)} d\eta$$

令 $\omega_c(\eta-\tau) = x$，则 $\omega_c d\eta = dx$，令积分上限为 $x_c = \omega_c(t-\tau)$，进行变量替换后，得

$$g(t) = \frac{1}{\pi} \int_{-\infty}^{x_c} \frac{\sin x}{x} dx = \frac{1}{\pi} \int_{-\infty}^{0} \frac{\sin x}{x} dx + \frac{1}{\pi} \int_{0}^{x_c} \frac{\sin x}{x} dx \tag{4-30}$$

由于

$$\int_{0}^{\infty} \frac{\sin ax}{x} dx = \frac{\pi}{2} \operatorname{sgn}(a)$$

并且考虑到 $\dfrac{\sin x}{x}$ 是偶函数，所以有

$$\frac{1}{\pi} \int_{-\infty}^{0} \frac{\sin x}{x} dx = \frac{1}{\pi} \int_{0}^{\infty} \frac{\sin x}{x} dx = \frac{1}{2} \tag{4-31}$$

函数 $\dfrac{\sin \eta}{\eta}$ 的定积分称为正弦积分，用符号 $\operatorname{Si}(x)$ 表示，即

$$\operatorname{Si}(x) \overset{\text{def}}{=} \int_{0}^{x} \frac{\sin \eta}{\eta} d\eta \tag{4-32}$$

其函数值可以从正弦积分表中查得。将式（4-30）、式（4-31）代入式（4-32），得理想低通滤波器的阶跃响应为

$$g(t) = \frac{1}{2} + \frac{1}{\pi} \operatorname{Si}(x_c) = \frac{1}{2} + \frac{1}{\pi} \operatorname{Si}(\omega_c(t-\tau)) \tag{4-33}$$

其波形如图 4-12b 所示。由图可见，理想低通滤波器的阶跃响应不像阶跃信号那样陡直上升，而且在区间 $-\infty < t < 0$ 中就已经出现，这同样是采用理想化频率响应所致。

理想低通滤波器阶跃响应的导数为

$$\frac{\mathrm{d}g(t)}{\mathrm{d}t}=h(t)$$

它在 $t=\tau$ 处的极大值为 $\dfrac{\omega_{\mathrm{c}}}{\pi}$，是所有极值中最大的，此处阶跃响应上升得最快。若定义信号的上升时间（或称建立时间）t_{r} 为 $g(t)$ 在 $t=\tau$ 处斜率的倒数，则上升时间为

$$t_{\mathrm{r}}=\frac{\pi}{\omega_{\mathrm{c}}}=\frac{0.5}{f_{\mathrm{c}}}=\frac{0.5}{B} \tag{4-34}$$

式中，f_{c} 为理想低通滤波器的截止频率，B 为滤波器的通带宽度，这里 $B=f_{\mathrm{c}}-0=f_{\mathrm{c}}$。由式（4-34）可见，滤波器的通带越宽，即截止频率越高，其阶跃响应的上升时间越短，波形越陡直。也就是说，阶跃响应的上升时间与系统的通带宽度成反比。

当从某信号的傅里叶变换恢复或逼近原信号时，如果原信号包含间断点，那么在各个间断点处，其恢复信号将出现过冲，这种现象称为吉布斯现象。图 4-12b 所示的阶跃响应是用 $\varepsilon(t)$ 的频谱 $|f|<f_{\mathrm{c}}$ 的有限部分恢复信号，而滤除了 $|f|>f_{\mathrm{c}}$ 的部分。人们曾经认为，如果在恢复过程中使其包含足够多的频谱分量，吉布斯现象将会减弱或消失。实际上，由图 4-12b 可知，阶跃响应的第一个极大值发生在 $t=\tau+\dfrac{\pi}{\omega_{\mathrm{c}}}$ 处，将它代入式（4-33），得阶跃响应的极大值为

$$g_{\max}=\frac{1}{2}+\frac{1}{\pi}\mathrm{Si}(\omega_{\mathrm{c}}(t-\tau))=\frac{1}{2}+\frac{1}{\pi}\mathrm{Si}(\pi)=1.0895 \tag{4-35}$$

它与理想低通滤波器的通带宽度 ω_{c} 无关。可见，增大理想低通滤波器的通带宽度 B，可以使阶跃响应的上升时间 t_{r} 缩短，其过冲更靠近 $t=\tau$ 处，但不能减小过冲的幅度。由式（4-35）可见，过冲幅度约为信号跃变值的 9%。

虽然理想低通滤波器是物理不可实现的，但传输特性接近于理想特性的电路却不难构成。图 4-13a 所示为二阶低通滤波器电路图，其中 $R=\sqrt{L/2C}$。电路的频率响应函数为

$$H(\mathrm{j}\omega)=\frac{U_{\mathrm{R}}(\mathrm{j}\omega)}{U_{\mathrm{S}}(\mathrm{j}\omega)}=\frac{\dfrac{1}{\dfrac{1}{R}+\mathrm{j}\omega C}}{\mathrm{j}\omega L+\dfrac{1}{\dfrac{1}{R}+\mathrm{j}\omega C}}=\frac{1}{1-\omega^2 LC+\mathrm{j}\omega\dfrac{L}{R}}$$

考虑到 $R=\sqrt{L/2C}$，并令截止频率 $\omega_{\mathrm{c}}=1/\sqrt{LC}$，得

$$H(\mathrm{j}\omega)=\frac{1}{1-\left(\dfrac{\omega}{\omega_{\mathrm{c}}}\right)^2+\sqrt{2}\,\mathrm{j}\dfrac{\omega}{\omega_{\mathrm{c}}}}=|H(\mathrm{j}\omega)|\mathrm{e}^{\mathrm{j}\varphi(\omega)} \tag{4-36}$$

其幅频特性和相频特性分别为

$$|H(\mathrm{j}\omega)|=\frac{1}{\sqrt{1+\left(\dfrac{\omega}{\omega_{\mathrm{c}}}\right)^4}}$$

$$\varphi(\omega) = -\arctan \frac{\sqrt{2}\dfrac{\omega}{\omega_c}}{1-\left(\dfrac{\omega}{\omega_c}\right)^2}$$

图 4-13b 画出了图 4-13a 所示电路的幅频特性和相频特性。在 $\omega = \pm\omega_c$ 处，$|H(\pm j\omega)| = 1/2$，$\varphi(\pm\omega_c) = \mp\pi/2$。由图可见，图 4-13a 所示电路的幅频特性、相频特性与理想低通滤波器相似。实际上，电路的阶数越高，其幅频特性、相频特性越逼近理想特性。

由于图 4-13a 所示电路可以用以下微分方程描述：

$$u_R''(t) + 2\alpha u_R'(t) + \omega_0^2 u_R(t) = \omega_0^2 u_S(t)$$

式中，$u_R(t) \leftrightarrow U_R(j\omega)$，$u_S(t) \leftrightarrow U_S(j\omega)$，其他参数为

$$\omega_0 = \frac{1}{\sqrt{LC}} = \omega_c \tag{4-37}$$

$$\alpha = \frac{1}{2RC} = \frac{1}{2C}\sqrt{\frac{2C}{L}} = \frac{1}{\sqrt{2}}\omega_c \tag{4-38}$$

可见 $\alpha < \omega_0$，属于欠阻尼情况，此时冲激响应和阶跃响应表达式分别为

$$h(t) = \frac{\omega_0}{\beta} e^{-\alpha t} \sin(\beta t) \varepsilon(t) \tag{4-39}$$

$$g(t) = \left[1 - \frac{\omega_0}{\beta} e^{-\alpha t} \sin\left(\beta t + \arctan\frac{\alpha}{\beta}\right) \right] \varepsilon(t) \tag{4-40}$$

式中，$\beta = \sqrt{\omega_0^2 - \alpha^2} = 1/\sqrt{2}\,\omega_c$。所以，将式（4-37）、式（4-38）代入式（4-39）、式（4-40），可以得到图 4-13a 所示电路的冲激响应和阶跃响应分别为

$$h(t) = \sqrt{2}\,\omega_c e^{-\frac{\omega_c}{\sqrt{2}}t} \sin\left(\frac{\omega_c}{\sqrt{2}}t\right) \varepsilon(t) \tag{4-41}$$

$$g(t) = \left[1 - \sqrt{2}\, e^{-\frac{\omega_c}{\sqrt{2}}t} \sin\left(\frac{\omega_c}{\sqrt{2}}t + \frac{\pi}{4}\right) \right] \varepsilon(t) \tag{4-42}$$

图 4-13c 和图 4-13d 分别画出了图 4-13a 所示电路的冲激响应和阶跃响应。由图可见，冲激响应和阶跃响应也与理想特性相似。不过，这里的响应是从 $t = 0$ 开始的，当 $t < 0$ 时，$h(t) = g(t) = 0$。这是由于图 4-13a 所示电路是物理可实现的。

为了能根据系统（或电路）的幅频特性、相频特性或冲激响应、阶跃响应判断系统（或电路）是否是物理可实现的，需要找到物理可实现系统（或电路）所应满足的条件。

就时域特性而言，一个物理可实现的系统，其冲激响应和阶跃响应当 $t < 0$ 时必须为 0，即

$$\begin{cases} h(t) = 0, & t < 0 \\ g(t) = 0, & t < 0 \end{cases} \tag{4-43}$$

也就是说，响应不应在激励作用之前出现，这一要求称为因果条件。

就频域特性而言，佩利（Paley）和维纳（Wiener）证明了物理可实现系统的幅频特性 $|H(j\omega)|$ 必须是平方可积的，即

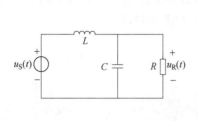

a) 二阶低通滤波器电路图

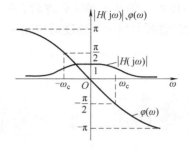

b) 幅频特性和相频特性

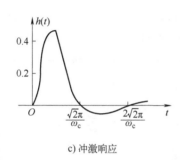

c) 冲激响应

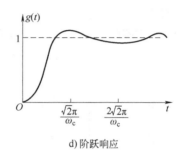

d) 阶跃响应

图 4-13　二阶低通滤波器

$$\int_{-\infty}^{\infty} |H(j\omega)|^2 d\omega < \infty$$

而且满足

$$\int_{-\infty}^{\infty} \frac{|\ln|H(j\omega)||}{1+\omega^2} d\omega < \infty \qquad (4\text{-}44)$$

式（4-44）称为佩利-维纳准则（定理）。不满足该准则的幅频特性，其相应系统（或电路）是非因果的，其响应将在激励之前出现。由佩利-维纳准则可以看出，若系统的幅频特性在某一有限频带内为零，则在此频带范围内 $|\ln|H(j\omega)|| \to \infty$，从而不满足式（4-44），这样的系统是非因果的，例如像图 4-11 那样的理想滤波器，是物理不可实现的；对于物理可实现的系统，其幅频特性可以在某些孤立的频率点上为零，但不能在某个有限频带内为零。

4. 应用举例

由于理想低通滤波器是物理不可实现的，因此传输特性接近于理想特性的多种低通滤波器，在音频处理、数字图像处理、无线通信、机械信号、地震信号、生物医学工程等领域都有广泛的应用。下面以音频信号处理和图像信号处理为例进行介绍。

（1）音频信号处理

由于音频信号中可能存在来自环境、电路或传输过程中的高频噪声，因此在音频信号处理中，为了保证音频的清晰度和稳定性，通常会设置一定的低通滤波器来削弱高频噪声的干扰，使得音频更柔和、干净、无杂音。图 4-14 所示为低通滤波在音频处理中的应用示例。通过比较图 4-14d 和图 4-14e 可以看出，在给原始音频（见图 4-14a）加入高斯白噪声后，噪声音频（见图 4-14b）在高频处的幅度明显增加。

码 4-3【程序代码】
低通滤波器音频
信号处理

107

在经过如图 4-15 所示的低通滤波处理后，噪声音频的高频信息得以衰减，从而减少了噪声干扰，滤波后的音频时域图和幅度谱如图 4-14c 和图 4-14f 所示。

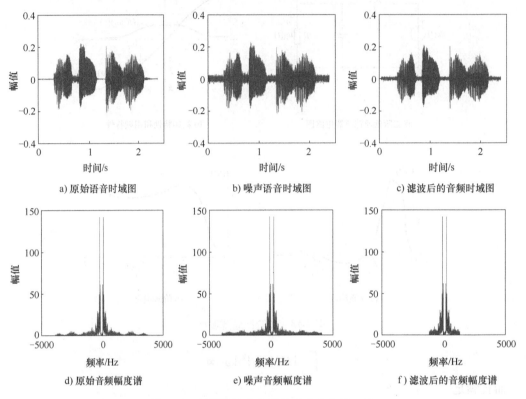

a) 原始语音时域图　　　　　b) 噪声语音时域图　　　　　c) 滤波后的音频时域图

d) 原始音频幅度谱　　　　　e) 噪声音频幅度谱　　　　　f) 滤波后的音频幅度谱

图 4-14　低通滤波在音频处理中的应用示例

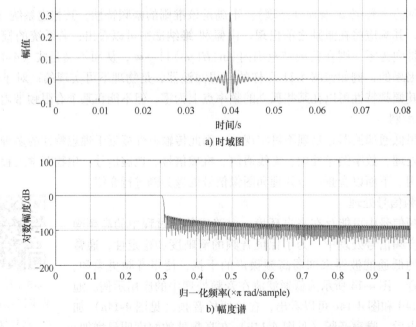

a) 时域图

b) 幅度谱

图 4-15　低通滤波器

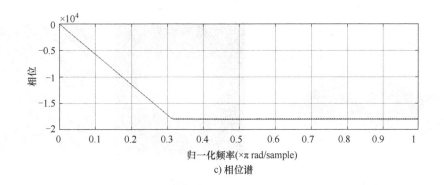

c) 相位谱

图 4-15　低通滤波器（续）

（2）图像信号处理

　　类似地，二维的低通滤波器也能处理图像信号，它可以用于去除图像中的噪声、平滑图像、边缘检测、图像复原等。低通滤波在图像处理中的应用示例如图 4-16 所示，图像幅度谱对应的频率由中心向四周增加，低频信号对应图像中的平缓区域，高频信号对应图像中灰度值变换剧烈的区域，如边缘、角点、纹理、噪声等。比较图 4-16e 和图 4-16f 可以看出，如图 4-17 所示的低通滤波器有效地过滤掉了图 4-16e 中高频率范围的噪声，同时也平滑了图像的细节。

码 4-4【程序代码】
低通滤波器图像
信号处理

a) 原始图像

b) 噪声图像

c) 滤波后的图像

d) 原始图像的对数幅度谱

e) 噪声图像的对数幅度谱

f) 滤波后图像的对数幅度谱

图 4-16　低通滤波在图像处理中的应用示例

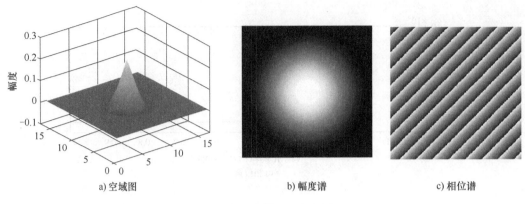

a) 空域图　　　　　　　　b) 幅度谱　　　　　　　　c) 相位谱

图 4-17　低通滤波器

4.3　采样定理

4.3.1　信号的采样

所谓"采样"，就是利用采样脉冲序列 $s(t)$ 从连续信号 $f(t)$ 中"抽取"一系列离散样本值的过程。这样得到的离散信号称为采样信号。信号的采样如图 4-18 所示。

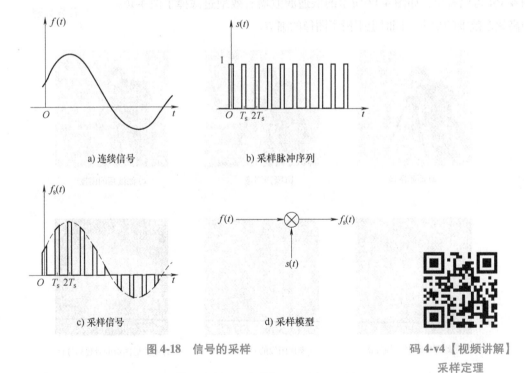

a) 连续信号　　　　　　　　b) 采样脉冲序列

c) 采样信号　　　　　　　　d) 采样模型

图 4-18　信号的采样

码 4-v4【视频讲解】
采样定理

如图 4-18c 所示的采样信号 $f_\mathrm{s}(t)$ 可以写为

$$f_\mathrm{s}(t)=f(t)s(t) \tag{4-45}$$

式中，采样脉冲序列 $s(t)$ 又称开关函数，如果其各个脉冲间隔的时间相同，例如均为 T_s，就称为均匀采样。T_s 称为采样周期，$f_s = 1/T_s$ 称为采样频率或者采样率，$\omega_s = 2\pi f_s = 2\pi/T_s$ 称为采样角频率。

若 $f(t) \leftrightarrow F(j\omega)$，$s(t) \leftrightarrow S(j\omega)$，则由频域卷积特性，得到采样信号 $f_s(t)$ 的频谱函数为

$$F_s(j\omega) = \frac{1}{2\pi} F(j\omega) * S(j\omega) \tag{4-46}$$

1. 冲激采样

若采样脉冲序列 $s(t)$ 是周期为 T_s 的冲激序列 $\delta_{T_s}(t)$，则称为冲激采样。冲激序列 $\delta_{T_s}(t)$ 的频谱函数也是周期冲激序列，即

$$F[s(t)] = F[\delta_{T_s}(t)] = F\left[\sum_{n=-\infty}^{\infty} \delta(t - nT_s)\right] = \omega_s \sum_{n=-\infty}^{\infty} \delta(\omega - n\omega_s) \tag{4-47}$$

式中，$\omega_s = 2\pi/T_s$。函数 $\delta_{T_s}(t)$ 及其频谱如图 4-19b 和图 4-19e 所示。

若信号 $f(t)$ 的频带是有限的，即信号 $f(t)$ 的频谱只在区间 $(-\omega_m, \omega_m)$ 内为有限值，而在此区间外为零，则这样的信号称为频带有限信号，简称带限信号，$f(t)$ 及其频谱如图 4-19a 和图 4-19d 所示。

设 $f(t) \leftrightarrow F(j\omega)$，将式（4-47）代入式（4-46），得采样信号 $f_s(t)$ 的频谱函数为

$$F_s(j\omega) = \frac{1}{2\pi} F(j\omega) * \omega_s \sum_{n=-\infty}^{\infty} \delta(\omega - n\omega_s) = \frac{1}{T_s} \sum_{n=-\infty}^{\infty} F(j\omega) * \delta(\omega - n\omega_s)$$

$$= \frac{1}{T_s} \sum_{n=-\infty}^{\infty} F(j(\omega - n\omega_s)) \tag{4-48}$$

冲激采样信号 $f_s(t)$ 及其频谱如图 4-19c 和图 4-19f 所示。由图 4-19f 和式（4-48）可知，采样信号 $f_s(t)$ 的频谱由原信号频谱 $F(j\omega)$ 的无限个频移项组成，其频移的角频率分别为 $n\omega_s$（$n = 0, \pm 1, \pm 2, \cdots$），其幅值为原频谱的 $1/T_s$。

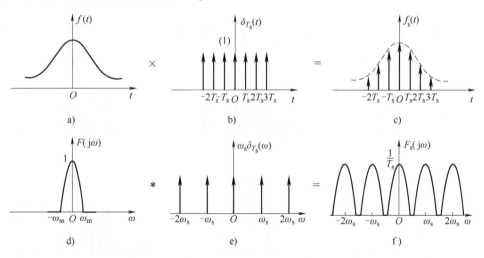

图 4-19　冲激采样

由采样信号 $f_s(t)$ 的频谱可以看出，如果 $\omega_s > 2\omega_m$ [即 $f_s > 2f_m$ 或 $T_s < 1/(2f_m)$]，那么各个相邻频移后的频谱不会发生重叠，如图 4-20a 所示。这时就能设法（如利用低通滤波器）从

采样信号的频谱 $F_s(j\omega)$ 中得到原信号的频谱，即从采样信号 $f_s(t)$ 中恢复原信号 $f(t)$。如果 $\omega_s < 2\omega_m$，那么频移后的各个相邻频谱将相互重叠，如图 4-20b 所示。这样就无法将他们分开，因而也不能再恢复出原信号。频谱重叠的这种现象常被称为混叠现象。可见，为了不发生混叠现象，必须满足 $\omega_s > 2\omega_m$。

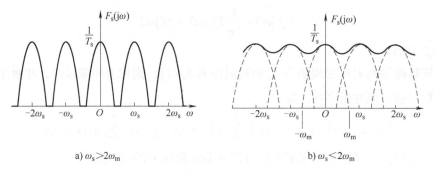

a) $\omega_s > 2\omega_m$　　　　　　　　　　b) $\omega_s < 2\omega_m$

图 4-20　混叠现象

2. 矩形脉冲采样

如果采样脉冲序列 $s(t)$ 是幅度为 1、脉宽为 $\tau(\tau < T_s)$ 的矩形脉冲序列 $p_{T_s}(t)$，如图 4-21b 所示，那么可以得到采样脉冲序列 $s(t)$ 的频谱为

$$S(j\omega) = P(j\omega) = \mathrm{F}[p_{T_s}(t)] = \frac{2\pi\tau}{T_s} \sum_{n=-\infty}^{\infty} \mathrm{Sa}\left(\frac{n\omega_s\tau}{2}\right)\delta(\omega - n\omega_s) \tag{4-49}$$

式中，$\omega_s = 2\pi/T_s$。设 $f(t) \leftrightarrow F(j\omega)$，将式（4-49）代入式（4-46），得采样信号 $f_s(t)$ 的频谱函数为

$$\begin{aligned}
F_s(j\omega) &= \frac{1}{2\pi} F(j\omega) * \frac{2\pi\tau}{T_s} \sum_{n=-\infty}^{\infty} \mathrm{Sa}\left(\frac{n\omega_s\tau}{2}\right)\delta(\omega - n\omega_s) \\
&= \frac{\tau}{T_s} \sum_{n=-\infty}^{\infty} \mathrm{Sa}\left(\frac{n\omega_s\tau}{2}\right) \mathrm{F}[j(\omega - n\omega_s)]
\end{aligned} \tag{4-50}$$

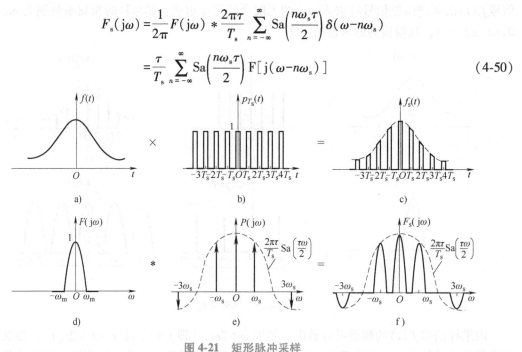

图 4-21　矩形脉冲采样

图 4-21 所示为矩形脉冲采样。

比较式（4-48）与式（4-50）以及图 4-19f 与图 4-21f 可见，经过冲激采样或矩形脉冲采样后，其采样信号 $f_s(t)$ 的频谱相似。因此当 $\omega_s > 2\omega_m$ 时，矩形脉冲采样信号的频谱 $F_s(j\omega)$ 也不会出现混叠，从而能从采样信号 $f_s(t)$ 中恢复原信号 $f(t)$。

4.3.2　时域采样定理

以冲激采样为例，接下来研究如何从采样信号 $f_s(t)$ 中恢复原信号 $f(t)$，并引出采样定理。

设有冲激采样信号 $f_s(t)$，其采样角频率 $\omega_s > 2\omega_m$（ω_m 为原信号的最高角频率）。$f_s(t)$ 及其频谱 $F_s(j\omega)$ 如图 4-22d 和图 4-22a 所示。为了从 $F_s(j\omega)$ 中无失真地恢复 $F(j\omega)$，选择一个理想低通滤波器，其频率响应的幅度为 T_s，截止频率为 ω_c（$\omega_m < \omega_c \leqslant \omega_c/2$），即

$$H(j\omega) = \begin{cases} T_s, & |\omega| < \omega_c \\ 0, & |\omega| > \omega_c \end{cases} \tag{4-51}$$

如图 4-22b 所示。由图 4-22a~图 4-22c 可得

$$F(j\omega) = F_s(j\omega)H(j\omega) \tag{4-52}$$

即恢复了原信号的频谱函数 $F(j\omega)$。

根据时频卷积特性，式（4-52）对应的时域表达式为

$$f(t) = f_s(t) * h(t) \tag{4-53}$$

由于冲激采样信号为

$$f_s(t) = f(t)s(t) = f(t)\sum_{n=-\infty}^{\infty}\delta(t-nT_s) = \sum_{n=-\infty}^{\infty}f(nT_s)\delta(t-nT_s) \tag{4-54}$$

利用对称性，不难求得低通滤波器的冲激响应为

$$h(t) = \mathrm{F}^{-1}[H(j\omega)] = T_s\frac{\omega_c}{\pi}\mathrm{Sa}(\omega_c t)$$

为简便，选 $\omega_c = \omega_s/2$，则 $T_s = 2\pi/\omega_s = \pi/\omega_c$，得

$$h(t) = \mathrm{Sa}\left(\frac{\omega_s t}{2}\right) \tag{4-55}$$

将式（4-54）和式（4-55）代入式（4-53）得

$$\begin{aligned}
f(t) &= \sum_{n=-\infty}^{\infty}f(nT_s)\delta(t-nT_s) * \mathrm{Sa}\left(\frac{\omega_s t}{2}\right) \\
&= \sum_{n=-\infty}^{\infty}f(nT_s)\mathrm{Sa}\left[\frac{\omega_s}{2}(t-nT_s)\right] \\
&= \sum_{n=-\infty}^{\infty}f(nT_s)\mathrm{Sa}\left(\frac{\omega_s t}{2}-n\pi\right)
\end{aligned} \tag{4-56}$$

式（4-56）表明，连续信号可以展开成正交采样函数（Sa 函数）的无穷级数，该级数的系数等于采样值 $f(nT_s)$。也就是说，若在采样信号 $f_s(t)$ 的每个样点处，画一个最大峰值为 $f(nT_s)$ 的 Sa 函数波形，则其合成波形就是原信号 $f(t)$，如图 4-22f 所示。因此，只要已知各个采样值 $f(nT_s)$ 就能唯一地确定出原信号 $f(t)$。

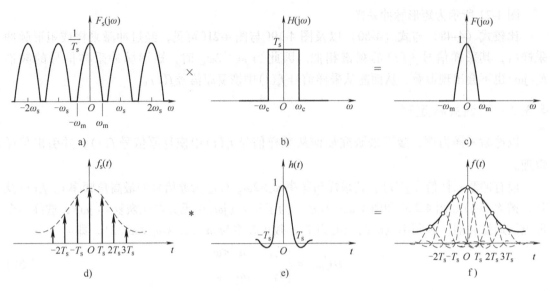

图 4-22　由采样信号恢复连续信号

通过以上讨论，可以较为深入地理解如下时域采样定理。

一个频谱在区间 $(-\omega_m, \omega_m)$ 以外为零的带限信号 $f(t)$，可唯一地由其在均匀间隔 T_s [$T_s < 1/(2f_m)$] 上的样点值 $f(nT_s)$ 确定。

需要注意的是，为了能从采样信号 $f_s(t)$ 中恢复原信号 $f(t)$，需满足两个条件：$f(t)$ 必须是带限信号，其频谱函数在 $|\omega| > \omega_m$ 各处为零；采样频率不能过低，必须满足 $f_s > 2f_m$（即 $\omega_s > 2\omega_m$），或者说采样间隔不能太长，必须满足 $T_s < 1/(2f_m)$，否则将会发生混叠。通常把最低允许采样频率 $f_s = 2f_m$ 称为奈奎斯特（Nyquist）频率，把最大允许采样间隔 $T_s = 1/(2f_m)$ 称为奈奎斯特间隔。

顺便指出，对于频带有限的周期信号 $f(t)$ [设其频谱函数为 $F(j\omega)$，周期为 T]，若适当选取采样周期 $T_s(T_s > T)$，经过滤波能从混叠的采样信号频谱 $F_s(j\omega)$ 中选得原信号的压缩频谱 $F(j\omega/a)(0 < a < 1)$，则可以得到与原信号波形相同但时域展宽的信号 $f(at)$。利用混叠展宽信号的示意图如图 4-23 所示。图 4-23 中信号 $f(t)$（实线）的周期为 T，采样周期 $T_s = 5T/4$，经过采样后，可得到时域展宽的信号 $y(t) = f(t/5)$（虚线）。采样示波器就是利用这一原理，把不便显示的高频信号展宽为容易显示的低频信号。

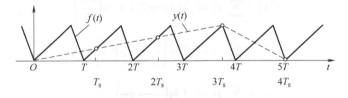

图 4-23　利用混叠展宽信号的示意图

例 4-5　一个采样传输系统如图 4-24 所示，设输入信号 $f(t) = \dfrac{\sin 100\pi t}{t}$，采样周期 $T_s = 0.009\text{s}$，$H(j\omega) = G_{100\pi}(\omega)$，求输出信号 $y(t)$。

解　由题可得

$$f(t) = \frac{\sin 100\pi t}{t} = 100\pi \frac{\sin 100\pi t}{100\pi t} = 100\pi \text{Sa}(100\pi t)$$

其频谱为

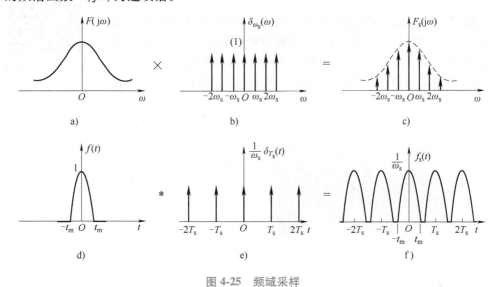

图 4-24　例 4-5 图

$$F(j\omega) = 100\pi \frac{2\pi}{200\pi} G_{200\pi}(\omega) = \pi G_{200\pi}(\omega)$$

根据式（4-48），得到 $f_s(t)$ 的频谱为

$$F_s(j\omega) = \frac{1}{T_s} \sum_{n=-\infty}^{\infty} F\left[j\left(\omega - n\frac{2\pi}{T_s}\right) \right] = \frac{\pi}{0.009} \sum_{n=-\infty}^{\infty} G_{200\pi}\left(\omega - n\frac{2\pi}{0.009}\right)$$

于是输出信号 $y(t)$ 的频谱 $Y(j\omega)$ 为

$$Y(j\omega) = F_s(j\omega) H(j\omega) = \frac{\pi}{0.009} \sum_{n=-\infty}^{\infty} G_{200\pi}\left(\omega - n\frac{2\pi}{0.009}\right) G_{100\pi}(\omega) = \frac{\pi}{0.009} G_{100\pi}(\omega)$$

从而得

$$y(t) = \text{F}^{-1}\left[Y(j\omega) \right] = \text{F}^{-1}\left[\frac{\pi}{0.009} G_{100\pi}(\omega) \right] = \frac{\pi}{0.009} \frac{50\pi}{\pi} \text{Sa}(50\pi t) = \frac{50000\pi}{9} \text{Sa}(50\pi t)$$

4.3.3　频域采样定理

根据时域与频域的对称性，可以推出频域采样定理。

若信号 $f(t)$ 为有限时间信号（简称时限信号），即它在时间区间 $(-t_m, t_m)$ 以外为零，则 $f(t)$ 的频谱函数 $F(j\omega)$ 为连续谱。

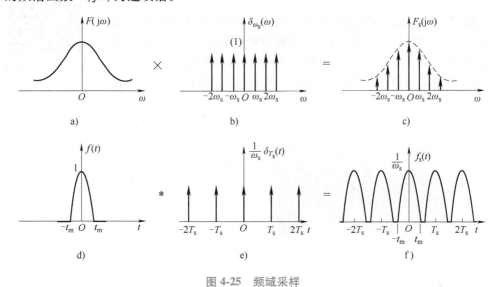

图 4-25　频域采样

在频域中对 $F(j\omega)$ 进行等间隔 ω_s 的冲激采样，即用 $\delta_{\omega_s}(\omega) = \sum_{n=-\infty}^{\infty} \delta(\omega - n\omega_s)$ 对 $F(j\omega)$ 进行采样，得到采样后的频谱函数为

$$F_s(j\omega) = F(j\omega) \sum_{n=-\infty}^{\infty} \delta(\omega - n\omega_s) = \sum_{n=-\infty}^{\infty} F(jn\omega_s) \delta(\omega - n\omega_s) \tag{4-57}$$

其频域采样过程如图 4-25a~图 4-25c 所示。

由式（4-47）可知

$$F^{-1}[\delta_{\omega_s}(\omega)] = \frac{1}{\omega_s}\sum_{n=-\infty}^{\infty}\delta(t-nT_s) \tag{4-58}$$

式中，$T_s = 2\pi/\omega_s$。根据时域卷积特性，被采样后的频谱函数 $F_s(j\omega)$ 所对应的时间函数为

$$f_s(t) = F^{-1}[F_s(j\omega)] = F^{-1}[F(j\omega)] * F^{-1}[\delta_{\omega_s}(\omega)]$$

$$= f(t) * \frac{1}{\omega_s}\sum_{n=-\infty}^{\infty}\delta(t-nT_s) = \frac{1}{\omega_s}\sum_{n=-\infty}^{\infty}f(t)*\delta(t-nT_s) = \frac{1}{\omega_s}\sum_{n=-\infty}^{\infty}f(t-nT_s) \tag{4-59}$$

其响应的时域关系如图 4-25d~图 4-25f 所示。由式（4-59）可知，若时限信号 $f(t)$ 的频谱函数 $F(j\omega)$ 在频域中被间隔为 ω_s 的冲激序列采样，则被采样后频谱函数 $F_s(j\omega)$ 所对应的时域信号 $f_s(t)$ 以 T_s 为周期而重复，如图 4-25f 所示。由图可知，若选 $T_s > 2t_m$ 或 $f_s = 1/T_s < 1/(2t_m)$，则在时域中 $f_s(t)$ 的波形不会产生混叠。若在时域用矩形脉冲作为采样信号就可以无失真地恢复原信号。这就是如下频域采样定理。

一个在时域区间 $(-t_m, t_m)$ 以外为零的时限信号 $f(t)$ 的频谱函数 $F(j\omega)$，可唯一地由其在均匀频率间隔 $f_s[f_s < 1/(2t_m)]$ 上的样点值 $F(jn\omega_s)$ 确定。类似于式（4-56），有

$$F(j\omega) = \sum_{n=-\infty}^{\infty}F\left(j\frac{n\pi}{t_m}\right)Sa(\omega t_m - n\pi) \tag{4-60}$$

116 式中，$t_m = 1/(2f_m)$。

4.3.4 应用举例

码 4-5【程序代码】
一维时域信号及其频谱

利用正弦和余弦函数模拟的原始一维信号的时域图和频谱图如图 4-26 所示，原始信号为带限信号，主要频率范围为 0~210Hz，采样频率为 10kHz。图 4-27a~图 4-27c 所示分别为对原始信号以 350Hz、420Hz 和 480Hz 频率进行采样的时域图，图 4-27d~图 4-27f 所示分别为对应的频谱图。

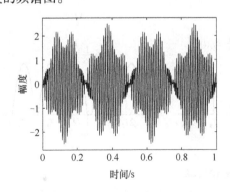
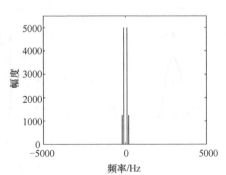

图 4-26　原始一维信号的时域图和频谱图

由于图 4-26 所示信号的频率上限为 $f_m = 210Hz$，而根据时域采样定理可知，只要采样频率 f_s 大于或等于有效信号最高频率 f_m 的两倍，采样值就可以包含原始信号的所有信息，被采样的信号就可以不失真地还原成原始信号。所以，该信号的采样频率应不小于 420Hz。

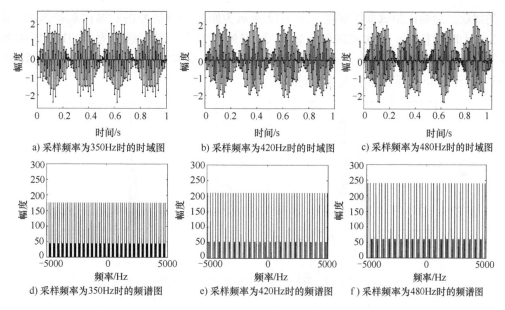

d) 采样频率为350Hz时的频谱图　　e) 采样频率为420Hz时的频谱图　　f) 采样频率为480Hz时的频谱图

图 4-27　350Hz、420Hz 和 480Hz 采样时域图和频谱图

图 4-28a～图 4-28c 所示分别为以 350Hz、420Hz 和 480Hz 频率进行采样时信号还原的时域图，图 4-28d～图 4-28f 所示分别为对应的频谱图。可以看到，当采样频率小于上限频率的两倍（即 $f_s < 2f_m$）时，信号失真严重，丢失了很多信号变化的细节；当采样频率大于或等于上限频率的两倍（即 $f_s \geq 2f_m$）时，可以较为准确地还原声音信号，也验证了时域采样定理。

码 4-6【程序代码】
采样频谱和时域图

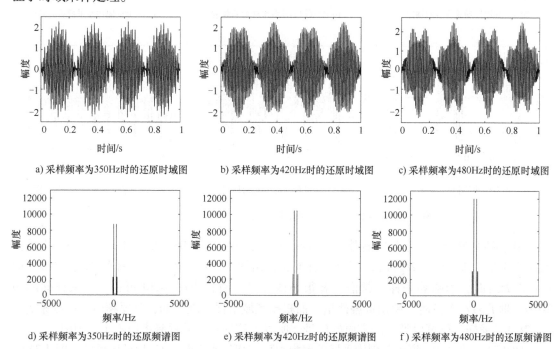

a) 采样频率为350Hz时的还原时域图　　b) 采样频率为420Hz时的还原时域图　　c) 采样频率为480Hz时的还原时域图

d) 采样频率为350Hz时的还原频谱图　　e) 采样频率为420Hz时的还原频谱图　　f) 采样频率为480Hz时的还原频谱图

图 4-28　由图 4-27 所示采样信号还原的时域图和频谱图

类似地，为验证频域采样定理，图 4-29 所示为原始一维信号的时域图和频谱图。原始信号为一个时限信号，在时间区间 0.2~0.3s 以外都为零，采样频率为 10kHz。图 4-30a~图 4-30c 所示为对原始信号分别进行等间隔为 4Hz、10Hz 和 20Hz 的冲激采样后的频谱图，图 4-30d~图 4-30f 所示分别为对应的时域图。

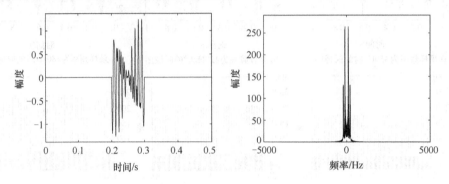

图 4-29　原始一维信号的时域图和频谱图

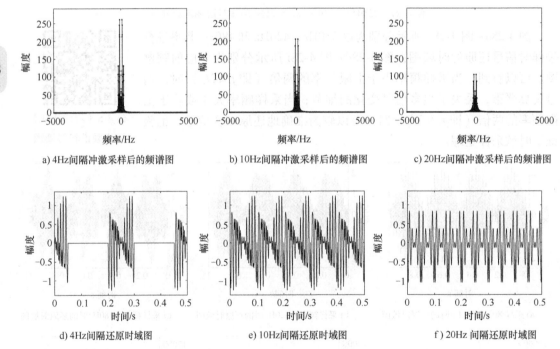

a) 4Hz间隔冲激采样后的频谱图　　b) 10Hz间隔冲激采样后的频谱图　　c) 20Hz间隔冲激采样后的频谱图

d) 4Hz间隔还原时域图　　e) 10Hz间隔还原时域图　　f) 20Hz 间隔还原时域图

图 4-30　4Hz、10Hz 和 20Hz 间隔冲激采样频谱图和时域图

根据图 4-29 可知，信号的有效时间区间 $(-t_m, t_m)$ 中 $t_m = 0.05$。由图 4-30d 可得，当采样间隔为 4Hz，即 $f_s < 1/(2t_m)$ 时，频谱没有混叠；由图 4-30e 可得，当采样间隔为 10Hz，即 $f_s = 1/(2t_m)$ 时，为临界采样，频谱混叠很小或几乎没有；由图 4-30f 可得，当采样间隔为 20Hz，即 $f_s > 1/(2t_m)$ 时，频谱混叠严重。而根据频域采样定理可知，只要频谱采样频率 $f_s \leqslant 1/(2t_m)$，采样值就可以唯一确定原始信号。所以，该信号的采样频率应不小于 10Hz。

图 4-31a~图 4-31c 所示分别为采样频率为 4Hz、10Hz 和 20Hz 时还原的频谱图，图 4-31d~

图 4-31f 所示分别为对应的时域图。可以看到，当 $f_s > 1/(2t_m)$ 时，频谱不能被完全重构，相应的时域图丢失了很多信号细节；当 $f_s \leqslant 1/(2t_m)$ 时，可以较为准确地还原原始信号的频谱，验证了频域采样定理。

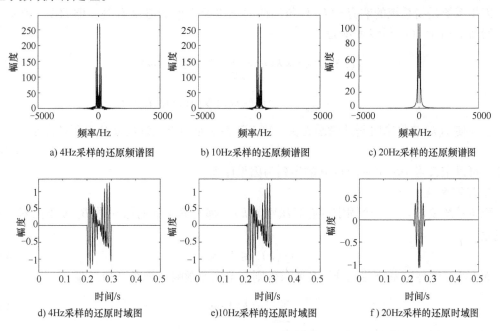

图 4-31　由图 4-30 所示采样信号还原的频谱图和时域图

4.4　离散系统的频域分析

4.4.1　离散系统的频率响应

在时域中，一个 LTI 离散系统可以由它的单位样值响应 $h(k)$ 表示。对于一个给定的激励 $f(k)$，响应 $y(k)$ 为

$$y(k) = f(k) * h(k) = \sum_{m=-\infty}^{\infty} f(m)h(k-m)$$

令 $f(k) \leftrightarrow F(j\omega)$，$h(k) \leftrightarrow H(j\omega)$，$y(k) \leftrightarrow Y(j\omega)$，根据离散时间傅里叶变换的卷积性质，有

$$Y(j\omega) = F(j\omega)H(j\omega) \tag{4-61}$$

式中，$H(j\omega)$ 为系统的频率响应，且有

$$H(j\omega) = \sum_{k=-\infty}^{\infty} h(k)e^{-j\omega k} \tag{4-62}$$

$H(j\omega)$ 一般是复数，可用幅度和相位表示为 $H(j\omega) = |H(j\omega)|e^{j\angle H(j\omega)}$，其中 $|H(j\omega)|$ 称为系统的幅频特性，$\angle H(j\omega)$ 称为系统的相频特性。与连续系统频率响应的地位与作用相类似，它表示输出序列频谱的幅度和相位相对于输入序列的变化，即输出幅度谱是输入幅度谱和系统幅频特性的乘积，而输出相位谱是输入相位谱和系统相频特性的和。离散系统的幅频

特性也是频率的偶函数，相频特性也是频率的奇函数。但与连续系统频率响应 $H(j\omega)$ 显著不同的是，$H(j\omega)$ 是 ω 的周期函数，且周期为 2π。

1. 因果系统

因果系统是指系统的响应 $y(k)$ 只与当前时刻以及之前的激励有关，即 $f(k)$、$f(k-1)$、$f(k-2)$ 等。由于 $y(k)$ 可以表示为

$$y(k) = f(k) * h(k) = \sum_{m=-\infty}^{\infty} f(m)h(k-m)$$

$$= \sum_{m=-\infty}^{-1} h(m)f(k-m) + \sum_{m=0}^{\infty} h(m)f(k-m)$$

若要使 $y(k)$ 与将来时刻的激励无关，则 LTI 系统是因果系统的充分必要条件是

$$h(k) = 0, \quad k<0 \tag{4-63}$$

由此，可以定义当 $k<0$ 时 $h(k)=0$ 的序列为因果序列。

2. 稳定系统

稳定系统要求对于某个固定的有界激励 $f(k)$，都有固定的有限正数 B_x 使下式对所有 k 都成立：

$$|y(k)| \le B_x < \infty \tag{4-64}$$

而 LTI 离散稳定系统的充分不必要条件则是单位冲激响应绝对可和，即

$$\sum_{k=-\infty}^{\infty} |h(k)| < \infty \tag{4-65}$$

当系统是稳定系统时，$H(j\omega)$ 才存在。

4.4.2 频率响应和单位样值响应的计算

对于一个 LTI 系统，其输出 $y(k)$ 和输入 $f(k)$ 之间满足如下形式的线性常系数差分方程：

$$\sum_{i=0}^{m_1} a_i y(k-i) = \sum_{r=0}^{m_2} b_i f(k-r)$$

两边进行傅里叶变换，并应用傅里叶变换的线性和时移性质，就可以得到如下表示式：

$$\sum_{i=0}^{m_1} a_i Y(j\omega) e^{-ji\omega} = \sum_{r=0}^{m_2} b_i F(j\omega) e^{-jr\omega} \tag{4-66}$$

或者，等效为

$$H(j\omega) = \frac{Y(j\omega)}{F(j\omega)} = \frac{\displaystyle\sum_{r=0}^{m_2} b_i e^{-jr\omega}}{\displaystyle\sum_{i=0}^{m_1} a_i e^{-ji\omega}} \tag{4-67}$$

从式 (4-67) 可以看出，与连续系统情况相同，$H(j\omega)$ 是两个多项式之比，但是在此情况下它们是以 $e^{-j\omega}$ 为变量的多项式。同样，分子多项式的系数就是式 (4-66) 右边的系数，而分母多项式的系数就是式 (4-66) 左边的系数。因此，根据式 (4-66) 就可以直接确定系统的频率响应。对系统频率响应求傅里叶反变换就得到了系统的单位样值响应 $h(k)$。

例 4-6 有一个 LTI 系统，起始状态为 0，且由下列差分方程表征：

$$y(k) - \frac{3}{4}y(k-1) + \frac{1}{8}y(k-2) = 2f(k)$$

试求其系统频率响应和单位样值响应。

　　解　根据式（4-67），该系统的频率响应为

码 4-7【程序代码】
LTI 系统的频率响应

$$H(\mathrm{j}\omega)=\frac{\displaystyle\sum_{r=0}^{m_2}b_i\mathrm{e}^{-jr\omega}}{\displaystyle\sum_{i=0}^{m_1}a_i\mathrm{e}^{-ji\omega}}=\frac{2}{1-\dfrac{3}{4}\mathrm{e}^{-j\omega}+\dfrac{1}{8}\mathrm{e}^{-2j\omega}}$$

为了确定系统的单位样值响应 $h(k)$，需要求 $H(\mathrm{j}\omega)$ 的离散傅里叶反变换。有效的方法是利用部分分式展开，即

$$H(\mathrm{j}\omega)=\frac{2}{\left(1-\dfrac{1}{4}\mathrm{e}^{-j\omega}\right)\left(1-\dfrac{1}{2}\mathrm{e}^{-j\omega}\right)}=\frac{4}{1-\dfrac{1}{2}\mathrm{e}^{-j\omega}}-\frac{2}{1-\dfrac{1}{4}\mathrm{e}^{-j\omega}}$$

根据

$$\frac{(k+r-1)!}{k!(r-1)!}\alpha^k\varepsilon(k)\leftrightarrow\frac{1}{(1-\alpha\mathrm{e}^{-j\omega})^r},\quad|\alpha|<1$$

式中每一项的反变换都能直接求出，得到的结果为

$$h(k)=4\left(\frac{1}{2}\right)^k\varepsilon(k)-2\left(\frac{1}{4}\right)^k\varepsilon(k)$$

　　在 LTI 离散系统中，频率响应所起的作用与 LTI 连续系统中的 $H(\mathrm{j}\omega)$ 相同。两个系统级联后的频率响应就是两者频率响应的乘积，但不是每一个 LTI 离散系统都有一个频率响应特性，例如单位样值响应 $h(k)=2^k\varepsilon(k)$ 的 LTI 系统对正弦输入就没有一个有限的响应，这是因为 $h(k)$ 的傅里叶变换不收敛，即不满足绝对可和的条件。

　　如果一个 LTI 离散系统是稳定的，那么它的单位样值响应绝对可和，即满足

$$\sum_{k=-\infty}^{\infty}|h(k)|<\infty \tag{4-68}$$

这也就保证了 $h(k)$ 的傅里叶变换 $H(\mathrm{j}\omega)$ 收敛，因此一个稳定的 LTI 系统一定存在系统的频率响应。

习题与思考题

4-1　求下列信号的傅里叶变换。

1）$\mathrm{e}^{-2(t-1)}\varepsilon(t-1)$。

2）$\dfrac{\mathrm{d}}{\mathrm{d}t}\big[\varepsilon(-2-t)+\varepsilon(t-2)\big]$。

4-2　求下列信号的逆变换。

1）$X_1(\mathrm{j}\omega)=2\pi\delta(\omega)+\pi\delta(\omega-4\pi)+\pi\delta(\omega+4\pi)$。

2）$X_2(\mathrm{j}\omega)=\begin{cases}2,&0\leqslant\omega\leqslant2\\-2,&-2\leqslant\omega<0\\0,&|\omega|>2\end{cases}$。

4-3　某线性连续系统如图 4-32 所示，其中 $h_1(t)=\varepsilon(t)$，$h_2(t)=\delta(t-1)$，$h_3(t)=\delta(t-3)$。试

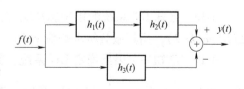

图 4-32　题 4-3 图

求系统的冲激响应 $h(t)$。

4-4　已知一个稳定的 LTI 系统可以用下面的常微分方程描述，求 $h(t)$。

$$\frac{\mathrm{d}y^2(t)}{\mathrm{d}t^2}+4\frac{\mathrm{d}y(t)}{\mathrm{d}t}+3y(t)=\frac{\mathrm{d}f(t)}{\mathrm{d}t}+2f(t)$$

4-5　求微分方程 $y''(t)+3y'(t)+2y(t)=f'(t)$ 的频率响应 $H(\mathrm{j}\omega)$。

4-6　求微分方程 $y''(t)+5y'(t)+6y(t)=f'(t)+4f(t)$ 的频率响应 $H(\mathrm{j}\omega)$。

4-7　已知某 LTI 连续系统可用下式微分方程描述：

$$\frac{\mathrm{d}y(t)}{\mathrm{d}t}+2y(t)=f(t)$$

利用傅里叶变换求激励信号 $\varepsilon(t)$ 作用下的响应 $y(t)$。

4-8　已知某系统的频率响应为

$$H(\mathrm{j}\omega)=\begin{cases}-\mathrm{j}\mathrm{sgn}(\omega),&|\omega|\leqslant\omega_0\\0,&|\omega|>\omega_0\end{cases}$$

试求其冲激响应 $h(t)$。

4-9　写出下列各系统的系统函数 $H(\mathrm{j}\omega)$ 和单位冲激响应 $h(t)$。

1）单位延迟器。

2）倒相器。

3）微分器。

4）积分器。

4-10　已知描述某 LTI 系统的微分方程为

$$y''(t)+3y'(t)+2y(t)=f(t)$$

求系统的频率响应。

4-11　已知某 LTI 系统的冲激响应为 $h(t)=(\mathrm{e}^{-t}-\mathrm{e}^{-2t})\varepsilon(t)$，求系统的频率响应。

4-12　对于某 LTI 系统，激励为 $f(t)=\mathrm{e}^{-t}\varepsilon(t)$，响应为 $y(t)=\mathrm{e}^{-t}\varepsilon(t)+\mathrm{e}^{-2t}\varepsilon(t)$，求频率响应 $H(\mathrm{j}\omega)$ 和单位冲激响应 $h(t)$。

4-13　已知 LTI 系统的微分方程为 $y''(t)+3y'(t)+2y(t)=3f'(t)+4f(t)$，激励为 $f(t)=\mathrm{e}^{-3t}\varepsilon(t)$，求系统的零状态响应。

4-14　已知某 LTI 系统的频率响应为 $H(\mathrm{j}\omega)=\dfrac{1-\mathrm{j}\omega}{1+\mathrm{j}\omega}$，求系统的幅频特性 $|H(\mathrm{j}\omega)|$ 和相频特性 $\varphi(\omega)$，并判断是否为无失真传输系统。

4-15　某 LTI 系统的单位采样响应为 $h(k)=\left(\dfrac{1}{3}\right)^k\varepsilon(k)$，试求该系统对复指数 $x(k)=\mathrm{e}^{\mathrm{j}k\pi/4}$ 的响应。

4-16　已知 LTI 系统的单位脉冲响应为 $h(k)=2^k[\varepsilon(k)-\varepsilon(k-4)]$，系统激励为 $f(k)=\delta(k)-\delta(k-2)$，用频域分析求响应 $y(k)$。

4-17　已知一个因果稳定 LTI 系统，其激励 $f(k)$ 和响应 $y(k)$ 通过如下二阶差分方程关联：$y(k)-\dfrac{1}{6}y(k-1)-\dfrac{1}{6}y(k-2)=f(k)$，求该系统的频率响应及单位脉冲响应。

4-18　求下列系统的频率响应，并画出它们的幅频特性。

1）$y(k)=\dfrac{1}{2}[f(k)+f(k-1)]$。

2）$y(k)=\dfrac{1}{2}[f(k)-f(k-1)]$。

4-19　已知系统的单位脉冲响应为 $h(k)=a^k\varepsilon(k)(0<a<1)$，激励序列为 $f(k)=\delta(k)+2\delta(k-2)$，用频域分析求出响应序列 $y(k)$。

4-20　已知信号 $f_1(t)$ 是最高频率分量为 2kHz 的带限信号，$f_2(t)$ 是最高频率分量为 3kHz 的带限信号。根据抽样定理，求下列信号的奈奎斯特频率。

1）$f_1(t)*f_2(t)$。

2）$f_1(t)\cos 1000\pi t$。

4-21　已知系统的单位脉冲响应为 $h(k)=a^k\varepsilon(k)(0<a<1)$，激励序列为 $f(k)=\delta(k)+2\delta(k-2)$，用频域分析求出响应序列 $y(k)$。

4-22　若序列 $h(k)$ 是实因果序列，其傅里叶变换的实部为 $H_R(e^{j\omega})=1+\cos\omega$。求序列 $h(k)$ 及其傅里叶变换 $H(j\omega)$。

4-23　已知 LTI 连续系统的频率响应为

$$H(j\omega)=\begin{cases} -j, & \omega>0 \\ j, & \omega<0 \end{cases}$$

求对信号 $f(t)=A\cos\omega_0 t+B\sin\omega_0 t(t\in R)$ 的响应 $y(t)(\omega_0>0)$。

4-24　有一个 LTI 因果系统，其频率响应为 $H(j\omega)=\dfrac{1}{j\omega+3}$。对于某一特定的激励 $f(t)$，观察到该系统的响应是 $y(t)=e^{-3t}\varepsilon(t)-e^{-4t}\varepsilon(t)$，求 $f(t)$。

4-25　若信号 $f(t)$ 通过某滤波器时其响应为 $y(t)=a^{-\frac{1}{2}}\displaystyle\int_{-\infty}^{+\infty}f(\tau)g\left(\dfrac{\tau-t}{a}\right)\mathrm{d}\tau$，$a\neq 0$ 且为常数，假设 $g(t)$ 的傅里叶变换 $G(j\omega)$ 已知，求该滤波器的频率响应。

4-26　某 LTI 连续系统的单位冲激响应为 $h(t)=\dfrac{\sin\pi t\sin 2\pi t}{\pi t^2}$，若激励信号为 $f(t)=1+\cos 2\pi t+\sin 6\pi t$，试求整个系统的响应 $y(t)$。

4-27　已知系统的频率响应为

$$H(j\omega)=\begin{cases} e^{j\pi/2}, & -6<\omega<0 \\ e^{-j\pi/2}, & 0<\omega<6 \\ 0, & \text{其他} \end{cases}$$

系统激励为 $f(t)=\dfrac{\sin 3t}{t}\cos 5t$，求系统的响应 $y(t)$。

4-28　如图 4-33 所示的系统，$f_1(t)=\displaystyle\sum_{n=-\infty}^{\infty}e^{jn\Omega t}(n=0,\pm 1,\pm 2\cdots;\Omega=1\mathrm{rad/s})$，$f_2(t)=\cos t$，频率响应为 $H(j\omega)=\begin{cases} e^{-j\frac{\pi}{3}\omega}, & |\omega|<1.8\mathrm{rad/s} \\ 0, & |\omega|>1.8\mathrm{rad/s} \end{cases}$，试求系统的响应 $y(t)$。

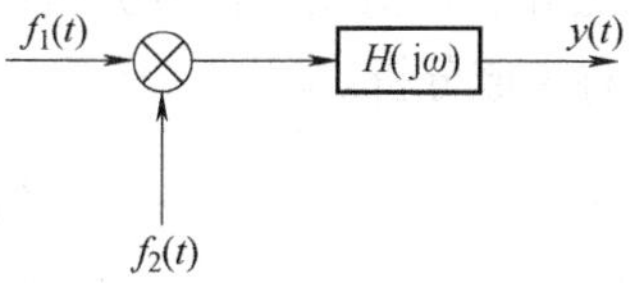

图 4-33　题 4-28 图

第 5 章　信号的拉普拉斯变换与 z 变换

导　读

在时域分析里，把信号分解为基本信号（冲激函数或冲激序列）的和，从而可以利用卷积积分（卷积和）简化 LTI 系统零状态响应的计算。拉普拉斯变换选取复指数函数为基本信号，变换时乘一个衰减因子，确保变换的收敛，从而将时域微分方程中的微积分运算转换为复频率 s 的代数运算，进一步简化积分计算。z 变换则是针对离散信号的拉普拉斯变换，可以将累加运算转换为变量 z 的代数运算。

本章主要介绍信号的拉普拉斯变换和 z 变换的定义、性质及逆变换，变换的收敛域与被变换信号特性的关系，简单介绍信号变换域分析的特点。

本章知识点

- 拉普拉斯变换定义、性质及逆变换
- z 变换定义、性质及逆变换

5.1　连续信号的拉普拉斯变换

5.1.1　拉普拉斯变换的定义

拉普拉斯变换是在全部复平面，以拉普拉斯变换为工具对连续信号映射到复频域进行分析，又称拉氏变换。引入复频率 $s=\sigma+j\omega$，以复指数函数 e^{st} 为基本信号，任意信号可分解为不同复频率的复指数分量之和。这里用于信号分析的独立变量是复频率 s，所以拉普拉斯变换又称 s 域分析。

码 5-v1【视频讲解】
拉普拉斯变换的定义

$$F_b(s)=\int_{-\infty}^{+\infty} f(t)\,e^{-st}\mathrm{d}t \tag{5-1}$$

$$f(t)=\frac{1}{2\pi j}\int_{\sigma-j\infty}^{\sigma+j\infty} F_b(s)\,e^{st}\mathrm{d}s \tag{5-2}$$

式（5-1）与式（5-2）是一个双边拉普拉斯变换对，$F_b(s)$ 称为 $f(t)$ 的双边拉普拉斯变换（或象函数），$f(t)$ 称为 $F_b(s)$ 的双边拉普拉斯逆变换（或原函数），记为 $F(s) = L[f(t)]$ 或 $f(t) \overset{L}{\leftrightarrow} F(s)$。只有选择适当的 σ 值才能使积分收敛，信号 $f(t)$ 的拉普拉斯变换才存在，使 $f(t)$ 拉普拉斯变换存在的 σ 取值范围称为 $F(s)$ 的收敛域。

因果信号的收敛域是复平面上 $\sigma > \sigma_0$ 的右边区域，如图 5-1a 所示，一般标注为 $\mathrm{Re}[s] > \sigma_0$。非因果信号的收敛域是复平面上的左边区域，如图 5-1b 所示，一般标注为 $\mathrm{Re}[s] < \sigma_0$。收敛域如图 5-1c 所示的信号则是双边信号。

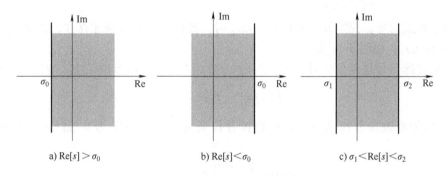

a) $\mathrm{Re}[s] > \sigma_0$ b) $\mathrm{Re}[s] < \sigma_0$ c) $\sigma_1 < \mathrm{Re}[s] < \sigma_2$

图 5-1　拉普拉斯变换的收敛域

例 5-1　已知因果信号 $f(t) = e^{\sigma_0 t} \varepsilon(t)$，求其拉普拉斯变换。

解　根据式（5-1），可得

$$F(s) = \int_0^\infty e^{\sigma_0 t} e^{-st} dt = \frac{e^{-(s-\sigma_0)t}}{-(s-\sigma_0)} \Big|_0^\infty = \frac{1}{(s-\sigma_0)} \left[1 - \lim_{t\to\infty} e^{-(\sigma-\sigma_0)t} e^{-j\Omega t} \right]$$

$$= \begin{cases} \dfrac{1}{s-\sigma_0}, & \mathrm{Re}[s] = \sigma > \sigma_0 \\ \text{不定}, & \sigma = \sigma_0 \\ \text{无界}, & \sigma < \sigma_0 \end{cases}$$

码 5-1【程序代码】
因果信号的
拉普拉斯变换

可见，对于因果信号，仅当 $\mathrm{Re}[s] = \sigma > \sigma_0$ 时，其拉普拉斯变换才存在，也就是说它的收敛域是 $\mathrm{Re}[s] = \sigma > \sigma_0$，如图 5-1a 所示。

例 5-2　已知非因果信号 $f(t) = e^{\sigma_0 t} \varepsilon(-t)$，求其拉普拉斯变换。

解　根据式（5-1），可得

$$F(s) = \int_{-\infty}^0 e^{\sigma_0 t} e^{-st} dt = \frac{e^{-(s-\sigma_0)t}}{-(s-\sigma_0)} \Big|_{-\infty}^0 = \frac{1}{-(s-\sigma_0)} \left[1 - \lim_{t\to-\infty} e^{-(\sigma-\sigma_0)t} e^{-j\Omega t} \right]$$

$$= \begin{cases} \text{无界}, & \mathrm{Re}[s] = \sigma > \sigma_0 \\ \text{不定}, & \sigma = \sigma_0 \\ \dfrac{1}{-(s-\sigma_0)}, & \sigma < \sigma_0 \end{cases}$$

码 5-2【程序代码】
非因果信号的
拉普拉斯变换

可见，对于非因果信号，仅当 $\mathrm{Re}[s] = \sigma < \sigma_0$ 时，其拉普拉斯变换才存在，也就是说它的收敛域是 $\mathrm{Re}[s] = \sigma > \sigma_0$，如图 5-1b 所示。

例 5-3 已知双边信号 $f(t)=\begin{cases} e^{\sigma_2 t}, & t<0 \\ e^{\sigma_1 t}, & t>0 \end{cases}$ 求其拉普拉斯变换。

解 根据式 (5-1)，可得

$$F(s)=\int_{-\infty}^{+\infty}f(t)\,e^{-st}\mathrm{d}t=\int_{-\infty}^{0}e^{\sigma_2 t}e^{-st}\mathrm{d}t+\int_{0}^{+\infty}e^{\sigma_1 t}e^{-st}\mathrm{d}t$$

码 5-3【程序代码】
双边信号的
拉普拉斯变换

$$=\begin{cases} \dfrac{1}{s-\sigma_1}, & \mathrm{Re}[s]=\sigma>\sigma_1 \\[2mm] \dfrac{1}{-(s-\sigma_2)}, & \mathrm{Re}[s]=\sigma<\sigma_2 \end{cases}$$

可见，对于双边信号，仅当 $\sigma_1<\mathrm{Re}[s]=\sigma<\sigma_2$ 时，其拉普拉斯变换才存在，也就是说它的收敛域是 $\sigma_1<\sigma<\sigma_2$，如图 5-1c 所示。

考虑到实际信号是因果信号，当 $t<0\_$ 时，$f(t)=0$，此时双边拉普拉斯变换可写成

$$F(s)=\int_{0\_}^{+\infty}f(t)\,e^{-st}\mathrm{d}t \tag{5-3}$$

式 (5-3) 称为单边拉普拉斯变换。单边拉普拉斯变换的积分限为 $0\_$ 到 $+\infty$，其逆变换公式为

$$f(t)=\frac{1}{2\pi\mathrm{j}}\int_{\sigma-\mathrm{j}\infty}^{\sigma+\mathrm{j}\infty}F_{\mathrm{b}}(s)\,e^{st}\mathrm{d}s \tag{5-4}$$

本章不作说明的拉普拉斯变换都是指单边拉普拉斯变换，收敛域都是复平面上 $\sigma>\sigma_0$ 的右边区域，如图 5-1a 所示。

根据定义比较容易求出常用信号的拉普拉斯变换及其收敛域，见表 5-1。

表 5-1 常用信号的拉普拉斯变换及其收敛域

$f(t)$	$F(s)$	收敛域
$\delta(t)$	1	整个复平面
$\varepsilon(t)$	1	$\mathrm{Re}[s]>0$
$-\varepsilon(-t)$	1	$\mathrm{Re}[s]<0$
$e^{-\alpha t}\varepsilon(t)$	$\dfrac{1}{s+\alpha}$	$\mathrm{Re}[s]>-\alpha$
$-e^{-\alpha t}\varepsilon(-t)$	$\dfrac{1}{s+\alpha}$	$\mathrm{Re}[s]<-\alpha$
$\cos(\omega_0 t)\varepsilon(t)$	$\dfrac{s}{s^2+\omega_0^2}$	$\mathrm{Re}[s]>0$
$\sin(\omega_0 t)\varepsilon(t)$	$\dfrac{\omega_0}{s^2+\omega_0^2}$	$\mathrm{Re}[s]>0$
$t\varepsilon(t)$	$\dfrac{1}{s^2}$	$\mathrm{Re}[s]>0$

5.1.2 单边拉普拉斯变换的性质

信号的象函数一般不直接按定义求取，而是利用拉普拉斯变换的性质、定理和常用信号的

拉普拉斯变换(见表 5-1)求取。拉普拉斯变换的性质对于拉普拉斯变换和逆变换的运算有着十分重要的作用。

1. 线性性质

若信号 $f_1(t)$ 与 $f_2(t)$ 的拉普拉斯变换分别是 $F_1(s)$、$F_2(s)$，即 $L[f_1(t)] = F_1(s)(\text{Re}[s] > \sigma_1)$，$L[f_2(t)] = F_2(s)(\text{Re}[s] > \sigma_2)$，则两个信号线性组合的拉普拉斯变换为

$$L[af_1(t) + bf_2(t)] = aF_1(s) + bF_2(s) \tag{5-5}$$

码 5-v2【视频讲解】
拉普拉斯变换的性质

式中，a 和 b 为任意常数。拉普拉斯变换属于线性变换，具有比例性和叠加性。组合信号的收敛域是两个信号收敛域的交集，即收敛域 $\text{Re}[s] > \max(\sigma_1, \sigma_2)$。需要注意的是，若两个信号经过线性运算后得到的是一个时限信号，则其收敛域为整个 s 平面。

2. 尺度变换

若信号 $f(t)$ 的拉普拉斯变换 $L[f(t)] = F(s)(\text{Re}[s] > \sigma_0)$，则信号 $f(t)$ 在时域展缩后的拉普拉斯变换为

$$L[f(at)] = \frac{1}{a}F\left(\frac{s}{a}\right), \quad \text{Re}[s] > a\sigma_0 \tag{5-6}$$

式中，$a > 0$，保证 $f(at)$ 是因果信号。

式 (5-6) 表明，当信号 $f(t)$ 在时域压缩 ($a > 1$) 时，其象函数在 s 域扩展；反之，当信号 $f(t)$ 在时域扩展 ($0 < a < 1$) 时，其象函数在 s 域压缩。

3. 时移特性

若有 $L[f(t)] = F(s)(\text{Re}[s] > \sigma_0)$，则信号 $f(t)$ 在时域右移后的拉普拉斯变换为

$$L[f(t - t_0)\varepsilon(t - t_0)] = F(s)e^{-st_0}, \quad t_0 > 0, \quad \text{Re}[s] > \sigma_0 \tag{5-7}$$

式 (5-7) 表明，当信号在时域右移时，其拉普拉斯变换为原信号拉普拉斯变换乘指数函数 e^{-st_0}。

4. s 域平移

若有 $L[f(t)] = F(s)(\text{Re}[s] > \sigma_0)$，则信号 $f(t)$ 乘某指数函数后的拉普拉斯变换为

$$L[f(t)e^{-\alpha t}] = F(s + \alpha), \quad \text{Re}[s] > \sigma_0 - \alpha$$

5. 时域微分和时域积分

(1) 时域微分

若有 $L[f(t)] = F(s)(\text{Re}[s] > \sigma_0)$，则信号 $f(t)$ 微分后的拉普拉斯变换为

$$L\left[\frac{df(t)}{dt}\right] = sF(s) - f(0_-), \quad \text{Re}[s] > \sigma_0 \tag{5-8}$$

重复应用微分性质，可得到原信号 n 阶导数的单边拉普拉斯变换为

$$L\left[\frac{d^n f(t)}{dt^n}\right] = s^n F(s) - \sum_{k=0}^{n-1} s^{n-1-k} f^k(0_-), \quad \text{Re}[s] > \sigma_0 \tag{5-9}$$

(2) 时域积分

信号 $f(t)$ 积分后的拉普拉斯变换为

$$L\left[\int_{-\infty}^{t} f(\tau)d\tau\right] = \frac{F(s)}{s} + \frac{f^{-1}(0_-)}{s}, \quad \text{Re}[s] > \max(\sigma_0, 0) \tag{5-10}$$

式中，$f^{-1}(0_-) = \int_{-\infty}^{0_-} f(\tau)\mathrm{d}\tau$。

式（5-8）~式（5-10）表明，时域的微分或积分运算在变换域转换为 s 域的乘法或除法运算。

6. 卷积定理

若有 $\mathrm{L}[f_1(t)] = F_1(s)(\mathrm{Re}[s] > \sigma_1)$，$\mathrm{L}[f_2(t)] = F_2(s)(\mathrm{Re}[s] > \sigma_2)$，则有

$$\mathrm{L}[f_1(t) * f_2(t)] = F_1(s)F_2(s), \quad \mathrm{Re}[s] > \max(\sigma_1, \sigma_2) \tag{5-11}$$

$$\mathrm{L}[f_1(t)f_2(t)] = \frac{1}{2\pi\mathrm{j}} F_1(s) * F_2(s), \quad \mathrm{Re}[s] > \max(\sigma_1, \sigma_2) \tag{5-12}$$

式（5-11）表明时域的卷积运算可转换为 s 域的乘法运算；反之，s 域的卷积运算也能转换为时域的乘法运算，见式（5-12）。

7. s 域微分和 s 域积分

若有 $\mathrm{L}[f(t)] = F(s)(\mathrm{Re}[s] > \sigma_0)$，则有

$$\mathrm{L}[t^n f(t)] = (-1)^n \frac{\mathrm{d}^n F(s)}{\mathrm{d}^n s}, \quad \mathrm{Re}[s] > \sigma_0 \tag{5-13}$$

$$\mathrm{L}\left[\frac{f(t)}{t}\right] = \int_s^{\infty} F(\eta)\mathrm{d}\eta, \quad \mathrm{Re}[s] > \sigma_0 \tag{5-14}$$

当 $n = 1$ 时，$\mathrm{L}[tf(t)] = -\mathrm{d}F(s)/\mathrm{d}s(\mathrm{Re}[s] > \sigma_0)$，即 s 域的微分或积分运算，可以转换为时域的乘法或除法运算。

8. 初值定理和终值定理

（1）初值定理

若有 $\mathrm{L}[f(t)] = F(s)(\mathrm{Re}[s] > \sigma_0)$，且 $f(t)$ 连续可导，即 $f(t)$ 在 $t = 0$ 处不包含 $\delta(t)$ 及其各阶导数，则有

$$\lim_{t \to 0_+} f(t) = f(0_+) = \lim_{s \to \infty} sF(s) \tag{5-15}$$

由初值定理得，在不知道 $f(t)$ 表达式的情况下，根据其 s 域的表达式可推知 $f(t)$ 在 $t = 0_+$ 的初值。例如，$F(s) = 1/s$，由初值定理得 $f(0_+) = \lim_{t \to 0_+} f(t) = \lim_{s \to \infty} sF(s) = 1$，即单位阶跃信号的初值为 1。

需特别注意的是，所求得的初值是 $f(t)$ 在 $t = 0_+$ 时刻的值，而不是 $f(t)$ 在 $t = 0$ 或 $t = 0_-$ 时刻的值。此外，要注意初值定理的应用条件：若象函数 $F(s)$ 是真分式，则可直接用初值定理计算 $f(0_+)$；若象函数 $F(s)$ 是假分式，则需要把 $F(s)$ 分解为多项式与真分式之和，然后对真分式部分运用初值定理。

（2）终值定理

若 $f(t)$ 的极限 $f(\infty)$ 存在，且 $sF(s)$ 的收敛域包含虚轴 $\mathrm{j}\omega$，则有

$$\lim_{t \to \infty} f(t) = f(\infty) = \lim_{s \to 0} sF(s) \tag{5-16}$$

应用终值定理时也须注意它的应用条件，即只有在 $f(t)$ 的终值存在的情况下，才能采用终值定理。$\lim_{t \to \infty} f(t)$ 是否存在，可以从 s 域进行判断，仅当 $F(s)$ 在右半 s 平面及 s 平面的虚轴上原点除外（解析时），终值定理才可应用。

单边拉普拉斯变换的性质汇总见表 5-2。

表 5-2 单边拉普拉斯变换的性质汇总

时域	s 域
$af_1(t)+bf_2(t)$	$aF_1(s)+bF_2(s)$
$f(at)$	$\dfrac{1}{a}F\left(\dfrac{s}{a}\right)$
$f(t-t_0)$	$F(s)\mathrm{e}^{-st_0}$
$f(t)\mathrm{e}^{-\alpha t}$	$F(s+\alpha)$
$\dfrac{\mathrm{d}f(t)}{\mathrm{d}t}$	$sF(s)-f(0_-)$
$\displaystyle\int_{-\infty}^{t}f(\tau)\,\mathrm{d}\tau$	$\dfrac{F(s)}{s}+\dfrac{f^{-1}(0_-)}{s}$
$f_1(t)*f_2(t)$	$F_1(s)F_2(s)$
$f_1(t)f_2(t)$	$\dfrac{1}{2\pi\mathrm{j}}F_1(s)*F_2(s)$
$t^nf(t)$	$(-1)^n\dfrac{\mathrm{d}^nF(s)}{\mathrm{d}^ns}$
$\dfrac{f(t)}{t}$	$\displaystyle\int_{s}^{\infty}F(\eta)\,\mathrm{d}\eta$

129

5.1.3 拉普拉斯逆变换

直接利用定义式求逆变换,即采用复变函数积分,比较困难。性质与定理揭示出 $f(t)$ 的时域运算与 $F(s)$ 的复频域运算之间存在的规律。通常,信号的原函数不直接用定义求取,而是通过拉普拉斯变换的性质、定理和已知的常用信号的拉普拉斯变换对间接取得,常用的方法有查表、利用性质、部分分式展开,通常是两种或三种方法结合。

码 5-v3【视频讲解】
拉普拉斯逆变换

通常象函数 $F(s)$ 是 s 的有理式,可写为

$$F(s)=\frac{B(s)}{A(s)}=\frac{b_ms^m+b_{m-1}s^{m-1}+\cdots+b_1s+b_0}{a_ns^n+a_{n-1}s^{n-1}+\cdots+a_1s+a_0} \tag{5-17}$$

式中,a_i、b_i 为实数,m、n 为正整数。当 $m<n$ 时,$F(s)$ 为有理真分式。若 $m\geq n$,则 $F(s)$ 为假分式,可采用多项式长除法将象函数 $F(s)$ 分解为有理多项式 $P(s)$ 与有理真分式之和。

1. 多项式长除法

假设某象函数为 $F(s)=\dfrac{s^3+5s^2+9s+7}{s^2+3s+2}$,则多项式长除法计算如下:

$$
\begin{array}{r}
s+2 \\
s^2+3s+2\,\overline{\smash{\big)}\,s^3+5s^2+9s+7} \\
\underline{s^3+3s^2+2s} \\
2s^2+7s+7 \\
\underline{2s^2+6s+4} \\
s+3
\end{array}
$$

可得
$$F(s)=s+2+\frac{s+3}{s^2+3s+2}=s+2+\frac{2}{s+1}-\frac{1}{s+2}$$

由于 $L^{-1}[1]=\delta(t)$，$L^{-1}[s^n]=\delta^{(n)}(t)$，故有理多项式 $P(s)$ 的拉普拉斯逆变换由冲激函数组成。其拉普拉斯逆变换为 $f(t)=\delta'(t)+2\delta(t)+2e^{-t}\varepsilon(t)-e^{-2t}\varepsilon(t)$。

2. 部分分式展开方法

下面以有理真分式为例讨论部分分式展开方法。假设象函数的分子、分母 s 多项式进行因式分解后表示为如下通用形式：

$$F(s)=\frac{B(s)}{A(s)}=\frac{b_m(s-z_1)(s-z_2)\cdots(s-z_m)}{a_n(s-p_1)(s-p_2)\cdots(s-p_n)} \tag{5-18}$$

式中，$A(s)$ 称为 $F(s)$ 的特征多项式，方程 $A(s)=0$ 称为特征方程，它的根称为特征根，也称为 $F(s)$ 的固有频率（或自然频率）；$p_1,p_2,\cdots,p_n$ 称为 $F(s)$ 的极点；$z_1,z_2,\cdots,z_m$ 称为 $F(s)$ 的零点。不同极点形式下的拉普拉斯逆变换的表示形式具有一定的规律性，讨论如下。

（1）$F(s)$ 为单实数极点（无重根）

假定 $F(s)$ 的极点 $p_1,p_2,\cdots,p_n$ 均为实数，且无重根，则 $F(s)$ 可展开为如下的部分分式：

$$F(s)=\frac{B(s)}{A(s)}=\frac{k_1}{s-p_1}+\frac{k_2}{s-p_2}+\cdots+\frac{k_i}{s-p_i}+\cdots+\frac{k_n}{s-p_n}=\sum_{i=1}^{n}\frac{k_i}{s-p_i}$$

式中 k_i，为待定系数，$i=1,2,\cdots,n$，可根据下式计算：

$$k_i=(s-p_i)F(s)\Big|_{s=p_i} \tag{5-19}$$

拉普拉斯逆变换得

$$f(t)=\sum_{i=1}^{n}K_i e^{p_i t}\varepsilon(t) \tag{5-20}$$

（2）$F(s)$ 有共轭复数极点

假定 $F(s)$ 有一对共轭复数极点 $p_{1,2}=-\alpha\pm j\beta$，其余极点均为单实数，则此时 $F(s)$ 可写为 $F(s)=\frac{B(s)}{A(s)}=\frac{B_1(s)}{A_1(s)}+\frac{as+b}{s^2+cs+d}$，右边第一项表示仅含有单实数极点；第二项表示有一对共轭复数极点。令第二项为 $F_2(s)$，可继续展开成如下部分分式形式：

$$F_2(s)=\frac{as+b}{s^2+cs+d}=\frac{k_1}{s+\alpha-j\beta}+\frac{k_2}{s+\alpha+j\beta}$$

共轭复数极点仍为单极点，可借鉴第（1）种情形来确定系数 k_1、k_2。此时可将 $F(s)$ 改写成如下形式：

$$F(s)=\frac{B(s)}{A'(s)(s+\alpha-j\beta)(s+\alpha+j\beta)}=\frac{F_1(s)}{(s+\alpha-j\beta)(s+\alpha+j\beta)}$$

$$=\frac{B_1(s)}{A_1(s)}+\frac{k_1}{s+\alpha-j\beta}+\frac{k_2}{s+\alpha+j\beta}$$

由于

$$\left[\frac{B_1(s)}{A_1(s)}+\frac{k_1}{s+\alpha-j\beta}+\frac{k_2}{s+\alpha+j\beta}\right](s+\alpha-j\beta)\Big|_{s=-\alpha+j\beta}=k_1$$

即

$$\left.\frac{F_1(s)(s+\alpha-\mathrm{j}\beta)}{(s+\alpha-\mathrm{j}\beta)(s+\alpha+\mathrm{j}\beta)}\right|_{s=-\alpha+\mathrm{j}\beta}=\frac{F_1(-\alpha+\mathrm{j}\beta)}{2\mathrm{j}\beta}$$

因此有

$$k_1=(s+\alpha-\mathrm{j}\beta)F(s)\ \Big|_{s=-\alpha+\mathrm{j}\beta}=\frac{F_1(-\alpha+\mathrm{j}\beta)}{2\mathrm{j}\beta} \tag{5-21}$$

同理可求得

$$k_2=(s+\alpha-\mathrm{j}\beta)F(s)\ \Big|_{s=-\alpha-\mathrm{j}\beta}=\frac{F_1(-\alpha-\mathrm{j}\beta)}{-2\mathrm{j}\beta} \tag{5-22}$$

对比式（5-21）与式（5-22）可知，$k_2=k_1^*$。设 $k_1=A+\mathrm{j}B$，$k_2=A-\mathrm{j}B=k_1^*$，则此时有

$$f_2(t)=\mathrm{L}^{-1}\big[F_2(s)\big]=\mathrm{L}^{-1}\left[\frac{k_1}{s+\alpha-\mathrm{j}\beta}+\frac{k_2}{s+\alpha+\mathrm{j}\beta}\right]=\mathrm{e}^{-\alpha t}(k_1\mathrm{e}^{\beta t}+k_1^*\,\mathrm{e}^{-\beta t})$$

$$=2\mathrm{e}^{-\alpha t}\big[A\cos\beta t-B\sin\beta t\big]$$

（3）$F(s)$ 有重极点（有重根）

假定 $F(s)=\dfrac{B(s)}{A(s)}$，$A(s)=0$ 在 $s=p_1$ 处有 r 重根。将 $F(s)$ 写成如下展开形式：

$$F(s)=\frac{B(s)}{A(s)}=\frac{k_{11}}{(s-p_1)^r}+\frac{k_{12}}{(s-p_1)^{r-1}}+\cdots+\frac{k_{1r}}{(s-p_1)}+\frac{B_2(s)}{A_2(s)}$$

式中，$\dfrac{B_2(s)}{A_2(s)}$ 表示展开式中与极点 p_1 无关的其余部分；k_{11}，k_{12}，$\cdots$，k_{1r} 为 r 个待定系数。为了求出各待定系数，设 $F_1(s)=(s-p_1)^r F(s)$，则

$$k_{11}=\big[(s-p_1)^r F(s)\big]\,\big|_{s=p_1}=F_1(s)\,\big|_{s=p_1} \tag{5-23}$$

$$k_{12}=\frac{\mathrm{d}}{\mathrm{d}s}F_1(s)\ \bigg|_{s=p_1} \tag{5-24}$$

$$k_{13}=\frac{1}{2!}\frac{\mathrm{d}^2}{\mathrm{d}s^2}F_1(s)\ \bigg|_{s=p_1} \tag{5-25}$$

推出一般形式为

$$k_{1i}=\frac{1}{(r-1)!}\frac{\mathrm{d}^{i-1}}{\mathrm{d}s^{i-1}}F_1(s)\ \bigg|_{s=p_1},i=1,2,\cdots,r \tag{5-26}$$

例 5-4　求 $F(s)=\dfrac{s^2}{(s+2)(s+1)^2}$ 对应的原函数。

解　将 $F(s)$ 写成如下展开形式：

$$F(s)=\frac{s^2}{(s+2)(s+1)^2}=\frac{k_1}{s+2}+\frac{k_{21}}{(s+1)^2}+\frac{k_{22}}{s+1}$$

码 5-4【程序代码】
拉普拉斯逆变换

式中，k_1 是单根系数；$k_{2i}(i=1,2)$ 是重根展开分式系数。根据式（5-19）、式（5-23）及式（5-24），可求得各系数分别为

$$k_1=(s+2)\frac{s^2}{(s+2)(s+1)^2}\bigg|_{s=-2}=4$$

131

$$k_{21} = (s+1)^2 \left. \frac{s^2}{(s+2)(s+1)^2} \right|_{s=-1} = 1$$

$$k_{22} = \frac{d}{ds} \left[(s+1)^2 \frac{s^2}{(s+2)(s+1)^2} \right] \Bigg|_{s=-1} = -3$$

所以有

$$F(s) = \frac{4}{s+2} + \frac{1}{(s+1)^2} + \frac{-3}{s+1}$$

可查常用信号的拉普拉斯变换表,得

$$f(t) = L^{-1}[F(s)] = 4e^{-2t} - 3e^{-t} + te^{-t}, t \geq 0$$

3. 留数法

留数法就是根据拉普拉斯逆变换公式直接计算积分,该公式如下:

$$f(t) = \frac{1}{2\pi j} \int_{\sigma-j\infty}^{\sigma+j\infty} F_b(s) e^{st} ds, t \geq 0$$

这是一个复变函数积分问题,积分限是 $\sigma-j\infty$ 到 $\sigma+j\infty$。直接计算这个积分比较困难。因此,可以从 $\sigma-j\infty$ 到 $\sigma+j\infty$ 补足一条积分路径,构成一个闭合围线积分,如图 5-2 所示。

补足的路径 c 是半径为 ∞ 的圆弧,沿该圆弧的积分应该为零。这一条件由约当引理保证,即满足 $\int_c F(s) e^{st} ds = 0$。这样,上面的积分就可以由留数定理求出,它等于围线中被积函数 $F(s) e^{st}$ 所有极点的留数和 [这里 $F(s)$ 为真分式],即

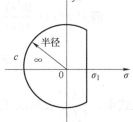

图 5-2 闭合围线积分

$$L^{-1}[F(s)] = \sum_{i=1}^{n} \mathrm{Res}[F(s)e^{st}, p_i] \tag{5-27}$$

若 p_i 为一阶极点,则该极点的留数为

$$\mathrm{Res}[F(z)z^{k-1}, p_i] = [(s-p_i)F(s)e^{st}] |_{s=p_i} \tag{5-28}$$

若 p_i 为 n 阶极点,则该极点的留数计算公式为

$$\mathrm{Res}[F(s)e^{st}, p_i] = \frac{1}{(n-1)!} \frac{d^{n-1}}{ds^{n-1}} [(s-p_i)^n F(s)e^{st}] |_{s=p_i} \tag{5-29}$$

将以上结果与部分分式展开法相比较,不难看出,两种方法所得结果相同。具体来说,对于一阶极点而言,部分分式的系数与留数的差别仅在于因子 e^{st} 的有无,经逆变换后部分分式就与留数相同了。对于高阶极点而言,由于留数公式中含有因子,当 e^{st} 取其导数时,所得的表达式不止一项,因此与部分分式展开法也有相同结果。

5.2 离散信号的 z 变换

与连续信号的 s 域分析类似,离散信号也涉及变换域分析,即以 z 变换为数学工具的 z 域分析。z 变换将在时域表示的离散信号映射到复频域(z 域),因而将离散信号的时域分析转换为复频域分析,揭示了离散信号的内在复频率特性,是离散系统复频域分析的基础。

5.2.1 z 变换的定义

z 变换在离散信号和系统分析中的地位和作用与连续信号与系统中的拉普拉斯变换相

当，其实质是拉普拉斯变换的一种变形，由采样信号的拉普拉斯变换引出，也可直接对离散信号给予定义。

1. z 变换的定义

与拉普拉斯变换类似，z 变换也有单边和双边之分。设为序列 $f(k)(k=0,\pm1,\pm2,\cdots)$，z 为复变量，则函数

码 5-v4【视频讲解】
z 变换的定义与收敛域

$$F(z) = \sum_{k=-\infty}^{\infty} f(k) z^{-k} \tag{5-30}$$

称为序列 $f(k)$ 的双边 z 变换。式（5-30）的求和范围为 $[-\infty, +\infty]$。若求和范围取 $[0, +\infty]$，即

$$F(z) = \sum_{k=0}^{\infty} f(k) z^{-k} \tag{5-31}$$

则称为序列 $f(k)$ 的单边 z 变换。若 $f(k)$ 为因果序列即 $f(k)=0(k<0)$，则单边、双边 z 变换相等，否则二者不等。在不致混淆的情况下，本书统称它们为 z 变换。$F(z)$ 称为象函数，$f(k)$ 称为原函数。

为了书写方便，将 $f(k)$ 的 z 变换记为 $F(z) = Z[f(k)]$，象函数 $F(z)$ 的逆 z 变换记为 $f(k) = Z^{-1}[F(z)]$。$f(k)$ 与 $F(z)$ 是一个 z 变换对，记为

$$f(k) \overset{Z}{\Longleftrightarrow} F(z) \tag{5-32}$$

2. 收敛域

由 z 变换的定义可知，z 变换是 z 的幂级数，显然只有当该幂级数收敛时，z 变换才存在。能使式（5-30）或式（5-31）幂级数收敛的所有复变量 z 的集合，称为 z 变换的收敛域，常用 ROC 表示。

由数学中幂级数收敛的判定方法可知，当满足

$$\sum_{k=-\infty}^{\infty} |f(k) z^{-k}| < \infty \tag{5-33}$$

时，式（5-30）或式（5-31）一定收敛，反之不收敛。所以式（5-33）是序列 $f(k)$ 的 z 变换存在的充分必要条件。

对于序列 $f(k)$，满足 $\displaystyle\sum_{k=-\infty}^{\infty} |f(k) z^{-k}| < \infty$ 的所有 z 值的集合称为 z 变换 $F(z)$ 的收敛域。

例 5-5 求下列有限长序列的 z 变换。

1）$f(k) = \delta(k)$。　　　　2）$f(k) = \{2,3,4,3,2\}$，$-2 \leqslant k \leqslant 2$。

解

1）$F(z) = Z[f(k)] = \displaystyle\sum_{k=-\infty}^{\infty} \delta(k) z^{-k} = \sum_{k=0}^{\infty} \delta(k) z^{-k} = 1$。

可见其单边、双边 z 变换相等。由于其 z 变换是与 z 无关的常数 1，所以收敛域为整个 z 平面。

2）$F(z) = Z[f(k)] = \displaystyle\sum_{k=-\infty}^{\infty} \delta(k) z^{-k} = 2z^2 + 3z + 4 + \dfrac{3}{z} + \dfrac{2}{z^2}$。

可见其 z 变换对除 0 和 ∞ 外的任意 z 有界，故其收敛域为 $0 < |z| < \infty$。

由例 5-5 可知，若序列是有限长的，即 $k<k_1$ 且 $k>k_2$（k_1、k_2 为整常数，且 $k_1<k_2$）时

$f(k)=0$，则其象函数 $F(z)$ 是 z 的有限次幂 $z^{-k}(k_1\leqslant k\leqslant k_2)$ 的加权和，当 $0<|z|<\infty$ 时，$F(z)$ 有界，因此有限长序列变换的收敛域一般为 $0<|z|<\infty$。有时它在 0 或 ∞ 上也收敛。

例 5-6 求因果序列 $f(k)=a^k\varepsilon(k)$（a 为常数）的 z 变换。

解 $F(z)=Z[f(k)]=\sum\limits_{k=0}^{\infty}a^kz^{-k}=\lim\limits_{N\to\infty}\sum\limits_{k=0}^{N}(az^{-1})^k=\lim\limits_{N\to\infty}\dfrac{1-(az^{-1})^{N+1}}{1-az^{-1}}$。

可见，仅当 $|az^{-1}|<1$，即 $|z|>|a|$ 时，其 z 变换存在，因此

$$F(z)=\frac{z}{z-a},\quad |z|>|a|$$

码 5-5【程序代码】
因果序列的 z 变换

在 z 平面上，收敛域 $|z|>|a|$ 是半径为 $|a|$ 的圆外域，所以因果序列的收敛域为圆外域，如图 5-3a 所示。

例 5-7 求非因果序列 $f(k)=b^k\varepsilon(-k-1)$（$b$ 为常数）的 z 变换并确定收敛域。

解 $F(z)=Z[f(k)]=\sum\limits_{k=-\infty}^{-1}(bz^{-1})^k=\sum\limits_{m=1}^{\infty}(b^{-1}z)^m=\lim\limits_{N\to\infty}\dfrac{b^{-1}z-(b^{-1}z)^{N+1}}{1-b^{-1}z}$。

可见，仅当 $|b^{-1}z|<1$，即 $|z|<|b|$ 时，其 z 变换存在，因此

$$F(z)=\frac{-z}{z-b},\quad |z|<|b|$$

码 5-6【程序代码】
非因果序列的 z 变换

在 z 平面上，收敛域 $|z|<|b|$ 是半径为 $|b|$ 的圆内域，所以非因果序列的收敛域为圆内域，如图 5-3b 所示。

例 5-8 求双边序列 $f(k)=a^k\varepsilon(k)+b^k\varepsilon(-k-1)$（$a$、$b$ 为常数）的 z 变换。

解 $F(z)=Z[f(k)]=\sum\limits_{k=0}^{+\infty}(az^{-1})^k+\sum\limits_{k=-\infty}^{-1}(bz^{-1})^k=\dfrac{z}{z-a}+\dfrac{-z}{z-b}$。

显然，其收敛域为 $|a|<|z|<|b|$，且 $|a|<|b|$，否则无共同收敛域，其 z 变换不存在。所以，双边序列的收敛域为 $|a|<|z|<|b|$（$|a|<|b|$），即双边序列的收敛域为圆环域，如图 5-3c 所示。根据例 5-6～例 5-8 的分析，因果序列、非因果序列、双边序列的收敛域如图 5-3 所示。

码 5-7【程序代码】
双边序列 z 变换

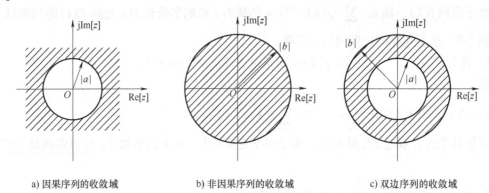

a) 因果序列的收敛域　　　　b) 非因果序列的收敛域　　　　c) 双边序列的收敛域

图 5-3 z 变换的收敛域

由以上讨论可知，序列的收敛域大致分为以下四种情况：

1）对于有限长的序列，其 z 变换的收敛域一般为 $0<|z|<\infty$，有时它在 0 或 ∞ 上也收敛。

2）对于因果序列，其 z 变换的收敛域为圆外域。

3）对于非因果序列，其 z 变换的收敛域为圆内域。

4）对于双边序列，其 z 变换的收敛域为圆环域。

下面给出常用序列的 z 变换及其收敛域，见表 5-3。

表 5-3　常用序列的 z 变换及其收敛域

$f(k)$	$F(z)$	收敛域
$\delta(k)$	1	$|z|>0$
$\varepsilon(k)$	$\dfrac{z}{z-1}$	$|z|>1$
$k\varepsilon(k)$	$\dfrac{z}{(z-1)^2}$	$|z|>1$
$a^k\varepsilon(k)$	$\dfrac{z}{z-a}$	$|z|>|a|$
$-a^k\varepsilon(-k-1)$	$\dfrac{z}{z-a}$	$|z|<|a|$
$\cos(\omega_0 k)\varepsilon(k)$	$\dfrac{0.5z}{z-\mathrm{e}^{\mathrm{j}\omega_0}}+\dfrac{0.5z}{z-\mathrm{e}^{-\mathrm{j}\omega_0}}$	$|z|>1$
$\sin(\omega_0 k)\varepsilon(k)$	$\dfrac{\mathrm{j}0.5z}{z-\mathrm{e}^{-\mathrm{j}\omega_0}}-\dfrac{\mathrm{j}0.5z}{z-\mathrm{e}^{\mathrm{j}\omega_0}}$	$|z|>1$
$-\varepsilon(-k-1)$	$\dfrac{z}{z-1}$	$|z|<1$

5.2.2　z 变换的性质

由 z 变换的定义可以推出许多性质，其中一些性质与拉普拉斯变换类似。这些性质表示离散序列在时域和 z 域中的关系，极大方便了 z 变换或逆 z 变换的求解。下面的性质若无特别说明，既适用于单边 z 变换，也适用于双边 z 变换。

码 5-v5【视频讲解】
z 变换的性质

1. 线性性质

z 变换的线性性质表现为叠加性与齐次性。若有

$$f_1(k)\Leftrightarrow F_1(z)，\alpha_1<|z|<\beta_1$$
$$f_2(k)\Leftrightarrow F_2(z)，\alpha_2<|z|<\beta_2，$$

对任意常数 a_1、a_2，则有

$$a_1 f_1(k)+a_2 f_2(k)\Leftrightarrow a_1 F_1(z)+a_2 F_2(z) \tag{5-34}$$

其收敛域至少是 $F_1(z)$ 与 $F_2(z)$ 收敛域的相交部分。但是，当这些线性组合中有某些零点与极点相抵消的情况时，收敛域可能扩大。

2. 时移性质

时移性质表示序列时移后的 z 变换与原序列 z 变换之间的关系。在实际中有左移（超

前）和右移（延迟）两种情况，由于单边 z 变换和双边 z 变换定义中求和下限不同，所以它们的时移特性差别很大。下面针对不同情况分别讨论。

（1）双边 z 变换

若有 $f(k) \Leftrightarrow F(z)$ $(\alpha < |z| < \beta)$，则对于整数 $m>0$，有

$$f(k \pm m) \Leftrightarrow z^{\pm m} F(z), \quad \alpha < |z| < \beta \tag{5-35}$$

由式（5-35）可知，双边序列的收敛域为环形区域，序列时移不会使 z 变换收敛域发生变化。

（2）单边 z 变换

若有 $f(k) \Leftrightarrow F(z)$（$|z|>\alpha$，且 α 为正实数），则对于整数 $m>0$，有

$$f(k-m) \Leftrightarrow z^{-m} F(z) + \sum_{k=0}^{m-1} f(k-m) z^{-k}, |z|>\alpha \tag{5-36}$$

$$f(k+m) \Leftrightarrow z^{m} F(z) - \sum_{k=0}^{m-1} f(k) z^{m-k}, |z|>\alpha \tag{5-37}$$

式（5-36）表示序列右移的特性，式（5-38）表示序列左移的特性。

若 $f(k)$ 为因果序列，则 $Z[f(k-m)] = z^{-m} F(z)$。

例 5-9 已知序列 $f(k) = a^k$（a 为实数）的单边 z 变换为

$$F(z) = \frac{z}{z-a}, |z|>|a|$$

求序列 $f_1(k) = a^{k-2}$ 和 $f_1(k) = a^{k+2}$ 的单边 z 变换。

解 由于 $f_1(k) = f(k-2)$，序列右移，由式（5-36）得其单边 z 变换为

$$F_1(z) = z^{-2} F(z) + f(-2) + z^{-1} f(-1) = z^{-2} \frac{z}{z-a} + a^{-2} + a^{-1} z^{-1} = \frac{a^{-2} z}{z-a}, \quad |z|>|a|$$

由于 $f_2(k) = f(k+2)$，序列左移，由式（5-37）得其单边 z 变换为

$$F_2(z) = z^2 F(z) - f(0) z^2 - f(1) z = z^2 \frac{z}{z-a} - z^2 - az = \frac{a^2 z}{z-a}, \quad |z|>|a|$$

3. z 域尺度变换（序列乘以 a^k）

若有 $f(k) \Leftrightarrow F(z)$（$\alpha < |z| < \beta$，且常数 $a \neq 0$），则有

$$a^k f(k) \Leftrightarrow F\left(\frac{z}{a}\right), \quad \alpha |a| < |z| < \beta |a| \tag{5-38}$$

即序列 $f(k)$ 乘指数序列 a^k 相当于在 z 域进行展缩。

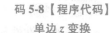

码 5-8【程序代码】
单边 z 变换

4. 卷积定理

类似于拉普拉斯变换，z 变换也存在时域卷积定理和 z 域卷积定理，其中时域卷积定理在系统分析中占有重要地位，而 z 域卷积定理应用较少，这里从略。

若有

$$f_1(k) \Leftrightarrow F_1(z), \quad \alpha_1 < |z| < \beta_1$$
$$f_2(k) \Leftrightarrow F_2(z), \quad \alpha_2 < |z| < \beta_2$$

则有

$$f_1(k) * f_2(k) \Leftrightarrow F_1(z) F_2(z) \tag{5-39}$$

其收敛域至少是 $F_1(z)$ 与 $F_2(z)$ 收敛域的相交部分。时域卷积定理表明，若两个信号在时域

中是卷积关系，则它们在 z 域中就是乘积关系。

5. z 域微分（序列乘 k）

若有 $f(k) \Leftrightarrow F(z)$ $(\alpha < |z| < \beta)$，则有

$$kf(k) \Leftrightarrow -z \frac{\mathrm{d}}{\mathrm{d}z} F(z)$$

$$k^2 f(k) \Leftrightarrow -z \frac{\mathrm{d}}{\mathrm{d}z} \left[-z \frac{\mathrm{d}}{\mathrm{d}z} F(z) \right]$$

$$\vdots$$

$$k^m f(k) \Leftrightarrow \left[-z \frac{\mathrm{d}}{\mathrm{d}z} \right]^m F(z), \alpha < |z| < \beta \tag{5-40}$$

式中，$\left[-z \dfrac{\mathrm{d}}{\mathrm{d}z} \right]^m F(z)$ 表示的运算为

$$-z \frac{\mathrm{d}}{\mathrm{d}z} \left(\cdots \left(-z \frac{\mathrm{d}}{\mathrm{d}z} \left(-z \frac{\mathrm{d}}{\mathrm{d}z} F(z) \right) \right) \cdots \right)$$

共进行了 m 次求导和乘 $(-z)$ 的运算。

6. z 域积分（序列除以 $k+m$）

若有 $f(k) \Leftrightarrow F(z)$ $(\alpha < |z| < \beta)$，设有整数 m，且 $k+m>0$，则有

$$\frac{f(k)}{k+m} \Leftrightarrow z^m \int_z^\infty \frac{F(\eta)}{\eta^{m+1}} \mathrm{d}\eta, \ \alpha < |z| < \beta \tag{5-41}$$

若 $m=0$ 且 $k>0$，则

$$\frac{f(k)}{k} \Leftrightarrow \int_z^\infty \frac{F(\eta)}{\eta} \mathrm{d}\eta, \ \alpha < |z| < \beta \tag{5-42}$$

7. 时域反转

若有 $f(k) \Leftrightarrow F(z)$ $(\alpha < |z| < \beta)$，则有

$$f(-k) \Leftrightarrow F(z^{-1}), \quad \frac{1}{\beta} < |z| < \frac{1}{\alpha} \tag{5-43}$$

8. 序列求和性质

若有 $f(k) \Leftrightarrow F(z)$ $(\alpha < |z| < \beta)$，则有

$$\sum_{i=-\infty}^k f(i) \Leftrightarrow \frac{z}{z-1} F(z), \quad \max(\alpha, 1) < |z| < \beta \tag{5-44}$$

9. 初值定理

若当 $k<M$（M 为整数）时，$f(k)=0$，序列与象函数的关系为

$$f(k) \Leftrightarrow F(z), \quad \alpha < |z| < \infty \tag{5-45}$$

则序列的初值为

$$\begin{cases} f(M) = \lim_{z \to \infty} z^M F(z) \\ f(M+1) = \lim_{z \to \infty} \left[z^{M+1} F(z) - z f(M) \right] \\ f(M+2) = \lim_{z \to \infty} \left[z^{M+2} F(z) - z^2 f(M) - z f(M+1) \right] \end{cases} \tag{5-46}$$

若 $M=0$，则 $f(k)$ 为因果序列，这时序列的初值为

$$\begin{cases} f(0)=\lim_{z\to\infty}F(z) \\ f(1)=\lim_{z\to\infty}\left[zF(z)-zf(0)\right] \\ f(2)=\lim_{z\to\infty}\left[z^2F(z)-z^2f(0)-zf(1)\right] \end{cases} \tag{5-47}$$

初值定理适用于右边序列，即适用于 $k<M$（M 为整数）时 $f(k)=0$ 的序列，可以由象函数直接求得序列的初值 $f(M)$，$f(M+1)$，$\cdots$，而不必求得原序列。

10. 终值定理

若序列在 $k<M$（M 为整数）时，$f(k)=0$，它与象函数的关系为 $f(k)\Leftrightarrow F(z)$（$\alpha<|z|<\infty$，且 $0\le\alpha<1$），则序列的终值为

$$f(\infty)=\lim_{k\to\infty}f(k)=\lim_{z\to1}\frac{z-1}{z}F(z)=\lim_{z\to1}(z-1)F(z) \tag{5-48}$$

终值定理适用于右边序列，用于由象函数直接求得序列的终值，而不必求得原序列。式（5-48）中是取 $z\to1$ 的极限，因此终值定理要求 $z=1$ 在收敛域（$0<\alpha<1$）内，这时 $\lim_{k\to\infty}f(k)$ 存在。

最后，将 z 变换的性质列于表 5-4 中，方便查阅。

表 5-4　z 变换的性质

名称		时域	z 域
线性性质		$a_1 f_1(k)+a_2 f_2(k)$	$a_1F_1(z)+a_2F_2(z)$ $\max(\alpha_1,\alpha_2)<|z|<\max(\beta_1,\beta_2)$
时移性质	双边 z 变换	$f(k\pm m)$，$m>0$	$z^{\pm m}F(z)$，$\alpha<|z|<\beta$
	单边 z 变换	$f(k-m)$，$m>0$	$z^{-m}F(z)+\sum_{k=0}^{m-1}f(k-m)z^{-k}$，$|z|>\alpha$
		$f(k+m)$，$m>0$	$z^{m}F(z)-\sum_{k=0}^{m-1}f(k)z^{m-k}$，$|z|>\alpha$
z 域尺度变换		$a^k f(k)$，$a\ne0$	$F\left(\dfrac{z}{a}\right)$，$\alpha|a|<|z|<\beta|a|$
时域卷积定理		$f_1(k)*f_2(k)$	$F_1(z)F_2(z)$，$\max(\alpha_1,\alpha_2)<|z|<\max(\beta_1,\beta_2)$
z 域微分		$k^m f(k)$，$m>0$	$\left[-z\dfrac{\mathrm{d}}{\mathrm{d}z}\right]^m F(z)$，$\alpha<|z|<\beta$
z 域积分		$\dfrac{f(k)}{k+m}$，$k+m>0$	$z^m\displaystyle\int_z^\infty \dfrac{F(\eta)}{\eta^{m+1}}\mathrm{d}\eta$，$\alpha<|z|<\beta$
时域反转		$f(-k)$	$F(z^{-1})$，$\dfrac{1}{\beta}<|z|<\dfrac{1}{\alpha}$
序列求和性质		$\displaystyle\sum_{i=-\infty}^{k}f(i)$	$\dfrac{z}{z-1}F(z)$，$\max(\alpha,1)<|z|<\beta$
初值定理	因果序列	$f(0)=\lim_{z\to\infty}F(z)$ $f(m)=\lim_{z\to\infty}z^m\left[F(z)-\sum_{k=0}^{m-1}f(k)z^{-k}\right]$，$|z|>\alpha$	
终值定理		$f(\infty)=\lim_{z\to1}\dfrac{z-1}{z}F(z)$，$\lim_{k\to\infty}f(k)$ 收敛，$|z|>\alpha$，$0\le\alpha<1$	

注：已知 $f(k)\Leftrightarrow F(z)$，$\alpha<|z|<\beta$；$f_1(k)\Leftrightarrow F_1(z)$，$\alpha_1<|z|<\beta_1$；$f_2(k)\Leftrightarrow F_2(z)$，$\alpha_2<|z|<\beta_2$。

138

5.2.3　逆 z 变换

逆 z 变换是由象函数 $F(z)$ 求原序列 $f(k)$。求逆 z 变换的常用方法有幂级数展开法（长除法）、部分分式展开法、围线积分法等。

一般而言，双边序列 $f(k)$ 可分解为因果序列 $f_1(k)$ 和非因果序列 $f_2(k)$ 两部分，即

$$f(k)=f_1(k)+f_2(k)=f(k)\varepsilon(k)+f(k)\varepsilon(-k-1) \tag{5-49}$$

式中，因果序列和非因果序列分别为

$$f_1(k)=f(k)\varepsilon(k) \tag{5-50}$$

$$f_2(k)=f(k)\varepsilon(-k-1) \tag{5-51}$$

相应地，其 z 变换也分为两部分，表达式为

$$F(z)=F_1(z)+F_2(z)，\alpha<|z|<\beta$$

式中，

$$F_1(z)=Z[f(k)\varepsilon(k)]=\sum_{k=0}^{\infty}f(k)z^{-k}，|z|>\alpha \tag{5-52}$$

$$F_2(z)=Z[f(k)\varepsilon(-k-1)]=\sum_{k=-\infty}^{-1}f(k)z^{-k}，|z|<\beta \tag{5-53}$$

已知象函数 $F(z)$ 及其收敛域，不难由 $F(z)$ 求得 $F_1(z)$ 和 $F_2(z)$，并分别求得它们所对应的原序列 $f_1(k)$ 和 $f_2(k)$，将两者相加得原序列 $f(k)$。

1. 幂级数展开法

根据 z 变换的定义，因果序列和非因果序列的象函数分别是 z^{-1} 和 z 的幂级数。因此，根据给定的收敛域，可将 $F_1(z)$ 和 $F_2(z)$ 展开为幂级数，其系数就是相应的序列值。

例 5-10　已知象函数

$$F(z)=\frac{z^2}{(z+1)(z-2)}=\frac{z^2}{z^2-z-2}$$

其收敛域为 $|z|>2$，求其对应的原序列 $f(k)$。

解　由于 $F(z)$ 的收敛域为圆外域，故 $f(k)$ 为因果序列。用长除法将 $F(z)$（其分子、分母按 z 的降幂排列）展开为如下 z^{-1} 的幂级数：

$$
\begin{array}{r}
1+z^{-1}+3z^{-2}+5z^{-3}+\cdots \\[2pt]
z^2-z-2\,\overline{\smash{\big)}\,z^2} \\[2pt]
\underline{z^2-z-2} \\[2pt]
z+2 \\[2pt]
\underline{z-1-2z^{-1}} \\[2pt]
3+2z^{-1} \\[2pt]
\underline{3-3z^{-1}-6z^{-2}} \\[2pt]
5z^{-1}+6z^{-2} \\[2pt]
\underline{5z^{-1}-5z^{-2}-10z^{-3}} \\[2pt]
11z^{-2}+10z^{-3} \\[2pt]
\vdots
\end{array}
$$

即

$$F(z)=\frac{z^2}{z^2-z-2}=1+z^{-1}+3z^{-2}+5z^{-3}+\cdots$$

码 5-v6【视频讲解】
逆 z 变换

139

与式（5-52）相比较，可得原序列为

$$f(k)=\{1,1,3,5,\cdots\}$$
$$\uparrow k=0$$

2. 部分分式展开法

在离散系统分析中，象函数一般是 z 的有理分式，它可以写为

$$F(z)=\frac{B(z)}{A(z)}=\frac{b_m z^m+b_{m-1}z^{m-1}+\cdots+b_1 z+b_0}{z^n+a_{n-1}z^{n-1}+\cdots+a_1 z+a_0} \tag{5-54}$$

式中，$m\leqslant n$，$A(z)$、$B(z)$ 分别为分母多项式和分子多项式。

根据代数学，只有真分式（$m<n$）才能展开成部分分式。因此，当 $m=n$ 时，不能直接将 $F(z)$ 展开成部分分式。常常先将 $F(z)/z$ 展开，然后再乘 z；或者先从 $F(z)$ 分出常数项，再将余下的真分式展开成部分分式。将 $F(z)/z$ 展开成部分分式的方法与本章 5.1 节中展开 $F(s)$ 方法相同。

若象函数为式（5-51），则有

$$\frac{F(z)}{z}=\frac{B(z)}{zA(z)}=\frac{B(z)}{z(z^n+a_{n-1}z^{n-1}+\cdots+a_1 z+a_0)}$$

式中，$B(z)$ 的最高次幂 $m<n+1$。

令 $F(z)$ 的分母多项式 $A(z)=0$，得 n 个根 $z_1,z_2,\cdots,z_n$，它们称为 $F(z)$ 的极点。按 $F(z)$ 极点的类型，$F(z)/z$ 的展开式分为以下三种情况。

（1）$F(z)$ 有单极点

若 $F(z)$ 的极点 $z_1,z_2,\cdots,z_n$ 都互不相同，且不等于 0，则 $F(z)/z$ 可展开为

$$\frac{F(z)}{z}=\frac{K_0}{z}+\frac{K_1}{z-z_1}+\cdots+\frac{K_n}{z-z_n}=\sum_{i=0}^{n}\frac{K_i}{z-z_i} \tag{5-55}$$

式中，$z_0=0$，各系数为

$$K_i=(z-z_i)\left.\frac{F(z)}{z}\right|_{z=z_i} \tag{5-56}$$

将 K_i 代入式（5-55），等号两边同乘 z，得

$$F(z)=K_0+\sum_{i=1}^{n}\frac{K_i z}{z-z_i} \tag{5-57}$$

根据给定的收敛域，将式（5-57）划分为 $F_1(z)$（$|z|>\alpha$）和 $F_2(z)$（$|z|<\beta$）两部分，根据 z 变换简表（见表 5-5），就可求得式（5-57）对应的原序列。

表 5-5　z 变换简表

非因果序列	收敛域	象函数	收敛域	因果序列
/	/	1	全平面	$\delta(k)$
/	/	$z^{-m},m>0$	$|z|>0$	$\delta(k-m)$
$\delta(k+m)$	$|z|<\infty$	$z^{-m},m>0$	/	/
$-\varepsilon(-k-1)$	$|z|<1$	$\dfrac{z}{z-1}$	$|z|>1$	$\varepsilon(k)$

（续）

非因果序列	收敛域	象函数	收敛域	因果序列
$-a^k \varepsilon(-k-1)$	$\|z\|<\|a\|$	$\dfrac{z}{z-a}$	$\|z\|>\|a\|$	$a^k \varepsilon(k)$
$-ka^{k-1}\varepsilon(-k-1)$	$\|z\|<\|a\|$	$\dfrac{z}{(z-a)^2}$	$\|z\|>\|a\|$	$ka^{k-1}\varepsilon(k)$
$-\dfrac{1}{2}k(k-1)a^{k-2}\varepsilon(-k-1)$	$\|z\|<\|a\|$	$\dfrac{z}{(z-a)^3}$	$\|z\|>\|a\|$	$\dfrac{1}{2}k(k-1)a^{k-2}\varepsilon(k)$
$\dfrac{-k(k-1)\cdots(k-m+1)}{m!}a^{k-m}\varepsilon(-k-1)$	$\|z\|<\|a\|$	$\dfrac{z}{(z-a)^{m+1}},m\geqslant 1$	$\|z\|>\|a\|$	$\dfrac{k(k-1)\cdots(k-m+1)}{m!}a^{k-m}\varepsilon(k)$
$-a^k\sin\beta k\varepsilon(-k-1)$	$\|z\|<\|a\|$	$\dfrac{az\sin\beta}{z^2-2az\cos\beta+a^2}$	$\|z\|>\|a\|$	$a^k\sin\beta k\varepsilon(k)$
$-a^k\cos\beta k\varepsilon(-k-1)$	$\|z\|<\|a\|$	$\dfrac{z(z-a\cos\beta)}{z^2-2az\cos\beta+a^2}$	$\|z\|>\|a\|$	$a^k\cos\beta k\varepsilon(k)$

例 5-11　已知象函数 $F(z)=\dfrac{z^2}{(z+1)(z-2)}=\dfrac{z^2}{z^2-z-2}$，其收敛域如下，求其分别对应的原序列 $f(k)$。

1）$|z|>2$。　　　　　　2）$|z|<1$。　　　　　　3）$1<|z|<2$。

解　利用部分分式展开法进行求解。由 $F(z)$ 可知其极点为 $z_1=-1$，$z_2=2$。先将 $F(z)/z$ 展开为

$$\frac{F(z)}{z}=\frac{z}{(z+1)(z-2)}=\frac{K_1}{z+1}+\frac{K_2}{z-2}$$

由式（5-56）得

$$K_1=(z+1)\frac{F(z)}{z}\bigg|_{z=-1}=\frac{1}{3}$$

$$K_2=(z-2)\frac{F(z)}{z}\bigg|_{z=2}=\frac{2}{3}$$

于是得

$$\frac{F(z)}{z}=\frac{\dfrac{1}{3}}{z+1}+\frac{\dfrac{2}{3}}{z-2}$$

两边同乘 z，得

$$F(z)=\frac{\dfrac{1}{3}z}{z+1}+\frac{\dfrac{2}{3}z}{z-2} \tag{5-58}$$

1）当 $|z|>2$ 时，$f(k)$ 为因果序列，查表 5-5 得

$$f(k)=\left[\frac{1}{3}(-1)^k+\frac{2}{3}\times 2^k\right]\varepsilon(k)$$

2）当 $|z|<1$ 时，$f(k)$ 为非因果序列，查表 5-5 得

$$f(k) = \left[-\frac{1}{3}(-1)^k - \frac{2}{3} \times 2^k \right] \varepsilon(-k-1)$$

3) 当 $1 < |z| < 2$ 时，$f(k)$ 为双边序列，根据给定的收敛域可知，式（5-58）中第一项为因果序列的象函数，第二项为非因果序列的象函数，则有

$$f(k) = \frac{1}{3}(-1)^k \varepsilon(k) - \frac{2}{3} \times 2^k \varepsilon(-k-1)$$

由例 5-11 可见，用部分分式展开法能得到原序列的闭合形式的解。

（2）$F(z)$ 有共轭单极点

若 $F(z)$ 有一对共轭单极点 $z_{1,2} = c \pm \mathrm{j}d$，则 $F(z)/z$ 可展开为

$$\frac{F(z)}{z} = \frac{F_a(z)}{z} + \frac{F_b(z)}{z} = \frac{K_1}{z-z_1} + \frac{K_2}{z-z_2} + \frac{F_b(z)}{z} \tag{5-59}$$

式中，$F_b(z)/z$ 是 $F(z)/z$ 除共轭极点以外的项，而

$$\frac{F_a(z)}{z} = \frac{K_1}{z-c-\mathrm{j}d} + \frac{K_2}{z-c+\mathrm{j}d} \tag{5-60}$$

从数学上可以证明，若式（5-54）中的 $A(z)$ 是实系数多项式，则 $K_2 = K_1^*$。

将 z_1、z_2 共轭极点写成指数形式，即

$$z_{1,2} = c \pm \mathrm{j}d = \alpha \mathrm{e}^{\pm \mathrm{j}\beta} \tag{5-61}$$

式中，$\alpha = \sqrt{c^2 + d^2}$；$\beta = \arctan \dfrac{d}{c}$。

令 $K_1 = |K_1| \mathrm{e}^{\mathrm{j}\theta}$，则 $K_2 = |K_1| \mathrm{e}^{-\mathrm{j}\theta}$，式（5-60）可改写为

$$F(z) = \frac{|K_1| \mathrm{e}^{\mathrm{j}\theta} z}{z - \alpha \mathrm{e}^{\mathrm{j}\beta}} + \frac{|K_1| \mathrm{e}^{-\mathrm{j}\theta} z}{z - \alpha \mathrm{e}^{-\mathrm{j}\beta}} \tag{5-62}$$

将式（5-62）取逆 z 变换，若 $|z| > \alpha$，则有

$$\begin{aligned}
f(k) &= |K_1| \mathrm{e}^{\mathrm{j}\theta}(\alpha \mathrm{e}^{\mathrm{j}\beta})^k \varepsilon(k) + |K_1| \mathrm{e}^{-\mathrm{j}\theta}(\alpha \mathrm{e}^{-\mathrm{j}\beta})^k \varepsilon(k) \\
&= |K_1| \alpha^k \left[\mathrm{e}^{\mathrm{j}(\beta k + \theta)} + \mathrm{e}^{-\mathrm{j}(\beta k + \theta)} \right] \varepsilon(k) \\
&= 2 |K_1| \alpha^k \cos(\beta k + \theta) \varepsilon(k)
\end{aligned} \tag{5-63}$$

若 $|z| < \alpha$，则同理得

$$f(k) = 2 |K_1| \alpha^k \cos(\beta k + \theta) \varepsilon(-k-1) \tag{5-64}$$

（3）$F(z)$ 有重极点

若 $F(z)$ 在 $z = z_1 = a$ 处有 r 重极点，则 $F(z)/z$ 可展开为

$$\frac{F(z)}{z} = \frac{F_a(z)}{z} + \frac{F_b(z)}{z} = \frac{K_{11}}{(z-a)^r} + \frac{K_{12}}{(z-a)^{r-1}} + \cdots + \frac{K_{1r}}{z-a} + \frac{F_b(z)}{z} \tag{5-65}$$

式中，$F_b(z)/z$ 是 $F(z)/z$ 除重极点以外的部分，在 $z = a$ 处 $F_b(z) \neq \infty$；各系数 $K_{1i}(i = 1, 2, \cdots, r)$ 可用下式求得：

$$K_{1i} = \frac{1}{(i-1)!} \frac{\mathrm{d}^{i-1}}{\mathrm{d}z^{i-1}} \left[(z-a)^r \frac{F(z)}{z} \right] \bigg|_{z=a} \tag{5-66}$$

将 $K_{1i}(i = 1, 2, \cdots, r)$ 代入式（5-65），等号两边同乘 z，得

$$F(z) = \frac{K_{11} z}{(z-a)^r} + \frac{K_{12} z}{(z-a)^{r-1}} + \cdots + \frac{K_{1r} z}{z-a} + \frac{F_b(z)}{z} \tag{5-67}$$

根据给定的收敛域，查表 5-5，可得式（5-67）的逆 z 变换。

例 5-12　已知象函数 $F(z)=\dfrac{z^3+z^2}{(z-1)^3}$（$|z|>1$），求其原函数。

解　将 $F(z)/z$ 展开为

$$\frac{F(z)}{z}=\frac{z^2+z}{(z-1)^3}=\frac{K_{11}}{(z-1)^3}+\frac{K_{12}}{(z-1)^2}+\frac{K_{13}}{z-1}$$

式中，

$$K_{11}=(z-1)^3\left.\frac{F(z)}{z}\right|_{z=1}=2$$

$$K_{12}=\frac{\mathrm{d}}{\mathrm{d}z}\left[(z-1)^3\frac{F(z)}{z}\right]\bigg|_{z=1}=3$$

$$K_{13}=\frac{1}{2}\frac{\mathrm{d}^2}{\mathrm{d}z^2}\left[(z-1)^3\frac{F(z)}{z}\right]\bigg|_{z=1}=1$$

所以有

$$\frac{F(z)}{z}=\frac{2}{(z-1)^3}+\frac{3}{(z-1)^2}+\frac{1}{z-1}$$

得

$$F(z)=\frac{2z}{(z-1)^3}+\frac{3z}{(z-1)^2}+\frac{z}{z-1}$$

根据收敛域，查表 5-5 可得逆 z 变换为 $f(k)=\left[k(k-1)+3k+1\right]\varepsilon(k)$。

3. 围线积分与留数定理

在 z 变换的定义式（5-31）两边同乘 z^{m-1}，并做围线积分，c 为收敛域中的一条逆时针绕原点的闭合曲线，可得

$$\oint_c F(z)z^{m-1}\mathrm{d}z=\oint_c\sum_{k=-\infty}^{+\infty}f(k)z^{m-k-1}\mathrm{d}z \tag{5-68}$$

式（5-68）右边交换积分与求和的顺序，得

$$\oint_c F(z)z^{m-1}\mathrm{d}z=\sum_{k=-\infty}^{+\infty}f(k)\left(\oint_c z^{m-k-1}\mathrm{d}z\right) \tag{5-69}$$

根据复变函数中的柯西（Cauchy）积分定理

$$\frac{1}{2\pi\mathrm{j}}\oint_c z^{m-1}\mathrm{d}z=\begin{cases}1,m=0\\0,m\neq0\end{cases} \tag{5-70}$$

可知，式（5-69）右边的和式内只有 $k=m$ 时该项不等于零，其他项均为零，即

$$\frac{1}{2\pi\mathrm{j}}\oint_c F(z)z^{m-1}\mathrm{d}z=\sum_{k=-\infty}^{+\infty}f(k)\left(\frac{1}{2\pi\mathrm{j}}\oint_c z^{m-k-1}\mathrm{d}z\right)=f(m)$$

m 用 k 代替，可得用围线积分给出的逆 z 变换公式为

$$f(k)=\frac{1}{2\pi\mathrm{j}}\oint_c F(z)z^{k-1}\mathrm{d}z \tag{5-71}$$

式中，c 为 $F(z)$ 收敛域中的一条环绕 z 平面原点的逆时针方向的闭合围线。式（5-71）是逆 z 变换的一般表达式，k 为整数时均成立。

式（5-71）中由于围线 c 包围了 $F(z)z^{k-1}$ 所有的孤立奇点（极点），此积分可以利用留

数进行计算。根据柯西留数定理，$f(k)$ 等于围线积分 c 内全部极点的留数之和，即

$$f(k) = \frac{1}{2\pi j} \oint_c F(z) z^{k-1} \mathrm{d}z = \sum_{i=1}^{n} \mathrm{Res}\left[F(z) z^{k-1}, p_i \right] \tag{5-72}$$

式中，p_i 为 $F(z) z^{k-1}$ 在围线 c 中的极点，$\mathrm{Res}\left[F(z) z^{k-1}, p_i \right]$ 为 $F(z) z^{k-1}$ 在极点 p_i 处的留数。

若 $F(z) z^{k-1}$ 在 $z=p_i$ 处有一阶极点，则该极点的留数为

$$\mathrm{Res}\left[F(z) z^{k-1}, p_i \right] = (z - p_i) F(z) z^{k-1} \big|_{z=p_i} \tag{5-73}$$

若 $F(z) z^{k-1}$ 在 $z=p_i$ 处有 n 阶极点，则该极点的留数计算公式为

$$\mathrm{Res}\left[F(z) z^{k-1}, p_i \right] = \frac{1}{(n-1)!} \frac{\mathrm{d}^{n-1}}{\mathrm{d}z^{n-1}} \left[(z - p_i)^n F(z) z^{k-1} \right] \big|_{z=p_i} \tag{5-74}$$

5.3 拉普拉斯变换与 z 变换的特点及应用

将时域信号进行变换的原因主要有两点：

1）无法或很难从时间信号中快速获取信息。

2）直接在时域上进行计算比较复杂。

拉普拉斯变换和 z 变换则可以将 LTI 系统求解中的积分计算和求和计算转变为简捷的代数运算，大大降低了求解微分（差分）方程的计算量。

1. 从拉普拉斯变换到 z 变换

假设连续信号 $f(t)$ 存在拉普拉斯变换，且 $F(s) = \mathrm{L}[f(t)]$。若对连续信号进行周期采样，采样周期为 T，则可得到离散信号 $f^*(t)$，用冲激函数表示为

$$f^*(t) = \sum_{k=0}^{\infty} f(kT) \delta(t - kT) \tag{5-75}$$

离散信号 $f^*(t)$ 的拉普拉斯变换为

$$F^*(s) = \sum_{k=0}^{\infty} f(kT) \mathrm{e}^{-kTs} \tag{5-76}$$

式（5-76）称为离散信号的拉普拉斯变换，与 z 变换定义式（5-32）比较，得

$$z = \mathrm{e}^{Ts} \tag{5-77}$$

$$F(z) = F^*(s) \big|_{s=\frac{1}{T}\ln z} \tag{5-78}$$

可见，z 变换仅仅在拉普拉斯变换中进行了变量代换，但这个结果非常有用。需要注意的是，$F(z)$ 是离散信号 $f(kT)$ 的 z 变换，切勿认为 $F(z)$ 是直接用 z 代替 s 所得，即

$$F(z) \neq F(s) \big|_{s=\frac{1}{T}\ln z}$$

总而言之，z 变换实质上是拉普拉斯变换的一种推广或变形。因此，有些文献中称 z 变换为不连续函数的拉普拉斯变换、脉冲拉普拉斯变换、离散拉普拉斯变换等。

2. 拉普拉斯变换的特点及典型应用

拉普拉斯变换是将时间函数 $f(t)$ 变换为复变函数 $F(s)$，或作相反变换。时域 $f(t)$ 的变量 t 是实数，复频域 $F(s)$ 的变量 s 是复数。变量 s 又称为复频率。拉普拉斯变换建立了时域与复频域（s 域）之间的联系。拉普拉斯变换可看作为简化计算而建立的实变量函数和复变量函数间的一种函数变换，也可以看作将时域连续信号映射到了复频域进行分析，但丢失了

该信号的时间特征信息。对一个实变量函数作拉普拉斯变换，并在复数域中作各种运算，再将运算结果作拉普拉斯逆变换来求得实数域中的相应结果，往往比直接在实数域中求出同样的结果在计算上容易得多。拉普拉斯变换的这种运算步骤对于求解线性微分方程尤为有效，它可把微分方程化为容易求解的代数方程来处理，从而使计算简化。

在经典控制理论中，对控制系统的分析和综合，都建立在拉普拉斯变换的基础上。控制系统引入拉普拉斯变换的一个主要优点，是可采用传递函数代替微分方程来描述系统的特性。这就为采用直观和简便的图解方法来确定控制系统的整个特性（例如信号流程图、动态结构图）、分析控制系统的运动过程（例如自动控制原理中的奈奎斯特稳定判据、根轨迹法），以及综合控制系统的校正装置（参见控制系统校正方法）提供了可能性。

采用拉普拉斯变换分析动态电路也非常简单方便，通常有两种方法：一种是列时域微分方程，利用拉普拉斯变换的性质，将具有初始条件的时域常微分方程组变换为 s 域代数方程组，将求解时域常微分方程的问题变换为求解 s 域代数方程的问题；另一种是将电路的时域模型直接画为 s 域模型，再以 s 域形式的基尔霍夫定律和元件特性为依据，应用等效化简、电路的一般分析方法、各种电路定理等，写出 s 域的代数方程。将关于 s 的代数方程求解后，得到待求量的象函数，再通过拉普拉斯逆变换求得其对应的原函数，即时域表达式。实际上，应用拉普拉斯变换的 s 域分析方法对于高阶电路的分析尤为有用，因为经典时域分析法易于对一阶电路和简单二阶电路进行分析，但对于高阶电路采用时域经典法分析计算时，确定初始条件和积分常数计算很麻烦，拉普拉斯变换能大大简化这些分析计算。

3. z 变换的特点及应用

z 变换是将离散序列变换为在复频域的表达式。它在离散信号处理中的地位，如同拉普拉斯变换在连续信号处理中的地位。z 变换在时间序列分析、数据平滑、数字滤波等领域有广泛的应用。在数学上，z 变换也可以看作是一个洛朗级数。

z 变换可将离散系统的时域数学模型（差分方程）转化为较简单的复频域代数方程，是简化求解过程的一种有力数学工具。z 是个复变量，它具有实部和虚部，常常以极坐标形式表示，即 $z = e^{Ts} = e^{aT}e^{j T\omega}$，其中 e^{aT} 为幅值，ωT 为相角。以 z 的实部为横坐标、虚部为纵坐标构成的平面称为 z 平面，即离散系统（信号）的复域平面。离散系统的系统函数（或者称为传递函数）一般均以该系统对单位抽样信号的响应的 z 变换表示。由此可见，z 变换在离散系统中的地位与作用，类似于连续系统中的拉普拉斯变换。

z 变换的许多重要的性质，如线性性质、时移性质、微分性质、序列卷积定理和复卷积定理等，在解决信号处理问题时都具有重要的作用。其中最具有典型意义的是卷积定理。由于信号处理的任务是将输入信号序列经过某个（或一系列各种）系统的处理后输出所需要的信号序列，因此，首要的问题是如何由输入信号和所使用系统的特性求得输出信号。通过理论分析可知，若直接在时域中求解，则由于输出信号序列等于输入信号序列与所用系统的单位抽样响应序列的卷积和，故为求输出信号，必须进行烦琐的求卷积和的运算。利用 z 变换的卷积定理则可将这一过程大大简化。只要先分别求出输入信号序列及系统的单位抽样响应序列的 z 变换，然后再求出二者乘积的反变换即可得到输出信号序列。这里的反变换即逆 z 变换，是由信号序列的 z 变换反回去求原信号序列的变换方式。

习题与思考题

5-1 根据拉普拉斯变换的性质、定理以及常用信号的拉普拉斯变换，求下列信号的拉普拉斯变换。

1) $f_1(t) = t\varepsilon(t)$。

2) $f_2(t) = t\varepsilon(2t-1)$。

3) $f_3(t) = \sqrt{2}\cos\left(t+\dfrac{\pi}{4}\right)\varepsilon(t)$。

4) $f_4(t) = \sqrt{2}\mathrm{e}^{-t}\cos\left(t+\dfrac{\pi}{4}\right)\varepsilon(t)$。

5) $f_5(t) = (2-3\mathrm{e}^{-t}+\mathrm{e}^{-2t})\varepsilon(t)$。

6) $f_6(t) = \mathrm{e}^{-t}\varepsilon(t) - \mathrm{e}^{-(t-2)}\varepsilon(t-2)$。

7) $f_7(t) = \delta(4t-2)$。

8) $f_8(t) = \sin\left(2t-\dfrac{\pi}{4}\right)\varepsilon(t)$。

5-2 已知 $F(s) = \mathrm{L}[f(t)] = \dfrac{s}{s^2+1}$，求 $\mathrm{L}[\mathrm{e}^{-t}f(2t-1)]$。

5-3 已知 $F(s) = \mathrm{L}[f(t)] = \dfrac{s}{s^2+5s+4}$，求 $\mathrm{L}\left[f\left(\dfrac{t}{2}\right)\right]$。

5-4 若 $F_1(s) = \dfrac{2s}{s+1}$，$F_2(s) = \dfrac{2s}{s^2+2s+2}$，求其对应原函数的初值 $f(0_+)$ 和终值 $f(+\infty)$。

5-5 已知 $f(t)$ 是因果信号，其象函数为 $F(s) = \mathrm{L}[f(t)] = \dfrac{1}{s^2-3s+2}$，求以下信号的象函数。

1) $f_1(t) = \mathrm{e}^{-t}f\left(\dfrac{t}{2}\right)$。

2) $f_2(t) = \mathrm{e}^{-3t}f(2t-1)$。

5-6 证明：若 $f_1(t-t_1) * f_2(t-t_2) = f(t-t_1-t_2)$（$t_1$ 和 t_2 为实常数），则 $f_1(t) * f_2(t) = f(t)$。

5-7 求 $f(k) = k\varepsilon(k)$ 的单边 z 变换 $F(z)$。

5-8 求周期为 N 的有始周期性单位序列 $\sum\limits_{m=0}^{\infty}\delta(k-mN)$ 的 z 变换。

5-9 求下列信号的 z 变换。

1) $f_1(k) = k[\varepsilon(k)-\varepsilon(k-4)]$。

2) $f_2(k) = \left(\dfrac{2}{5}\right)^k\varepsilon(k)$。

3) $f_3(k) = \left(\dfrac{2}{5}\right)^k\varepsilon(-k)$。

4) $f_4(k) = -\left(\dfrac{1}{2}\right)^k\varepsilon(-k-1)$。

5) $f_5(k) = \left(\dfrac{1}{2}\right)^k\varepsilon(k-2)$。

6) $f_6(k) = (k-1)^2\varepsilon(k)$。

7) $f_7(k) = \sin\pi k\varepsilon(k)$。

8) $f_8(k) = \cos\dfrac{\pi k}{4}\varepsilon(k)$。

5-10 已知 $F(z) = \dfrac{z}{z^2-7z+12}$，求 $F(z)$ 在以下三种不同收敛域情况下的逆 z 变换。

1) $|z| > 4$。

2) $3 < |z| < 4$。

3) $|z| < 3$。

5-11　求下列象函数的逆 z 变换。

1) $F_1(z) = \dfrac{z(z-4)}{z^2-5z+6}$, $|z|>3$。

2) $F_2(z) = \dfrac{2z}{z^2-3z+2}$, $|z|>2$。

3) $F_3(z) = \dfrac{z}{z^2-4}$, $|z|>2$。

4) $F_4(z) = \dfrac{z^2}{(z+2)(z+1)^2}$, $|z|>2$。

5) $F_5(z) = \dfrac{z(z^2-3z+4)}{(z-1)^3}$, $|z|>1$。

6) $F_6(z) = \dfrac{z}{z^3+z^2+4z+4}$, $|z|>2$。

5-12　已知 $F(z)$ 及其收敛域，求其对应序列的初值 $f(0)$ 和终值 $f(+\infty)$。

1) $F(z) = \dfrac{z^2}{z^2-1.5z+0.5}$, $|z|>1$。

2) $F(z) = \dfrac{z(12z-5)}{6z^2-5z+1}$, $|z|>\dfrac{1}{2}$。

5-13　计算 $f(k) = \dfrac{1}{3}\varepsilon(k) - \dfrac{1}{2}\varepsilon(k)$ 对应的 z 变换 $F(z)$，并利用初值定理计算 $f(0)$。

5-14　求下列信号的拉普拉斯变换。

1) $f_1(t) = \displaystyle\int_0^t \sin \pi\tau \mathrm{d}\tau$。

2) $f_2(t) = \dfrac{1}{t}(1-\mathrm{e}^{-at})\varepsilon(t)$。

3) $f_3(t) = \displaystyle\sum_{t=0}^{+\infty} \delta(t-nT)$。

5-15　若已知 $\mathrm{L}[\cos t\varepsilon(t)] = \dfrac{s}{s^2+1}$，求 $\mathrm{L}[\sin t\varepsilon(t)]$。

5-16　若 $\mathrm{L}[f(t)\varepsilon(t)] = F(s)$，且有实常数 $a>0$，$b>0$，试证明下列拉普拉斯变换。

1) $\mathrm{L}[f(at-b)\varepsilon(at-b)] = \dfrac{1}{a}\mathrm{e}^{-\frac{b}{a}s}F\left(\dfrac{s}{a}\right)$。

2) $\mathrm{L}\left[\dfrac{1}{a}\mathrm{e}^{-\frac{b}{a}t}f\left(\dfrac{t}{a}\right)\varepsilon(t)\right] = F(as-b)$。

5-17　已知 $f(t)$ 是因果信号，其象函数 $F(s) = \mathrm{L}[f(t)] = \dfrac{1}{s^2-4s+6}$，求以下信号的象函数。

1) $f_1(t) = t\mathrm{e}^{-2t}f(3t)$。

2) $f_2(t) = tf(2t-1)$。

5-18　有一个右边序列，其 z 变换为 $F(z) = \dfrac{z}{(2z-1)(z-1)}$。

1) 将 $F(z)$ 表示成 z 的多项式之比，再作部分分式展开，由展开式求 $f(k)$。

2) 将 $F(z)$ 表示成 z^{-1} 的多项式之比，再作部分分式展开，由展开式求 $f(k)$，并说明为什么所得序列与 1) 相同。

5-19　已知偶序列 $f(k)$（即 $f(k)=f(-k)$），其 z 变换为 $F(z)$。

1) 根据 z 变换的定义，证明 $F(z) = F\left(\dfrac{1}{z}\right)$。

2) 根据 1) 中的结果，证明若 $F(z)$ 的几个极点（零点）出现在 $z=z_0$，则在 $z=\dfrac{1}{z_0}$ 也一定有一个极点（零点）。

3) 对下列序列验证 2) 的结果。

① $\delta(k+1)+\delta(k-1)$。

② $\delta(k+1)-\dfrac{1}{2}\delta(k)+\delta(k-1)$。

5-20　设 $f(k)$ 是一个离散信号，其 z 变换为 $F(z)$，对下列信号利用 $F(z)$ 求它们的 z

变换。

1）$\Delta f(k)$，这里 Δ 为一次差分算子，定义为 $\Delta f(k) = f(k) - f(k-1)$。

2）$f_1(k) = \begin{cases} f\left(\dfrac{k}{2}\right), & k \text{ 为偶} \\ 0, & k \text{ 为奇} \end{cases}$。 3）$f_2(k) = f(2k)$。

5-21 利用 z 变换求卷积和 $f(k) = 2^k \varepsilon(-k) * \left[2^{-k} \varepsilon(k) \right]$。

5-22 已知 $f(k) = f_1(k) * f_2(k)$，其中 $f_1(k) = \left(\dfrac{1}{2}\right)^k \varepsilon(k)$，$f_2(k) = \left(\dfrac{1}{3}\right)^k \varepsilon(k)$，利用 z 变换的性质求 $f(k)$ 的 z 变换 $F(z)$。

5-23 有一个拉普拉斯变换为 $F(s)$ 的实值信号 $f(t)$，有 $f(t) = \dfrac{1}{2\pi j} \int_{\sigma - j\infty}^{\sigma + j\infty} F(s) e^{st} ds$。

1）对上式两边应用复数共轭，证明 $F(s) = F^*(s^*)$。

2）根据 1）的结果，证明：若 $F(s)$ 在 $s = s_0$ 有一个极点（零点），那么在 $s = s_0^*$ 也必须有一个极点（零点）；也就是说，对于实值的 $f(t)$，$F(s)$ 的极点和零点必须共轭成对地出现，除非它们是在实轴上。

5-24 对于某一具体的复数 s，若其拉普拉斯变换的模是有限的，即 $|F(s)| < \infty$，则这个拉普拉斯变换存在。证明：$F(s)$ 在 $s = s_0 = \sigma_0 + j\omega_0$ 存在的一个充分条件是 $\int_{-\infty}^{+\infty} |f(t)| e^{-\sigma_0 t} dt < \infty$，换句话说，证明 $f(t)$ 被 $e^{-\sigma_0 t}$ 指数加权后是绝对可积的。求证时，需要利用复函数 $f(t)$ 的以下结论：$\left| \int_a^b f(t) dt \right| \leq \int_a^b |f(t)| dt$，如果不要求对上式作严格证明，你能证明这是可能的吗？

5-25 序列 $f(k)$ 的自相关序列定义为 $\phi_{ff}(k) = \sum_{n=-\infty}^{+\infty} f(k) f(k+n)$，利用 $f(k)$ 的 z 变换确定 $\phi_{ff}(k)$ 的 z 变换。

第 6 章　系统的变换域分析

> **导　读**
>
> 　　系统的时域分析方法不涉及任何变换，直接求解微分（或差分）方程，对于系统的分析与计算全部在时域内进行，具有直观、物理概念清楚等优点。但也具有明显的不足：系统的时域响应无法直接同原系统的结构与参数关联；系统结构与参数的微小变化，都将导致时域分析从头再来，而系统变换域分析法正好弥补了上述不足。
>
> 　　通过采用拉普拉斯变换和 z 变换，本章将时域描述的连续（或离散）系统映射到复频域（s 域或 z 域）进行分析。经此变换，时域中的微分（或差分）方程变成了复频域中的代数方程，便于运算和求解。本章还引入了系统函数概念，可以更加全面地研究系统特性，为今后系统的综合分析、设计打下基础。最后，本章介绍了信号流图与系统结构。

> **本章知识点**
>
> - LTI 连续与离散系统的系统函数
> - LTI 连续与离散系统的复频域分析
> - 系统函数与系统特性
> - 信号流图与系统结构

6.1　LTI 连续系统的复频域分析

　　拉普拉斯变换是进行系统分析的一个强有力的数学工具。它将描述系统的时域微分方程变为复频域的代数方程，便于运算和求解；同时引入系统函数来表征系统，系统函数在 LTI 连续系统的分析中应用相当广泛。

6.1.1　LTI 连续系统的复频域模型

1. 系统函数的定义

假设 LTI 连续系统的激励为 $f(t)$，响应为 $y(t)$，描述系统的微分方程的一般形式为

$$\sum_{i=0}^{n} a_i y^{(i)}(t) = \sum_{j=0}^{m} b_j f^{(j)}(t) \qquad (6\text{-}1)$$

式中，系数 $a_i(i=0,1,\cdots,n)$、$b_j(j=0,1,\cdots,m)$ 均为实数。系统在零初始状态下，即 $y(0_-),y^{(1)}(0_-),\cdots,y^{(n-1)}(0_-)$ 均为 0。

码 6-v1【视频讲解】
LTI 连续系统的
复频域模型

令 $L[f(t)] = F(s)$，$L[y(t)] = Y(s)$，则 $y(t)$ 各阶导数的拉普拉斯变换为

$$L[y^{(i)}(t)] = s^i Y(s) \qquad (6\text{-}2)$$

若 $f(t)$ 在 $t=0$ 时作用于系统，即 $f(0_-),f^{(1)}(0_-),\cdots,f^{(m-1)}(0_-)$ 均为 0，则 $f(t)$ 各阶导数的拉普拉斯变换为

$$L[f^{(j)}(t)] = s^j F(s) \qquad (6\text{-}3)$$

将式（6-1）两边取拉普拉斯变换，并将式（6-2）、式（6-3）的结果代入，得

$$\left(\sum_{i=0}^{n} a_i s^i\right) Y(s) = \left(\sum_{j=0}^{m} b_j s^j\right) F(s) \qquad (6\text{-}4)$$

为了书写简便，令 $A(s) = \sum_{i=0}^{n} a_i s^i$，$B(s) = \sum_{j=0}^{m} b_j s^j$。由于初始状态为 0，因此这里的 $Y(s)$ 为零状态响应的象函数 $Y_{zs}(s)$，为

$$Y_{zs}(s) = \frac{B(s)}{A(s)} F(s) \qquad (6\text{-}5)$$

式（6-5）即为系统函数的定义式。系统零状态响应的象函数 $Y_{zs}(s)$ 与激励的象函数 $F(s)$ 之比称为**系统函数**，用 $H(s)$ 表示，即

$$H(s) = \frac{Y_{zs}(s)}{F(s)} = \frac{B(s)}{A(s)} \qquad (6\text{-}6)$$

由描述系统的微分方程容易写出系统的系统函数 $H(s)$，反之亦然。由式（6-6）可知，系统函数只与描述系统的微分方程的系数 a_i、b_j 有关，即只与系统的结构、元件参数等有关，而与外界因素（如激励、初始状态等）无关。

引入系统函数的概念后，系统零状态响应 $y_{zs}(t)$ 的象函数可写为

$$Y_{zs}(s) = H(s) F(s) \qquad (6\text{-}7)$$

由冲激响应的定义可知，$h(t)$ 是激励为 $f(t) = \delta(t)$ 时系统的零状态响应，又因为 $L[\delta(t)] = 1$，所以由式（6-7）可知，冲激响应的拉普拉斯变换

$$L[h(t)] = H(s) \qquad (6\text{-}8)$$

即为系统函数。因此，系统的冲激响应 $h(t)$ 与系统函数 $H(s)$ 是拉普拉斯变换对，即

$$h(t) \overset{L}{\leftrightarrow} H(s) \qquad (6\text{-}9)$$

将式（6-7）取逆变换，利用时域卷积定理，得零状态响应为

$$y_{zs}(t) = L^{-1}[Y_{zs}(s)] = L^{-1}[H(s)F(s)] = L^{-1}[H(s)] * L^{-1}[F(s)] = h(t) * f(t) \quad (6\text{-}10)$$

可见，LTI 连续系统的零状态响应等于激励的象函数与系统函数乘积的拉普拉斯逆变换。通过拉普拉斯变换求零状态响应，使系统分析方法更加丰富，手段更加灵活。

例 6-1 已知某 LTI 连续系统，当输入为 $f(t) = e^{-t} \varepsilon(t)$ 时，零状态响应为

$$y_{zs}(t) = (2e^{-t} - 3e^{-2t} + e^{-3t}) \varepsilon(t)$$

求该系统的冲激响应和微分方程。

解　对激励和零状态响应分别进行拉普拉斯变换，得

$$F(s) = L[f(t)] = \frac{1}{s+1}$$

$$Y_{zs}(s) = L[y_{zs}(s)] = \frac{2}{s+1} - \frac{3}{s+2} + \frac{1}{s+3} = \frac{s+5}{(s+1)(s+2)(s+3)}$$

码 6-1【程序代码】
冲激响应和微分方程

根据系统函数 $H(s)$ 的定义有

$$H(s) = \frac{Y_{zs}(s)}{F(s)} = \frac{s+5}{(s+2)(s+3)} = \frac{3}{(s+2)} - \frac{2}{(s+3)}$$

取拉普拉斯逆变换，得

$$h(t) = (3e^{-2t} - 2e^{-3t})\varepsilon(t)$$

系统函数 $H(s)$ 改写成分子、分母的多项式形式为

$$H(s) = \frac{B(s)}{A(s)} = \frac{s+5}{s^2+5s+6}$$

由式（6-1）、式（6-5）可知：复数域变量 s 与时域微分算子 $\dfrac{\mathrm{d}}{\mathrm{d}t}$ 对应，s 的次幂表示微分的次数；系统函数 $H(s)$ 分子、分母多项式的系数与系统微分方程的系数一一对应，所以系统的微分方程为 $y''(t) + 5y'(t) + 6y(t) = f'(t) + 5f(t)$。

2. 系统的 s 域框图

工程上常用时域框图描述系统，可根据系统框图中各基本运算单元的运算关系，列出描述该系统的微分方程，用时域法或拉普拉斯变换法求该方程的解。也可根据系统的时域框图画出其相应的 s 域框图，再根据 s 域框图列写关于象函数的代数方程，然后解出系统响应的象函数，取其逆变换求得系统的响应，这样使得运算简化。

对时域中各基本运算单元的输入、输出取拉普拉斯变换，并利用线性、积分等性质，得到基本运算单元的 s 域模型，见表 6-1。

表 6-1　基本运算单元的 s 域模型

名称	时域模型	s 域模型
数乘器（标量乘法器）	$f(t) \rightarrow (a) \rightarrow af(t)$ $f(t) \xrightarrow{a} af(t)$	$F(s) \rightarrow (a) \rightarrow aF(s)$ $F(s) \xrightarrow{a} aF(s)$
加法器	$f_1(t),\ f_2(t) \rightarrow (\Sigma) \rightarrow f_1(t)+f_2(t)$	$F_1(s),\ F_2(s) \rightarrow (\Sigma) \rightarrow F_1(s)+F_2(s)$
积分器	$f(t) \rightarrow \boxed{\int} \rightarrow \int_{-\infty}^{t} f(\tau)\mathrm{d}\tau$	$s^{-1}f^{(-1)}(0_-)$ $F(s) \rightarrow \boxed{s^{-1}} \rightarrow (\Sigma) \rightarrow s^{-1}F(s)+s^{-1}f^{(-1)}(0_-)$
积分器（零状态）	$f(t) \rightarrow \boxed{\int} \rightarrow \int_{0}^{t} f(\tau)\mathrm{d}\tau$	$F(s) \rightarrow \boxed{s^{-1}} \rightarrow s^{-1}F(s)$

151

由于含初始状态的 s 域框图比较复杂，而工程中关心的一般是系统的零状态响应，因此常采用零状态下的 s 域框图。这时系统的 s 域框图与其时域框图在形式上相同，因而使用简便，但会给求零输入响应带来不便。

例 6-2 已知某 LTI 连续系统的时域框图如图 6-1a 所示，画出零状态下系统的 s 域框图，并求系统函数。

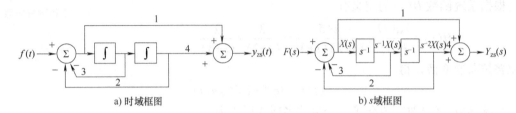

a) 时域框图   b) s 域框图

图 6-1 LTI 连续系统框图

解 根据表 6-1 中基本运算单元的 s 域模型，可画出该系统的 s 域框图如图 6-1b 所示。设中间变量为 $X(s)$，则有

$$X(s) = F(s) - 3s^{-1}X(s) - 2s^{-2}X(s)$$

化简得

$$X(s) = \frac{1}{1 + 3s^{-1} + 2s^{-2}} F(s)$$

输出为

$$Y_{zs}(s) = X(s) + 4s^{-2}X(s) = \frac{s^2 + 4}{s^2 + 3s + 2} F(s)$$

由系统函数定义得

$$H(s) = \frac{Y_{zs}(s)}{F(s)} = \frac{s^2 + 4}{s^2 + 3s + 2}$$

6.1.2 LTI 连续系统的复频域分析

1. 微分方程的复频域方法求解

利用单边拉普拉斯变换不仅可以将描述连续系统的时域微分方程变换为 s 域代数方程，而且可以在此代数方程中同时体现系统的初始状态。解此代数方程，可分别求得系统的零输入响应、零状态响应和全响应。

设 LTI 连续系统的激励为 $f(t)$，响应为 $y(t)$，描述系统的微分方程的一般形式为

码 6-v2【视频讲解】
LTI 连续系统的
复频域分析

$$\sum_{i=0}^{n} a_i y^{(i)}(t) = \sum_{j=0}^{m} b_j f^{(j)}(t) \tag{6-11}$$

式中，系数 $a_i(i = 0, 1, \cdots, n)$、$b_j(j = 0, 1, \cdots, m)$ 均为实数。设系统的初始状态为 $y(0_-)$，$y^{(1)}(0_-), \cdots, y^{(n-1)}(0_-)$。

令 $L[f(t)] = F(s)$，$L[y(t)] = Y(s)$，由时域微分定理得 $y(t)$ 及其各阶导数的拉普拉斯变换为

$$L[y^{(i)}(t)] = s^i Y(s) - \sum_{p=0}^{i-1} s^{i-1-p} y^{(p)}(0_-), \quad i = 0, 1, \cdots, n \tag{6-12}$$

设 $f(t)$ 在 $t = 0$ 时接入，即 $f(0_-), f^{(1)}(0_-), \cdots, f^{(m-1)}(0_-)$ 均为 0，则 $f(t)$ 及其各阶导数

的拉普拉斯变换为

$$L[f^{(j)}(t)] = s^j F(s) \tag{6-13}$$

将式（6-11）取拉普拉斯变换，并将式（6-12）、式（6-13）代入得

$$\sum_{i=0}^{n} a_i \Big[s^i Y(s) - \sum_{p=0}^{i-1} s^{i-1-p} y^{(p)}(0_-) \Big] = \sum_{j=0}^{m} b_j s^j F(s) \tag{6-14}$$

整理得

$$\Big(\sum_{i=0}^{n} a_i s^i \Big) Y(s) - \sum_{i=0}^{n} a_i \Big(\sum_{p=0}^{i-1} s^{i-1-p} y^{(p)}(0_-) \Big) = \Big(\sum_{j=0}^{m} b_j s^j \Big) F(s) \tag{6-15}$$

令 $A(s) = \sum_{i=0}^{n} a_i s^i$,

$B(s) = \sum_{j=0}^{m} b_j s^j$, $M(s) = \sum_{i=0}^{n} a_i \Big(\sum_{p=0}^{i-1} s^{i-1-p} y^{(p)}(0_-) \Big)$, 则有

$$Y(s) = \frac{M(s)}{A(s)} + \frac{B(s)}{A(s)} F(s) \tag{6-16}$$

式中，$A(s)$ 是微分方程式（6-11）的特征多项式；多项式 $A(s)$ 和 $B(s)$ 的系数仅与微分方程的系数 a_i、b_j 有关；$M(s)$ 也是关于 s 的多项式，其系数与 a_i 及响应的各初始状态有关，而与激励无关。

由式（6-16）可知，其第一项仅与初始状态有关，而与输入无关，所以对应零输入响应 $y_{zi}(t)$ 的象函数，记为 $Y_{zi}(s)$；其第二项仅与激励有关，而与初始状态无关，所以对应零状态响应 $y_{zs}(t)$ 的象函数，记为 $Y_{zs}(s)$。于是式（6-16）可写为

$$Y(s) = \frac{M(s)}{A(s)} + \frac{B(s)}{A(s)} F(s) = Y_{zi}(s) + Y_{zs}(s) \tag{6-17}$$

式中，$Y_{zi}(s) = \dfrac{M(s)}{A(s)}$，$Y_{zs}(s) = \dfrac{B(s)}{A(s)} F(s)$。对式（6-17）取逆变换，得系统的全响应为

$$y(t) = y_{zi}(t) + y_{zs}(t) \tag{6-18}$$

例 6-3　描述某 LTI 系统的微分方程为

$$y''(t) + 5y'(t) + 6y(t) = 2f'(t) + 6f(t)$$

已知初始状态 $y(0_-) = 1$，$y'(0_-) = -1$，激励为 $f(t) = 5\cos t\varepsilon(t)$，求系统的零输入响应、零状态响应和全响应。

解　对微分方程取拉普拉斯变换，有

$$s^2 Y(s) - sy(0_-) - y'(0_-) + 5sY(s) - 5y(0_-) + 6Y(s) = 2sF(s) + 6F(s)$$

即

$$(s^2 + 5s + 6) Y(s) - [sy(0_-) + y'(0_-) + 5y(0_-)] = 2(s+3) F(s)$$

可解得

$$Y(s) = Y_{zi}(s) + Y_{zs}(s) = \frac{sy(0_-) + y'(0_-) + 5y(0_-)}{s^2 + 5s + 6} + \frac{2(s+3)}{s^2 + 5s + 6} F(s)$$

码 6-2【程序代码】
零输入响应、零状态
响应和全响应

将 $F(s) = L[f(t)] = \dfrac{5s}{s^2 + 1}$ 和各初始状态代入，整理得

$$Y(s) = \overbrace{\frac{s+4}{(s+2)(s+3)}}^{Y_{zi}(s)} + \overbrace{\frac{2}{s+2}\frac{5s}{s^2+1}}^{Y_{zs}(s)}$$

$$= \underbrace{\overbrace{\frac{2}{s+2} + \frac{-1}{s+3}}^{Y_{zi}(s)} + \underbrace{\frac{-4}{s+2}}_{Y_{自由}(s)}}_{} + \underbrace{\overbrace{\frac{\sqrt{5}\,e^{-j26.6°}}{s-j} + \frac{\sqrt{5}\,e^{j26.6°}}{s+j}}^{Y_{zs}(s)}}_{Y_{强迫}(s)} \qquad (6\text{-}19)$$

将式（6-19）取逆变换，得全响应为

$$y(t) = \underbrace{\overbrace{2e^{-2t}\varepsilon(t) - e^{-3t}\varepsilon(t)}^{y_{zi}(t)} - 4e^{-2t}\varepsilon(t)}_{y_{自由}(t)} + \underbrace{2\sqrt{5}\cos(t-26.6°)\varepsilon(t)}_{y_{强迫}(t)} \qquad (6\text{-}20)$$

式中，零输入响应为

$$y_{zi}(t) = 2e^{-2t}\varepsilon(t) - e^{-3t}\varepsilon(t)$$

零状态响应为

$$y_{zs}(t) = -4e^{-2t}\varepsilon(t) + 2\sqrt{5}\cos(t-26.6°)\varepsilon(t)$$

由式（6-19）可知，$Y(s)$ 的极点由两部分组成，一部分是系统的特征根所形成的极点 -2、-3，另一部分是激励信号象函数 $F(s)$ 的极点 j、$-j$。对照式（6-19）和式（6-20）可知，系统自由响应 $y_{自由}(t)$ 的象函数 $Y_{自由}(s)$ 的极点为系统的特征根（固有频率），系统强迫响应 $y_{强迫}(t)$ 的象函数 $Y_{强迫}(s)$ 的极点就是 $F(s)$ 的极点，因此系统自由响应的函数形式由系统的固有频率确定，系统强迫响应的函数形式由激励信号确定。

一般而言，若系统特征根的实部都小于零，那么自由响应函数都呈衰减形式，这时自由响应就是瞬态响应。若 $F(s)$ 极点的实部为零，则强迫响应函数都为等幅振荡（或阶跃函数）形式，这时强迫响应就是稳态响应。如果激励信号本身是衰减函数，当 $t \to \infty$ 时，强迫响应也趋近于零，这时强迫响应与自由响应一起组成瞬态响应，而系统的稳态响应等于零。如果系统有实部大于零的特征根，其响应函数随时间 t 的增大而增大，这时不能再分为瞬态响应和稳态响应。

本例中，系统的特征根为负值，自由响应就是瞬态响应；激励信号象函数的极点实部为零，强迫响应就是稳态响应。

2. 电路的复频域分析

研究电路问题的基本依据是基尔霍夫电压定律（KVL）、基尔霍夫电流定律（KCL）和电路元件的伏安关系（VCR）。利用拉普拉斯变换的性质，可将这些依据的时域描述转换为等价的复频域描述。

基尔霍夫电压定律和基尔霍夫电流定律的时域描述为

$$\sum u(t) = 0 \qquad (6\text{-}21)$$

$$\sum i(t) = 0 \qquad (6\text{-}22)$$

将式（6-21）、式（6-22）进行拉普拉斯变换，即得基尔霍夫电压定律和基尔霍夫电流定律的复频域（s 域）描述为

$$\sum U(s) = 0 \qquad (6\text{-}23)$$

$$\sum I(s) = 0 \qquad (6\text{-}24)$$

电阻 R、电感 L、电容 C 元件的时域伏安关系分别为

$$u(t) = Ri(t) \tag{6-25}$$

$$u(t) = L\frac{\mathrm{d}i_\mathrm{L}(t)}{\mathrm{d}t} \tag{6-26}$$

$$i(t) = C\frac{\mathrm{d}u_\mathrm{C}(t)}{\mathrm{d}t} \tag{6-27}$$

将式（6-25）~式（6-27）取拉普拉斯变换，得 R、L、C 元件的 s 域伏安关系分别为

$$U(s) = RI(s) \tag{6-28}$$

$$U(s) = sLI_\mathrm{L}(s) - Li_\mathrm{L}(0_-) \tag{6-29}$$

$$U_\mathrm{C}(s) = \frac{1}{sC}I(s) + \frac{u_\mathrm{C}(0_-)}{s} \tag{6-30}$$

根据式（6-28）~式（6-30），可画出 R、L、C 串联形式的 s 域模型，如图 6-2 所示，其中由初始状态引起的附加项用串联的电压源表示。

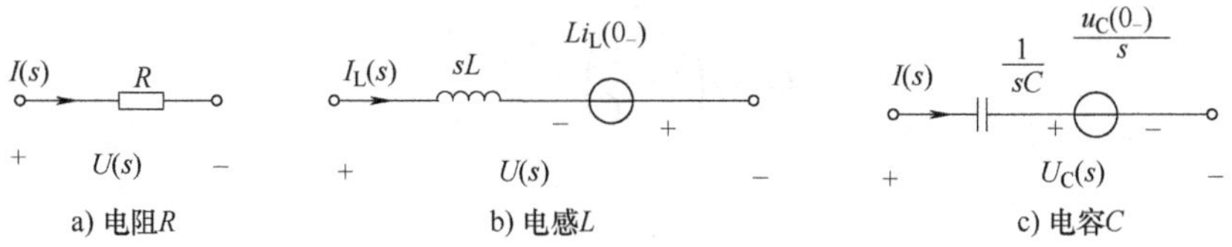

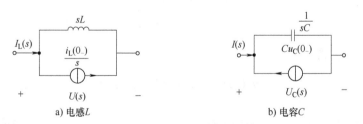

图 6-2　R、L、C 串联形式的 s 域模型

将式（6-29）、式（6-30）写成关于电流的表达式，得 L、C 元件 s 域的伏安关系分别为

$$I_\mathrm{L}(s) = \frac{1}{sL}U(s) + \frac{i_\mathrm{L}(0_-)}{s} \tag{6-31}$$

$$I(s) = sCU_\mathrm{C}(s) - Cu_\mathrm{C}(0_-) \tag{6-32}$$

根据式（6-31）、式（6-32）可画出 L、C 并联形式的 s 域模型，如图 6-3 所示，式中由初始状态引起的附加项用并联的电流源表示。

图 6-3　L、C 并联形式的 s 域模型

这样在分析电路时，将原电路中已知电源都变换为相应的象函数，未知电压、电流也用象函数表示，各电路元件都用其 s 域模型替代，则可画出原电路的 s 域电路模型。利用 s 域的基尔霍夫电压定律和基尔霍夫电流定律解出 s 域电路模型中所求未知响应的象函数，取其逆变换就得到所求的时域响应。

例 6-4 在图 6-4a 所示电路中，已知 $u(t)=\begin{cases}-U_s, & t<0 \\ U_s, & t>0\end{cases}$，画出该电路的 s 域模型，并计算电压 $u_C(t)$。

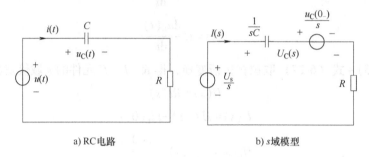

a) RC电路　　　　　　　　　　b) s 域模型

图 6-4　RC 电路及其 s 域模型

解　求初始值：$u_C(0_-)=-U_s$。

画出 s 域模型，如图 6-4b 所示。根据基尔霍夫定律列出 s 域方程：

$$I_C(s)\left(R+\frac{1}{sC}\right)=\frac{U_s}{s}+\frac{U_s}{s}$$

解得

$$I_C(s)=\frac{2U_s}{s\left(R+\dfrac{1}{sC}\right)}$$

则有

$$U_C(s)=I(s)\frac{1}{sC}+\frac{-U_s}{s}$$

展开成部分分式，可得

$$U_C(s)=\frac{U_s}{s}-\frac{U_s}{s+\dfrac{1}{RC}}$$

取拉普拉斯逆变换，得

$$u_C(t)=U_s\left(1-\mathrm{e}^{-\frac{t}{RC}}\right)\quad,\quad t\geqslant 0$$

6.2　LTI 离散系统的 z 域分析

与拉普拉斯变换类似，z 变换是进行 LTI 离散系统分析的一个强有力工具。它将描述系统的时域差分方程变为 z 域的代数方程，便于运算和求解；同时引入系统函数来表征系统，系统函数是离散系统分析和设计的基础。

码 6-v3【视频讲解】
LTI 离散系统的 z 域模型

6.2.1　LTI 离散系统的 z 域模型

1. 系统函数的定义

设 LTI 离散系统的激励为 $f(k)$，响应为 $y(k)$，描述 n 阶系统的差分方程的一般形式为

$$\sum_{i=0}^{n} a_{n-i} y(k-i) = \sum_{j=0}^{m} b_{m-j} f(k-j) \tag{6-33}$$

式中，系数 $a_{n-i}(i=0,1,\cdots,n)$、$b_{m-j}(j=0,1,\cdots,m)$ 均为实数。设系统的初始状态为 0，即

$$y(-1) = y(-2) = \cdots = y(-n) = 0$$

令 $Z[f(k)] = F(z)$，$Z[y(k)] = Y(z)$。由于初始状态为 0，根据单边 z 变换的移位性质，$y(k-i)$ 的 z 变换为

$$Z[y(k-i)] = z^{-i} Y(z) \tag{6-34}$$

设 $f(k)$ 在 $k=0$ 时接入，即 $f(-1) = f(-2) = \cdots = f(-m) = 0$，则 $f(k-j)$ 的 z 变换为

$$Z[f(k-i)] = z^{-i} F(z) \tag{6-35}$$

将式 (6-33) 取单边 z 变换，并将式 (6-34)、式 (6-35) 代入，得

$$\left(\sum_{i=0}^{n} a_{n-i} z^{-i} \right) Y(z) = \left(\sum_{j=0}^{m} b_{m-j} z^{-j} \right) F(z) \tag{6-36}$$

令 $A(z) = \sum_{i=0}^{n} a_{n-i} z^{-i}$，$B(z) = \sum_{j=0}^{m} b_{m-j} z^{-j}$。由于初始状态为 0，所以这里 $Y(z)$ 为零状态响应的 z 变换 $Y_{zs}(z)$，有

$$Y_{zs}(z) = \frac{B(z)}{A(z)} F(z) \tag{6-37}$$

系统零状态响应的 z 变换 $Y_{zs}(z)$ 与激励的 z 变换 $F(z)$ 之比称为系统函数，用 $Y(z)$ 表示，即

$$H(z) = \frac{Y_{zs}(z)}{F(z)} = \frac{B(z)}{A(z)} \tag{6-38}$$

由描述系统的差分方程容易写出系统的系统函数 $H(z)$，反之亦然。由式 (6-33) 和式 (6-38) 可知，系统函数只与描述系统的差分方程的系数 a_{n-i}、b_{m-j} 有关，即只与系统的结构、元件参数等有关，而与激励、初始状态等因素无关。

引入系统函数的概念后，系统零状态响应 $y_{zs}(t)$ 的 z 变换可写为

$$Y_{zs}(z) = H(z) F(z) \tag{6-39}$$

单位序列响应 $h(k)$ 是激励为 $\delta(k)$ 时系统的零状态响应，由于 $Z[\delta(k)] = 1$，由式 (6-39) 可知，单位序列响应 $h(k)$ 的 z 变换为

$$Z[h(k)] = H(z) \tag{6-40}$$

即系统的单位序列响应 $h(k)$ 与系统函数 $H(z)$ 是一个 z 变换对，即

$$h(k) \Leftrightarrow H(z) \tag{6-41}$$

将式 (6-39) 取逆变换，利用时域卷积定理，得零状态响应为

$$y_{zs}(k) = Z^{-1}[Y_{zs}(z)] = Z^{-1}[H(z)F(z)] = Z^{-1}[H(z)] * Z^{-1}[F(z)] = h(k) * f(k) \tag{6-42}$$

可见，LTI 离散系统的零状态响应等于激励的 z 变换与系统函数乘积的逆 z 变换，通过 z 变换求零状态响应，使系统分析方法更加丰富。

例 6-5 已知某 LTI 离散系统，当输入为 $f(k)=3(-1/2)^k\varepsilon(k)$ 时，其零状态响应为 $y_{zs}(k)=\left[\dfrac{3}{2}\left(\dfrac{1}{2}\right)^k+4\left(-\dfrac{1}{3}\right)^k-\dfrac{9}{2}\left(-\dfrac{1}{2}\right)^k\right]\varepsilon(k)$，求该系统的单位序列响应和差分方程。

码 6-3【程序代码】
单位序列响应和差分方程

解　激励的 z 变换为

$$F(z)=\mathrm{Z}[f(k)]=\frac{3z}{z+\dfrac{1}{2}}$$

零状态响应的 z 变换为

$$Y_{zs}(z)=\mathrm{Z}[y_{zs}(k)]=\frac{3}{2}\frac{z}{z-\dfrac{1}{2}}+4\frac{z}{z+\dfrac{1}{3}}-\frac{9}{2}\frac{z}{z+\dfrac{1}{2}}=\frac{z^3+2z^2}{\left(z-\dfrac{1}{2}\right)\left(z+\dfrac{1}{3}\right)\left(z+\dfrac{1}{2}\right)}$$

根据系统函数 $H(z)$ 的定义，有

$$H(z)=\frac{Y_{zs}(z)}{F(z)}=\frac{3z^2+6z}{\left(z-\dfrac{1}{2}\right)\left(z+\dfrac{1}{3}\right)}=\frac{3z^2+6z}{z^2-\dfrac{1}{6}z-\dfrac{1}{6}} \tag{6-43}$$

将式（6-43）展开成部分分式，得

$$H(z)=\frac{Y_{zs}(z)}{F(z)}=\frac{3z^2+6z}{\left(z-\dfrac{1}{2}\right)\left(z+\dfrac{1}{3}\right)}=\frac{9z}{z-\dfrac{1}{2}}-\frac{6z}{z+\dfrac{1}{3}}$$

取逆 z 变换，得

$$h(k)=\left[9\left(\frac{1}{2}\right)^k-6\left(-\frac{1}{3}\right)^k\right]\varepsilon(k)$$

将式（6-43）的分子、分母同乘 z^{-2}，得

$$\frac{Y_{zs}(z)}{F(z)}=\frac{3+6z^{-1}}{1-\dfrac{1}{6}z^{-1}-\dfrac{1}{6}z^{-2}}$$

即

$$Y_{zs}(z)-\frac{1}{6}z^{-1}Y_{zs}(z)-\frac{1}{6}z^{-2}Y_{zs}(z)=3F(z)+6z^{-1}F(z)$$

取逆 z 变换，得系统的差分方程为

$$y(k)-\frac{1}{6}y(k-1)-\frac{1}{6}y(k-2)=3f(k)+6f(k-1)$$

2. 系统的 z 域框图

离散系统分析中常用时域框图描述系统，可根据系统框图中各基本运算单元的运算关系，列出描述该系统的差分方程，用时域法或 z 变换法求该方程的解。也可根据系统的时域框图画出其相应的 z 域框图，再根据 z 域框图列写代数方程，然后解出系统响应的 z 变换表达式，取其逆变换求得系统的响应，这样可以简化运算。

对时域中各基本运算单元的输入、输出取 z 变换，并利用线性、位移等性质，得到基本运算单元的 z 域模型，见表 6-2。

表 6-2 基本运算单元的 z 域模型

名称	时域模型	z 域模型
数乘器 （标量乘法器）	$f(k) \longrightarrow \boxed{a} \longrightarrow af(k)$	$F(z) \longrightarrow \boxed{a} \longrightarrow aF(z)$
	$f(k) \xrightarrow{\ a\ } af(k)$	$F(z) \xrightarrow{\ a\ } aF(z)$
加法器	$f_1(k)$，$f_2(k) \longrightarrow \Sigma \longrightarrow f_1(k)+f_2(k)$	$F_1(z)$，$F_2(z) \longrightarrow \Sigma \longrightarrow F_1(z)+F_2(z)$
延迟单元	$f(k) \longrightarrow \boxed{D} \longrightarrow f(k-1)$	$f(-1)$；$F(z) \longrightarrow \boxed{z^{-1}} \longrightarrow \Sigma \longrightarrow z^{-1}F(z)+f(-1)$
延迟单元 （零状态）	$f(k) \longrightarrow \boxed{D} \longrightarrow f(k-1)$	$F(z) \longrightarrow \boxed{z^{-1}} \longrightarrow z^{-1}F(z)$

由于含初始状态的 z 域框图比较复杂，而工程中关心的一般是系统的零状态响应，因此常采用零状态下的 z 域框图。这时系统的 z 域框图与其时域框图在形式上相同，因而使用简便，但会给求零输入响应带来不便。

例 6-6 已知某 LTI 离散系统的时域框图如图 6-5a 所示，画出零状态下系统的 z 域框图，并求系统函数。

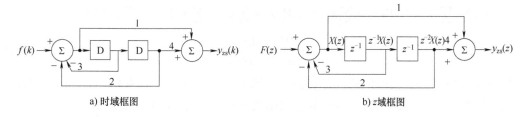

a) 时域框图 b) z 域框图

图 6-5 LTI 离散系统框图

解 根据表 6-2 中基本运算单元的 z 域模型，可画出该系统的 z 域框图如图 6-5b 所示。设中间变量 $X(z)$，则有

$$X(z) = F(z) - 3z^{-1}X(z) - 2z^{-2}X(z)$$

化简得

$$X(z) = \frac{1}{1+3z^{-1}+2z^{-2}}F(z)$$

输出为

$$Y_{zs}(z) = X(z) + 4z^{-2}X(z) = \frac{z^2+4}{z^2+3z+2}F(z)$$

由系统函数定义得

$$H(z) = \frac{Y_{zs}(z)}{F(z)} = \frac{z^2+4}{z^2+3z+2}$$

6.2.2 LTI 离散系统的 z 域分析

1. 差分方程的 z 域方法求解

利用单边 z 变换可以将描述离散系统的时域差分方程变换为 z 域的代数方程，而且可以在此代数方程中同时体现系统的初始状态。解此代数方程，可分别求得系统的零输入响应、零状态响应和全响应。

码 6-v4【视频讲解】
LTI 离散系统的 z 域分析

设 LTI 离散系统的激励为 $f(k)$，响应为 $y(k)$，描述 n 阶系统的差分方程的一般形式为

$$\sum_{i=0}^{n} a_{n-i} y(k-i) = \sum_{j=0}^{m} b_{m-j} f(k-j) \tag{6-44}$$

式中，系数 $a_{n-i}(i=0,1,\cdots,n)$、$b_{m-j}(j=0,1,\cdots,m)$ 均为实数。

令 $Z[f(k)]=F(z)$，$Z[y(k)]=Y(z)$。根据单边 z 变换的线性性质和时移性质，$y(k-i)$ 的 z 变换为

$$Z[y(k-i)] = z^{-i} Y(z) + \sum_{k=0}^{i-1} y(k-i) z^{-k} \tag{6-45}$$

设 $f(k)$ 在 $k=0$ 时接入，即 $f(-1)=f(-2)=\cdots=f(-m)=0$，则 $f(k-j)$ 的 z 变换为

$$Z[f(k-i)] = z^{-i} F(z) \tag{6-46}$$

将式（6-44）取单边 z 变换，并将式（6-45）、式（6-46）代入，得

$$\left(\sum_{i=0}^{n} a_{n-i} z^{-i} \right) Y(z) + \sum_{i=0}^{n} a_{n-i} \left(\sum_{k=0}^{i-1} y(k-i) z^{-k} \right) = \left(\sum_{j=0}^{m} b_{m-j} z^{-j} \right) F(z) \tag{6-47}$$

令 $A(z) = \sum_{i=0}^{n} a_{n-i} z^{-i}$，$B(z) = \sum_{j=0}^{m} b_{m-j} z^{-j}$，$M(z) = \sum_{i=0}^{n} a_{n-i} \left(\sum_{k=0}^{i-1} y(k-i) z^{-k} \right)$，则有

$$Y(z) = \frac{M(z)}{A(z)} + \frac{B(z)}{A(z)} F(z) \tag{6-48}$$

式中，$A(z)$ 和 $B(z)$ 是 z^{-1} 的多项式，它们的系数分别是差分方程的系数 a_{n-i}、b_{m-j}；$M(z)$ 也是 z^{-1} 的多项式，其系数与 a_{n-i} 及响应的各初始状态有关，而与激励无关。

由式（6-48）可知，其第一项仅与初始状态有关，而与输入无关，所以对应零输入响应 $y_{zi}(k)$ 的 z 变换，记为 $Y_{zi}(z)$；其第二项仅与激励有关，而与初始状态无关，所以对应零状态响应 $y_{zs}(k)$ 的 z 变换，记为 $Y_{zs}(z)$。于是式（6-48）可写为

$$Y(z) = \frac{M(z)}{A(z)} + \frac{B(z)}{A(z)} F(z) = Y_{zi}(z) + Y_{zs}(z) \tag{6-49}$$

式中，$Y_{zi}(z) = \dfrac{M(z)}{A(z)}$，$Y_{zs}(z) = \dfrac{B(z)}{A(z)} F(z)$。对式（6-49）取逆变换，得系统的全响应为

$$y(k) = y_{zi}(k) + y_{zs}(k) \tag{6-50}$$

2. s 域与 z 域的关系

至此本书已讨论了两种变换方法，即拉普拉斯变换和 z 变换。这些变换并不是孤立存在的，它们之间有着密切的联系，在一定条件下可以相互转换。下面研究拉普拉斯变换和 z 变换的关系。

前面章节已经指出复变量 s 与 z 有下列关系

$$\begin{cases} z = e^{sT} \\ s = \dfrac{1}{T}\ln z \end{cases} \quad\quad (6\text{-}51)$$

式中，T 为采样周期。

若 s 用直角坐标形式表示，z 用极坐标形式表示，即

$$\begin{cases} s = \sigma + j\Omega \\ z = \rho e^{j\omega} \end{cases} \quad\quad (6\text{-}52)$$

将式（6-52）代入式（6-51）得

$$\rho = e^{\sigma T} \quad\quad (6\text{-}53)$$
$$\omega = \Omega T \quad\quad (6\text{-}54)$$

由式（6-53）可推出 s 平面与 z 平面的映射关系，见表 6-3。由表 6-3 可见：s 平面的左半平面映射到 z 平面的单位圆内；s 平面的右半平面映射到 z 平面的单位圆外；s 平面的虚轴映射到 z 平面的单位圆上。

表 6-3　s 平面与 z 平面的映射关系

s 平面	左半平面（$\sigma<0$）	虚轴（$\sigma=0$）	右半平面（$\sigma>0$）
z 平面	单位圆内（$\rho<1$）	单位圆上（$\rho=1$）	单位圆外（$\rho>1$）

由式（6-54）可知，当 s 平面上 Ω 由 $-\pi/T \to \pi/T$ 变化时，z 平面上 ω 由 $-\pi \to \pi$ 变化，即 s 平面上 Ω 每变化 $2\pi/T$，就映射到整个 z 平面。因此，从 s 平面到 z 平面的映射是多对一的。s 平面与 z 平面的映射关系如图 6-6 所示。

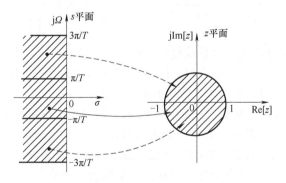

图 6-6　s 平面与 z 平面的映射关系

6.3　系统函数与系统特性

LTI 系统的系统函数 $H(\cdot)$ 既与描述系统的微分（或差分）方程、框图有直接联系，也与系统的冲激响应（连续系统）和单位序列响应（离散系统）密切相关。通过分析 $H(\cdot)$ 在复平面的零极点分布，可以了解系统的时域特性、频域特性、因果性与稳定性等。

码 6-v5【视频讲解】
系统函数与系统特性

6.3.1 系统函数的零极点分布

如 6.1 节和 6.2 节所述，LTI 系统的系统函数 $H(\cdot)$ 是复变量 s 或 z 的有理分式，它是 s 或 z 的有理多项式 $B(\cdot)$ 与 $A(\cdot)$ 之比，即

$$H(\cdot) = \frac{B(\cdot)}{A(\cdot)} \tag{6-55}$$

连续系统的系统函数为

$$H(s) = \frac{B(s)}{A(s)} = \frac{b_m s^m + b_{m-1} s^{m-1} + \cdots + b_1 s + b_0}{s^n + a_{n-1} s^{n-1} + \cdots + a_1 s + a_0} \tag{6-56}$$

离散系统的系统函数为

$$H(z) = \frac{B(z)}{A(z)} = \frac{b_m z^m + b_{m-1} z^{m-1} + \cdots + b_1 z + b_0}{z^n + a_{n-1} z^{n-1} + \cdots + a_1 z + a_0} \tag{6-57}$$

式中，系数 $a_i (i = 0, 1, \cdots, n-1)$、$b_j (j = 0, 1, \cdots, m)$ 都是实数。

其中 $A(\cdot) = 0$ 的根 $p_1, p_2, \cdots, p_n$ 称为系统函数 $H(\cdot)$ 的极点；$B(\cdot) = 0$ 的根 $\zeta_1, \zeta_2, \cdots, \zeta_n$ 称为系统函数 $H(\cdot)$ 的零点。将 $A(\cdot)$ 和 $B(\cdot)$ 分解因式后，式（6-56）和式（6-57）可写为

$$H(s) = \frac{B(s)}{A(s)} = b_m \frac{(s-\zeta_1)(s-\zeta_2) \cdots (s-\zeta_m)}{(s-p_1)(s-p_2) \cdots (s-p_n)} = b_m \frac{\prod_{i=1}^{m}(s-\zeta_i)}{\prod_{j=1}^{n}(s-p_j)} \tag{6-58}$$

$$H(z) = \frac{B(z)}{A(z)} = b_m \frac{(z-\zeta_1)(z-\zeta_2) \cdots (z-\zeta_m)}{(z-p_1)(z-p_2) \cdots (z-p_n)} = b_m \frac{\prod_{i=1}^{m}(z-\zeta_i)}{\prod_{j=1}^{n}(z-p_j)} \tag{6-59}$$

零、极点的值可能是实数、虚数或复数。由于 $A(\cdot)$ 和 $B(\cdot)$ 的系数都是实数，所以若零、极点为虚数或复数，则必共轭成对。因此，$H(\cdot)$ 的零、极点有以下几种类型。

1）一阶实零点、极点，它位于 s 或 z 平面的实轴上。

2）一阶共轭纯虚零点、极点，它们位于虚轴上且关于实轴对称。

3）一阶共轭复零点、极点，它们关于实轴对称。

4）另外还有二阶及二阶以上的实零极点、虚零极点、复零极点。

通常将系统函数的零、极点绘在 s 平面或 z 平面上，零点用"○"表示，极点用"×"表示，这样得到的图形称为系统函数的零极点分布图。若系统函数的零、极点是 n 阶重零、极点，则在相应的零、极点旁标注 (n)。

例 6-7 某连续系统的系统函数为 $H(s) = \dfrac{2(s+2)}{(s+1)^2(s^2+1)}$，试画出该系统函数的零极点分布图。

解 令 $2(s+2) = 0$，得零点 $\zeta_1 = -2$。

令 $(s+1)^2(s^2+1) = 0$，得二阶重极点 $p_1 = -1$ 和一对共轭虚极点 $p_{2,3} = \pm j$。

该系统函数的零极点分布图如图 6-7 所示。

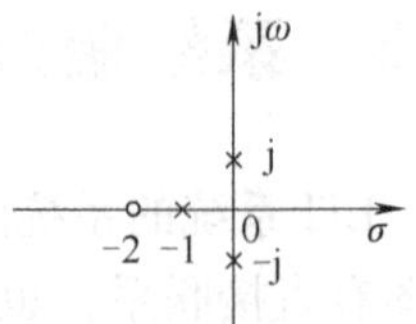

图 6-7 系统函数的零极点分布图

162

6.3.2 系统函数与时域响应

由 6.1 节和 6.2 节可知，系统的自由（固有）响应的函数（或序列）形式由系统函数 $H(\cdot)$ 的极点确定，系统的冲激响应 $h(t)$ 或单位序列响应 $h(k)$ 的形式也由系统函数 $H(\cdot)$ 的极点确定。下面讨论 $H(\cdot)$ 的典型极点分布与其对应的时域响应（自由响应、冲激响应、单位序列响应）的函数（或序列）形式的关系。

1. 连续系统

连续系统系统函数 $H(s)$ 的极点按其在 s 平面上的位置可分为三类：左半平面、虚轴、右半平面。

1）若有 s 左半平面实轴上的单极点 $p=-\alpha(\alpha>0)$，则 $A(s)$ 包含因子 $(s+\alpha)$，其所对应的时域响应函数形式为 $Ke^{-\alpha t}\varepsilon(t)$，为衰减指数信号。

2）若有 s 左半平面的共轭单极点 $p_{1,2}=-\alpha\pm j\beta$，则 $A(s)$ 包含因子 $[(s+\alpha)^2+\beta^2]$，其所对应的时域响应函数形式为 $Ke^{-\alpha t}\cos(\beta t+\theta)\varepsilon(t)$，为衰减指数信号。

3）若有 s 左半平面的 r 重极点，则 $A(s)$ 包含因子 $(s+\alpha)^r$ 或 $[(s+\alpha)^2+\beta^2]^r$，它们所对应的时域响应函数分别为 $K_i t^i e^{-\alpha t}\varepsilon(t)$ 或 $K_i t^i e^{-\alpha t}\cos(\beta t+\theta_i)\varepsilon(t)(i=0,1,2,\cdots,r-1)$，式中，$K_i$，$\theta_i$ 为常数。由于式中指数信号 $e^{-\alpha t}$ 的衰减比信号 t^i 的增长快，因此这里的时域响应函数仍为衰减信号。

4）若有 s 平面虚轴上的单极点 $p=0$ 或共轭极点 $p_{1,2}=\pm j\beta$，则 $A(s)$ 包含因子 s 或 $(s^2+\beta^2)$，它们所对应的时域响应函数形式分别为 $K\varepsilon(t)$ 或 $K\cos(\beta t+\theta)\varepsilon(t)$，为等幅信号或正弦信号。

5）s 平面虚轴上的 r 重极点，则 $A(s)$ 包含因子 s^r 或 $(s^2+\beta^2)^r$，它们所对应的时域响应函数形式分别为 $K_i t^i \varepsilon(t)$ 或 $K_i t^i \cos(\beta t+\theta_i)\varepsilon(t)(i=0,1,2,\cdots,r-1)$，为增幅信号。

6）若有 s 右半平面实轴上的单极点 $p=\alpha(\alpha>0)$，则 $A(s)$ 包含因子 $(s-\alpha)$，其所对应的时域响应函数形式为 $Ke^{\alpha t}\varepsilon(t)$，为增幅指数信号。若有重极点，其所对应的响应函数仍为增幅指数信号。

7）若有 s 右半平面的共轭单极点 $p_{1,2}=\alpha\pm j\beta$，则 $A(s)$ 包含因子 $[(s-\alpha)^2+\beta^2]$，其所对应的时域响应函数形式为 $Ke^{\alpha t}\cos(\beta t+\theta)\varepsilon(t)$，为增幅指数信号。若有重极点，其所对应的响应函数仍为增幅指数信号。

以上不同极点分布情况下连续系统的响应形式如图 6-8 所示。综上所述，可得如下结论：LTI 连续系统的时域响应函数形式由 $H(s)$ 的极点确定；$H(s)$ 在左半平面的极点所对应的时域响应函数都是衰减的，当 $t\to\infty$ 时，响应函数趋于零；$H(s)$ 在虚轴上的一阶极点所对应的时域响应函数的幅度不随时间改变；$H(s)$ 在虚轴上的二阶及二阶以上的极点和右半平面上的极点所对应的时域响应函数均为增幅信号，当 $t\to\infty$ 时，它们都趋于无穷大。

2. 离散系统

离散系统的系统函数 $H(z)$ 的极点，按其在 z 平面的位置可分为三类：单位圆内、单位圆上和单位圆外。

1）若有单位圆内的实单极点 $p=a(|a|<1)$ 和共轭单极点 $p_{1,2}=ae^{\pm j\beta}(|a|<1)$，则 $A(z)$ 包

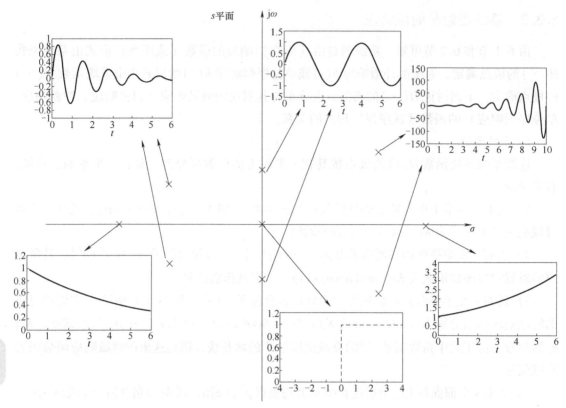

图 6-8　不同极点分布情况下连续系统的响应形式

含因子 $(z-a)$ 或 $[z^2-2az\cos\beta+a^2]$，它们所对应的时域响应序列分别为 $Ka^k\varepsilon(k)$ 或 $Ka^k\cos(\beta k+\varphi)\varepsilon(k)$，式中，$K$、$\varphi$ 为常数。由于 $|a|<1$，因此响应为衰减指数序列，当 $k\to\infty$ 时，响应趋于零；另外，单位圆内的二阶及二阶以上的极点，其所对应的响应也为衰减序列。

2）单位圆上的实单极点 $p=1$（或 $p=-1$）和共轭单极点 $p_{1,2}=\mathrm{e}^{\pm j\beta}$，则 $A(z)$ 包含因子 $(z-1)$、$(z+1)$ 或 $[z^2-2z\cos\beta+1]$，它们所对应的时域响应序列分别为 $\varepsilon(k)$、$(-1)^k\varepsilon(k)$ 或 $K\cos(\beta k+\varphi)\varepsilon(k)$，为等幅序列。另外，单位圆上的二阶及二阶以上的极点，其所对应的响应为增幅序列。

3）若有单位圆外的实单极点 $p=a$（$|a|>1$）和共轭单极点 $p_{1,2}=a\mathrm{e}^{\pm j\beta}$（$|a|>1$），则 $A(z)$ 包含因子 $(z-a)$ 或 $[z^2-2az\cos\beta+a^2]$，它们所对应的时域响应序列分别为 $Ka^k\varepsilon(k)$ 或 $Ka^k\cos(\beta k+\varphi)\varepsilon(k)$，式中，$K$、$\varphi$ 为常数。由于 $|a|>1$，因此响应为增幅指数序列或增幅振荡序列；另外，单位圆内的二阶及以上的极点，其所对应的响应也为衰减序列。

以上不同极点分布情况下离散系统的响应形式如图 6-9 所示。综上所述，可得如下结论：LTI 离散系统的时域响应序列形式由 $H(z)$ 的极点确定；$H(z)$ 在单位圆内的极点所对应的时域响应序列都是衰减的，当 $k\to\infty$ 时，响应趋于零；$H(z)$ 在单位圆上的一阶极点所对应的响应序列的幅度不随 k 改变；$H(z)$ 在单位圆上的二阶及以上的极点和单位圆外的极点所对应的响应序列均为增幅信号，当 $k\to\infty$ 时，它们都趋于无穷大。

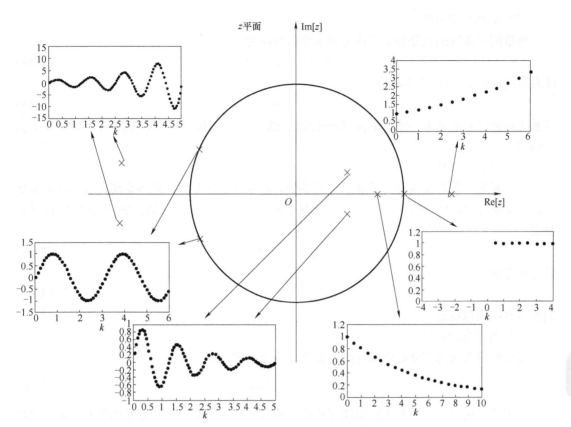

图 6-9　不同极点分布情况下离散系统的响应形式

6.3.3　系统的因果性与稳定性

1. 系统的因果性

因果系统是指系统的输出只取决于现在的输入和过去的输入，不会超前于输入而出现的系统，即系统对于任意激励，都有

$$f(\cdot)=0,\ t(或 k)<0 \tag{6-60}$$

若系统的零状态响应为

$$y_{zs}(\cdot)=0,\ t(或 k)<0 \tag{6-61}$$

则该系统称为因果系统，否则称为非因果系统。

（1）连续因果系统

连续因果系统的充分必要条件是：冲激响应为

$$h(t)=0,\ t<0 \tag{6-62}$$

或者系统函数 $H(s)$ 的收敛域为

$$\text{Re}[s]>\sigma_0 \tag{6-63}$$

即系统函数的收敛域为收敛轴 σ_0 的右半平面，也就是说，$H(s)$ 的所有极点均在收敛轴 σ_0 的左边。

码 6-v6【视频讲解】
系统的因果性与稳定性

165

（2）离散因果系统

离散因果系统的充分必要条件是单位序列响应为

$$h(k) = 0, \quad k < 0 \tag{6-64}$$

或者系统函数 $H(z)$ 的收敛域为

$$|z| > \rho_0 \tag{6-65}$$

即系统函数的收敛域为半径等于 ρ_0 的圆外域，也就是说，$H(z)$ 的所有极点均在半径等于 ρ_0 的圆内。

2. 系统的稳定性

一个系统，若对任意的有界输入，其零状态响应也是有界的，则该系统为有界输入有界输出（BIBO）稳定系统，也就是说，设 M_f、M_y 为有限的正实常数，若系统对任意激励都有

$$|f(\cdot)| < M_\mathrm{f} \tag{6-66}$$

其零状态响应

$$|y_\mathrm{zs}(\cdot)| < M_\mathrm{y} \tag{6-67}$$

则称该系统是稳定的。

（1）连续稳定系统

连续稳定系统的充分必要条件是冲激响应绝对可积，即

$$\int_{-\infty}^{\infty} |h(t)| < \infty \tag{6-68}$$

利用式（6-68）判断系统稳定性需要进行积分运算，这给系统稳定性的判断带来一定的困难。

因为系统函数 $H(s)$ 的收敛域是使 $h(t)\mathrm{e}^{-\sigma t}$ 绝对可积的 σ 的取值范围，当 $\sigma = 0$ 时，绝对可积等效于式（6-68），所以可从 $H(s)$ 的收敛域来判断系统的稳定性，即连续稳定系统的充分必要条件是系统函数 $H(s)$ 收敛域包含虚轴（即 $\sigma = 0$）。

结合连续因果系统的充分必要条件，可得连续因果稳定系统的充分必要条件是系统函数 $H(s)$ 的全部极点位于 s 平面的左半平面。

（2）离散稳定系统

离散稳定系统的充分必要条件是单位序列响应绝对可和，即

$$\sum_{k=-\infty}^{\infty} |h(k)| < \infty \tag{6-69}$$

因为系统函数 $H(z)$ 的收敛域是使 $h(k)z^{-k}$ 绝对可和的 z 的取值范围，当 $|z| = 1$ 时，绝对可和等效于式（6-69），所以可从 $H(z)$ 的收敛域来判断系统的稳定性，即离散稳定系统的充分必要条件是系统函数收敛域包含单位圆。

结合离散因果系统的充分必要条件，可得离散因果稳定系统的充分必要条件是系统函数 $H(z)$ 的全部极点位于单位圆内。

例 6-8 已知 LTI 系统的差分方程 $y(k) + 1.5y(k-1) - y(k-2) = f(k-1)$。

1）若为因果系统，求 $h(k)$，并判断系统的稳定性。

2）若为稳定系统，求 $h(k)$，并判断系统的因果性。

解 对差分方程进行单边 z 变换，得

$$Y(z)+1.5z^{-1}Y(z)-z^{-2}Y(z)=z^{-1}F(z)$$

整理得系统函数：

$$H(z)=\frac{z^{-1}}{1+1.5z^{-1}-z^{-2}}=\frac{z}{z^2+1.5z-1}=\frac{z}{(z-0.5)(z+2)}=\frac{0.4z}{z-0.5}+\frac{-0.4z}{z+2}$$

1）若系统为因果系统，则系统函数 $H(z)$ 的收敛域为圆外域，即 $|z|>2$，所以有

$$h(k)=0.4\times[0.5^k-(-2)^k]\varepsilon(k)$$

因为单位序列响应 $h(k)$ 不满足绝对可和的条件，所以系统是不稳定系统。

2）若系统为稳定系统，则系统函数 $H(z)$ 的收敛域包含单位圆，即 $0.5<|z|<2$，所以有

$$h(k)=0.4\times0.5^k\varepsilon(k)+0.4\times(-2)^k\varepsilon(-k-1)$$

因为单位序列响应 $h(k)\neq0(k<0)$，所以系统不是因果系统。

6.4 信号流图与系统结构

6.4.1 信号流图

由前文已知，用系统框图描述系统的功能比用微分或差分方程直观。信号流图是用有向的线图描述线性方程变量之间因果关系的一种图，用它描述系统比框图更加简便，而且通过梅森公式将系统函数与相应的信号流图联系起来，这样信号流图就简单明了地表示出了描述系统的方程、系统函数及框图之间的联系，应用非常广泛。

对于连续系统和离散系统，若撇开二者的物理意义，仅从图的角度而言，两者信号流图的分析方法相同，这里一并讨论。

1. 信号流图

一般而言，信号流图是描述线性方程变量之间因果关系的一种有向图，它是由结点、支路和支路增益组成的几何图形，图 6-10 所示为典型的信号流图。

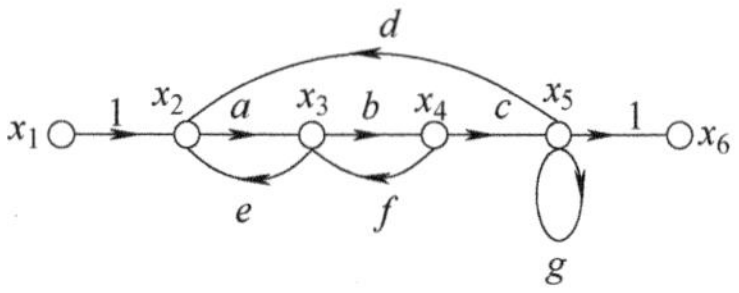

信号流图的一些术语定义如下。

1）结点：信号流图中的每个结点表示一个变量或信号。

图 6-10　典型的信号流图

2）支路与支路增益：连接两个结点之间的有向线段称为支路。每条支路上的支路增益（权值）就是这两个结点间的系统函数（转移函数）。

3）源点、汇点与混合结点：仅有出支路的结点称为源点（或输入结点），如图 6-10 中的 x_1；仅有入支路的结点称为汇点（或输出结点），如图 6-10 中的 x_6；有入有出的结点为混合结点，如图 6-10 中的 x_3。

4）通路、开通路、闭通路（或回路、环）、不接触回路与自回路：沿箭头指向从一个结点到另一结点的路径称为通路；若通路与任一结点相遇不多于一次，则称为开通路，如图 6-10 中的 $x_1\xrightarrow{1}x_2\xrightarrow{a}x_3\xrightarrow{b}x_4\xrightarrow{c}x_5\xrightarrow{1}x_6$、$x_4\xrightarrow{f}x_3\xrightarrow{e}x_2$；闭合的路径称为闭通路（或回路、环），如图 6-10 中的 $x_2\xrightarrow{a}x_3\xrightarrow{e}x_2$、$x_2\xrightarrow{a}x_3\xrightarrow{b}x_4\xrightarrow{c}x_5\xrightarrow{d}x_2$；相互没有公共结点的回路，称为不接触回

路，如图 6-10 中的 $x_2\xrightarrow{a}x_3\xrightarrow{e}x_2$ 与 $x_5\xrightarrow{g}x_5$；只有一个结点和一条支路的回路称为自回路，如图 6-10 中的 $x_5\xrightarrow{g}x_5$。

5）前向通路：从源点到汇点的开通路称为前向通路，如图 6-10 中的 $x_1\xrightarrow{1}x_2\xrightarrow{a}x_3\xrightarrow{b}x_4\xrightarrow{c}x_5\xrightarrow{1}x_6$。

6）前向通路增益与回路增益：前向通路中各支路增益的乘积称为前向通路增益，如前向通路 $x_1\xrightarrow{1}x_2\xrightarrow{a}x_3\xrightarrow{b}x_4\xrightarrow{c}x_5\xrightarrow{1}x_6$ 的增益为 abc；回路中各支路增益的乘积称为回路增益，回路 $x_2\xrightarrow{a}x_3\xrightarrow{e}x_2$ 的增益为 ae。

运用信号流图时，应遵循它的基本性质，基本性质如下。

1）信号只能沿支路箭头方向传输，支路的输出等于该支路的输入与支路增益的乘积。

2）当结点有多个输入时，该结点将所有输入支路的信号相加，并将和信号传输给所有与该结点相连的输出支路。例如，信号流图的结点如图 6-11 所示，$x_4=ax_1+bx_2+cx_3$、$x_5=\mathrm{d}x_4$、$x_6=ex_4$、$x_7=fx_4$。

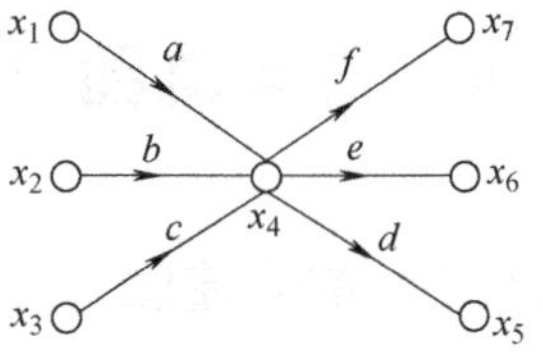

由于信号流图的结点表示变量，以上两条基本性质实质上表示信号流图的线性性质。LTI 系统的微分（或差分）方程，经拉普拉斯变换（或 z 变换）后是线性代数方程，信号流图描述的正是这类线性代数方程或方程组。

图 6-11　信号流图的结点

由于信号流图描述的是代数方程或方程组，因此信号流图可按代数规则进行化简，其化简的基本规则如下。

（1）串联支路的合并

两条增益分别为 a 和 b 的支路相串联，可以合并为一条增益为 ab 的支路，同时消去中间的结点，如图 6-12 所示，有

$$x_3=abx_1 \tag{6-70}$$

图 6-12　串联支路的合并

（2）并联支路的合并

两条增益分别为 a 和 b 的支路相并联，可以合并为一条增益为 $(a+b)$ 的支路，如图 6-13 所示，有

$$x_2=(a+b)x_1 \tag{6-71}$$

图 6-13　并联支路的合并

（3）消除自回路

如图 6-14a 所示的通路，在 x_2 处有增益为 b 的自回路，可化简成增益为 $ac/(1-b)$ 的支路，同时消去结点 x_2，如图 6-14b 所示。这是由于

$$\begin{cases} x_2 = ax_1 + bx_2 \\ x_3 = cx_2 \end{cases} \tag{6-72}$$

由式（6-72）可推出

$$x_3 = \frac{ac}{1-b}x_1 \tag{6-73}$$

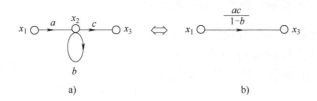

图 6-14　消除自回路

例 6-9　求图 6-15a 所示信号流图的系统函数。

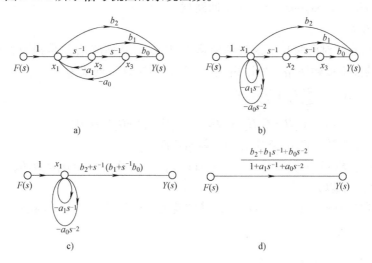

图 6-15　例 6-9 图

解　根据串联支路合并规则，将图 6-15a 中的回路 $x_1 \to x_2 \to x_1$ 和 $x_1 \to x_2 \to x_3 \to x_1$ 化简为自回路，如图 6-15b 所示；将 x_1 到 $Y(s)$ 之间各串、并联支路合并，得图 6-15c；利用并联支路合并规则，将 x_1 处两个自回路合并，然后消除自回路，得到图 6-15d，于是得系统函数为

$$H(s) = \frac{Y(s)}{F(s)} = \frac{b_2 + b_1 s^{-1} + b_0 s^{-2}}{1 + a_1 s^{-1} + a_0 s^{-2}} = \frac{b_2 s^2 + b_1 s + b_0}{s^2 + a_1 s + a_0}$$

2. 梅森公式

对于信号流图，用上述化简方法求系统函数比较烦琐，而利用梅森公式可很方便地求得系统函数。

梅森公式如下：

$$H = \frac{1}{\Delta} \sum_i P_i \Delta_i \tag{6-74}$$

式中，i 为由源点到汇点的第 i 条前向通路的标号；P_i 为由源点到汇点的第 i 条前向通路增益；Δ_i 为第 i 条前向通路特征行列式的余因子，它是与第 i 前向通路不相接触的子图的特征行列式；Δ 为信号流图的特征行列式，为

$$\Delta = 1 - \sum_j L_j + \sum_{m,n} L_m L_n - \sum_{p,q,r} L_p L_q L_r + \cdots \tag{6-75}$$

式中，$\sum\limits_j L_j$ 为所有不同回路的增益之和；$\sum\limits_{m,n} L_m L_n$ 为所有两两不接触回路的增益乘积之和；$\sum\limits_{p,q,r} L_p L_q L_r$ 为所有三三不接触回路的增益乘积之和。

例 6-10 求图 6-16 所示信号流图的系统函数。

解 首先求信号流图特征行列式 Δ。由于图 6-15 中的流图共有四个回路，各回路增益如下。

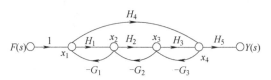

图 6-16 例 6-10 图

$x_1 \rightarrow x_2 \rightarrow x_1$ 回路增益为 $L_1 = -G_1 H_1$，$x_2 \rightarrow x_3 \rightarrow x_2$ 回路增益为 $L_2 = -G_2 H_2$，$x_3 \rightarrow x_4 \rightarrow x_3$ 回路增益为 $L_3 = -G_3 H_3$，$x_1 \rightarrow x_4 \rightarrow x_3 \rightarrow x_2 \rightarrow x_1$ 回路增益为 $L_4 = -G_1 G_2 G_3 H_4$。

图 6-16 中只有一对两两互不接触的回路 L_1 与 L_3，其回路增益乘积为 $L_1 L_3 = G_1 G_3 H_1 H_3$；没有三个以上的互不接触回路。所以由式（6-75）得特征行列式为

$$\begin{aligned} \Delta &= 1 - \sum_j L_j + \sum_{m,n} L_m L_n \\ &= 1 + (G_1 H_1 + G_2 H_2 + G_3 H_3 + G_1 G_2 G_3 H_4) + G_1 G_3 H_1 H_3 \end{aligned}$$

然后再求其他参数。图 6-16 中有两条前向通路。

对于前向通路 $F(s) \rightarrow x_1 \rightarrow x_2 \rightarrow x_3 \rightarrow x_4 \rightarrow Y(s)$，其增益为 $P_1 = H_1 H_2 H_3 H_5$。由于各回路都与该通路相接触，所以 $\Delta_1 = 1$。

对于前向通路 $F(s) \rightarrow x_1 \rightarrow x_4 \rightarrow Y(s)$，其增益为 $P_2 = H_4 H_5$。不与 P_2 接触的回路有 L_2，所以 $\Delta_2 = 1 - \sum\limits_j L_j = 1 + G_2 H_2$。

最后由式（6-74）得系统函数为

$$H(s) = \frac{Y(s)}{F(s)} = \frac{H_1 H_2 H_3 H_5 + H_4 H_5 (1 + G_2 H_2)}{1 + G_1 H_1 + G_2 H_2 + G_3 H_3 + G_1 G_2 G_3 H_4 + G_1 G_3 H_1 H_3}$$

6.4.2 系统结构

梅森公式可将信号流图转换为系统函数，反过来，若系统函数已知，也可构造合适的系统结构（信号流图或框图）模拟此系统。对于不同的系统函数通常有多种不同的实现方案，常用的有直接型、级联型和并联型。由于连续系统和离散系统的实现方法相同，在此一并讨论。

1. 直接型

先讨论比较简单的二阶系统，设二阶系统的系统函数为

$$H(s) = \frac{b_2 s^2 + b_1 s + b_0}{s^2 + a_1 s + a_0}$$

将分子、分母同乘 s^{-2}，可得

$$H(s) = \frac{b_2 + b_1 s^{-1} + b_0 s^{-2}}{1 + a_1 s^{-1} + a_0 s^{-2}} = \frac{b_2 + b_1 s^{-1} + b_0 s^{-2}}{1 - (-a_1 s^{-1} - a_0 s^{-2})} \tag{6-76}$$

根据梅森公式，式（6-76）的分母可看作为特征行列式 Δ，括号内表示有两个互相接触的回路，其增益分别为 $-a_1 s^{-1}$ 和 $-a_0 s^{-2}$；分子表示三条前向通路，其增益分别为 b_2、$b_1 s^{-1}$ 和 $b_0 s^{-2}$，并且不与各前向通路相接触的特征行列式 $\Delta_i = 1 (i = 1, 2, 3)$，也就是说，信号流图中的两个回路都与各前向通路相接触。这样就可得到图 6-17a 和图 6-17c 的两种信号流图，其相应的系统框图如图 6-17b 和图 6-17d 所示。

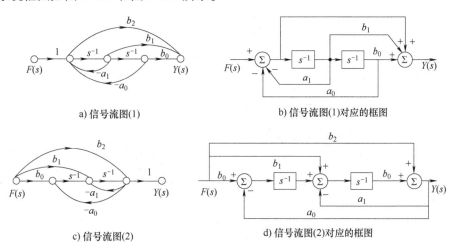

a) 信号流图(1)　　　　　　　b) 信号流图(1)对应的框图

c) 信号流图(2)　　　　　　　d) 信号流图(2)对应的框图

图 6-17　二阶系统的信号流图与系统框图

由图可见，图 6-17c 是图 6-17a 中所有支路的信号传输方向翻转，并把原点与汇点对调所得，反之亦然。

以上的分析方法可以推广到高阶系统中。例如设系统函数（$m \leq n$）为

$$
\begin{aligned}
H(s) &= \frac{b_m s^m + b_{m-1} s^{m-1} + \cdots + b_1 s + b_0}{s^n + a_{n-1} s^{n-1} + \cdots + a_1 s + a_0} \\
&= \frac{b_m s^{-(n-m)} + b_{m-1} s^{-(n-m+1)} + \cdots + b_1 s^{-(n-1)} + b_0 s^{-n}}{1 + a_{n-1} s^{-1} + \cdots + a_1 s^{-(n-1)} + a_0 s^{-n}}
\end{aligned} \tag{6-77}
$$

根据梅森公式，式（6-77）的分母可看作是由 n 个回路组成的特征行列式，而且各回路都相互接触；分母可看作是 $(m+1)$ 条前向通路的增益，并且不与各前向通路相接触的特征行列式 $\Delta_i = 1 (i = 1, 2, \cdots, m, m+1)$，也就是说，信号流图中各前向通路都没有不接触回路。从而得到图 6-18a 和图 6-18b 的两种直接型的信号流图。

观察图 6-18a 和图 6-18b 可以发现，如果把图 6-18a 中所有支路的信号传输方向都反转，并且把源点与汇点对调，就得到图 6-18b。信号流图的这种变换称为转置。因此可以得出结论：信号流图转置以后，其转移函数即系统函数保持不变。

在以上的讨论中，若将复变量 s 换成 z，则以上论述对离散系统也适用，这里不再赘述。

例 6-11　某连续系统的系统函数为 $H(s) = \dfrac{2s + 4}{s^3 + 3s^2 + 5s + 3}$，用直接型结构模拟系统。

解　将系统函数 $H(s)$ 改写为

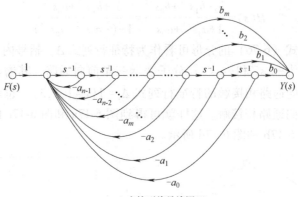

a) 直接型信号流图(1)

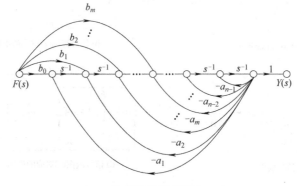

b) 直接型信号流图(2)

图 6-18　高阶系统的信号流图

$$H(s) = \frac{2s^{-2}+4s^{-3}}{1-(-3s^{-1}-5s^{-2}-3s^{-3})}$$

根据梅森公式，可画出系统的信号流图，如图 6-19a 所示。将图 6-19a 转置得另一种直接形式的信号流图，如图 6-19b 所示。相应的系统框图如图 6-19c 和图 6-19d 所示。

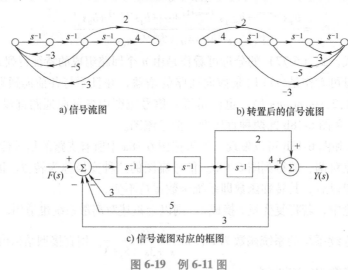

a) 信号流图　　　　　　　　　b) 转置后的信号流图

c) 信号流图对应的框图

图 6-19　例 6-11 图

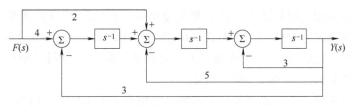

d) 转置后的信号流图对应的框图

图 6-19 例 6-11 图（续）

2. 级联型与并联型

级联型结构是将系统函数 $H(s)$（或 $H(z)$）分解为几个较简单的子系统函数的乘积，即

$$H(s) = H_1(s)H_2(s)\cdots H_l(s) = \prod_{i=1}^{l} H_i(s) \tag{6-78}$$

其级联型框图如图 6-20 所示，每一个子系统都可用直接型结构实现。

$$F(s) \rightarrow \boxed{H_1(s)} \rightarrow \boxed{H_2(s)} \rightarrow \cdots \rightarrow \boxed{H_l(s)} \rightarrow Y(s)$$

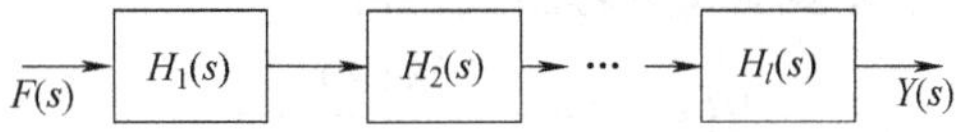

图 6-20 级联型框图

并联型结构是将系统函数 $H(s)$（或 $H(z)$）分解为几个较简单的子系统函数之和，即

$$H(s) = H_1(s) + H_2(s) + \cdots + H_l(s) = \sum_{i=1}^{l} H_i(s) \tag{6-79}$$

其并联型框图如图 6-21 所示，每一个子系统都可用直接型结构实现。

通常各子系统选用一阶函数和二阶函数，分别称为一阶节、二阶节，其函数形式分别为

$$H_i(s) = \frac{b_{1i} + b_{0i}s^{-1}}{1 + a_{0i}s^{-1}} \tag{6-80}$$

$$H_i(s) = \frac{b_{2i} + b_{1i}s^{-1} + b_{0i}s^{-2}}{1 + a_{1i}s^{-1} + a_{0i}s^{-2}} \tag{6-81}$$

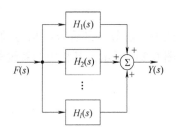

图 6-21 并联型框图

一阶和二阶子系统的信号流图和相应框图如图 6-22 所示。

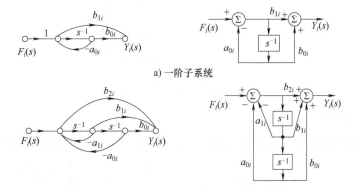

a) 一阶子系统

b) 二阶子系统

图 6-22 一阶和二阶子系统的信号流图和相应框图

无论是级联型结构还是并联型结构，都需要将 $H(s)$（或 $H(z)$）的分母多项式（级联型结构还有分子多项式）分解为一次因式 $(s+a_{0i})$ 与二次因式 $(s^2+a_{1i}s+a_{0i})$ 的乘积，这些因式的系数必须是实数。也就是说，$H(s)$ 的实极点可构成一阶节的分母，也可组合成二阶节的分母，而一对共轭复极点可构成二阶节的分母。

级联型结构和并联型结构的调试较为方便，当调节某子系统的参数时，只改变该子系统的零点或极点位置，对其余子系统的极点位置没有影响；而对于直接型结构，当调节某个参数时，所有的零点、极点位置都将变动。

例 6-12　某连续系统的系统函数为 $H(s)=\dfrac{2s+4}{s^3+3s^2+5s+3}$，用级联型结构和并联型结构模拟该系统。

解

（1）级联型结构

首先将 $H(s)$ 的分子、分母多项式分解因式，得

$$H(s)=\frac{2(s+2)}{(s+1)(s^2+2s+3)} \tag{6-82}$$

将式（6-82）写成一阶节与二阶节的乘积，令

$$H_1(s)=\frac{2}{s+1}=\frac{2s^{-1}}{1+s^{-1}}$$

$$H_2(s)=\frac{s+2}{s^2+2s+3}$$

式中一阶节与二阶节的信号流图如图 6-23a 和图 6-23b 所示，将二者级联后，信号流图如图 6-23c 所示，其相应的系统框图如图 6-23d 所示。

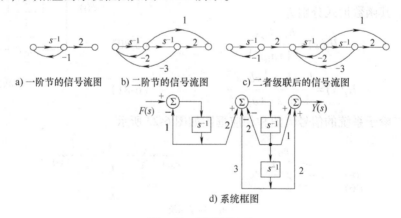

a) 一阶节的信号流图　　b) 二阶节的信号流图　　c) 二者级联后的信号流图

d) 系统框图

图 6-23　级联型结构

（2）并联型结构

系统函数 $H(s)$ 的极点为 $p_1=-1$、$p_2=-1+\mathrm{j}\sqrt{2}$、$p_3=-1-\mathrm{j}\sqrt{2}$，将它展开为部分分式，得

$$H(s)=\frac{2(s+2)}{(s+1)(s^2+2s+3)}=\frac{1}{s+1}+\frac{-\dfrac{1}{2}(1+\mathrm{j}\sqrt{2})}{s+1-\mathrm{j}\sqrt{2}}+\frac{-\dfrac{1}{2}(1-\mathrm{j}\sqrt{2})}{s+1+\mathrm{j}\sqrt{2}}$$

将后两项合并，得

$$H(s) = \frac{1}{s+1} + \frac{-s+1}{s^2+2s+3}$$

令

$$H_1(s) = \frac{1}{s+1} = \frac{s^{-1}}{1+s^{-1}}$$

$$H_2(s) = \frac{-s+1}{s^2+2s+3} = \frac{-s^{-1}+s^{-2}}{1+2s^{-1}+3s^{-2}}$$

分别画出 $H_1(s)$ 和 $H_2(s)$ 的信号流图，将二者并联得 $H(s)$ 的信号流图如图 6-24a 所示，其相应的系统框图如图 6-24b 所示。

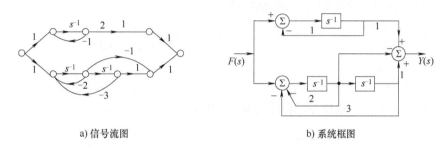

<table>
<tr><td>a) 信号流图</td><td>b) 系统框图</td></tr>
</table>

图 6-24　并联型结构

习题与思考题

6-1　描述某 LTI 系统的微分方程为 $y''(t)+4y'(t)+3y(t)=f'(t)-3f(t)$，求该系统的冲激响应 $h(t)$。

6-2　描述某 LTI 系统的微分方程为 $y'(t)+2y(t)=f'(t)+f(t)$，用拉普拉斯变换法求下列激励下的零状态响应。

1）$f(t)=\varepsilon(t)$。　　　　　　　　　　2）$f(t)=e^{-2t}\varepsilon(t)$。

6-3　描述某 LTI 系统的微分方程为 $y''(t)+3y'(t)+2y(t)=f'(t)+4f(t)$ 求下列条件下的零输入响应和零状态响应。

1）$f(t)=\varepsilon(t)$，$y(0_-)=1$，$y'(0_-)=3$。　2）$f(t)=e^{-2t}\varepsilon(t)$，$y(0_-)=1$，$y'(0_-)=2$。

6-4　某 LTI 离散系统的差分方程为 $y(k)+3y(k-1)+2y(k-2)=f(k)$，已知 $f(k)=\varepsilon(k)$，$y(-1)=-2$，$y(-2)=3$，由 z 域求解。

1）求系统函数 $H(z)$、单位冲激响应 $h(k)$。

2）求零输入响应 $y_{zi}(k)$、零状态响应 $y_{zs}(k)$ 和全响应 $y(k)$。

6-5　描述某 LTI 离散系统的差分方程为 $y(k)-y(k-1)-2y(k-2)=f(k)$，已知 $y(-1)=-1$，$y(-2)=1/4$，$f(k)=\varepsilon(k)$，求该系统的零输入响应、零状态响应和全响应。

6-6　已知下列 LTI 连续因果系统的系统函数 $H(s)$，试判断系统是否稳定。

1）$H(s) = \dfrac{100}{s+100}$。　　　　　　2）$H(s) = \dfrac{3}{s(s+2)}$。

3）$H(s) = \dfrac{1}{s^2+16}$。　　　　　　4）$H(s) = \dfrac{s-10}{s^2+4s+29}$。

6-7 描述离散系统的差分方程分别如下。

1) $y(k)+y(k-1)-\dfrac{3}{4}y(k-2)=2f(k)-f(k-1)$。

2) $y(k)-\dfrac{1}{2}y(k-1)+\dfrac{1}{8}y(k-2)=\dfrac{1}{2}f(k)+f(k-1)$。

求其系统函数 $H(z)$ 及零、极点。

6-8 某离散因果系统的系统函数为 $H(z)=\dfrac{z^2-1}{z^2+0.5z+(K+1)}$，为使系统稳定，$K$ 应满足什么条件？

6-9 试用直接型、级联型和并联型结构模拟下列系统。

1) $H(s)=\dfrac{5(s+1)}{(s+2)(s+5)}$。

2) $H(s)=\dfrac{s^2+2s-3}{(s+2)(s+5)}$。

3) $H(s)=\dfrac{s-3}{s(s+1)(s+2)}$。

4) $H(s)=\dfrac{2s-4}{(s^2-s+1)(s^2+2s+1)}$。

6-10 求图 6-25 所示连续系统的系统函数 $H(s)$。

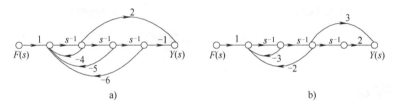

图 6-25 题 6-10 图

6-11 若连续系统的系统函数如下，分别用级联型和并联型结构模拟此系统，并画出其系统框图。

1) $\dfrac{s-1}{(s+1)(s+2)(s+3)}$。

2) $\dfrac{s^2+s+2}{(s+2)(s^2+2s+2)}$。

6-12 若离散系统的系统函数如下，试用直接型结构模拟此系统，并画出其系统框图。

1) $\dfrac{z(z+2)}{(z-0.8)(z-0.6)(z+0.4)}$。

2) $\dfrac{(z-1)(z^2-z+1)}{(z-0.5)(z^2-0.6z+0.25)}$。

6-13 若离散系统的系统函数如下，分别用级联型和并联型结构模拟此系统，并画出其系统框图。

1) $\dfrac{z^2}{(z+0.5)^2}$。

2) $\dfrac{z^3}{(z-0.5)(z^2-0.6z+0.25)}$。

6-14 已知某 LTI 连续系统，当输入 $f(t)=e^{-t}\varepsilon(t)$ 时，其零状态响应为 $y_{zs}(t)=(e^{-t}-2e^{-t}+3e^{-3t})\varepsilon(t)$，求该系统的阶跃响应 $g(t)$。

6-15 求图 6-26 所示系统在下列激励作用下的零状态响应。

1) $f(k)=\delta(k)$。　　　　2) $f(k)=k\varepsilon(k)$。

6-16 如图 6-27 所示系统，求系统函数及其单位序列

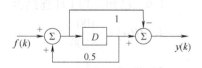

图 6-26 题 6-15 图

响应。

6-17 如图 6-28 所示的复合系统由三个子系统组成，如已知各子系统的单位序列响应或系统函数分别为 $h_1(k)=\varepsilon(k)$，$H_2(z)=\dfrac{z}{z+1}$，$H_3(z)=\dfrac{1}{z}$，求输入 $f(k)=\varepsilon(k)-\varepsilon(k-2)$ 时的零状态响应 $y_{zs}(k)$。

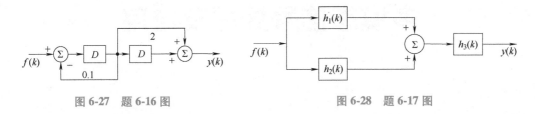

图 6-27 题 6-16 图   图 6-28 题 6-17 图

6-18 设模拟滤波器的系统函数为 $H_a(s)=\dfrac{s+a}{(s+a)^2+\Omega_0^2}$，试用冲激响应不变法将它转换成数字滤波器的系统函数。

6-19 电路如图 6-29 所示，已知 $L_1=3\mathrm{H}$，$L_2=6\mathrm{H}$，$R=9\Omega$。若以 $i_s(t)$ 为输入，$u(t)$ 为输出，求其冲激响应 $h(t)$ 和阶跃响应 $g(t)$。

6-20 已知某离散系统的差分方程为 $y(k)+1.5y(k-1)-y(k-2)=f(k-1)$。

1）若该系统为因果系统，求系统的单位序列响应 $h(k)$。

2）若该系统为稳定系统，求系统的单位序列响应 $h(k)$，并计算输入为 $f(k)=(-0.5)^k\varepsilon(k)$ 时的零状态响应 $y_{zs}(k)$。

6-21 图 6-30 所示为 LTI 连续因果系统的信号流图。

1）求系统函数。   2）列写出输入输出微分方程。   3）判断该系统是否稳定。

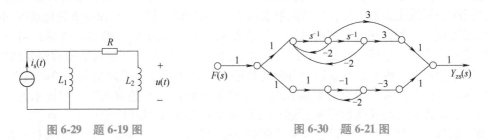

图 6-29 题 6-19 图   图 6-30 题 6-21 图

177

应用篇

多模态信号处理及应用

基础篇（第1章~第6章）主要是从单一模态信号的角度出发，重点阐述了信号处理的基本理论与方法，并探讨了信号经过系统后的输出变化、系统对信号的作用以及系统特性分析理论。第7章~第11章是本书的应用篇部分。第7章首先介绍多模态信号处理的基本概念、模型、处理技术及应用领域。

多模态信号处理是指同时处理和理解来自不同模态（如文字、语音、图像等）的信息。在这种背景下，语音与图像作为两种最主要且直观的信息载体，在多模态信号处理中尤为重要。它们不仅各自承载着丰富的信息，还能够通过融合分析提供更加全面、准确的理解。语音是人类最自然的交流方式之一，语音信号能够直接反映说话人的情感、意图和上下文信息。通过语音识别技术，可以将语音信号转化为文本或指令，实现人机交互。图像是一种直观且信息丰富的表达方式，能够传递出比文字更多的细节和场景信息。图像识别技术能够解析图像内容，提取关键信息，并用于各种应用场景，如安全监控、自动驾驶等。

在多模态信号处理中，将语音与图像信号相结合，可以显著提高模型的性能和泛化能力。通过融合不同模态的信息，模型能够获取更全面的数据特征，从而更准确地理解用户意图和场景变化。例如，在语音识别领域，结合视频信号（如手势、脸部表情等）可以提高识别准确率；在图像生成与修复中，结合文本描述或音频信息可以提高生成和修复的质量。语音与图像信号在多模态信号处理中占据着核心地位，并发挥着传递信息、提高模型性能、拓展应用场景以及促进人机交互智能化与人性化的重要作用。随着人工智能技术的不断发展，语音、图像信号与其他信号进行融合分析将在更多领域得到广泛应用和推广。在本篇中，第8章与第9章就是从多模态信号处理的角度出发，介绍了图像、语音信号处理的基本概念、基本处理与分析方法，以及融合应用案例。

高速铁路作为现代社会非常重要的交通设施，其轨道检测是确保高速铁路运行安全、提高运输效率的重要手段。随着高速铁路的快速发展，对轨道检测技术的要求也越来越高，为此，第10章介绍高速铁路轨道检测的经典方法，以及基于多模态信号融合处理实现检测的应用。

随着科学技术的不断进步以及医疗、神经科学、人工智能等领域的快速发展，脑电信号处理在疾病诊断与治疗、脑机接口、认知功能研究等多个方面展现出巨大的潜力和应用前景。未来的脑电信号处理将更加注重多模态数据的融合。通过结合功能磁共振成像（fMRI）、脑磁图（MEG）等其他神经成像技术，可以获得更全面、更准确的大脑信息，为临床诊断和神经科学研究提供更加有力的支持。为此，第11章对脑电信号的采集、处理、融合应用进行介绍，可为后续进行该领域研究奠定一定基础。

第7章 多模态信号处理

📖 导 读

　　本章首先从多模态信号处理的基本概念出发，在简要介绍多模态信号处理基本内涵的基础上，介绍人工智能时代用于处理多模态信号的多种不同模型，从简单的新型回归模型到各种深度神经网络模型，然后举例说明如何运用这些模型开发多模态信号融合、增强、识别、转换等关键技术，最后简要介绍多模态信息处理技术的主要应用领域。

📋 本章知识点

- 多模态信号处理概念与内涵
- 多模态信号处理模型
- 多模态信号处理主要任务与关键技术
- 多模态信号处理技术的应用领域与社会经济价值

7.1 多模态信号处理的概念

　　随着信息技术的飞速发展和深度学习的深入研究，对于复杂信息的处理需求日益增强，而传统的单一模态信号处理技术难以满足这种需求。在这种背景下，多模态信号处理的重要性越发凸显，它不仅为处理不同来源、不同形式的信息提供了有效手段，还为实现更高级别的智能交互和决策支持奠定了坚实基础，在提高信息处理的全面性、增强信息处理的鲁棒性、拓宽信息处理的应用范围等方面都具有重要意义。

　　模态，即事物经历与展现的多样化途径。我们所处的世界是一个由视觉、听觉、文本乃至嗅觉等多种模态信息交织而成的综合体。当研究问题或数据集涉及这些多样化的信息类型时，便构成了多模态问题。

　　在数据领域，多模态概念涵盖了多种形态的数据形式，常见类型有文本、图像、音频、视频，以及它们的混合形式。这些多样化的数据元素共同构成了多模态数据的基础，为数据处理与分析提供了丰富的素材。

多模态数据指的是围绕同一对象，从不同领域或观察角度获取到的多种类型的数据。这些不同的领域或视角称为模态，它们各自独立又相互补充，共同构成了对目标对象的全面描述。而多模态信号处理，是一种涉及多种传感器或信息来源的技术，主要是指利用计算机对来自不同模态的信号数据进行融合、分析和处理。多模态信号处理的目标是通过利用不同模态之间的互补性和关联性，提高信息处理的准确性和效率。

多模态信号处理学习研究可以分为以下五个方面：多模态表征、多模态转换、多模态对齐、多模态融合、多模态协同学习。其中多模态表征是多模态转换、对齐、融合和协同学习等任务的基础。

1. 多模态表征

多模态表征是指将来自不同模态的数据映射到一个共享的表示空间中，以便于不同模态数据之间的有效比较和应用。根据输出的表征是否在一个统一的表征空间内，多模态表征可分为统一表征和协同表征：统一表征融合多个单模态信号，并将它们映射到一个统一表征空间内；协同表征分别处理每一个模态的信息，但是在不同模态之间增加相似性的约束。统一表征与协同表征的基本结构如图 7-1 所示。

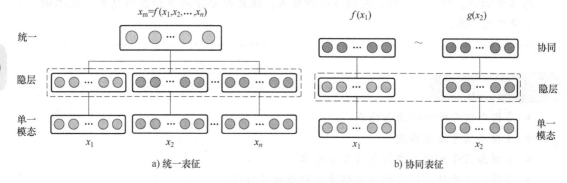

图 7-1　统一表征与协同表征的基本结构

2. 多模态转换

多模态转换是指将来自不同模态的数据进行转换和生成，实现跨模态数据之间的转换和应用。根据多模态转换的一些共同因素，多模态转换方法可以分为基于实例的方法和基于生成的方法：基于实例的方法从转换字典中检索最佳转换；基于生成的方法构建并训练一个能够转换的模型。基于实例与生成的基本结构如图 7-2 所示。

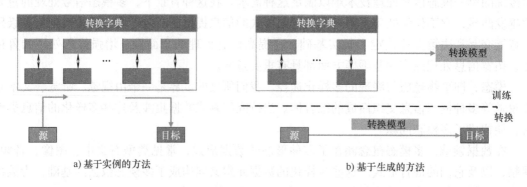

图 7-2　基于实例与生成的基本结构

3. 多模态对齐

多模态对齐是指将来自不同模态的数据在语义上进行一致性映射，使得它们在共享的表示空间中具有相似的表征。多模态对齐可以分为显式和隐式两种。若模型的核心任务之一是对齐两个或更多模态的子元素，则这一过程称为显式对齐。显式对齐策略分为无监督与有监督两种。相反，隐式对齐则是在模型训练过程中，作为完成另一任务的辅助手段，通过潜在的方式自动调整数据间的对齐关系。

4. 多模态融合

多模态融合是指通过将来自不同模态的信息进行有效融合来执行预测。多模态融合可以分为两大类：不直接依赖于特定机器学习方法的模型无关的融合和基于模型的融合。模型无关的融合分为早期、后期和混合融合。早期融合在特征提取后立即整合特征（常通过简单连接特征表示实现）；后期融合在各模态独立决策后整合结果（如分类或回归输出）；混合融合则融合了早期融合与后期融合的优点。

5. 多模态协同学习

多模态协同学习是指利用一个模态的丰富资源辅助另一个模态的建模过程，尤其是当其中一个模态的资源有限，例如缺乏标注数据、噪声输入或不可靠的标签时。根据训练资源，多模态协同学习可以分为三类数据方法：并行、非并行和混合。并行数据方法需要训练数据集，其中一种模态的观测结果与其他模态的观测结果直接相关；非并行数据方法不需要在不同模式的观测结果之间建立直接联系，通常通过类别重叠实现协同学习；混合数据方法通过共享模式或数据集桥接。三种数据方法的基本结构如图 7-3 所示。

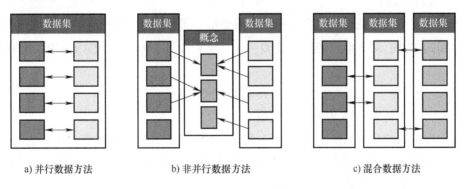

a) 并行数据方法　　　　b) 非并行数据方法　　　　c) 混合数据方法

图 7-3　三种数据方法的基本结构

7.2　多模态信号处理模型

在数字信息爆炸的时代，多模态信号处理成为重要研究领域。多模态数据（如文本、图像、音频、视频等）因其丰富的信息和复杂的关系，为分析和洞察提供了新视角。多模态信号处理通过先进技术融合、分析和利用不同模态数据，提升信息处理效率，挖掘数据间的内在关联，提供更全面的理解。

传统的单一模态信号处理已无法满足复杂需求，因此，多模态信号处理模型应运而生，融合不同模态信息，提供更准确的分析结果。其重要性在于利用模态间的互补性。多模态信号处理模型的发展经历了从传统机器学习模型到深度学习模型，再到预训练大模型的转变。

传统模型如线性回归、随机森林、支持向量机等，通过特征提取和统计学习进行初步分析，但在处理复杂多模态数据时面临挑战。深度学习模型如卷积神经网络（CNN）和循环神经网络（RNN），则通过自动学习特征表示和层次化结构挖掘深层信息，提供了更强大和灵活的工具。近年来，预训练大模型如 BERT（基于 Transformer 的双向编码器表示）、GPT（生成式预训练）在大规模数据集上进行预训练，学习丰富的语言和视觉知识，具有强大的跨模态理解和生成能力，推动了多模态信号处理的发展。

本节介绍多模态信号处理中各类机器学习和深度学习模型，包括传统算法、现代技术和前沿多模态大模型。首先回顾传统机器学习模型在多模态信号处理中的应用，如线性回归、随机森林、支持向量机等。接着详细介绍深度学习模型，如 CNN 在图像处理中的成功应用及其扩展，以及 Transformer 模型在多模态序列数据处理中的优势。最后聚焦多模态大模型，探讨其原理、训练过程及应用，并展望未来发展趋势。读者将全面了解多模态信号处理模型的特点、优势和适用场景，为实际应用提供理论和技术支持。

7.2.1 线性回归

线性回归是机器学习中的一种监督学习算法，它试图建立一个或多个自变量与因变量之间的线性关系，用于预测连续数值型数据。线性回归主要有两种类型：简单线性回归和多元线性回归。

1. 简单线性回归

简单线性回归只涉及一个自变量和一个因变量，通过建立一个线性方程来描述自变量与因变量之间的关系，对于给定的数据集 $D = \{(x_i, y_i)\}_{i=1}^m$，其中 $x_i \in \mathbb{R}$，$y_i \in \mathbb{R}$，方程可以表示为

$$f(x) = wx + b \tag{7-1}$$

式中，w 为权重（斜率），b 为偏置（截距）。

简单线性回归的目标是确定最佳的 w 和 b，使得对于给定的数据集，预测值 $f(x_i)$ 与实际值 y_i 之间的差异最小。线性回归通常使用均方误差（MSE）作为损失函数，以衡量模型预测值与实际观测值之间的差异，表达式为

$$\text{MSE} = \frac{1}{m} \sum_{i=1}^m (y_i - f(x_i))^2 \tag{7-2}$$

式中，m 为数据集的样本数量，y_i 为第 i 个样本的实际值，$f(x_i)$ 为第 i 个样本的预测值。

均方误差的几何意义为欧几里得距离，预测值与实际值之间的差异最小，也就是均方误差最小，通过最小化均方误差就可以求解方程的 w 和 b，这种方法也称为最小二乘法。求解过程具体如下。先分别对 w 和 b 求偏导，得到

$$\frac{\partial \text{MSE}}{\partial w} = 2 \left[w \sum_{i=1}^m x_i^2 - \sum_{i=1}^m (y_i - b) x_i \right] \tag{7-3}$$

$$\frac{\partial \text{MSE}}{\partial b} = 2 \left[mb - \sum_{i=1}^m (y_i - wx_i) \right] \tag{7-4}$$

然后令偏导为 0，可求得最优解 w 和 b 分别为

$$w = \frac{\sum\limits_{i=1}^{m} y_i(x_i - \bar{x})}{\sum\limits_{i=1}^{m} x_i^2 - \frac{1}{m}\left(\sum\limits_{i=1}^{m} x_i\right)^2} \tag{7-5}$$

$$b = \frac{1}{m}\sum\limits_{i=1}^{m}(y_i - wx_i) \tag{7-6}$$

式中，$\bar{x}$ 为样本 x 的均值，$\bar{x} = \frac{1}{m}\sum\limits_{i=1}^{m} x_i$。

2. 多元线性回归

多元线性回归涉及两个或更多的自变量，对于给定的数据集 $D = \{(x_i, y_i)\}_{i=1}^{m}$，其中 $x_i = (x_1, x_2, \cdots, x_d)$，$y_i \in \mathbb{R}$，方程可以表示为

$$f(x) = w_1 x_1 + w_2 x_2 + \cdots + w_d x_d + b \tag{7-7}$$

式中，$\boldsymbol{w} = (w_1, w_1, \cdots, w_d)^T$ 为权重，b 为偏置。式（7-7）可以写成如下向量形式：

$$f(\boldsymbol{x}) = \boldsymbol{w}x + b \tag{7-8}$$

式中，$\boldsymbol{x} = (x_1, x_2, \cdots, x_d)^T$，再将真实值表示为向量形式 $\boldsymbol{y} = (y_1, y_2, \cdots, y_m)$。类似地，可以用最小二乘法求解 $\boldsymbol{w}$ 和 b，即

$$(\boldsymbol{w}^*, b^*) = \arg\min_{(\boldsymbol{w},b)}(\boldsymbol{y} - \boldsymbol{X}\hat{\boldsymbol{w}})^T(\boldsymbol{y} - \boldsymbol{X}\hat{\boldsymbol{w}}) \tag{7-9}$$

式中，$\hat{\boldsymbol{w}} = (\boldsymbol{w}, b)$，$\boldsymbol{y} = (y_1, y_2, \cdots, y_m)^T$，$\boldsymbol{X}$ 为 $m \times (d+1)$ 的矩阵：

$$\boldsymbol{X} = \begin{pmatrix} x_{11} & x_{12} & \cdots & x_{11} & 1 \\ x_{21} & x_{22} & \cdots & x_{11} & 1 \\ \vdots & \vdots & & \vdots & \vdots \\ x_{m1} & x_{m2} & \cdots & x_{md} & 1 \end{pmatrix} = \begin{pmatrix} \boldsymbol{x}_1^T & 1 \\ \boldsymbol{x}_2^T & 1 \\ \vdots & \vdots \\ \boldsymbol{x}_m^T & 1 \end{pmatrix} \tag{7-10}$$

令 $E_{\hat{\boldsymbol{w}}} = (\boldsymbol{y} - \boldsymbol{X}\hat{\boldsymbol{w}})^T(\boldsymbol{y} - \boldsymbol{X}\hat{\boldsymbol{w}})$，对 $\hat{\boldsymbol{w}}$ 求导，得

$$\frac{\partial E_{\hat{\boldsymbol{w}}}}{\partial \hat{\boldsymbol{w}}} = 2\boldsymbol{X}^T(\boldsymbol{X}\hat{\boldsymbol{w}} - \boldsymbol{y}) \tag{7-11}$$

令式（7-11）为 0 可得最优解 $\hat{\boldsymbol{w}}^*$，当 $\boldsymbol{X}^T\boldsymbol{X}$ 为满秩矩阵或正定矩阵时，有

$$\hat{\boldsymbol{w}}^* = (\boldsymbol{X}^T\boldsymbol{X})^{-1}\boldsymbol{X}^T\boldsymbol{y} \tag{7-12}$$

7.2.2　随机森林

随机森林是一种集成学习算法，其结构如图 7-4 所示，通过结合多个决策树完成分类或回归任务，达到比单一决策树更好的泛化性能。要想获得强泛化性能，集成的各个决策树应该具有较大的差异，且单个决策树的性能要好。

随机森林的特点主要包括两个方面：自助采样法和随机特征选择。

1. 自助采样法

给定含 m 个样本的原始数据集，采取有放回的随机抽样，经过 m 次随机抽样后得到含 m 个样本的子数据集，原始数据集中的数据在子数据集中可能重复出现，也可能不存在。采

样得到多个含 m 个训练样本的子数据集后，基于每个子数据集构建决策树，再将所有子决策树进行集成。

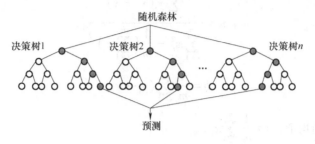

图 7-4　随机森林的结构

2. 随机特征选择

在分裂过程中，传统的决策树是从当前节点的所有待选特征中选择一个最优特征，而随机森林是先从所有待选特征中随机选择一部分特征，再从这部分中选择一个最优特征。

每棵决策树都会完整生长，不进行剪枝操作，每一棵树都会生成一个结果。对于分类任务，随机森林使用简单投票法得到最终结果；对于回归任务，随机森林使用简单平均法得到最终结果。

随机森林通过集成多个决策树的预测结果，可以得到较高的准确性。其中决策树的多样性不仅来自随机样本，还来自随机特征子集，提升了最终集模型的泛化性能，降低了过拟合的风险。

7.2.3　支持向量机

支持向量机作为一种经典的机器学习方法，是一种通过监督学习的方式对数据进行二元分类的广义线性分类器。其核心理念在于构建一个最优的决策边界，该边界不仅能够清晰地划分不同类别的样本，而且使得离超平面最近的样本点到超平面的距离最大化。

给定数据集 $D = \{(x_1, y_1), (x_2, y_2), \cdots, (x_m, y_m)\}$，其中 $y_i \in \{-1, +1\}$，在样本空间中，划分超平面的线性方程为

$$\boldsymbol{w}^\mathrm{T}\boldsymbol{x} + b = 0 \tag{7-13}$$

式中，$\boldsymbol{w} = (w_1, w_2, \cdots, w_d)$ 为超平面的法向量，b 为超平面与原点之间的距离。样本空间中任意一点与超平面之间的距离为

$$r = \frac{|\boldsymbol{w}^\mathrm{T}\boldsymbol{x} + b|}{\|\boldsymbol{w}\|} \tag{7-14}$$

假设超平面能够正确分类样本，那么对于样本 $(x_i, y_i) \in D$，有

$$\begin{cases} \boldsymbol{w}^\mathrm{T}x_i + b \geqslant +1, \ y_i = +1 \\ \boldsymbol{w}^\mathrm{T}x_i + b \leqslant -1, \ y_i = -1 \end{cases} \tag{7-15}$$

式中，距离超平面最近的样本使等号成立，这几个样本称为支持向量。两个异类支持向量到超平面的距离之和为

$$r = \frac{2}{\|\boldsymbol{w}\|} \tag{7-16}$$

该距离之和称为间隔。要找到间隔最大的超平面，要满足如下条件：

$$\min_{\boldsymbol{w},b} \frac{2}{\boldsymbol{w}} \text{ s. t. } y_i(\boldsymbol{w}^\mathrm{T}\boldsymbol{x}_i+b) \geqslant 1, i=1,2,\cdots,m \tag{7-17}$$

而要使间隔最大，仅需使 $\boldsymbol{w}^{-1}$ 最大，等价于使 $\boldsymbol{w}^2$ 最小，则式（7-17）可改写为

$$\min_{\boldsymbol{w},b} \frac{\boldsymbol{w}^2}{2} \text{ s. t. } y_i(\boldsymbol{w}^\mathrm{T}\boldsymbol{x}_i+b) \geqslant 1, i=1,2,\cdots,m \tag{7-18}$$

这就是支持向量机的基本型。利用拉格朗日乘子法可将基本型转化为如下对偶问题：

$$L(\boldsymbol{w},b,\boldsymbol{\alpha}) = \frac{\boldsymbol{w}^2}{2} + \sum_{i=1}^{m} \alpha_i(1-y_i(\boldsymbol{w}^\mathrm{T}\boldsymbol{x}_i+b)) \tag{7-19}$$

式中，$\boldsymbol{\alpha}=(\alpha_1,\alpha_2,\cdots,\alpha_m)$ 为拉格朗日乘子，且 $\alpha_i \geqslant 0$。令 $L(\boldsymbol{w},b,\boldsymbol{\alpha})$ 对 $\boldsymbol{w}$ 和 b 的偏导为 0，可得

$$\begin{cases} \boldsymbol{w} = \sum_{i=1}^{m} \alpha_i y_i \boldsymbol{x}_i \\ 0 = \sum_{i=1}^{m} \alpha_i y_i \end{cases} \tag{7-20}$$

将其代入基本型中，就得到了基本型的对偶问题，为

$$\max_{\boldsymbol{\alpha}} \sum_{i=1}^{m} \alpha_i - \frac{1}{2} \sum_{i=1}^{m} \sum_{j=1}^{m} \alpha_i \alpha_j y_i y_j \boldsymbol{x}_i^\mathrm{T} \boldsymbol{x}_j \tag{7-21}$$

$$\text{s. t. } \sum_{i=1}^{m} \alpha_i y_i = 0, \alpha_i \geqslant 0, i=1,2,\cdots,m \tag{7-22}$$

这是一个在不等式约束下的二次函数极值问题，根据 KKT 条件可得，该式大于 0 的解所对应的样本就是支持向量。假设 $\boldsymbol{\alpha}^*$ 为最优解，则按下面方式计算出的解为所求超平面：

$$\begin{cases} \boldsymbol{w}^* = \sum_{i=1}^{n} \alpha_i^* y_i \boldsymbol{x}_i \\ b^* = y_i - \sum_{i=1}^{n} \alpha_i^* y_i \boldsymbol{x}_i^\mathrm{T} \boldsymbol{x}_i \end{cases} \tag{7-23}$$

7.2.4　稀疏表示

稀疏表示是机器学习中的一个重要概念，它指的是一种数据表示方法，即为普通稠密表达的样本找到合适的字典，将样本转化为合适的稀疏表示形式，从而简化学习任务，降低模型复杂度。稀疏表示通常称为字典学习，又称稀疏编码。

给定数据集 $\{x_1,x_2,\cdots,x_m\}$，稀疏表示的模型可以写为

$$\min_{\boldsymbol{B},\boldsymbol{\alpha}_i} \sum_{i=1}^{m} x_i - \boldsymbol{B}\boldsymbol{\alpha}_{i2}^2 + \lambda \sum_{i=1}^{m} \boldsymbol{\alpha}_{i1} \tag{7-24}$$

式中，$\boldsymbol{B} \in \mathbb{R}^{d \times k}$ 为字典矩阵，k 为字典的词汇量，$\boldsymbol{\alpha}_i \in \mathbb{R}^k$ 为样本的稀疏表示。可采用变量交替优化的策略进行求解。

首先固定字典 $\boldsymbol{B}$，为每个样本 $\boldsymbol{x}_i$ 找到相应的 $\boldsymbol{\alpha}_i$；然后固定 $\boldsymbol{\alpha}_i$ 以更新字典 $\boldsymbol{B}$，将式（7-24）改写为

$$\min_{\mathrm{F}} \boldsymbol{X} - \boldsymbol{B}\boldsymbol{A}_{\mathrm{F}}^2 \tag{7-25}$$

式中，$\boldsymbol{X}=(\boldsymbol{x}_1,\boldsymbol{x}_2,\cdots,\boldsymbol{x}_m) \in \mathbb{R}^{d \times m}$，$\boldsymbol{A}=(\boldsymbol{\alpha}_1,\boldsymbol{\alpha}_2,\cdots,\boldsymbol{\alpha}_m) \in \mathbb{R}^{k \times m}$ 为稀疏矩阵。$\| . \|_{\mathrm{F}}$ 表示矩阵的

Frobenius 范数，用 $\boldsymbol{b}_i$ 表示 $\boldsymbol{B}$ 的第 i 列，$\boldsymbol{\alpha}^i$ 表示 $\boldsymbol{A}$ 的第 i 行，式（7-25）又可写为

$$\min_{\boldsymbol{b}_i} \|\boldsymbol{E}_i - \boldsymbol{b}_i \boldsymbol{\alpha}^i\|_{\mathrm{F}}^2 \tag{7-26}$$

当更新字典的第 i 列时，$\boldsymbol{E}_i = \sum_{j \neq i} \boldsymbol{b}_i \boldsymbol{\alpha}^i$ 固定，因此 $\boldsymbol{\alpha}^i$ 仅保留非零元素，$\boldsymbol{E}_i$ 仅保留 $\boldsymbol{b}_i$ 与 $\boldsymbol{\alpha}^i$ 非零元素的乘积，再对 $\boldsymbol{E}_i$ 进行奇异值分解，获得最大奇异值所对应的正交向量。初始化字典矩阵 $\boldsymbol{B}$ 后，反复迭代上述两步操作，就能得到字典 $\boldsymbol{B}$ 和稀疏表示 $\boldsymbol{\alpha}^i$。

7.2.5 卷积神经网络

在多模态信号处理领域的众多模型中，CNN 凭借其出色的特征提取和局部感知能力，成为不可或缺的一部分。CNN 最初在图像处理领域取得了巨大成功，通过模拟人类视觉系统的层次化处理方式，它能够有效地从原始像素中抽取出高级别的抽象特征。随着多模态信号处理需求的增长，CNN 也逐渐被应用于融合来自不同模态的信息。在多模态场景下，CNN 可以针对每种模态分别设计特定的卷积层，以捕捉各自独特的特征。例如，在图像和文本结合的任务中，CNN 可以处理图像数据，提取出形状、颜色等视觉特征；同时，对于文本数据，可以将其转化为词向量或嵌入表示，然后输入到另一个 CNN 或 RNN 中进行处理，提取语义特征。一个完整的 CNN 由卷积层、池化层和全连接层构成，本小节将对 CNN 中各层的结构和作用进行介绍。

1. 卷积层

在 CNN 的架构中，卷积层占据着举足轻重的地位。这一层通过执行卷积操作，有效地从图像数据中提取关键特征，并生成一系列经过处理的特征图作为输出。卷积层巧妙地运用卷积核作为滤波器，针对输入图像的特征图矩阵执行矩阵运算，这一过程实质上是滤波操作的数字化实现。为了直观理解，可以将卷积过程想象为滑动窗口在特征图上的遍历。具体来说，利用梯度下降算法优化得到的卷积核作为这一滑动窗口的核心，它在特征图矩阵上按既定步长逐步移动，每到一个位置便执行乘积累加操作，即将卷积核与当前窗口覆盖的数值相乘后求和。若存在偏置项，则还需将偏置值加到累加结果上。这一过程不断重复，直至遍历完整个特征图，最终生成卷积后的特征图。在 CNN 处理图像的实际场景中，卷积核的尺寸常设计为 1×1、3×3、5×5 等，当这些不同大小的卷积核在特征矩阵上滑动时，所覆盖的区域即为其感受野，它决定了卷积操作能够捕捉到图像信息的范围。

卷积操作示意图如图 7-5 所示。当卷积层的输入特征矩阵尺寸为 4×4，采用 3×3 的卷积核进行滑动窗口操作时，若卷积核每次移动的步长为 1，则经过卷积处理后的输出特征矩阵大小会缩减为 2×2。这种尺寸上的缩减不仅可能引发图像边缘信息的遗漏，还可能限制后续卷积层的进一步处理。为解决特征图尺寸缩减的问题，一种有效的方法是在输入特征矩阵的边

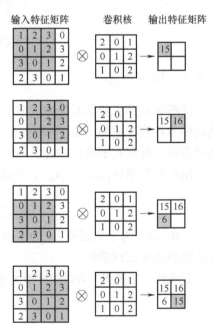

图 7-5　卷积操作示意图

缘区域进行零填充（Zero-padding）。

卷积层的填充操作如图 7-6 所示。先对原 4×4 的特征矩阵四周边界添加零值，再进行 3×3 的卷积操作，可以确保输出特征矩阵的大小仍为 4×4，从而维持了卷积层输入输出特征矩阵的一致性。

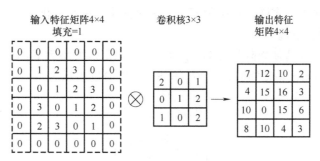

输入特征矩阵4×4　　　卷积核3×3　　　　输出特征
填充=1　　　　　　　　　　　　　　　矩阵4×4

图 7-6　卷积层的填充操作

假设输入特征矩阵的尺寸为 $H_{in} \times W_{in}$，边界填充数量为 P（通常在高度和宽度上填充的数量相同，但理论上它们可以不同，这里为了简化，假设它们相同），卷积核大小为 $F_H \times F_W$，卷积核移动步长为 S，则卷积层输出特征矩阵的高度 H_{out} 和宽度 W_{out} 可以分别通过以下公式计算：

$$\begin{cases} H_{out} = \dfrac{H_{in} + 2P - F_H}{S} + 1 \\ \\ W_{out} = \dfrac{W_{in} + 2P - F_W}{S} + 1 \end{cases} \tag{7-27}$$

在实际应用中，输入特征图往往包含多个通道，以适应不同类型的数据。例如，灰度图像由于其单色特性，每个像素值仅对应一个通道；而 RGB（三原色）图像则因其色彩的丰富性，每个像素的颜色数值由红色、绿色、蓝色三个通道共同构成。当含有三通道的 RGB图像作为卷积层的输入时，为了确保输入特征与卷积核之间能够顺利进行卷积操作，卷积核的通道数也需相应设定为 3。卷积核的每个通道将分别与 RGB 图像的对应通道进行卷积，从而捕捉图像中不同的颜色信息。

进一步地，通过调整卷积核的数量，可以控制卷积层的输出通道数。这意味着，一个卷积层可以输出多个特征图，每个特征图都代表了输入图像在不同卷积核作用下的特征提取结果。RGB 图像经过一次 3×3 卷积操作后，会产生与卷积核数量相等的多个输出特征图，每个特征图都捕捉到了图像不同方面的信息。这种机制为 CNN 提供了强大的特征学习能力，使得它能够在图像处理领域展现出卓越的性能。

2. 池化层

池化层作为下采样技术中的关键步骤，广泛应用于深度学习模型中，特别是处理图像数据时。其核心功能在于有效缩减特征图的维度，实现对输入特征层信息的压缩与精炼，进而减少后续网络层中的权重参数数量。这一特性不仅有助于降低模型的计算复杂度，还能在一定程度上减轻过拟合现象，增强模型的泛化性能。池化操作本质上是一种非线性的下采样过程，它通过一定的规则（如最大池化、平均池化等）在特征图上选取代表性强的信息点，保留关键特征而忽略冗余细节。在典型的特征提取架构中，池化层往往紧随卷积层之后，对卷积操作提取出的特征进行进一步的抽象与整合，为后续的网络层提供更加紧凑、有效的特征表示。

针对输入的特征矩阵，池化操作通过采用预设大小的池化窗口，在特征矩阵上按照一定的规则进行滑动，从而计算出每个窗口对应位置的数值，最终生成一个尺寸缩减后的特征矩阵。池化的具体操作方式多样，包括但不限于最大池化、平均池化、自适应最大池化、自适应平均池化和重叠池化等。

假设池化层的输入特征矩阵尺寸为 $H_{in} \times W_{in}$，池化窗口大小为 $F_H \times F_W$，池化窗口移动步长为 S，则池化层的输出特征矩阵尺寸 H_{out} 和 W_{out} 可以分别表示为

$$\begin{cases} H_{out} = \dfrac{H_{in} - F_H}{S} + 1 \\ W_{out} = \dfrac{W_{in} - F_W}{S} + 1 \end{cases} \tag{7-28}$$

为了有效缩小特征矩阵的尺寸并降低计算复杂度，可以将池化窗口的大小设置为与步长相匹配的值，例如当步长设置为 2 时，池化窗口也常取为 2×2。根据池化操作的特性，这一设置能够确保池化层的输出特征矩阵尺寸大致为输入特征矩阵的一半，具体由式（7-28）计算得出。图 7-7 直观地展示了在特征矩阵上应用最大池化和平均池化的过程，通过对比可以清晰地看到两者在特征选择上的差异。

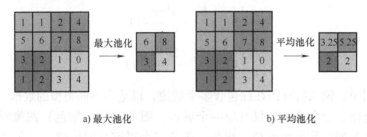

a) 最大池化   b) 平均池化

图 7-7   池化操作示意图

池化操作不仅具有缩小特征矩阵尺寸的功能，还赋予了网络对输入数据平移不变的特性。这意味着，当输入数据在空间上发生平移时，池化层的输出结果能够保持稳定，不受具体位置变化的影响。在 CNN 的架构中，卷积层与池化层往往交替出现，形成特征提取与降维的有机结合。

3. 激活函数

在神经网络中，神经元通过加权求和处理输入数据，但仅依赖线性变换的网络表现有限。为了增强模型的表达能力，引入了激活函数，这种非线性变换显著提升了网络处理复杂非线性问题的能力。激活函数通过将输入映射到新的特征空间，捕捉更抽象的特征，提高了训练效率，并且有助于缓解梯度消失问题，使得网络更鲁棒和稳定。总之，激活函数是提升神经网络性能、处理复杂任务的关键要素。在 CNN 的架构中，激活函数的选择对于模型的性能具有显著影响。根据激活函数对输出数据的限制特性，这些函数可以大致划分为两大类：饱和激活函数与非饱和激活函数。

在饱和激活函数类别中，Sigmoid 函数和 Tanh 函数是经典的代表。Sigmoid 函数通过其 S 形曲线将输入映射到 (0,1) 区间内，而 Tanh 函数则将其映射到 (-1,1) 区间，两者均表现出

当输入值趋于极端时梯度逐渐消失的饱和现象。

　　相比之下，非饱和激活函数如 ReLU 函数则以其无上限（或仅有小范围上界）的输出特性脱颖而出。ReLU 函数以其简单和高效的特点在深度学习中得到广泛应用。当输入为正时 ReLU 函数保持线性输出，否则输出为零，这有效缓解了梯度消失问题。

　　这两类激活函数各有优缺点，选择合适的激活函数对于优化 CNN 模型的性能至关重要。饱和激活函数在早期神经网络中较为常见，但随着深度学习的发展，非饱和激活函数因其更好的梯度传播特性和更快的训练速度而逐渐成为主流。

　　Sigmoid 函数的表达式见式（7-29），该函数及其导数图像（见图 7-8）展示了 Sigmoid 函数的核心特性：其输出被限制在$(0,1)$区间内，这一特性使得 Sigmoid 函数能够自然地用于输出判别目标的概率，特别适用于二分类问题。然而，Sigmoid 函数也存在一些显著的缺点。首先，当输入值的绝对值较大时，Sigmoid 函数的输出会迅速趋近于 0 或 1，此时函数的梯度（即导数）会变得非常小，接近于 0。这种梯度接近于 0 的现象称为梯度消失问题，它会导致反向传播过程中梯度无法有效地传递到前面的网络层，从而减缓模型参数的更新迭代速度，进而影响模型的收敛速度。

$$\text{Sigmoid}(x) = \frac{1}{1+e^{-x}} \tag{7-29}$$

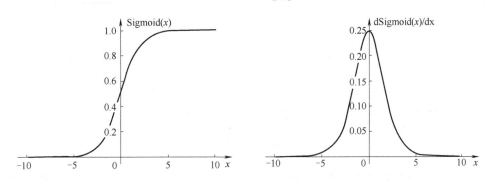

图 7-8　Sigmoid 函数及其导数图像

　　Tanh 函数即双曲正切函数，是另一种常见的饱和激活函数，其表达式见式（7-30），该函数及其导数图像如图 7-9 所示。Tanh 函数的图像展示了其值域为$(-1,1)$，并且该函数关于原点对称。相比于 Sigmoid 函数，Tanh 函数具有以下优势。首先，其输出范围在$-1{\sim}1$之间，且关于 0 对称，这使得它在实际应用中能够更有效地利用数据的动态范围，特别是处理一些需要中心化输出的任务时。其次，Tanh 函数的输出均值为 0，这有助于在训练过程中保持数据的中心化，从而可能加快收敛速度。然而，Tanh 函数同样存在饱和激活函数共有的问题。当输入值很大或很小时，Tanh 函数的导数会趋近于 0，这可能导致反向传播过程中梯度消失，从而减缓模型的训练速度。此外，Tanh 函数中的指数运算也会增加计算量，特别是在处理大规模数据集和深度神经网络时，这种计算开销可能会变得相当显著。

$$\text{Tanh}(x) = \frac{e^{x}-e^{-x}}{e^{x}+e^{-x}} \tag{7-30}$$

　　非饱和激活函数是指输出范围不受限于一个有限区间的函数，其中最具代表性的就是 ReLU 函数。ReLU 函数的表达式为

$$\text{ReLU}(x) = \begin{cases} x, & x > 0 \\ 0, & x \leqslant 0 \end{cases} \tag{7-31}$$

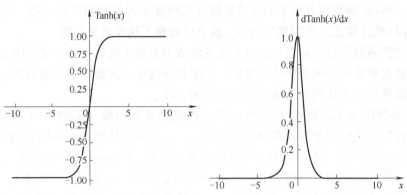

图 7-9　Tanh 函数及其导数图像

ReLU 函数及其导数图像如图 7-10 所示。

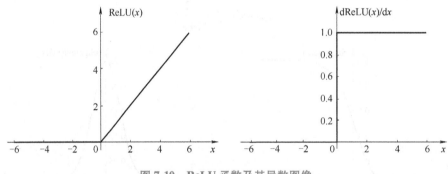

图 7-10　ReLU 函数及其导数图像

　　ReLU 函数及其导数图像清晰地展示了其关键特性。当输入值为正值时，ReLU 函数保持线性增长，即输出等于输入，此时其导数为 1，这意味着在正向传播和反向传播过程中，梯度能够完全传递，不会出现梯度消失问题。这一特性使得 ReLU 函数能够加深网络模型的可训练深度，并加快模型在随机梯度下降（SGD）或其他优化算法中的收敛速度。与 Sigmoid 函数和 Tanh 函数等饱和激活函数相比，ReLU 函数不需要进行复杂的指数运算，这进一步提高了计算效率。ReLU 函数另一个重要的优点是能够促使模型具有稀疏激活性。由于 ReLU 函数在输入为负时输出为 0，这导致在训练过程中，许多神经元的激活值会变为 0，从而减少了网络的有效连接数量。这种稀疏激活性不仅有助于缓解过拟合问题，还可能使得模型更容易学习到数据的本质特征。

　　然而，当输入值为负值时，ReLU 函数的梯度为 0，难以进行权重参数的更新迭代，从而导致特征值失活问题的出现。为了缓解 ReLU 函数在输入特征为负值时出现的神经元难以激活和权重无法更新的问题，基于 ReLU 函数改进了许多激活函数，如 LeakyReLU 函数和 ELU 函数，函数图像如图 7-11 所示。LeakyReLU 函数通过引入参数 a 扩大了函数的输出范围，在一定程度上缓解了神经元不可激活的问题。ELU 函数在输入值为负值时单侧饱和，可以进行迭代收敛。LeakyReLU 函数和 ELU 函数分别可以表示为

$$\mathrm{LR}(x)=\begin{cases} x, & x>0 \\ ax, & x\leqslant 0 \end{cases} \qquad (7\text{-}32)$$

$$\mathrm{ELU}(x)=\begin{cases} x, & x>0 \\ \alpha(e^{x}-1), & x\leqslant 0 \end{cases} \qquad (7\text{-}33)$$

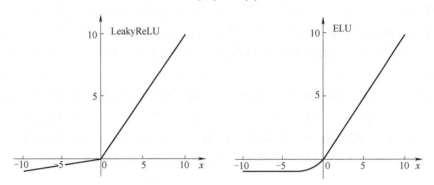

图 7-11　LeakyReLU 函数和 ELU 函数图像

从图 7-11 中可以直观地看出 LeakyReLU 函数和 ELU 函数处理负输入值时的不同表现。这些改进的激活函数在实际应用中往往能够取得比原始 ReLU 函数更好的性能，特别是处理复杂数据集和构建深层神经网络时。

4. 全连接层

CNN 基本结构模型如图 7-12 所示。

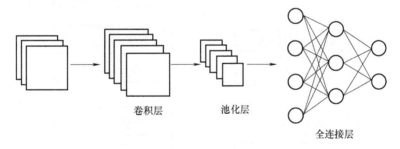

图 7-12　CNN 基本结构模型

全连接层一般放置在 CNN 结构的末尾，主要作用是降低维度和输出类别概率以进行分类，核心算法是线性变换。如图 7-12 所示，全连接层的主要特点是神经元与输入层中的每一个神经元进行完整的连接，从而学习到特征信息之间的相关性，将提取到的图像特征进行处理后映射到含有每个样本标记类别的空间位置，并以各类别的概率作为输出结果。

综上所述，CNN 模型由卷积层、池化层、全连接层经过排列组合构成，并利用激活函数增加模型的非线性表达能力。CNN 模型利用局部感知、权值共享的特性，既保持了特征图中像素之间的相关性，又减少了冗余特征。而池化层压缩特征图的维度，减少了输出节点，在降低参数量的同时增强了模型的鲁棒性，使得模型可以进一步加深。

7.2.6　Transformer 模型

在多模态信号处理中，Transformer 模型因其独特的自注意力（Self-Attention）机制和强大的全局依赖捕捉能力，逐渐显现出重要性。与传统的 RNN 和 CNN 相比，Transformer 模型在处理序列数据时具备更高的并行性和灵活性，尤其在融合图像、文本、音频等不同模态数据时具有优势。它通过特定的嵌入层将不同模态的数据转化为统一向量表示，然后利用自注意力机制捕捉各模态之间的潜在联系。Transformer 模型在多模态情感分析、问答系统和音视频同步等任务中表现优异，并且其可扩展性为多模态信号处理提供了更多可能性。下面将进一步介绍 Transformer 模型的基本原理、网络结构及其在多模态信号处理中的应用。

Transformer 模型的主要结构如图 7-13 所示，它由多个重复的编码器（Encoder）和解码器（Decoder）层堆叠而成。编码器部分主要负责处理输入序列，学习并编码不同词（或更广义的输入单元，如子词或字符）之间的关系。每一层编码器都包含自注意力机制，允许模型在处理每个输入单元时都考虑到整个输入序列中的其他单元，从而捕捉到词与词之间的依赖关系。此外，编码器还包含前馈神经网络（Feed forward Neural Network）和层归一化（Layer Normalization）等组件，以进一步增强模型的表示能力。

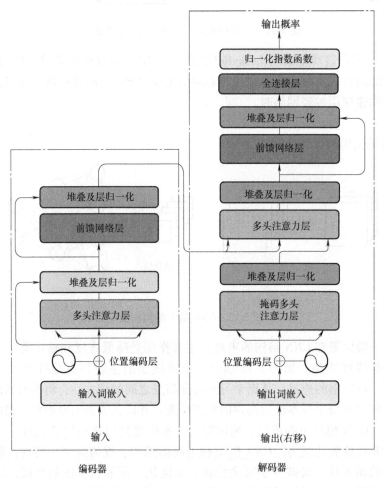

图 7-13 Transformer 模型的主要结构

解码器部分则负责根据编码器的输出和已生成的输出序列预测下一个输出单元。与编码器类似，每一层解码器也包含自注意力机制，但这里的自注意力是"掩码"的，以确保预测某个位置的输出时，只能利用到该位置之前的输出信息（即避免"作弊"看到未来的信息）。此外，解码器还包含一种特殊的注意力机制——编码器-解码器注意力（Encoder-DecoderAttention）机制，它允许解码器生成每个输出单元时都参考编码器的输出，即学习当前翻译的内容和编码向量之间的关系。这样，解码器就能够根据整个输入序列和已生成的输出序列做出更准确的预测。编码器负责学习并编码输入序列中的依赖关系，而解码器则根据编码器的输出和已生成的输出序列逐步生成目标序列。编码器-解码器注意力机制则进一步增强了模型在生成过程中的上下文理解能力。这种结构使得 Transformer 在多种自然语言处理任务中都取得了显著的性能提升。

为了保持编码解码的一致性，编码器和解码器在结构组成上较为相似，都由以下五个部件构成：输入向量变换、位置编码（Position Encoding）、多头自注意力（Multi-Head Self-Attention）机制、堆叠及归一化（Add& Norm Layers）和前向传播。

（1）输入向量变换

为了将输入的词向量转换为模型能够接受的序列向量，Transformer 模型使用 One-Hot（独热）编码方法对词向量进行编码。One-Hot 编码如图 7-14 所示。

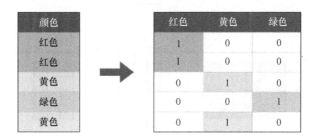

图 7-14　One-Hot 编码

在 Transformer 模型中，尽管通过 One-Hot 编码结合词嵌入（Word Embedding）技术有效地表达了词与词之间的语义关系，但原始输入序列中单词的位置信息却未被直接纳入考量。为了弥补这一不足，Transformer 模型引入了位置编码机制，以确保模型进行并行处理时能够明确区分并利用每个单词的位置信息。

（2）位置编码

位置编码的生成方式多样，包括基于网络学习的自适应方式和利用特定函数直接计算的确定性方式。在 Transformer 模型的具体实现中，为了提升效率并降低模型复杂度，采用了三角函数（如正弦函数和余弦函数）作为位置编码的生成函数，公式为

$$\mathrm{PE}(\mathrm{pos},2i)=\sin(\mathrm{pos}/1000^{2i/d_{\mathrm{model}}}) \tag{7-34}$$

$$\mathrm{PE}(\mathrm{pos},2i+1)=\cos(\mathrm{pos}/1000^{2i+1/d_{\mathrm{model}}}) \tag{7-35}$$

这些函数能够根据单词在句子中的绝对位置，直接计算出相应的位置向量，而无需额外的训练过程。函数公式旨在使位置编码既能够随着位置的不同而变化，又能在一定程度上保持不同位置间编码的连续性和可比较性。通过这种方式，Transformer 模型处理序列数据时既能捕捉到词汇间的语义关系，又能充分利用到词汇在句子中的位置信息，从而实现对输入序列更为全面和准确的理解。

在此机制中，pos 标识了词汇在句子序列中的具体位置，d 代表词向量的维度空间。位置编码的生成策略独特，它将偶数维度（$2i$）与奇数维度（$2i+1$）分别赋予正弦函数和余

弦函数的计算结果，以此确保每个维度都映射到一条独特的正弦波形上。这种设计确保了序列中每个位置都能被赋予一个独特且可辨识的编码标识，进而增强了模型并行计算时对词汇位置信息的捕捉能力。随后，将这一位置编码与经过词嵌入处理后的特征向量矩阵进行逐元素相加，融合位置信息与语义信息，最终生成包含完整上下文和位置感知的输入特征向量矩阵。

（3）多头自注意力机制

多头自注意力机制的核心思想是将自注意力操作分解为多个并行执行的单头，每个单头自注意力独立处理输入特征向量矩阵 X，并通过特定的线性变换分别生成查询（Query）Q、键（Key）K 和值（Value）V 三个矩阵，如图 7-15 所示。

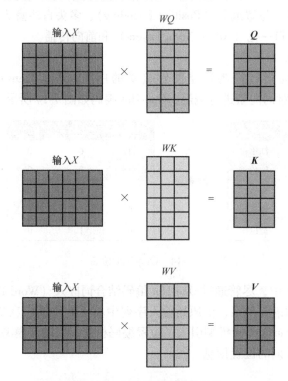

图 7-15　特征矩阵的线性变换

这种分解策略旨在通过不同的视角和变换方式，捕捉输入数据中更为丰富和多元的全局联系，从而增强模型的表示能力和理解深度。为了获取单头自注意力的输出，按照式（7-36）对 Q、K、V 矩阵进行计算。

$$\text{Attention}(Q, K, V) = \text{Softmax}\left(\frac{QK^{\mathrm{T}}}{\sqrt{d_k}}\right)V \tag{7-36}$$

值得注意的是，为了防止 Q 与 K 点积结果过大导致后续 Softmax 函数产生梯度消失的问题，需要对点积结果执行缩放操作，即除以一个通常为 Q 矩阵列数平方根 $\sqrt{d_k}$ 的缩放因子。之后，将得到的权重矩阵与 V 矩阵相乘，从而计算出单头自注意力的输出。

多头自注意力的计算过程涉及将多个单头自注意力的输出进行有效整合。具体来说，每个单头输出都会被拼接（Concatenate）起来，形成一个更宽的特征矩阵，该矩阵融合了来自

194

不同"视角"或"子空间"的信息。为了将拼接后的特征矩阵转换回模型所需的维度，通

常会对其进行一次额外的线性变换（通过一个权
重矩阵进行）。这一步骤不仅调整了输出的维度，
还可能进一步融合不同头部之间的信息，使得多
头自注意力的最终结果更加全面和丰富。多头自
注意力机制如图 7-16 所示，整个过程中，头数 n
是一个重要的超参数，它决定了模型并行执行的
单头自注意力的数量。增加头数可以让模型从不
同的角度和层面去理解和表示输入数据，从而提
高模型的表示能力和性能。然而，头数的增加也
会带来计算量的增加和模型复杂度的上升，因此
在实际应用中需要根据具体任务和资源条件进行
权衡和选择。

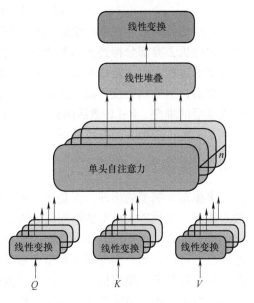

图 7-16 多头自注意力机制

（4）堆叠及归一化

归一化操作的核心目的是维持数据在传递过
程中的分布稳定性，防止内部协变量偏移现象的
发生。此过程不仅应用于输入层，还贯穿于编码
器的中间层，确保数据流经各层时保持一致的分布特性。具体来说，归一化过程的公式为

$$y = \frac{x - E(x)}{\sqrt{\mathrm{Var}(x) + \varepsilon}} \gamma + \beta \tag{7-37}$$

通过计算当前批次数据的均值 $E(x)$ 和方差 $\mathrm{Var}(x)$，并依据这些统计量对数据进行调整，同
时引入一个微小常量 ε 以避免除零错误。此外，为了增强模型的灵活性和适应性，还引入了
可学习的缩放因子 γ 和平移因子 β，从而允许模型根据输入数据的特性和训练过程中的反馈
自动调整归一化后的数据分布，更好地服务于后续的网络层。

归一化方式根据所选择的维度不同，分为批归一化（Batch Normalization）、层归一
化（Layer Normalization）、实例归一化（Instance Normalization）和组归一化（Group Normali-
zation），如图 7-17 所示。

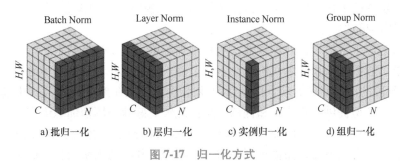

图 7-17 归一化方式

（5）前向传播

在编码器的架构中，紧随多头自注意力机制之后的是前向传播部分，负责进一步处理和
转换经过多头自注意力及归一化操作后的输出数据。这一前向传播模块主要由两个全连接
层（又称线性层或密集层）串联而成，其中第一个全连接层后通常会接入 ReLU 激活函数，

以引入非线性因素，增强模型的表达能力，其公式表示如下：

$$FFN(x) = \max(0, xw_1 + b_1)w_2 + b_2 \tag{7-38}$$

值得注意的是，在两个全连接层之间，还可以嵌入暂退法（Dropout）正则化技术，旨在通过随机丢弃部分神经元的激活值来防止模型过拟合，提高模型的泛化能力。暂退法操作会在训练过程中以一定概率将部分神经元的输出置为零，而在测试或推理阶段则保持所有神经元激活，但输出会按暂退法比例进行缩放。综上所述，编码器中的前向传播模块通过两个全连接层的堆叠、ReLU 激活函数的引入以及暂退法正则化的应用，实现了对输入数据的深度加工和特征提取，为后续的解码或任务特定处理提供了丰富的表示信息。

7.2.7　多模态大模型

多模态大模型的出现，正是为了更有效地整合和解析这些多源信息。不同于传统的单一模态模型，多模态大模型能够同时处理和分析来自多个模态的数据，利用深度学习和神经网络的强大能力，挖掘出各模态之间的潜在关联和互补性。将多模态信号处理与多模态大模型相联系，可以看到，多模态大模型是多模态信号处理的高级形态和技术应用，它不仅能够接收、解析和整合多模态信号，还能通过其强大的学习和推理能力，生成新的、具有创造性的多模态输出。本小节将会介绍多模态预训练大模型的相关知识，包括模型预训练范式、预训练大模型的结构以及视觉语言多模态大模型。

1. 模型预训练范式

（1）预训练-微调

预训练-微调已经成为经典的预训练范式，其做法是：首先以有监督或无监督的方式在大型数据集上预训练模型，然后通过微调将预训练的模型在较小的数据集上适应特定的下游任务。这种模式可以避免为不同的任务或数据集从头开始训练新模型。越来越多的实验证明，在较大的数据集上进行预训练有助于学习通用表征，从而提高下游任务的性能。GPT-4 在对有 7000 本未出版书籍的 BooksCorpus 数据集进行预训练后，在 9 个下游基准数据集，如 CoLA、MRPC 上获得平均 10% 的性能大提升。视觉模型 ViT-L/326 在对拥有 3 亿张图像的 JFT-300M 数据集进行预训练后，在 ImageNet 的测试集上获得了 13% 的准确率提升。目前，预训练微调范式在自然语言处理和计算机视觉领域都在如火如荼地展开工作，多模态领域也不例外，大量优秀的工作在此诞生，包括图像-文本和视频-文本领域。

（2）预训练-提示

提示学习起源于自然语言处理领域，随着预训练语言模型体量的不断增大，对其进行微调的硬件要求、数据需求和实际代价也在不断上涨。除此之外，丰富多样的下游任务也使得预训练-微调阶段的设计变得烦琐，提示学习就此诞生。在预训练-提示范式中通常使用一个模板来给预训练模型提供一些线索和提示，从而能够更好地利用预训练语言模型中已有的知识，以此完成下游任务。在 GPT-3 中，所有任务都可以被统一建模，任务描述与任务输入视为语言模型的历史上下文，而输出则为语言模型需要预测的未来信息，通过给予模型一些提示语，让模型根据提示语生成所需要的输出，这种方式又称情景学习（In-Context Learning）。提示学习相对于微调的优势主要有两方面，一是计算代价非常小，由于整个模型的参数都是固定的，并不需要对模型中所有的参数进行微调；二是非常节省空间，当使用预训练模型进行微调时，每个不同的下游任务的参数都会相应改变，因此每个任务都需要进行存储，而提示学习则不需要。基于这些优势，提示学习已经成为自然语言处理领域的又一大研究热点，预训练-提示也成为继预训练-微调后的又一大范式，在多模态领域也逐步开始崭露头角，如 CLIP（对比语言-图像预训练）、CPT（能力验证测试）等代表性工作应运而生。

2. 预训练大模型的结构

下面将从多模态融合和整体架构设计两个不同的方面介绍视觉语言预训练大模型的体系结构，在多模态融合方面介绍单流结构与双流结构，在整体架构设计方面介绍纯编码结构和编码-解码结构。

单流结构如图 7-18a 所示。单流结构指一种将视觉和文本特征连接到一起，然后输入进单个 Transformer 模块中。单流结构利用注意力融合多模态输入，因为对不同的模态都使用了相同形式的参数，所以其在参数方面更具效率。

双流结构如图 7-18b 所示。在双流结构中视觉和文本特征没有连接在一起，而是单独输入到两个不同的 Transformer 模块中。这两个 Transformer 模块没有共享参数。为了达到更高的性能，双流结构使用交叉注意力的方式（见图 7-18b 中的虚线）实现不同模态之间的交互。为了达到更高的效率，处理不同模态信息的 Transformer 模块之间也可以不存在交叉注意。

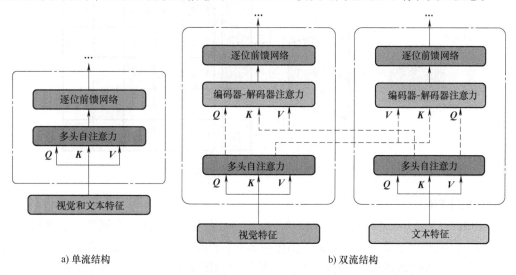

a) 单流结构　　　　　　　　　　　　　　b) 双流结构

图 7-18　预训练大模型体系结构

许多视觉语言预训练大模型采用仅编码的体系结构，其中跨模态表示被直接输入到输出层以生成最终输出。而其他视觉语言预训练大模型使用转换器编码-解码体系结构，在这种体系结构中，交叉模态表示首先输入解码器，然后再输入输出层。

3. 视觉语言多模态大模型

随着数据量的不断增长和计算能力的提升，传统深度学习网络逐渐面临挑战，尤其是处理多模态数据时，深度学习网络往往难以捕捉不同模态间的丰富关联。因此，研究者们开始探索更为先进的多模态预训练大模型，这些模型能够同时处理多种模态的数据，并在大规模数据集上进行预训练，从而学习到更为丰富的跨模态知识和表示。接下来详细介绍两种具有代表性的多模态预训练大模型，包括 CLIP、ViLBERT 等，它们不仅在学术研究中取得了显著成果，而且在实际应用中也展现出了强大的潜力。

（1）CLIP

CLIP 是由 Open AI 在 2021 年提出的多模态预训练大模型，结构如图 7-19 所示。其设计初衷是通过自然语言与图像的对比学习，实现跨模态的理解和交互。CLIP 的核心思想是将文本和图像映射到同一个高维空间中，使得在这个空间中，语义相似的文本和图像具有相近的表示。这种表示学习的方式，使得 CLIP 能够处理复杂的跨模态任务，如图像文本匹配、以文搜图等。CLIP 的训练过程依赖于大量的文本-图像对。在训练过程中，CLIP 通过对比学习的方式，不断优化文本和图像编码器，使得它们能够生成更加准确的语义表示。这种无监督的训练方式，不仅减少了对手工标注的依赖，还使得 CLIP 具有更强的泛化能力。

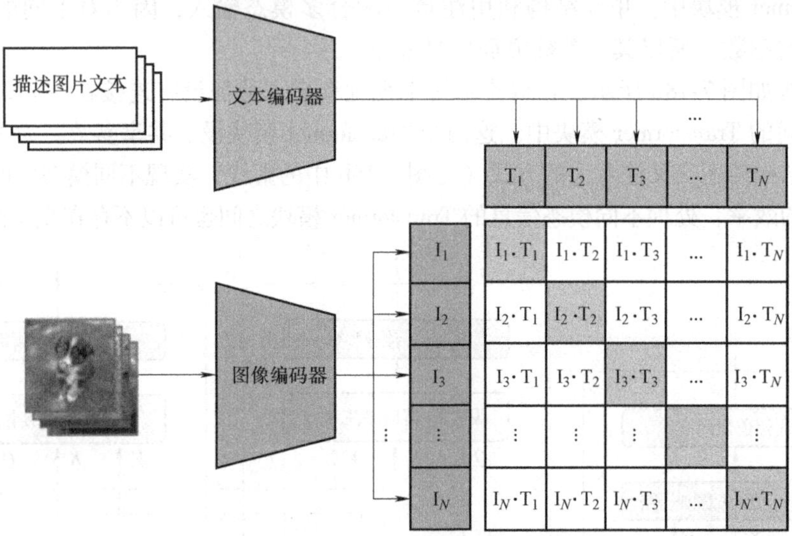

图 7-19　CLIP 模型的结构

（2）ViLBERT

ViLBERT（Vision-and-Language BERT，视觉与语言 BERT）是一个视觉语言多模态预训练大模型。它主要用于学习任务无关的图像内容和自然语言的联合表征，并使多个视觉语言任务取得了显著的性能提升。ViLBERT 模型的结构如图 7-20 所示，由两个平行的处理流组成：一个用于处理视觉信息（图像），另一个用于处理语言信息（文本）。这两个处理流分别由独立的 BERT 模型构成，并通过一个协同注意力 Transformer（Co-TRM）层进行交互。这种结构允许每个模态拥有不同深度，并通过协同注意力机制实现稀疏交互。ViLBERT 支持多种视觉语言任务，包括图像描述生成、视觉问答、视觉推理和多模态检索等。通过结合图像和文本的信息，ViLBERT 能够捕获两者之间的丰富关系，并为这些任务提供准确的预测和解释。

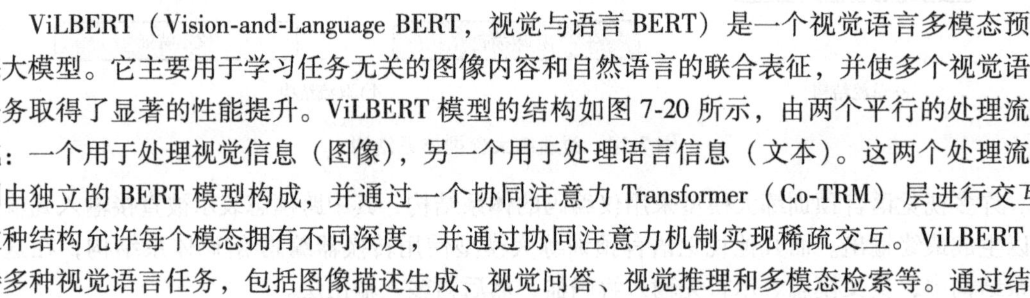

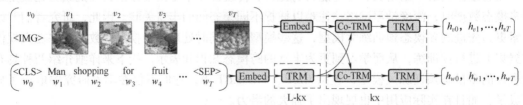

图 7-20　ViLBERT 模型的结构

多模态信号处理不仅代表了信息处理领域的前沿技术，更是一个充满无限可能和挑战的广阔天地。随着技术的不断进步和应用场景的拓展，多模态信号处理正逐渐成为人工智能领域的关键技术之一。面对多模态数据的复杂性和多样性，我们需要不断创新和突破，探索更加高效、智能的信息处理方式。通过深入研究多模态数据的内在规律和关联，我们可以更好地理解数据背后的含义，从而做出更准确的决策和预测。

7.3 多模态信号处理技术

多模态信号处理技术涉及处理来自多种不同传感器或数据源的信号或数据。这些传感器可能包括图像传感器、语音传感器、运动传感器等，而多模态信号处理技术旨在整合和分析这些不同模态的信息，以提供更全面、更准确的理解或表达。多模态信号处理技术主要包括多模态融合、多模态增强、多模态识别和多模态转换。

7.3.1 多模态融合

在人工智能和信息处理领域中，多模态融合是指将来自多种不同类型或模态的数据（如图像、视频、语音、文本等）进行整合和处理，以获得更全面、更准确的理解或表达。将这些不同模态的数据结合起来，可以提高对事件、对象或场景的认知能力，并支持更广泛的应用，例如智能语音助手、自动驾驶汽车、医学诊断系统等。多模态融合的目标是利用不同模态数据的互补性，以增强对所处理信息的理解和表达能力。这种方法可以帮助系统更好地理解复杂的现实世界，提高智能系统的性能和适用性。

多模态数据融合方法主要分为两大类：模型无关的融合与基于模型的融合。模型无关的融合方法因其直接性而显得较为简单，但在融合过程中往往伴随着信息损失，限制了其实用性。相比之下，基于模型的融合方法通过构建复杂的模型整合多模态信息，虽然实施上更为复杂，但其能够显著提高融合的准确性和实用性，因此成为当前主流的应用策略。

模型无关的融合方法又可分为早期融合、后期融合与混合融合，如图 7-21 所示，其主要区别在于融合发生的时间。

1）早期融合：在训练过程中，将不同模型的特征或表示进行融合。这种融合方法可以在每个模型的特征提取层之后立即进行，然后将融合后的特征输入到后续的层中进行训练。早期融合可以帮助模型更好地共享信息，获得更好的特征学习和泛化能力。

2）后期融合：在每个模型都已经分别训练完成后，将它们的输出进行融合。这种融合方法发生在每个模型已经生成预测或输出之后，通常是在一些特定任务的输出层之前或之后进行融合。后期融合的优势在于可以在每个模型独立训练之后，根据它们的性能和特点进行更灵活的整合。

3）混合融合：混合融合结合了早期融合和后期融合的特点，它可以在训练过程中部分地进行模型输出的融合，同时在模型训练完成后进行进一步整合。混合融合利用模型之间的优势互补，同时在训练过程中动态地融合信息，以提高模型的性能。

基于模型的融合方法较模型无关的融合方法应用范围更广且效果更好，现在的研究更倾向于此类方法。常用方法包括多核学习（Multiple Kernel Learning, MKL）方法、图像模型方法、神经网络方法等。

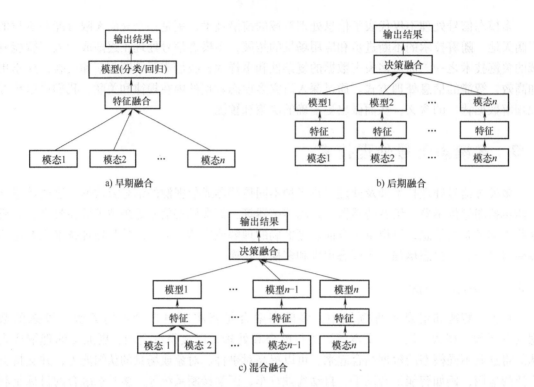

a) 早期融合   b) 后期融合

c) 混合融合

图 7-21 模型无关的融合方法

1）多核学习方法：多核学习方法是内核支持向量机方法的扩展，是深度学习之前最常用的方法，其允许使用不同的核对应数据的不同视图。由于核可以看作各数据点之间的相似函数，因此该方法能更好地融合异构数据且使用灵活。

2）图像模型方法：图像模型方法也是一种常见的融合方法，主要通过对图像进行分割、拼接、预测的操作将浅层或深度图形进行融合，从而得到最终的融合结果。其优势主要是容易发掘数据中的空间结构和时间结构，通过将专家知识嵌入模型中，使得模型的可解释性增强；缺点是特征之间具有复杂的依赖关系，并且模型的泛化性不强。

3）神经网络方法：神经网络方法是目前应用最广泛的方法之一。常使用长短期记忆（Long Short-Term Memory，LSTM）网络和 RNN 融合多模态信息。

多模态融合技术的应用十分广泛，这里举两个例子。

1）红外图像与可见光图像融合：红外图像主要是利用物体辐射出的热量生成的图像，因此在暗光或完全黑暗的环境中也能工作，红外图像可以显示物体的温度分布特征，适用于热成像、夜视和工业、军事等领域；可见光图像则是日常生活中最常见的图像类型，可以捕捉到人眼可见的光谱范围内的图像，能够显示物体的表面特征、颜色和纹理等，广泛应用于摄影、视频、监控等方面。将红外图像和可见光图像融合后，可以同时获取物体的热量分布和表面特征，从而增强图像的细节和信息量，提高识别准确度，在安防监控、医疗诊断等领域具有重要应用前景。红外图像与可见光图像融合示例如图 7-22 所示。

码 7-1【程序代码】
红外图像与
可见光图像融合

200

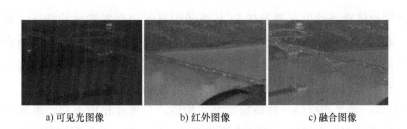

| a) 可见光图像 | b) 红外图像 | c) 融合图像 |

图 7-22　红外图像与可见光图像融合示例

2）语音信息与视频信息融合：语音信息主要通过言语传达简单直接的信息，便于沟通和理解，而视频信息则通过视觉呈现更多细节和情感表达。语音信息侧重于言语交流，传递语言、语调和情感等信息，而视频信息则在此基础上增加了面部表情、手势动作和环境背景等视觉元素，使交流更加生动和直观。将语音信息与视频信息融合后，不仅可以传达更丰富的信息，还能提高沟通的效率和准确度。融合后的效果包括更全面的交流、更好的沟通理解、增强的互动体验和情感传达，适用于个人交流、商务会议、在线教育等各种场景，为用户提供更丰富和多样化的沟通体验。

7.3.2　多模态增强

普通的信息增强通常涉及单一模式的信息处理和提升，如通过数据清洗、数据标准化、特征提取等方法提升数据的质量和有用性。这个过程中，所处理的数据通常属于单一模态，如文本、图像或音频。多模态增强则涉及多种不同模态的数据，并通过整合这些不同模态的信息提升系统的性能和效果。例如，将文本、图像和音频等不同模态的数据进行融合，以获得更丰富和更准确的信息。多模态增强是指利用多种不同模态的信息相互补充、相互强化，以提高信息的质量、准确性或丰富度的过程，这种方法旨在充分利用多模态数据的互补性改善系统的性能和效果，包含以下关键技术：

1）数据对齐：将不同模态的数据对齐到同一个时间或空间参考框架中。例如，在视频分析中，将图像帧和对应的音频片段进行对齐。

2）特征提取：提取多模态数据中关键信息的过程。例如，CNN 常用于图像特征提取，RNN 则适用于文本特征提取。

3）特征融合：将来自不同模态的特征整合起来，常用方法有拼接、加权平均和基于注意力机制的融合，以充分利用多模态数据的优势。

4）联合建模：使用多模态神经网络等模型进行联合建模，以同时处理和理解多种模态的数据。

多模态增强的应用实例如下。

1）近红外（NIR）增强 RGB 图像：近红外图像具有透明物体穿透性强、植物组织辨识度高、穿透雾霾效果好的特点；RGB 图像具有的彩色信息，在摄影、视频、计算机视觉等领域有着广泛的应用。近

码 7-2【程序代码】
近红外增强 RGB 图像

红外图像的透明物体穿透性也有助于在 RGB 图像中显示出更多细微的特征，如透明材料的轮廓和纹理；利用近红外图像的穿透性和植物组织辨识度，结合 RGB 图像的彩色信息，可以增强图像的细节和对比度，特别是在植物识别和农业监测等领域；此外，在恶劣天气条件下，利用近红外图像的穿透雾霾效果可以改善 RGB 图像的清晰度和可视性。

2）黑光相机：黑光相机是一种特殊类型的相机，与普通相机不同，黑光相机通常配备了特殊的红外传感器或光学滤镜，使其能够捕捉到远红外光，并将其转换为可见的图像。这使得黑光相机在夜间监控、军事侦察、科学研究以及一些特殊的艺术和摄影应用中具有重要的作用。通过黑光相机，用户可以在低光环境下拍摄到清晰的图像，甚至能够看到肉眼无法察觉的细节和物体。黑光相机原理图如图 7-23 所示。

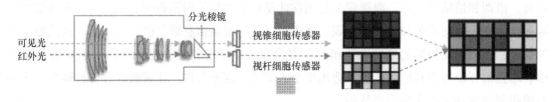

图 7-23　黑光相机原理图

7.3.3　多模态识别

多模态识别技术通过整合图像、文本、音视频等多种信息模态，克服了单一模态的局限性，实现了更全面、准确的信息处理和识别。这一技术利用数据融合将不同模态的信息互补，提高处理的准确性和可靠性。特征提取是多模态识别的关键步骤，结合传统手工特征和基于深度学习的自动特征学习技术，为识别任务提供支持。通过机器学习和深度学习，模型能够自动识别并分类融合后的信息。多模态识别广泛应用于生物识别、视觉语言任务、语音处理、智慧交通、医疗健康、安全监控及娱乐等领域，满足了这些领域对信息处理的高要求。

多模态情感识别是情感计算的重要领域，旨在通过融合语音、语言和肢体动作等多种模态来准确识别和理解人类情感。然而，模态之间的异质性会引入信息不一致性和不平衡性，增加表征学习和融合的难度。目前，主流方法包括设计复杂的模态融合策略、研究模态间的相关性以提高识别准确率，以及进行解耦表示学习以提取公共和私有特征。图 7-24 所示为多模态情感识别的时间语义交互网络（Time and Semantic Interaction Network，TSIN）模型架构图，这是一个基于 Transformer 的多模态情感识别模型。

多模态遥感目标识别技术是一种重要的遥感信息处理技术，其通过融合不同模态的遥感数据，如光学、红外、雷达等，以提高目标识别的准确性和鲁棒性。其中，SuperYOLO 模型通过多模态融合和超分辨率学习增强遥感图像中小目标的检测能力，模型架构图如图 7-25 所示。SuperYOLO 模型采用了一种对称且高效的多模态融合策略，它能够从不同传感器或不同类型的数据中提取并整合互补信息，这种方法不仅丰富了特征表示，还提升了模型对不同数据模态的综合理解能力，从而显著提高了小目标的检测性能。

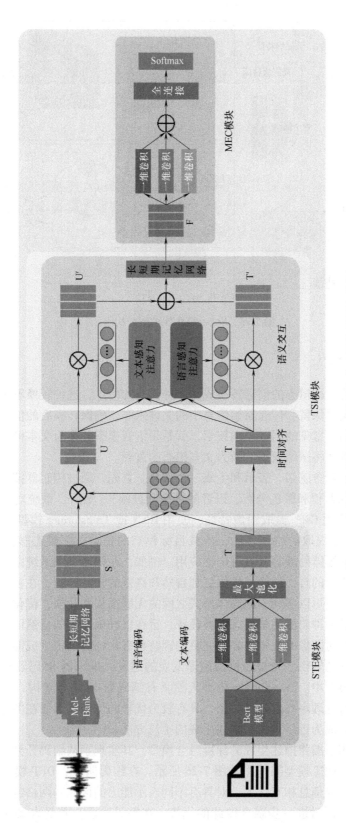

图 7-24　多模态情感识别的时间语义交互网络模型架构图

203

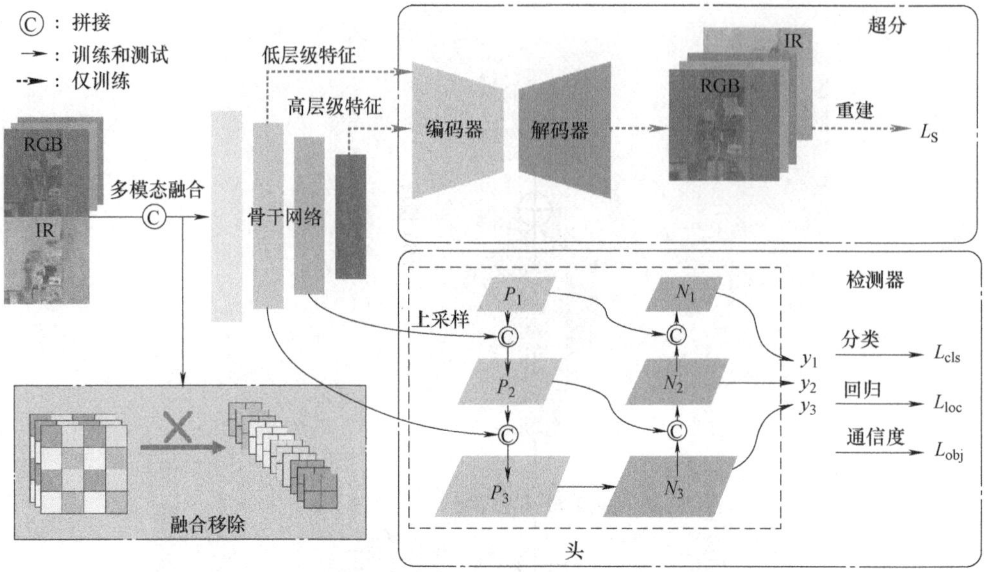

图 7-25　SuperYOLO 模型架构图

7.3.4　多模态转换

多模态转换是将一种模态的信息转换成另一种模态的信息，这种转换不是简单的数据格式变换，更重要的是要保留和传递原始信息中的关键内容，确保转换后的信息在语义上与原信息保持一致。例如，常见的语音识别技术，就是将语音模态转换为文本模态的过程；而图像描述生成技术，则是将图像模态转换为文本模态的过程。

多模态转换主要包含感知、表示和生成三个部分。首先，通过传感器接收不同模态的原始数据（如图像的像素值和颜色分布、语音的频率和振幅）。然后，系统对这些数据进行特征提取和编码（如使用 CNN 提取图像特征，使用 RNN 或 Transformer 模型捕捉语音时序信息）。最后，系统基于提取的特征表示，生成目标模态的信息。多模态转换在自然语言处理、计算机视觉和多媒体处理等领域有广泛应用。例如，在智能客服系统中，多模态转换可以实现语音和文本之间的自由切换，提供更加自然和高效的交互体验；在视频制作、音频编辑等领域，多模态转换可以实现不同媒体形式之间的无缝衔接和转换，优化用户体验。

图像描述生成是一种典型的多模态转换任务，旨在以准确流畅的自然语言自动描述图像的主要内容，其需要对图像的视觉内容有完整的理解且有良好的语言生成能力，才能实现从视觉表征到语义描述的转换。受神经机器翻译发展的启发，编码器-解码器架构被广泛应用到图像描述生成的模型中。Transformer 模型天然具有编码器-解码器架构，能够捕捉训练过程中视觉特征和并行处理序列之间的关系，具有较为优异的性能，因而在图像描述生成领域引起了广泛的关注，成为近年来图像描述生成的主流方法。

下面介绍一种用于图像描述生成的深度融合模型，其实现了从编码器到解码器的深度多特征和多模态融合，DFT 模型架构图如图 7-26 所示。在编码阶段，DFT 模型构建了一种全局交叉编码器，将全局信息相互注入，对具有不同表示能力的区域和网格特征进行对齐，以补偿特征间的差异，同时进一步融合彼此的优势。在解码阶段，其受人类注意力系统的启发，构建了一种分层交叉注意力机制，采用自下而上的分层交叉注意力融合策略，通过底层注意力收集与语言先验相关的底层重要信号，顶层注意力基于这些信号关注更重要的内容，通过视觉和语义特征的多层次交互和引导，实现了深层次的多模态融合，充分挖掘了视觉内容中的语义信息。

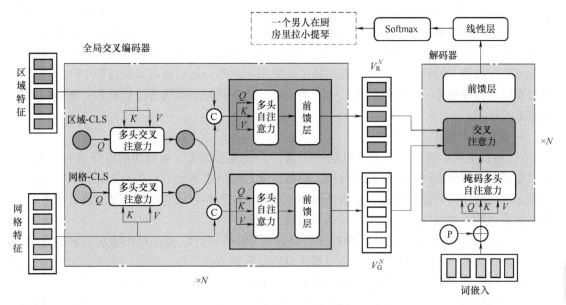

图 7-26　DFT 模型架构图

7.4　多模态信号处理技术的应用领域

多模态信号处理技术在现代科技领域的应用日益广泛，它通过集成和分析来自不同传感器、设备或数据源的多种模态数据，如图像、音频、视频、文本等，以实现更精确、全面的信息解析和决策支持。这一技术在多个领域都展现出了显著的应用潜力，下面简要介绍多模态信号处理技术在医疗健康领域、智能制造领域、农业生产领域和智慧生活中的应用情况。

1. 医疗健康领域

1）健康检测：来自可穿戴传感器和环境传感器的多模态数据的集成可以实时监测个体的生理信号，如心电图、血压、血糖等，使用多模态信号处理技术进行分析，可以评估个体的健康状况，及时发现异常情况并采取相应的干预措施。此外，通过整合医学影像技术如 X 射线、CT（计算机断层扫描）、MRI（磁共振成像）等产生的图像数据，可以进行更精确的分析和诊断。

2）社区无人分诊：利用视频分析技术，结合患者症状描述和图像信息，通过分析患者的语音特征、面部表情和生理信号，可以实现对患者症状的快速识别和分诊，实现社区医疗点的无人分诊服务。

2. 智能制造领域

1）产品质检：通过结合多种传感器数据，如视觉图像、声音等，可以实现对产品外观、尺寸、功能等多方面的全面质检。例如，在汽车制造行业中，多模态信号处理技术被广泛应用于零部件的质检。通过结合机器视觉和音频分析技术，系统能够自动检测零部件的尺寸、形状、表面质量以及是否存在异响等缺陷。机器视觉技术能够捕捉零部件的高清图像，并对其进行边缘检测、形状匹配等处理，以判断其是否符合设计要求；而音频分析技术能够通过对零部件发出的声音进行分析，判断其是否存在异响、松动等潜在问题。

2）自动装配：通过实时获取装配过程中的各种数据，如位置、角度、力度等，可以实现对装配过程的精确控制，提高产品的可靠性。以电子产品的自动装配为例，通过视觉传感器捕捉装配部件的位置和角度信息；通过力传感器检测装配过程中的力度变化，系统能够实时调整装配机器人的动作，确保装配的精度和效率；此外，还能够对装配过程中的异常情况进行实时检测和预警，如部件错位、卡滞等问题，从而及时采取措施进行处理，避免对产品质量造成影响。

3. 农业生产领域

1）粮食生产：通过融合无人机航拍图像、卫星遥感图像、地面传感器等多种数据源，可以实现对农田的实时监测和数据分析。例如，无人机搭载多光谱相机和红外相机，可以获取农田的高清图像和温度数据，分析图像中的颜色、纹理和形状等特征，结合温度数据，可以判断农田的土壤湿度、作物生长状态等信息。

2）病虫害防治：通过结合图像处理和机器学习算法，可以实现对作物病虫害的自动识别和预测；此外，还可以利用机器学习算法对历史数据进行分析，建立病虫害预测模型，预测未来一段时间内病虫害的发生概率和趋势，为农民提供科学的防治建议。

3）涨势评估：利用多光谱遥感技术和图像处理算法，可以分析作物的光谱反射特性，评估作物的生长状况和产量潜力；此外，结合气候数据和土壤信息，可以实现对作物长势的精准预测和决策支持。

4. 智慧生活

1）智能家居：通过结合语音、图像和运动传感器数据，可以实现智能家居设备的智能感知和自动控制。例如，结合语音识别和图像识别技术，可以实现对家庭设备的语音控制和智能识别；结合IMU（惯性测量单元）技术和传感器网络，可以实现对家居环境的实时监测和智能调节。

2）智慧出行：通过结合可见光、雷达和GPS（全球定位系统）数据，可以实现对车辆和行人的识别和跟踪，对交通情况和路况的实时监测和预测，实现车辆的自动驾驶和智能导航。

第8章 在多模态图像处理中的应用

207

导 读

本章首先介绍四种常见成像技术的原理及优缺点，包括可见光成像、红外成像、正电子发射断层成像（PET）和磁共振成像（MRI）；其次介绍图像的基本要素和图像处理系统的基本组成；然后介绍四种图像的基本处理，包括图像滤波、图像增强、图像恢复、图像分割，并针对这些任务介绍典型的算法；最后介绍多模态医学图像的应用，包括医学图像配准，医学图像分割、医学图像诊断。

本章知识点

- 常见的成像技术
- 图像的基本要素与图像处理系统
- 图像的基本处理
- 多模态医学图像的应用

8.1 多模态图像概述

8.1.1 多模态图像成像

在人类的认知体系中，视觉无疑是最为关键的感官之一。它不仅使我们能够感知外部世界，而且通过图像的形式为我们提供了丰富的信息。随着科技的不断进步，我们已经能够超越肉眼的局限，探索那些肉眼无法直接观察到的光谱区域。例如，通过特定的技术手段，我们能够获取紫外线、红外线以及微波等不可见光的图像，这些图像为我们提供了关于物体特性的深层次信息。

然而，每一种成像技术都有其特定的工作波段，这决定了它们能够捕捉到的信息类型。不同波段的图像所揭示的场景信息各不相同，但每一种都有其独特的价值。例如，紫外线成像能够揭示物体表面的微观结构；红外线成像能够反映出物体的温度分布；微波成像能够穿透某些材料，揭示其内部结构。

下面简要介绍四种常见的成像技术，包括可见光成像、红外成像、PET、MRI，并探讨它们各自的成像原理、优势以及局限性。

1. 可见光成像

可见光成像是我们日常观察世界的主要方式，它的波长范围大约在 380～760nm 之间。就像我们的眼睛通过捕捉反射的光来看到物体一样，当光线照射到物体上，物体就会反射这些光，而我们可以通过特殊的设备来捕捉这些反射光，从而形成图像。在充足的光照下，可见光成像能够清晰地展示物体的细节、纹理和颜色，而且它的分辨率很高，很符合我们的视觉习惯。

可见光图像能够清楚地展示物体的表面特征，如边缘和轮廓，视觉效果好。但是，它也有局限性。首先，它需要足够的光照来形成图像。在光线暗的情况下，图像的对比度和清晰度会下降，视觉效果也会变差。其次，它只能捕捉到物体表面的信息，对于隐藏在背景中的物体，可见光成像可能无法捕捉。因此，在一些情况下需要结合其他类型的成像技术，如红外成像或微波成像，以获取更多的场景信息，提高对目标的识别能力。可见光图像如图 8-1 所示。

图 8-1　可见光图像

2. 红外成像

红外成像是一种通过捕捉物体发出的热辐射来生成图像的方法。这项技术的基础是：任何物体都会根据其温度释放出红外辐射，而这些辐射可以被专门的探测器检测到，并转换成我们可以直观理解的图像。红外辐射是电磁波谱的一部分，其波长比可见光要长，大约从 $0.78\mu m$ 延伸到 $1000\mu m$。由于自然界中所有物体都会发出红外辐射，因此可以通过检测目标物体与周围环境之间的红外辐射差异来获取图像。

红外图像的特点在于，它通常使用不同的灰度或伪彩色代表不同的温度，让我们能够直观地看到物体的温度分布和热特性。

相比于可见光成像，红外成像具有如下优点。

1）红外成像对环境的适应能力更强，例如它能够在恶劣天气或者夜间成像。

2）红外成像的抗干扰能力更强，因为红外辐射对云雾等干扰有更强的穿透力。

除此之外，红外成像还能具有隐蔽性好、能够识别可见光不能识别到的伪装目标等优势。红外成像由于具有这些优势，因此得到广泛应用。在军事领域，红外成像能够提供夜间或恶劣天气条件下的侦察和监视能力；在民用航空领域，红外成像可以增强飞机在低能见度条件下的着陆安全性，因为它不受雨、雪、雾等环境因素的影响；在电力行业，红外成像用于电力设备的在线检测，可以进行快速检修，提高设备运行的可靠性，并有效降低设备检修的时间成本。

尽管红外成像相比于可见光成像具有一些明显的优势，但其也存在缺点：红外图像一般对比度较低，图像偏暗，并且目标边缘、轮廓一般较模糊。红外图像与可见光图像具有很好的互补特征和冗余信息，可以将红外图像与可见光图像进行融合以获得更高的图像质量和更丰富的场景信息。红外图像如图 8-2 所示。

3. PET

PET 作为一种成像技术，利用放射性示踪剂观察体内代谢活动和功能变化。PET 的基本原理是通过注射含有放射性同位素的示踪剂（如氟代脱氧葡萄糖，11C 碳等）帮助成像，这些同位素会发射正电子。正电子与体内电子相遇后发生湮灭，产生两个能量相等、方向相反的 γ 射线。这些 γ 射线被 PET 扫描仪的探测器捕捉，通过计算机重建，形成体内代谢活动的三维图像。

图 8-2　红外图像

PET 技术具有以下优点。

1）高灵敏度：PET 对体内放射性示踪剂的检测非常灵敏，可以检测到极低浓度的放射性物质。

2）功能成像：与 CT 和 MRI 等结构成像技术不同，PET 可以提供体内生理和生化过程的动态信息。

3）定量分析：PET 可以定量分析体内代谢活动，通过标准化摄取值（SUV）衡量组织的代谢水平。

4）多模态融合：PET 可以与 CT 或 MRI 图像结合，提供同时具有结构和功能信息的综合图像，提高诊断的准确性。人体的 PET、CT 和 PET-CT 画像如图 8-3 所示。

尽管 PET 技术具有以上优点，但也有一些局限性。

1）分辨率较低：与 CT 和 MRI 相比，PET 的空间分辨率较低，难以精确定位微小病变。

2）放射性风险：PET 使用放射性同位素，尽管剂量较低，但仍存在一定的辐射风险，需谨慎使用。

3）昂贵且复杂：PET 扫描仪和放射性示踪剂的生产成本高，运行和维护复杂，限制了其普及性。

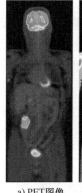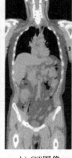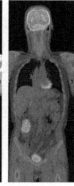

a) PET图像　　b) CT图像　　c) PET-CT图像

4. MRI

图 8-3　人体的 PET、CT 和 PET-CT 图像

MRI 是一种利用磁共振现象成像的技术。MRI 的基本原理是利用强磁场和射频脉冲，使体内的氢原子核（主要是水和脂肪中的氢原子）在磁场中产生共振信号。

MRI 在医学中有广泛的应用，它是研究大脑和脊髓结构与功能的重要工具，可用于诊断脑肿瘤、脑卒中、多发性硬化症等疾病；可以用于评估肌肉、骨骼和关节的病变，如韧带损伤、关节炎和骨肿瘤；可以评估心脏结构与功能，检测心肌病、心脏缺陷和血管疾病；还可以用于肝脏、肾脏、胰腺和其他腹部器官的详细成像，帮助诊断癌症、炎症和其他病变。

MRI 技术具有以下优点。

1）高分辨率：MRI 提供高分辨率的软组织对比度，能够清晰显示不同组织的细微差异。

2）无辐射：MRI 不使用电离辐射，适用于需要频繁成像的患者，如孕妇和儿童。

3）多参数成像：MRI 可以通过调整成像参数（如 T1、T2 权重等）获得不同的组织对比信息。

4）功能成像：功能性 MRI（FMRI）可以研究大脑的功能活动，评估脑区的激活情况。

尽管 MRI 具有以上优点，但它也存在一些缺点，限制了其广泛应用。例如，维护和操作成本高；成像时间长；对金属植入物敏感，患者体内若有金属植入物，可能会影响成像质量或引起安全问题；噪声大，MRI 扫描过程中会产生较大的噪声。典型 MRI 图像如图 8-4 所示。

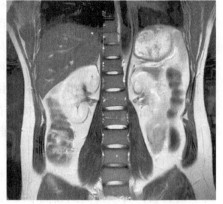

图 8-4　典型 MRI 图像

8.1.2　图像基本要素

进行多模态图像处理需要理解和掌握图像的基本要素。无论是处理单一模态图像还是多模态图像，这些基本要素都是核心概念。本小节将介绍图像的基本要素，包括像素（Pixel）、分辨率（Resolution）、灰度级（Grayscale Levels）、色彩、边缘、图像格式（Image Format）、元数据（Metadata）、直方图（Histogram）、动态范围（Dynamic Range）等。

1. 像素

像素是图像的最小单元。每个像素代表图像中的一个点，具有特定的颜色和亮度。在数字图像中，像素通常以矩阵形式排列，形成二维图像。

1）灰度图像：每个像素仅包含一个灰度值，表示亮度。灰度值通常用 0（黑色）~255（白色）的整数表示。

2）彩色图像：每个像素由多个通道（如 RGB）组成，每个通道表示不同颜色成分。常见的彩色图像使用 RGB 三个通道，每个通道的值范围也是 0~255。图 8-5 所示为典型的彩色图像和灰度图像。

a) 彩色图像

b) 灰度图像

图 8-5　彩色图像和灰度图像

图 8-5　彩图

2. 分辨率

分辨率表示图像的细节水平，通常以水平与垂直方向的像素数表示，例如 1920×1080 像素。分辨率越高，图像中的像素点越多，图像的细节也就越丰富。分辨率也可以用每单位长度的像素数如每英寸像素数（PPI）表示。图 8-6 所示为不同分辨率下的苹果图像，直观地说明了分辨率对图像质量的影响。

a) 500×500像素　　　b) 200×200像素　　　c) 50×50像素

图 8-6　不同分辨率下的苹果图像

1）空间分辨率：描述图像的细节度，较高的空间分辨率意味着图像可以显示更多细节。例如，300PPI 的图像比 72PPI 的图像具有更高的细节度。高空间分辨率能够捕捉和再现更多的细节，使得图像放大时仍保持清晰。在摄影和医疗成像中，空间分辨率的提高可以显著提升图像的艺术表现力和诊断价值。

2）时间分辨率：在视频或动态成像中，时间分辨率指每秒捕捉的帧数（FPS），如帧率。较高的帧率提供更流畅的运动显示。例如，60FPS 的画面比 30FPS 的画面更流畅和连贯，高时间分辨率在体育直播、动作大片和虚拟现实等应用中尤为重要。高时间分辨率不仅让观众获得更好的观看体验，还可以减少运动模糊，从而提升动态场景的清晰度和真实感。

3）频率分辨率：频率分辨率表示在频域中图像细节的分辨能力。频率分辨率决定了能够分辨的频率成分的最小间隔，分辨率较高的图像可以更准确地表示频率成分。这对于识别图像中的高频细节（如边缘和纹理）非常重要。在图像处理和分析领域，高频率分辨率有助于图像增强、特征提取和模式识别。

3. 灰度级

灰度级表示单色图像中像素亮度的不同层次。灰度图像通常使用 8 位表示，即 0（黑）~255（白）256 个灰度级。

灰度级的数量由比特深度决定，n 位表示 2^n 个灰度级。例如，8 位图像有 256 个灰度级，16 位图像有 65536 个灰度级，更高的比特深度可以表示更多的亮度层次。图 8-7 所示为数值 0~255 对应的图像灰度。

4. 色彩

在彩色图像中，每个像素由多个色彩通道的组合表示。常见的色彩空间包括如下三种。

1）RGB（红、绿、蓝）：每个像素由红、绿、蓝三个通道组成，广泛用于显示器和数字相机。RGB 色彩空间通过不同强度的红、绿、蓝光混合表示各种颜色。

2）CMY（青、品红、黄）：每个像素由青、品红、黄三个通道组成，用于印刷行业。CMY 色彩空间通过减色原理混合不同颜色的墨水表示各种颜色。

3）HSV（色调、饱和度、明度）：HSV 色彩空间将颜色分为色调（Hue）、饱和度（Saturation）、明度（Value），使得颜色调整更加直观和方便，更符合人类感知的色彩表示方法，常用于图像处理和计算机视觉。

在实际应用中，需要将 RGB 转换成 HSV，生成相应的色相图、饱和度图和亮度图。这

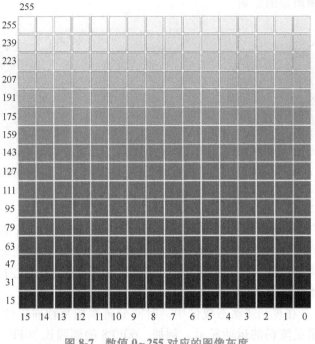

图 8-7　数值 0~255 对应的图像灰度

些图像可以用于进一步的图像分析，如颜色分割、目标检测、颜色量化等任务。图 8-8 所示为 RGB 与 CMY 的色彩空间三原色。

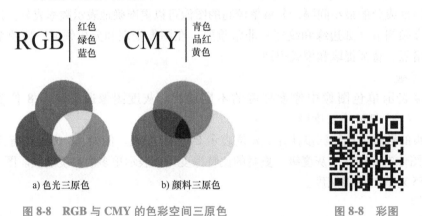

a) 色光三原色　　　　　b) 颜料三原色

图 8-8　RGB 与 CMY 的色彩空间三原色　　　　　图 8-8　彩图

5. 边缘

边缘是图像中灰度值发生显著变化的区域，通常对应于物体的轮廓或表面特征的突变。边缘在图像处理中具有重要意义，因为它们包含了大量的结构信息。

边缘检测是图像处理中的基本操作，常用的方法包括如下三种。

1）Sobel 算子：通过两个不同的卷积核来近似图像在水平和垂直方向上的一阶导数，从而进行边缘检测。

2）Canny 边缘检测：一种多阶段边缘检测算法，旨在提供最准确的边缘检测，同时保持边缘的连续性。Canny 边缘检测具有较好的噪声抑制和精确定位能力。

3）Laplacian 算子：一种二阶导数算子，用于测量图像中像素点的局部变化，能够突出显示图像中的快速变化区域，适合检测细节丰富的图像区域。

边缘检测在许多图像处理任务中都有广泛应用，例如物体识别、图像分割、特征提取。图 8-9 所示为 Canny 边缘检测处理效果。

图 8-9　Canny 边缘检测处理效果

6. 图像格式

图像格式指图像的存储方式和压缩方法。常见的图像格式包括如下三种。

1）无损格式：如 PNG（便携式网络图形）、BMP（位图）和 TIFF（标签图像文件格式），不会丢失图像信息，适合需要高保真的图像存储。无损格式保存了图像的原始数据，适用于图像编辑和保存高质量图像。

① PNG：支持透明度（Alpha 通道）和无损压缩。它广泛用于网页图像和图标，因为它可以提供清晰的边缘和背景透明效果。

② BMP：通常不进行压缩，因此文件可能较大。它主要用于 Windows 操作系统。

③ TIFF：支持多种颜色和数据类型，常用于印刷行业和专业图像编辑。

2）有损格式：如 JPEG（联合图像专家组），通过压缩算法缩小图像文件，适合存储和传输，但会丢失部分图像信息。有损格式通过去除人眼不易察觉的细节缩小文件，适用于网络传输和存储大批量图像。

3）专用格式：如 DICOM（医学数字成像和通信）、GIF（图形交换格式）等，针对特定应用领域设计。

① DICOM：专为医学成像设计，不仅可以存储图像数据，还可以存储病人信息、成像参数等元数据，对医疗诊断和记录至关重要。

② GIF：支持动画和简单透明效果，用于创建循环播放的简单动画和网络图像。

7. 元数据

元数据是关于图像数据的数据，提供图像的附加信息，如拍摄时间、设备类型、地理位置等。

1）EXIF（可交换图像文件格式）：常用于数码相片，包含相机设置、拍摄时间、地理位置等信息。EXIF 数据可以帮助用户回顾拍摄条件，也可以用于图像管理和分类。

2）DICOM 元数据：用于医学成像，包含病人信息、成像参数等。DICOM 元数据确保医学图像与患者信息关联，方便医生进行诊断和病历管理。

8. 直方图

直方图是图像像素值分布的可视化表示。它展示了每个灰度级或颜色值在图像中出现的次数或频率。

1）灰度直方图：显示各灰度级的像素数量，常用于图像对比度调整。例如，直方图拉伸可以增强图像对比度，使细节更加明显。图8-10和图8-11所示分别为拉伸前后的效果对比和直方图对比。

2）彩色直方图：分别显示RGB通道的像素分布，用于色彩平衡和调整。例如，通过调整RGB通道的直方图，可以校正图像中的颜色偏移。

a) 拉伸前　　　　　　　　　　　　　　　　b) 拉伸后

图8-10　拉伸前后的效果对比

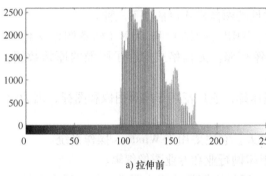
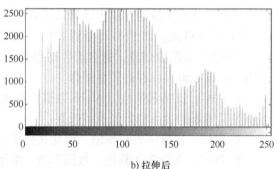

a) 拉伸前　　　　　　　　　　　　　　　　b) 拉伸后

图8-11　拉伸前后的直方图对比

9. 动态范围

动态范围是图像中最亮和最暗部分之间的亮度比。

1）普通动态范围（SDR）：一般的图像和显示器具有的有限动态范围，可能会导致高光部分过曝和阴影部分欠曝。

2）高动态范围（HDR）：通过捕捉和显示更广泛的亮度范围，HDR图像可以在高光和阴影部分保留更多细节。例如，HDR摄影技术可以合并多张不同曝光的图像，生成一张包含丰富细节的图像。

HDR技术在现代摄影和显示器中越来越普及，使得图像和视频呈现更加逼真。HDR显示器能够显示更高的亮度和更深的黑色，提供更好的视觉体验。图8-12所示为SDR与HDR对比图。

8.1.3　图像处理系统的基本组成

图像处理系统是一种用于获取、分析和处理图像的综合系统。它在数字图像处理、计算机视觉、医学成像等领域有着广泛的应用。这一小节将介绍图像处理系统的基本组成，单一模态图像处理系统的基本组成如图 8-13 所示。

图 8-12 SDR 与 HDR 对比图

图 8-12 彩图

图 8-13 单一模态图像处理系统的基本组成

215

1. 图像获取

图像获取是图像处理系统的第一步,其目的是通过各种类型的传感器获取信息,形成对人类有意义的图像。由 8.1.1 节所述,获取图像的方式主要包括可见光成像、红外成像、PET、MRI 等。

2. 图像预处理

图像预处理是对原始图像进行初步处理,目的是提高图像质量或提取感兴趣的特征。常见的预处理技术有几何变换,如旋转、缩放、平移等,用于校正图像;灰度变换,将彩色图像转换为灰度图像,用于简化处理;图像滤波,使用滤波器(如均值滤波、中值滤波)去除图像中的噪声;图像增强,通过对比度拉伸、直方图均衡等方法提高图像质量。

3. 图像分割

图像分割是将图像划分为若干具有相似特征的区域。常见的图像分割方法有基于阈值的分割,通过人为或自动选择阈值将图像分割为前景和背景;基于区域的分割,如区域增长算法,随机或者根据图像特征选择一些种子像素,从种子像素开始,逐步扩展区域,直到满足一定条件;基于边缘的分割,通过边缘检测算法进行边缘检测,利用边缘信息实现图像分割;基于聚类的分割,通过划分相似的像素群进行分割;基于图论的分割,将图像分割问题与图的最小割问题相关联。图像分割在本书 8.2.4 节中做了详细介绍。

4. 特征提取

特征提取是从图像中提取具有代表性的信息,如边缘、纹理、形状等,用于进一步分析和处理。常见的特征提取方法有边缘检测,使用 Sobel、Canny 等算法检测图像的边缘;角点检测,如 Harris 角点检测,用于提取图像中的角点特征;纹理分析,通过 Gabor 滤波器、小波变换等方法提取图像的纹理特征;形状描述,使用傅里叶描述子、Hu 矩等方法描述图像中的形状特征。

5. 图像表示与描述

图像表示与描述将图像信息转化为易于理解和处理的形式。常见的图像表示与描述方法有边界表示，使用多边形或链码表示图像的边界；区域表示，通过几何形状或统计特征表示图像的特定区域；拓扑描述，描述图像中各个区域之间的邻接关系和包含关系。

6. 图像识别与理解

图像识别与理解是图像处理系统的高级阶段，其目标是对图像中的物体进行分类和识别。常用的方法包括如下三种。

1）模式识别：模式识别通过使用预定义的模板或规则识别图像中的特定模式。例如，在手写数字识别任务中，系统会将手写数字与一组预定义的数字模板进行比较，以确定最匹配的数字。

2）机器学习：机器学习通过训练分类器进行图像分类和识别。典型的机器学习算法有支持向量机，它通过寻找最佳超平面分隔不同类别的图像特征，适用于高维特征空间的分类任务，支持向量机的详细介绍见本书 7.2.3 节。

3）深度学习：深度学习是图像识别与理解的前沿技术，它使用多层神经网络模型进行复杂图像识别任务。常见的深度学习模型有 CNN，它通过卷积层、池化层和全连接层的组合，自动提取图像特征并进行分类，CNN 的介绍见本书 7.2.5 节。

7. 图像存储与传输

图像存储与传输是图像处理系统不可或缺的一部分。常见的图像存储格式有无损格式，如 PNG、BMP，可以保留图像的全部信息；有损格式，如 JPEG，通过压缩算法缩小图像文件，但会丢失一些信息。图像传输技术有有线传输，如以太网、光纤，可以提供高速稳定的传输路径；无线传输，如 Wi-Fi、蓝牙，用于便携设备之间的图像传输。

8. 图像显示与可视化

图像显示与可视化是图像处理系统中将处理结果呈现给用户的关键部分。常见的显示设备有显示器、投影仪等，用于显示图像。可视化技术通过图像叠加、伪彩色处理、三维渲染等技术，使处理结果更直观、更易于理解。

8.2　图像的基本处理

图像的基本处理操作通常包括图像滤波、图像增强、图像恢复和图像分割。本节将对这四个基本操作一一进行介绍。

8.2.1　图像滤波

图像滤波是数字图像处理的基本技术，可以用于改善图像质量、去除噪声、强调特征等。本小节将介绍图像滤波的基本概念、常用的图像滤波方法及图像滤波的应用。

1. 图像滤波的基本概念

图像滤波是指在保留图像主要特征的同时，去除不需要的部分（如噪声）或突出某些特征。常见的滤波方法可以分为两大类：线性滤波和非线性滤波。

（1）线性滤波

线性滤波是指通过线性运算处理像素邻域，例如使用窗口函数进行平滑加权求和或卷积运算。常见的线性滤波方法包括均值滤波、高斯滤波、盒子滤波和拉普拉斯滤波等，它们的区别通常在于使用的模板系数不同。

（2）非线性滤波

非线性滤波基于原始图像与模板之间的逻辑关系计算结果，如最大值滤波和中值滤波。常用的非线性滤波方法包括中值滤波和双边滤波。

图像滤波是一项重要的图像处理技术。近年来流行的 CNN 实质上也是一种滤波方法，通过卷积核提取图像的特征模式。传统滤波中的卷积核参数是固定的，通常根据经验手动设计，称为手工特征；而 CNN 的卷积核参数是通过数据驱动学习得到的，能够更好地适应不同的任务。

2. 常用的图像滤波方法

常见的图像滤波方法包括均值滤波、高斯滤波、中值滤波。

（1）均值滤波

均值滤波是一种简单的平滑滤波，通过将图像中每个像素的像素值替换为其邻域的平均值来实现。这种方法可以有效去除随机噪声（如脉冲噪声），但可能会导致图像边缘模糊。图 8-14 所示是一个核为 3 的均值滤波核和均值滤波效果。

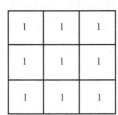　　　　　

a) 核为3的均值滤波核　　　　　　　　b) 均值滤波效果

图 8-14　核为 3 的均值滤波核和均值滤波效果

（2）高斯滤波

高斯滤波是一种基于高斯函数的平滑滤波，可以更好地保留图像的边缘信息。高斯滤波在消除噪声的同时，能够保持图像的细节。

在数字图像中，图像的像素虽然坐标离散但值却是连续的，越靠近的点关系越密切，越远离的点关系越疏远。均值滤波只是简单地对邻域取平均值，模板权重均为 1，并没有考虑到这一特性。因此，要进行更合理的滤波，应该采用加权平均，距离越近的点权重越大，距离越远的点权重越小。高斯分布函数刚好能够满足这样的性质。

将高斯分布与均值滤波结合起来，就是高斯滤波，其核的形式为

$$h(x,y) = e^{\frac{-(x^2+y^2)}{2\sigma^2}} \tag{8-1}$$

式中，σ 为标准差，x 和 y 为以核中心点为坐标原点的坐标值。若 σ 较小，高斯模板中心的权重比较大，而周围的权重比较小，图像的平滑效果不明显；若 σ 较大，生成的高斯模板的各个权重相差较小，类似于均值滤波模板，图像的平滑效果比较明显。

高斯滤波最主要的作用是滤除高斯噪声，即滤除符合正态分布的噪声。高斯滤波的去噪效果如图 8-15 所示，此处采用核为 5 的模板，σ 分别为 1 和 11。

a) 原图　　　　　　b) 噪声图像　　　　　c) 高斯滤波(5,1)　　　d) 高斯滤波(5,11)

图 8-15　高斯滤波的去噪效果

图 8-15　彩图

（3）中值滤波

中值滤波是一种非线性平滑滤波，它将像素值替换为邻域内像素值的中值。由于需要进行排序操作，中值滤波的计算时间通常较长。处理后的像素灰度值可能保持不变，也可能替换为邻域内其他像素的灰度值。中值滤波通过使像素灰度值与周围邻域的像素接近来消除一些孤立的噪声点，特别是在去除脉冲噪声方面效果显著。此外，中值滤波在去噪的同时，还能有效保护图像的边缘信息，不会像均值滤波那样造成明显的模糊。

中值滤波的效果与滤波窗口的大小密切相关，在去除噪声和保护图像细节方面存在一定的矛盾：较小的滤波窗口可以很好地保留图像中的某些细节，但对噪声的过滤效果较差，因为实际噪声通常不会只占一个像素位置；相反，较大的窗口尺寸可以更有效地去除噪声，但可能导致图像模糊。此外，根据中值滤波的原理，若滤波窗口内的噪声点数量超过非噪声像素的数量，则使用中值滤波难以有效去除噪声。

图 8-16 所示为中值滤波的效果，可以看到中值滤波对脉冲噪声有较好的滤除效果，此外大尺寸模板为 7×7 的滤波结果比 3×3 的滤波结果更模糊。

a) 原图　　　　　　b) 噪声图像　　　c) 中值滤波(3×3)　　d) 中值滤波(7×7)

图 8-16　中值滤波的效果

图 8-16　彩图

3. 图像滤波的应用

图像滤波技术在如下许多领域都有广泛的应用。

1）医学成像：用于提高图像的可读性和诊断的准确性。

2）卫星成像：用于增强卫星图像中的特定特征，如水体、林地等。

3）视频处理：在视频传输过程中去除噪声，提高视频质量。

码 8-1【程序代码】
图像滤波

4）机器视觉：在机器视觉系统中，滤波是预处理步骤，有助于后续的特征提取和图像分析。

通过对图像进行适当的滤波处理，不仅可以提升图像的视觉效果，还可以为后续的图像处理任务（如边缘检测、特征提取等）创造更好的条件。图像滤波的选择依赖于具体的应用需求，例如，进行图像去噪时，可能会选择均值滤波或高斯滤波；进行边缘检测时，可能会选择高通滤波。实际应用中，可能需要对不同的滤波方法进行组合和调整，以达到最佳的处理效果。

8.2.2　图像增强

图像增强的定义非常广泛，一般来说，图像增强是有目的地强调图像的整体或局部特性，例如改善图像的颜色、亮度和对比度等，将原来不清晰的图像变得清晰，或强调某些感兴趣的特征，扩大图像中不同物体特征之间的差别，抑制不感兴趣的特征，提高图像的视觉效果。图像增强不考虑图像降质的因素，而只是突出图像中感兴趣的部分。例如，强化图像高频分量，可使图像中的物体轮廓清晰、细节明显；强化低频分量，可减少图像中的噪声影响。需要注意的是，图像

码 8-2【程序代码】
图像增强

增强并不是增加原始图像的信息，而是增强对某种信息的辨别能力，但这种处理可能会损失一些其他信息。

图像增强的方法大体上可以分为三类：空间域方法、频域方法和混合域方法。此处主要介绍空间域方法和频域方法。

1. 空间域方法

空间域方法是直接对图像的像素值进行操作的方法。这类方法简单直观，计算量相对较小，是图像增强中最常用的技术之一。空间域是图像所在的二维平面，空间域图像增强指的是在图像平面上应用某种数学模型，通过改变图像像素的灰度值来增强效果，而不改变像素的位置。空间域增强包括空间域变换增强和空间域滤波增强两种方法。空间域变换增强基于点处理，而空间域滤波增强基于邻域处理。常见的空间域增强方法有直方图均衡化、灰度变换、锐化和边缘增强等。

（1）直方图均衡化

直方图均衡化通过调整图像的直方图改善图像的对比度。这种方法可以使图像的亮度分布更加均匀，从而增强整个图像的视觉效果。

直方图均衡化是对整幅图像进行映射，并不会对某些局部区域映射，对于那些部分区域偏暗或者偏亮的图像而言并不适用。而且进行直方图均衡化后的图像灰度级会减少，造成图像的一些细节消失。直方图均衡化对于整体偏暗或者偏亮的图像比较适用，可以使得整幅图像的灰度均匀分布在$[0,255]$范围内，从而增加图像的对比度。直方图均衡化的效果如图 8-17 所示，图中对小猫图像的 RGB 三个通道均进行了直方图均衡化。

累计频率直方图均衡化的步骤如下。

1）统计图像中每个灰度值的像素个数。

2）计算每个灰度值像素的频率，并计算累计频率。

3）将图像进行映射，图像的灰度值为图像原来灰度值与累计频率的乘积。

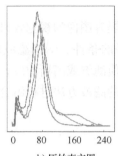  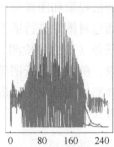

a) 原图　　　　　b) 原始直方图　　　　c) 直方图均衡化　　d) 进行均衡化后的直方图

图 8-17　直方图均衡化的效果

（2）灰度变换

灰度变换通过对图像像素值应用特定的数学函数改变图像的外观。常见的灰度变换函数包括线性变换、对数变换和幂律（伽马）变换等。

（3）锐化和边缘增强

锐化和边缘增强通过增强图像中的高频信息提高图像的清晰度或强调边缘。常用的技术有拉普拉斯算子锐化、Sobel 算子或 Canny 算子边缘检测等。

图 8-17　彩图

2. 频域方法

频域方法通过先将图像转换到频域（例如通过傅里叶变换），对其频率成分进行修改，然后再转换回空间域来实现图像增强。这类方法尤其适用于去除图像噪声或增强图像细节等应用。频域增强利用图像变换方法将原来图像空间中的图像以某种形式转换到其他空间中，然后利用该空间的特有性质更方便地进行图像处理，最后再转换回原来的图像空间，从而得到处理后的图像。

频域增强的主要步骤如下。

1）选择变换方法，将输入图像变换到频域空间。

2）在频域空间中，根据处理目的设计一个转移函数并进行处理。

3）将所得结果进行反变换，从而得到增强图像。

常见的频域方法如下。

（1）同态滤波

同态滤波通过同时增强图像的亮度和对比度来改善图像质量。同态滤波特别适用于改善图像的照明不均匀问题。

（2）低通和高通滤波

低通滤波可以平滑图像，去除噪声；高通滤波可以增强图像的边缘和细节。根据具体需求选择合适的滤波类型和参数。

顾名思义，低通滤波是让低频信息通过，过滤高频信息，通过保留频谱图中低频部分数据，去除高频部分信息来实现图像增强。低通滤波的效果如图 8-18a～图 8-18d 所示。

与低通滤波相反，高通滤波让高频信息通过，过滤低频信息。具体实现是保留频谱图中高频部分的信息，去除低频部分的信息。根据频谱信息的含义，进行高通滤波后，图像中的低频信息被滤除，即图像的细节、柔和等信息被去除，而图像的边缘、轮廓等突变部分的信息被保留，图 8-18a、图 8-18b、图 8-18e、图 8-18f 所示为高通滤波的效果。

　　a) 原图　　　　b) 傅里叶变换　　　c) 低通频谱图　　　d) 滤波图　　　e) 高通频谱图　　　f) 滤波图

图 8-18　低通和高通滤波的效果

　　图像增强技术的选择依赖于具体的应用场景和需求。理想的图像增强方法应当能够在不损失重要信息的前提下，有效地改善图像的视觉效果或增强图像中的特定特征。因此，在实际应用中，经常需要根据具体情况综合运用多种图像增强技术。

8.2.3　图像恢复

　　在获取图像的过程中，由于光学系统的像差、光学成像的衍射、成像系统的非线性畸变、记录介质的非线性、成像过程的相对运动、环境随机噪声等影响，使观测图像和真实图像之间不可避免的存在偏差和失真，由于这些因素引起的质量下降称为图像退化。图像退化的典型表现是图像出现模糊、失真，出现附加噪声等。由于图像的退化，图像接收端显示的图像已不再是传输的原始图像，图像效果明显变差。

码 8-3【程序代码】
图像恢复

　　为此，必须对退化的图像进行处理，恢复出真实的原始图像，这一过程称为图像恢复。图像恢复的处理过程就是对退化图像品质的提升，并通过图像品质的提升达到图像在视觉上的改善。早期的图像恢复是利用光学的方法对失真的观测图像进行校正，数字图像恢复技术最早是从天文观测图像的后期处理中逐步发展起来的。

1. 基本概念

　　图像恢复技术致力于运用退化图像所蕴含的先验信息重建或恢复其原始状态。该技术本质上是对图像退化过程的逆转，通过评估并构建退化过程的数学模型，对退化所引起的图像失真进行补偿，这样就能获取接近原始状态的图像，或者对原始图像进行最优的估计，进而提升图像的整体质量。

　　图像恢复过程通常包含两个基本步骤：首先是退化模型的建立，其次是退化模型的逆过程求解。图像的退化过程通常可以表示为

$$g(x,y) = H(f(x,y)) + n(x,y) \tag{8-2}$$

式中，$g(x,y)$ 为观察到的退化图像，$f(x,y)$ 为原始图像，H 为退化函数，$n(x,y)$ 为加入的噪声。图像恢复的目标是基于 $g(x,y)$ 和对 H 与 n 的估计，从而估算出尽可能接近 $f(x,y)$ 的图像。

2. 常用方法

　　此处主要讨论一种常用的图像恢复方法：逆滤波。

　　如果已知或能够估计退化函数的传递函数，逆滤波通过直接求解退化过程的逆过程来恢复原始图像。逆滤波简单直接，但对噪声非常敏感。

逆滤波是一种常见且直观的图像恢复方法，它的主要过程是将退化后的图像从空间域变换到频域，进行逆滤波后再变换回空间域，从而实现图像恢复。逆滤波通常步骤为：加载模糊或噪声图像；对图像进行傅里叶变换；选择合适的逆滤波函数；对频域图像进行逆滤波；对逆滤波结果进行傅里叶变换；显示恢复后的图像。

假设 $h(x,y)$ 为退化函数，则图像的退化模型为

$$g(x,y) = h(x,y) * f(x,y) + n(x,y)$$
$$= \int_{-\infty}^{+\infty} f(\alpha,\beta) h(x-\alpha, y-\beta) \, d\alpha d\beta + n(x,y) \tag{8-3}$$

将其变换到频域，得

$$G(u,v) = H(u,v)F(u,v) + N(u,v) \tag{8-4}$$

用现有图像除以退化函数，得到原图的估计图像为 $F'(u,v)$，则有

$$F'(u,v) = \frac{G(u,v)}{H(u,v)} - \frac{N(u,v)}{H(u,v)} \tag{8-5}$$

当噪声函数 $N(u,v)$ 远小于退化函数 $H(u,v)$ 时，可以将后面一项忽略，即 $F'(u,v) \approx F(u,v)$，将其进行傅里叶反变换，可以得到恢复的图像 $\hat{f}(x,y)$ 为

$$\hat{f}(x,y) = F^{-1}\left[F'(u,v) \right] \tag{8-6}$$

但是，当仅知道 $H(u,v)$ 时，逆滤波恢复存在一定的难度，而且逆滤波恢复对信噪比的要求比较高。

3. 图像恢复的应用

图像恢复在数字图像相关领域有着广泛的应用。在天文成像领域，射线及大气会造成图像退化，需要采用图像恢复技术。在医学领域，图像恢复被用来滤除 X 射线照片上的颗粒噪声和 MRI 上的加性噪声，以提高其分辨率。在军事及公共安全领域，图像恢复应用于巡航导弹地形识别，测试雷达的地形侦察，指纹自动识别，手迹、印章、人像的鉴定识别，过期档案文字的识别等。在图像及视频编码领域，随着图像编码技术的发展，人为图像缺陷如方块效应的解决需要采用图像恢复技术。

8.2.4 图像分割

图像分割的目标是将图像划分成多个具有独特属性的区域，这些区域在视觉上具有共同的特征，如颜色、纹理或亮度。图像分割是图像处理和计算机视觉领域中的一个基本任务，对于进一步的图像分析和理解至关重要。

1. 基本概念

图像分割的关键在于定义相似性，并据此划分图像。相似性的定义可以基于多种属性，包括但不限于颜色、纹理、亮度和形状。有效的图像分割方法能够识别和利用这些属性中的一种或多种，将图像细分为具有内在同质性的区域。

2. 常用方法

（1）基于阈值的分割

基于阈值的分割是一种简单而有效的图像分割技术，通过将图像像素值与一个或多个阈值进行比较，将图像划分为不同的区域。该方法广泛应用于医学影像处理、模式识别和计算机视觉等领域。这种分割方法基于一个简单的原理：若一个像素的灰度值高于或低于预定的

阈值，则该像素被归类为前景或背景。例如，在一个二值化过程中，所有高于阈值的像素设为白色（前景），而低于阈值的像素设为黑色（背景）。常见的基于阈值的分割方法有固定阈值分割、直方图双峰法、自适应阈值图像分割等。

1）固定阈值分割：固定某像素值为分割点，将图像分为前景和背景。

2）直方图双峰法：直方图双峰法是典型的全局单阈值分割方法，能够根据图像的不同自适应调整阈值。该方法的基本思想是：假设图像中有明显的前景和背景，则其灰度级直方图呈双峰分布，当灰度级直方图具有双峰特性时，选取两峰之间的谷对应的灰度级作为阈值。算法实现如下：分别找到第一个峰值和第二个峰值，再找到第一峰值和第二个峰值之间的谷值，谷值即为所求阈值。

3）自适应阈值图像分割：有时物体和背景的对比度在图像中不是处处相同，普通阈值分割难以起作用。这时候可以根据图像的局部特征分别采用不同的阈值进行分割。只需要将图像分为几个区域，分别选择阈值，或动态地根据一定邻域范围选择每点处的阈值，从而进行图像分割。一种典型的方法是最大类间方差法，又称为大津法（OTSU），其按照图像的灰度特性，将图像分为背景和前景两部分。背景和前景之间的类间方差越大，说明构成图像的两部分的差别越大，部分前景错分为背景或部分背景错分为前景，都会导致两部分差别变小。因此，使类间方差最大的分割意味着错分概率最小。

图 8-19 所示为阈值分割的效果，图中展示了原图对应的直方图以及固定阈值分割和大津法分割的效果。

223

　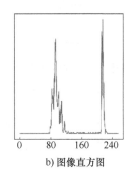　　

a) 原图　　　　　b) 图像直方图　　　c) 固定阈值分割(120)　　d) 大津法分割

图 8-19　阈值分割的效果

（2）基于区域的分割

基于区域的分割是利用图像的空间性质，基于相似性准则建立的一种图像分割方法，其基本思想是将图像中满足某种相似性准则的像素集合起来构成区域，主要有区域生长法、区域分裂合并法等。

1）区域生长法：区域生长法是根据统一物体区域的像素相似性聚集像素点以达到区域生长。由一组表示不同区域的种子像素开始，逐步合并种子像素周围相似的像素，从而扩大区域，直到无法合并像素点或小邻域为止。其中区域内的相似性度量可用平均灰度值、纹理、颜色等信息衡量，关键在于如何选择初始种子像素及生长准则。漫水填充算法便是区域生长法的一种典型算法。

2）区域分裂合并法：区域生长法是从某个或者某些像素点出发，最终得到整个区域，进而实现目标的提取。区域分裂合并法类似于区域生长法的逆过程，从整幅图像出发，不断分裂，得到各个子区域，然后再把前景区域合并，得到分割的前景目标，进而实现目标的提取。区域分裂合并法首先需要确定分裂合并的准则，然后将图像任意分成若干互不相交的区域，按准则对这些区域进行分裂合并。区域分裂合并法可用于灰度图像分割和纹理图像分割。

（3）基于边缘的分割

数字图像中两个不同区域的边界线上连续的像素点的集合，是图像局部特征不连续性的反映，体现了灰度、颜色、纹理等图像特性的突变。通常情况下，基于边缘的分割指的是基于灰度值的边缘检测，它是建立在边缘灰度值呈现阶跃型或屋顶型变化这一观测基础上的方法。阶跃型边缘两边像素点的灰度值存在明显的差异，屋顶型边缘位于灰度值上升或下降的转折处。正是基于这一特性，可以使用微分算子进行边缘检测，即使用一阶导数的极值与二阶导数的过零点确定边缘，具体实现时可以通过图像与模板进行卷积完成。图 8-20 所示为常见的边缘分类。

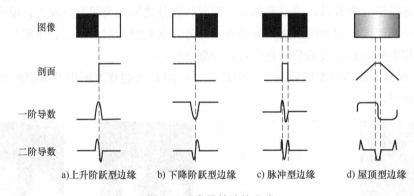

图 8-20　常见的边缘分类

在数字图像中，边缘处像素的灰度值不连续，这种不连续性可通过求导进行检测。经典的边缘检测算法一般采用微分的方法进行计算，常用的一阶微分边缘检测算子有 Roberts 算子、Sobel 算子、Prewitt 算子、Kirsch 算子等。

一阶微分算子方法计算简便、速度快，但定位不准确。二阶微分算子主要有 Canny 算子、LOG 算子、Laplacian 算子，这类算子基于一阶导数的局部最大值对应二阶导数的零交叉点这一性质，通过寻找图像灰度二阶导数的零交叉点进行边缘定位。二阶微分算子方法边缘定位准确，但对噪声敏感。

图 8-21 所示为边缘检测算子在道路检测中的应用。

（4）基于聚类的分割

聚类算法是一种无监督学习方法，它将视觉数据划分为具有相似值的像素群。常见的变体是 k 均值聚类，其中 k 是聚类的数量：像素值被绘制为数据点，并且选择 k 个随机点作为聚类的中心（中心点）。每个像素根据最近的中心点（即最相似的中心点）被分配到一个聚类中。然后将中心点重新定位到每个聚类的平均值，并重复这一过程。每次迭代都重新定位中心点，直到聚类趋于稳定。k 均值聚类的效果如图 8-22 所示。

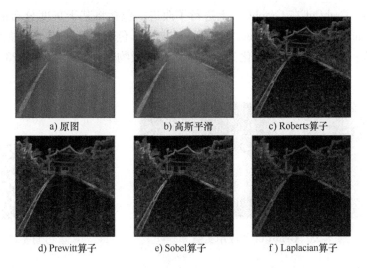

a) 原图　　　　　　　b) 高斯平滑　　　　　c) Roberts算子

d) Prewitt算子　　　　　e) Sobel算子　　　　　f) Laplacian算子

图 8-21　边缘检测算子在道路检测中的应用

图 8-22　k 均值聚类的效果（$k=2,3,4$）

（5）基于图论的分割

此类方法把图像分割问题与图的最小割问题相关联。首先将图像映射为带权无向图，图中每个节点对应于图像中的每个像素，每条边连接着一对相邻的像素，边的权值表示了相邻像素之间在灰度、颜色或纹理方面的非负相似度。对图像的一个分割就是对图的剪切，被分割的每个区域对应图中一个子图。分割的最优原则就是使划分后的子图在内部的相似度保持最大，而子图之间的相似度保持最小。基于图论的分割本质就是移除特定的边，将图划分为若干子图从而实现分割。目前常用的基于图论的方法有 GraphCut、GrabCut 等。

1）GraphCut：GraphCut 是一种流行的能量优化算法，在计算机视觉领域普遍应用于前背景分割、立体视觉、抠图等。将一幅图像分为前景和背景两个不相交的部分，那就相当于完成了图像分割。

此类方法把图像分割问题与图的最小割问题相关联。最小割问题把图的顶点划分为两个不相交的子集 S 和 T，这两个子集就对应于图像的前景像素集和背景像素集。因此，图像分割可以通过最小化图割实现，其能量函数由区域项和边界项构成。

整个流程的限制是：算法基于灰度图；需要人工标注至少一个前景点和一个背景点；结果为硬分割结果，未考虑边缘介于 0~1 之间的透明度。

225

2）GrabCut：GrabCut 在 GraphCut 上进行了改进，包括将基于灰度分布的模型替换为高斯混合模型（Gaussian Mixture Model，GMM）以支持彩色图片；将能一次性得到结果的算法改成了迭代流程；将用户的交互简化到只需要框选前景物体即可。如图 8-23 所示为 GrabCut 的应用实例。

图 8-23　GrabCut 的应用实例　　　　　图 8-23　彩图

3. 应用实例

1）医学图像处理：在医学图像处理中，精确的图像分割对于病变检测、器官量化和手术规划等任务至关重要，例如细胞分割、肿瘤识别等。

2）自动驾驶技术：在自动驾驶技术中，图像分割用于从道路场景中识别车辆、行人、道路标志和其他关键元素，这些信息对于路径规划和避障至关重要。

码 8-4【程序代码】
图像分割

3）遥感图像分析：在遥感图像分析中，图像分割可以用于土地覆盖分类、资源管理和环境监测。例如，区域生长算法可以从卫星图像中分离出特定类型的植被，支持精准农业和森林监测。

通过这些应用实例，可以看到图像分割技术的强大能力和广泛应用，它在许多领域中扮演着至关重要的角色。传统分割的应用实例如图 8-24 所示。传统的图像分割方法通常先验较为简单，需要烦琐的手动设计过程，在实际应用中单一方法难以获得较好的效果。随着技术的发展，如深度学习等方法的出现，图像分割技术得到进一步发展，使其能够适用于更广泛的应用场合。

图 8-24　传统分割的应用实例

8.3　多模态医学图像的应用

在医学图像领域，由于成像设备的多样化，同一病人往往拥有多个模态的数据，从不同

226

的角度展现人体的生理和结构情况。要想对病人进行准确深入地分析，往往需要结合多种模态的数据实现。近年来，随着深度学习技术的快速发展，基于深度学习的方法在医学图像处理领域得到了广泛的应用，显著提高了图像处理的准确性和效率。本节将探讨多模态数据在基于深度学习的医学图像配准、医学图像分割和医学图像诊断中的应用。

8.3.1　医学图像配准

医学图像配准是一种关键的图像处理技术，旨在预测一个形变场或者形变参数，将给定的一对或者一组图像配准到目标图像，使形变后的图像与目标图像尽可能一致。这一过程对于多时相、多模态成像分析及治疗效果评估等具有重要意义。深度学习在医学图像配准领域中展现出了显著的潜力，通过学习大规模图像数据集中的复杂变换关系，可以实现高精度和高效率的自动配准。

1. 基于深度学习的图像配准类别

深度学习配准方法通常基于 CNN，通过训练模型学习输入图像对之间的空间对应关系。根据配准的任务可以将配准方法分为仿射配准和非刚性配准。仿射配准的目的在于预测从输入的原始图像到目标图像的仿射变换矩阵，通常适用于整体上的轮廓配准。非刚性配准是预测一个从原始图像到目标图像的点对点形变场，能够预测局部的精细变换。因而在实际任务中，为达到最佳的配准效果，非刚性配准通常在仿射配准的基础上进行。根据输入数据的模态差异，配准方法也可以分为单模态配准和多模态配准。单模态配准的输入原始图像和目标图像为相同模态数据，而多模态配准中原始图像和目标图像属于不同模态。两种方法的网络大致相似，只是在损失函数上会有些差异，本小节侧重于从通用网络的角度描述基于深度学习的配准方法。

而根据网络训练所需数据的差异，配准方法又可以分为有监督学习方法、无监督学习方法和弱监督学习方法三大类。

1）有监督学习方法：利用已知配准形变场的图像对作为训练数据，学习一个映射函数，该函数能够预测输入图像对的最优变换参数。这要求在图像配准之前已经有形变场作为参考，而实际上通常是不存在的。为了构建这样的训练数据，常用的方法是构建一个仿真数据集，或者用传统方法生成参考形变场。但是仿真的形变场通常较为简单，而传统配准方法生成的形变场准确度直接限制了深度配准网络的上限。因此，主流的深度学习配准方法已经很少采用有监督的配准。

2）无监督学习方法：不同于有监督学习方法，无监督学习方法只需要原始图像和目标图像作为输入即可训练，并不要求已知两个图像之间的形变场。这类方法通过最小化图像间的某种距离度量（如均方误差或者互信息）实现，广泛应用于数据标注成本高或难以获得精确配准基准的场景。尽管采用无监督的方式，通过大量数据的训练，无监督学习方法已经取得了和传统配准方法相近乃至更好的配准精度，成为深度学习配准方法的主流。

3）弱监督学习方法：在配准任务中，真实的形变场是无法获得的，但是有些标签信息可以作为网络训练的参考，将其带入到无监督配准网络中，可以明显提升配准效果，这就是弱监督学习方法。已经有研究表明，在无监督网络的训练中采用分割图像或者关键点作为辅助信息，可以显著提升配准精度。而原始图像和目标图像的分割标签或者关键点有时不难获得，在此情况下，弱监督配准往往能够取得最佳的配准效果。

2. 通用配准网络

如图 8-25 所示为通用的深度学习配准网络框架，此处以无监督配准网络为例。深度学习配准网络是一种基于端到端训练的 CNN，包括特征提取和 STN（智能传送网）层。深度学习配准网络直接预测将原始图像配准到目标图像所需的非刚性形变场，实现了快速高效的配准。该框架的关键优势在于其对配准任务进行直接建模，以一种无监督的方式训练，并且训练完成后的测试只需要一次前馈，因而相比传统方法大大缩短了配准的时间。

深度学习配准网络的特征提取模块通常由编解码网络构成，包括编码器和解码器。如图 8-25 所示，特征提取模块的编码器和解码器均为四层，分别为四层编码和四层解码，对应的层之间还通过跳跃连接进行信息传递。原始图像和目标图像输入时通过拼接（Concatenate）在通道维度上进行合并，四层编码层每层将图像特征尺寸变为原来的一半，每层解码层随即将图像特征尺寸变为原来的两倍。通过特征提取模块的图像特征与输入图像的尺寸一致，再通过一个 3×3×3 的卷积层即可预测对应的形变场。形变层基于预测的形变场来形变原始图像，得到形变的图像。计算形变图像与目标图像之间的相似度，将之作为损失，即可指导网络训练。

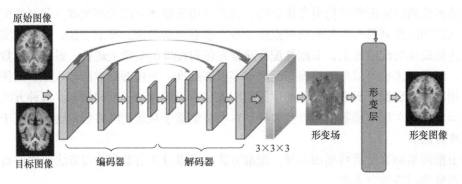

图 8-25 通用的深度学习配准网络框架

形变层的结构如图 8-26 所示，由参数计算、网格生成和采样三个步骤组成。参数计算步骤通过之前的特征提取和卷积模块已经实现，得到的参数 θ 表示为形变场（对应非刚性配准）或者仿射矩阵（对应仿射配准）。假设输入图像特征 U 尺寸为 $W×H×D$，其中 W、H、D 分别为三维图像的长、宽、高，即形变场尺寸为 $W×H×D×3$。形变场中每个体素包含一个三维的移动向量(x, y, z)，对应图像每个体素在三个方向上的位移。网格生成步骤将形变场转换为对应的插值网格 $T_\theta(G)$，然后通过插值函数（通常为双线性插值或者三线性插值）得到形变图像特征 V。

训练配准网络的损失函数通常包括两项，相似度损失和正则化损失。相似度损失用于衡量形变图像与目标图像之间的差异，进而指导网络训练。常用的相似度损失包括均方误差、归一化互相关（Normalized Cross Corelation，NCC）系数和互信息（Mutual Information，MI）等，均方误差和归一化互相关系数通常用于单模态图像配准，而互信息通常用于多模态图像配准。正则化损失的目的在于保证形变场的平滑性，其与相似度损失对于配准准确性的作用相反。通常来说，相似度损失权重较大时会提升配准准确性，但是可能导致形变场不平滑；而正则化损失权重较大时会导致配准的准确性降低，与之对应，形变场会更加平滑。

228

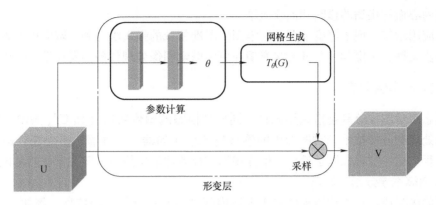

图 8-26　形变层的结构

3. 应用实例

图像配准是医学图像处理的基础步骤，是大部分医学图像分析任务如图像分割、器官运行分析及诊断中的必备操作，其广泛应用于包括大脑、心脏、肺、腹腔器官等众多人体器官的分析诊断中。图 8-27 所示为大脑和心脏 MRI 图像配准的应用实例。

深度学习配准方法的常见应用如下。

1) 多模态脑成像配准：在神经科学研究和脑疾病诊治中，需要将 MRI、CT、PET 等不同模态的脑成像数据准确对齐。使用深度学习配准方法，如基于 CNN 的无监督学习模型，可以有效地处理不同模态间的强度非线性和结构差异，实现高精度配准。

码 8-5【程序代码】
医学图像配准

229

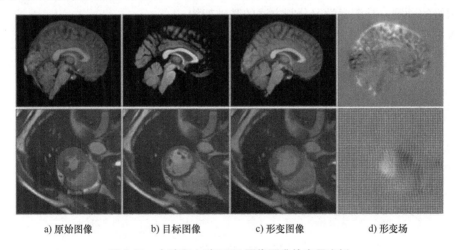

a) 原始图像　　　b) 目标图像　　　c) 形变图像　　　d) 形变场

图 8-27　大脑和心脏 MRI 图像配准的应用实例

2) 肿瘤变化监测：在癌症治疗过程中，通过对比患者不同时间点的影像数据，医生可以评估治疗效果。深度学习配准方法能够自动对齐时序图像，辅助医生快速准确地识别肿瘤体积的变化。

3) 心血管疾病诊断：心脏的动态成像数据（如心脏 MRI）需要精确配准以分析心脏功能。深度学习配准方法能够处理心脏在不同心动周期内的形变，提供准确的心脏运动和功能信息，辅助心血管疾病的诊断和治疗决策。

这些应用示例展现了深度学习在医学图像配准领域的强大潜力和广阔应用前景。随着技术的进一步发展，深度学习配准方法有望在更多医学图像处理任务中发挥重要作用。

8.3.2 医学图像分割

多模态医学图像分割是指利用来自不同成像模态的图像数据（如 CT、MRI、PET 等），通过图像处理和分析技术，对图像中的感兴趣区域（如器官、肿瘤、病变等）进行识别和分割的过程。这一过程在医学诊断、治疗规划和疗效评估中扮演着至关重要的角色。

1. 多模态医学分割的原理

不同的医学成像技术能够提供关于人体内部结构和功能的不同信息。例如，CT 图像提供高对比度的解剖结构信息，MRI 图像提供软组织的详细信息。多模态成像结合了这些不同的信息源，以获得更全面和准确的图像数据。在多模态图像中，由于不同模态对病变的敏感性不同，可以增强病变的对比度，同时多模态图像分割可以减少单一模态图像中噪声和伪影的影响，提高分割的准确性和可靠性。

2. 常用的深度学习分割方法

深度学习分割方法通常基于 CNN，逐层提取图像特征，并通过网络学习到的特征进行像素级的分类，实现对图像中感兴趣区域的精确分割。其中，全卷积网络（FCN）和 U-Net 是最为经典且应用广泛的网络结构，这些方法能够自动学习图像中的复杂特征，并在分割任务中取得优异的表现。

（1）FCN

FCN 通过将传统 CNN 中的全连接层转换为卷积层，对任意尺寸图像进行输入处理，并进行像素级的预测，是深度学习分割方法的基础架构。

FCN 的结构如图 8-28 所示，主要包括下采样、上采样和跳跃连接三部分。

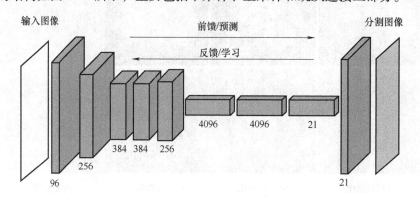

图 8-28　FCN 的结构

1）下采样：下采样过程通过不断缩小特征图的尺寸提取图像的高层语义信息，输入图像经过下采样的多个卷积层和池化层处理后得到特征图，有效地缩小了特征图的尺寸。

与传统 CNN 不同的是，FCN 的下采样将全连接层替换成了卷积层，避免了位置信息的丢失问题。这使得下采样网络可以对任意尺寸的输入图像进行处理，实现了端到端的图像分割。

2）上采样：为了降低计算量并提高特征提取效率，FCN 对输入图像进行下采样所得到尺寸远小于原始图像的特征图。为了得到与输入图像尺寸相同的输出，FCN 引入了上采样操作，将特征图恢复到输入图像的尺寸，并在每个像素点上输出对应的类别预测值，这种方法可以直接输出一张标记好每个像素点所属类别的图像，从而实现了像素级别的分割。

3）跳跃连接：FCN 使用 CNN 将原始图像转换为特征图，并且通过上采样得到与原始图像相同大小的分割结果。然而，如果只对最后一层的特征图进行上采样得到原始图像大小的分割，那么最终的分割效果往往并不理想。因为最后一层的特征图太小，这意味着过多细节的丢失。为了解决这个问题，FCN 引入了跳跃连接，这种连接方式将最后一层的预测（富有全局信息）和更浅层（富有局部信息）的预测结合起来，从而保留更丰富的语义信息，提高分割的准确性。

（2）U-Net

U-Net 是一种特别为医学图像分割设计的网络结构，采用了对称的编码器-解码器结构，通过跳跃连接保留了高分辨率特征，极大提高了分割的准确性和网络对小对象的敏感度。

U-Net 的结构如图 8-29 所示，主要包括左边的编码器、右边的解码器和中间的跳跃连接三部分。U-Net 的结构共有五层，左边的编码器每层操作基本相同，通过两次卷积操作提取特征图的语义信息，然后使用最大池化操作，将特征图的分辨率减半、通道数翻倍，重复四次相同的操作之后得到最底层的特征图。右边的解码器结构与编码器对称，每层操作也基本一致，通过两次卷积操作提取特征图的语义信息，然后使用转置卷积操作，将特征图的分辨率翻倍、通道数减半。将输出的特征图与跳跃连接传递过来的编码器特征图进行拼接和组合，作为后一层操作的输入，重复四次相同的操作之后得到最高层的特征图，其尺寸已经恢复至和输入图像相同。

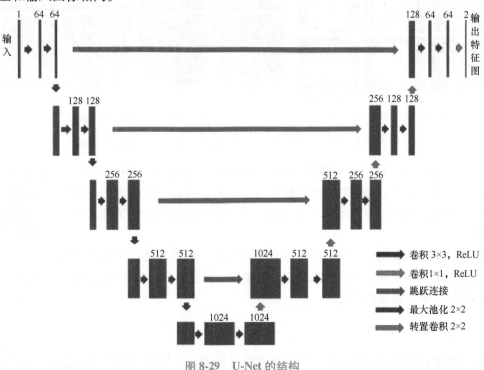

图 8-29　U-Net 的结构

U-Net 的结构具有较好的性能表现，因此 U-Net 在医学影像分析领域得到广泛应用。同时，它也可以通过调整网络结构和参数来适应其他图像分割任务。

（3）其他拓展

图 8-29　彩图

除了基础的 FCN 和 U-Net 结构外，随着研究的深入，许多改进和 U-Net 变体结构相继被提出，以应对医学图像分割中的特定挑战，如深层监督、注意力机制和多尺度特征融合等技术的引入，进一步提高了分割性能。

3. 应用实例

1）肿瘤分割：在癌症的诊断和治疗规划中，精确分割肿瘤区域对于确定病灶位置和大小至关重要。深度学习分割方法能够自动识别和分割出 MRI、CT 图像中的肿瘤区域，辅助医生进行更准确的诊断和治疗方案制定。图 8-30 所示为大脑多模态 MRI 图像肿瘤分割和腹腔器官 CT-PET 图像肿瘤分割，其中 Ground Truth 是真值图像，Prediction 是预测图像。

码 8-6【程序代码】
医学图像分割

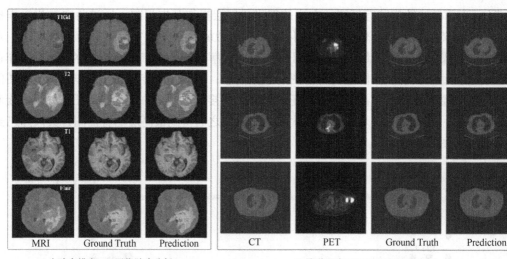

a) 大脑多模态MRI图像肿瘤分割　　　　　　　　b) 腹腔器官CT-PET图像肿瘤分割

图 8-30　大脑多模态 MRI 图像肿瘤分割和腹腔器官 CT-PET 图像肿瘤分割

2）心脏结构分割：心脏疾病是全球主要的健康问题之一，深度学习技术能够高效分割心脏 MRI 或 CT 图像中的心室、心房等结构，结合多模态图像信息可以提供精确的心脏形态和功能信息，对心脏疾病的诊断和治疗具有重要意义。

这些应用示例说明了深度学习在医学图像分割领域的广泛应用和显著效果。随着技术的不断进步和临床需求的日益增长，深度学习分割方法将在医学影像分析和临床应用中发挥更加重要的作用。

图 8-30　彩图

8.3.3　医学图像诊断

医学图像诊断是利用图像处理技术分析医学影像，以辅助医生识别和诊断疾病的过程。

深度学习技术，尤其是 CNN 在医学图像诊断领域中展现出巨大的潜力和优势，通过学习大量医学影像数据，模型能够自动识别图像中的病理特征，辅助医生进行更准确的诊断。

1. 基于深度学习的图像诊断

深度学习在医学图像诊断中的应用主要依赖于 CNN 及其变体。这些网络通过多层非线性变换自动学习图像中的高层次特征，从而实现疾病标记、病变识别或者是健康状态的分类。典型的基于深度学习的图像诊断流程包括图像预处理、特征学习、分类或回归分析，最终输出诊断结果。

2. 通用方法

基于深度学习的图像诊断通常分为两大类，一类是直接诊断，即给定输入图像，直接判断患某疾病的概率；另一类是特征提取，即将深度学习网络作为一种自动特征提取器，然后将其提取的特征向量用于单独训练传统分类器。将深度学习用于直接诊断的网络结构如图 8-31 所示。

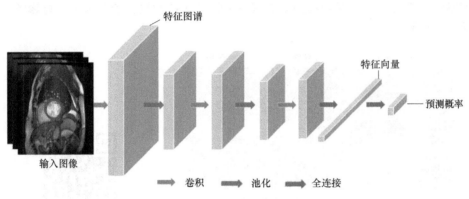

图 8-31　将深度学习用于直接诊断的网络结构

图 8-31　彩图

病人的扫描图像直接输入到一个多层卷积中自动学习特征，通过多层卷积，深度神经网络能够自动学习一些高层语义特征。随后，网络通过展平操作将特征图谱展开成一维数据，由多个全连接层得到各个疾病的预测概率。这种方法的优势在于不需要手动提取特征，通过网络训练能够自动学习特征提取过程，而且在拥有大量训练数据的情况下网络的准确率通常不低。但是，由于深度神经网络是端到端的网络，训练测试过程类似于黑盒，所学习到的特征不具有可解释性。比起日常的识别分类任务，临床诊断更为严谨，因而这种方法从临床医生的角度而言认可度不高。

不同于直接诊断方法，用深度学习网络进行特征提取，辅以传统的分类器诊断，则更具可解释性和实用价值。基于深度学习的自动特征提取较为常见的应用是自编码器，与传统的主成分分析方法类似，自编码器能够通过大量的数据训练，自动学习从原始图像到隐空间的映射。自编码器通常也是采用 U-Net 结构，但不同于分割和配准任务中的 U-Net，此处的 U-Net 并没有采用跳跃连接。网络训练通常用均方误差作为损失，并不需要额外的标签信息。完成训练之后，能够将高维的原始图像压缩到低维的特征向量上，并且可以通过解码器探究特征向量上每个特征对应的图像信息。学习到的特征向量还可以与其他模态数据的特征向量合并，共同作为传统分类器的输入。

此外，鉴于医学图像数据稀少，而且模态众多，为了在有限的数据集中取得最优的诊断结果，可以考虑下面的策略。

1）迁移学习：由于医学图像数据的获取成本高、数据量相对较小，迁移学习成为提高模型性能的有效策略。以在大型数据集（如 ImageNet）上预训练的模型作为初始化，迁移到特定的医学图像任务上，能够有效提升模型的学习效率和泛化能力。

2）多模态融合：医学影像学中多种常见的成像技术（如 CT、MRI、PET 等）可以提供不同的生物学信息，深度学习模型通过融合来自不同成像模态的信息，可以提高诊断的准确性和鲁棒性。

3. 应用实例

1）皮肤癌诊断：通过分析皮肤病变图像，深度学习模型能够辅助识别和分类不同类型的皮肤癌，如黑色素瘤。这对于皮肤癌的早期发现和治疗至关重要，有助于提高患者的生存率。图 8-32a 所示为皮肤癌的图像。

2）乳腺癌检测：深度学习技术在乳腺癌的诊断中也有着广泛的应用。通过对大量标注的乳腺癌细胞图像进行学习，深度学习模型能够区分良性和恶性肿瘤，辅助医生进行诊断。图 8-32b 所示为乳腺癌图像。

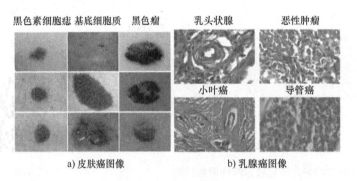

图 8-32　皮肤癌和乳腺癌的图像

码 8-7【程序代码】
医学图像诊断程序示例

3）脑部疾病分类：深度学习模型可以从 MRI 或 CT 等不同模态图像中提取有关脑部结构和功能的关键信息，将其结合，有助于自动识别和分类脑部疾病，如阿尔茨海默病和脑瘤等。

通过上述三个应用实例，我们可以看到深度学习技术已成为医学图像处理领域的重要工具，不仅极大地提升了处理速度和准确性，而且还推动了医学诊断自动化和智能化的发展。相比于单模态方法，多模态数据能够从不同角度提供器官组织的结构和功能信息，从而提升配准、分割和诊断的准确率。随着深度学习技术的不断进步和医学数据的日益丰富，未来基于深度学习的医学图像处理将展现出更加广阔的应用前景。

第 9 章 语音信号处理、识别与多模态融合应用

📀 **导　读**

　　本章首先从语音信号采集与预处理出发，介绍最简单的语音信号采集与保存格式、预加重、分帧和加窗等预处理技术；然后介绍短时语音信号的时域与频域特征分析，以及主要的语音识别方法；最后从纯语音分离出发，阐述基于多模态融合的语音分离原理与实现。

📀 **本章知识点**

- 语音信号采集与预处理
- 短时语音信号的时域与频域特征分析
- 语音识别方法
- 基于多模态融合的语音分离

9.1　语音信号采集与预处理

　　语音识别技术是以语音为研究对象，旨在让机器通过识别和理解过程把语音信号转变为相应的文本或命令，以此实现与机器的自然语音通信。常见的应用场景包括智能手机的语音助手和各大互联网厂商推出的智能音箱等。

　　一般来说，语音识别的方法有四种：基于声道模型和语音知识的方法、模式匹配方法、统计模型方法和利用人工神经网络的方法。基于动态时间归整（Dynamic Time Warping，DTW）算法的语音识别是模式匹配方法之一，该算法基于动态规划（Dynamic Programming，DP）的思想，解决了发音长短不一的模板匹配问题，通常用于孤立词识别。

　　语音识别系统的原理框图如图 9-1 所示。根据该图可知，语音识别系统本质上是一种模式识别系统，主要包含特征提取、模式识别和模板库等基本单元。语音输入通过传声器转换为电信号，并经过一系列预处理步骤。原语音信号经过声电转换后需要经过预滤波、采样与量化转化成语音数字信号，之后的预处理主要包括预加重、分帧、加窗和端点检测等。由于语音信号是非平稳信号且易受外部干扰，预处理步骤是必要的，以便提取其特征并建立模板

库，这个过程也称为系统训练。在识别过程中，系统会将输入的语音信号特征与模板库中的模板进行比较，并根据特定的判决规则，选择与输入语音信号最匹配的模板，最终给出计算机的识别结果。

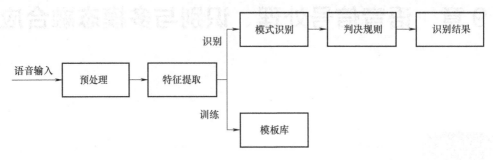

图 9-1　语音识别系统的原理框图

9.1.1　语音信号采集

语音信号实际上是模拟信号，因此在进行数字处理之前，首先需要将模拟语音信号 $s(t)$ 以采样周期 T 进行采样，离散化为 $s(k)$。采样周期的选择应依据模拟语音信号的带宽，并遵循奈奎斯特采样定理，以避免信号的频域混叠失真。语音信号的频率范围通常在 300 ~ 3400Hz 之间，因此选择 8kHz 的采样率即可满足要求。

获取数字语音信号的方法主要有两种：正式和非正式。正式方法通常由大公司或语音研究机构发布，使用广泛认可的语音数据库；而非正式方法则是研究者个人通过录音软件或硬件电路与麦克风随时录制一些发音和语句。

在本小节中，语音信号的采集通过 Windows 操作系统或者手机的录音机功能完成，语音文件格式可以是 WAV、M4A 等文件存储格式。在 MATLAB 环境中，使用 audioread 函数读入语音文件。图 9-2 所示为孤立词"你好"的训练语音 1a. wav 的语音信号波形图。

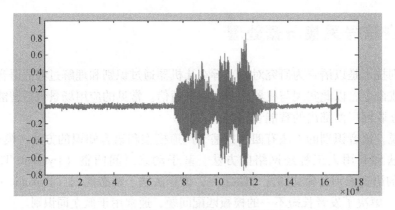

图 9-2　1a. wav 的语音信号波形图

9.1.2　语音信号预处理

语音信号预处理主要包括预加重、分帧和加窗与端点检测等，下面阐述前三种处理方法，端点检测在 9.3.1 节详细阐述。

1. 预加重

对输入的数字语音信号进行预加重，其目的是为了对语音的高频部分进行加重，去除口唇辐射的影响，增加语音的高频分辨率。语音从口唇辐射会有 6dB/oct 的衰减，因此对语音信号进行处理之前，希望能按照 6dB/oct 的比例对信号加以提升，以使得输出信号的电平近似。当用数字电路实现 6dB/oct 预加重时，可采用以下差分方程所定义的数字滤波器：

$$Y(n) = X(n) - aX(n-1) \tag{9-1}$$

式中，系数 a 常在 $0.9\sim1$ 之间选取。当 $a=0.98$ 时，图 9-3 所示为该高通滤波器的幅频特性和相频特性。

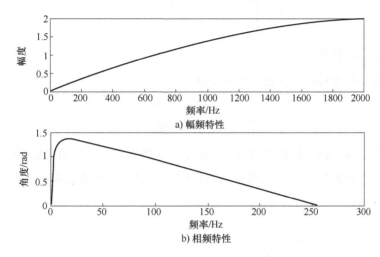

a) 幅频特性

b) 相频特性

图 9-3　高通滤波器的幅频特性和相频特性

2. 分帧

语音信号是一种非平稳信号，其均值函数和自相关函数会随时间发生显著变化。然而有研究表明，语音信号在短时间内具有平稳性，即在短时间内其频谱特性保持相对稳定。基于这一特性，可以将语音信号按时间划分为多个短时间段，每段通常为 $10\sim30$ms，这些短时间段称为帧，每个帧作为语音信号处理的基本单位。按时间划分的这一过程称为分帧。通过分帧处理，可以更有效地捕捉语音信号的特征，便于后续的分析和处理。帧与帧之间一般有交叠部分，称为帧移，帧移一般为帧长的 $1/3\sim1/2$，其目的是为了防止两帧之间出现不连续。语音信号分帧示意图如图 9-4 所示。在 MATLAB 环境中，分帧最常使用的函数是 enframe(x,len,inc)，其中 x 为语音输入信号，len 为帧长，inc 为帧移。

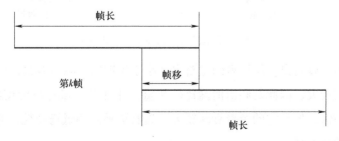

图 9-4　语音信号分帧示意图

3. 加窗

为了保持语音信号的短时平稳性，通常会使用窗函数减少由截断处理引起的吉布斯效应。窗函数能够平滑过渡每个帧的边界，从而减小频谱泄漏和边缘效应。常用的窗函数包括汉明窗、汉宁窗和矩形窗等。应用窗函数可以有效地减少截断带来的不利影响，保持语音信号的短时平稳性，提高信号处理的准确性。一般计算梅尔频率倒谱系数（Mel Frequency Cepstral Coefficients，MFCC）时需要用到汉明窗，其窗函数如下：

$$w(n) = \begin{cases} 0.5 - 0.46\cos\dfrac{2\pi n}{N-1}, & 0 \leqslant n < N \\ 0, & \text{其他} \end{cases} \tag{9-2}$$

式中，N 为窗长，一般等于帧长。

另外，还有一种常用的矩形窗，其窗函数如下：

$$w(n) = \begin{cases} 1, & 0 \leqslant n < N \\ 0, & \text{其他} \end{cases} \tag{9-3}$$

通常要实现加窗，将分帧后的语音信号乘上窗函数即可。加窗结果是尽可能呈现出一个连续的波形，减少剧烈的变化。汉明窗和矩形窗的时域、频域波形如图 9-5 和图 9-6 所示，此时样点数取 $N=61$。

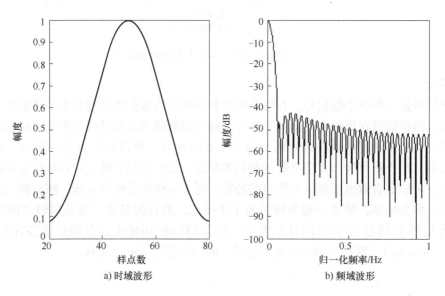

a) 时域波形   b) 频域波形

图 9-5　汉明窗的时域波形、频域波形

对比上面两图可以看出，矩形窗的主瓣宽度小于汉明窗，具有较高的频谱分辨率，但是矩形窗的旁瓣峰值较大，因此其频谱泄漏比较严重。相比较，虽然汉明窗的主瓣宽度较大，约大于矩形窗的一倍，但是它的旁瓣衰减较大，具有更平滑的低通特性，能够在较高的程度上反映短时信号的频率特性。

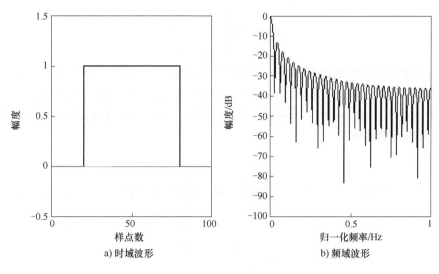

a) 时域波形   b) 频域波形

图 9-6 矩形窗的时域波形、频域波形

9.2 短时语音信号的时域与频域特征分析

9.2.1 时域特征分析

1. 短时能量

语音和噪声的主要区别在于它们的能量。语音段的能量比噪声段的能量大。语音段能量是噪声段能量与语音声波能量的和。第 n 帧语音信号的短时能量 E_n 的定义为

$$E_n = \sum_{m=0}^{N-1} X_n^2(m) \tag{9-4}$$

式中，X_n 为原样本序列在窗函数中切取出的第 n 段短时语音，N 为帧长。

码 9-1【程序代码】
短时语音信号的
时域特征分析

2. 短时平均幅值

短时能量的一个主要问题是 E_n 对信号的电平值过于敏感。由于需要计算信号样值的平方和，因此定点实现时很容易产生溢出。为了克服这个缺点，在许多场合会将 E_n 代替换为短时平均幅值，即

$$E_n = \sum_{m=0}^{N-1} |X_n(m)| \tag{9-5}$$

3. 短时过零率

短时过零率表示一帧语音信号波形穿过横轴（零电平）的次数。对于连续语音信号，过零意味着时域波形通过时间轴；对于离散语言信号，相邻的取样值符号改变称为过零。过零率就是样本改变符号的次数，定义语音信号 $X_n(m)$ 的短时过零率 Z_n 为

$$Z_n = \frac{1}{2} \sum_{m=0}^{N-1} \left| \text{sgn}[X_n(m)] - \text{sgn}[X_n(m-1)] \right| \tag{9-6}$$

$$\text{sgn}[x]=\begin{cases}1, & x>0\\0, & x=0\\-1, & x<0\end{cases} \tag{9-7}$$

清音的能量多集中于较高的频率，它的短时过零率高于浊音，故短时过零率可以用来区分清音、浊音和无声。图 9-7 所示为孤独词"你好"的语音信号图、短时能量图和短时过零率图，其中 Speech 为语音信号，Energy 为短时能量，ZCR 为短时过零率（相关程序可参考基于 DTW 语音识别部分）。

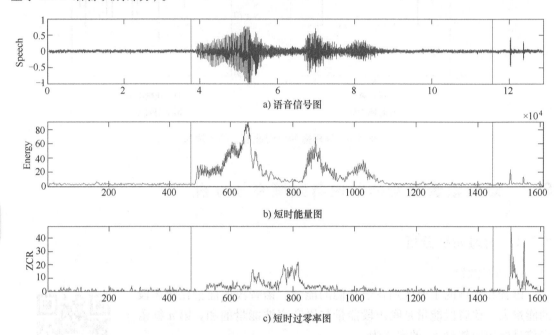

a) 语音信号图

b) 短时能量图

c) 短时过零率图

图 9-7   "你好"的语音信号图、短时能量图和短时过零率图

4. 短时自相关处理

自相关函数用于评估信号在不同时间延迟下的相似性。由于清音和浊音的发声机制不同，它们的波形特征也有显著差异。浊音通常表现出明显的周期性，其时间波形在不同周期内具有较高的相似性；而清音类似于随机噪声，波形杂乱无序，相似性较低。因此，可以利用短时自相关函数分析语音信号的相似性。通过应用短时自相关函数，可以有效地捕捉语音信号的周期性特征，进而区分清音和浊音。这种方法不仅有助于理解语音信号的本质特性，还为后续的语音处理与识别提供了可靠的依据。时域离散确定信号的短时自相关函数定义为

$$R(k)=\sum_{m=-\infty}^{+\infty}x(m)x(m+k) \tag{9-8}$$

时域离散随机信号的短时自相关函数定义为

$$R(k)=\lim_{n\to\infty}\frac{1}{2N+1}\sum_{m=-N}^{N}x(m)x(m+k) \tag{9-9}$$

若信号为周期信号，周期为 P，根据前面所学知识，周期信号的短时自相关函数也是一个同样周期的周期信号，则有

$$R(k)=R(k+P) \tag{9-10}$$

9.2.2　频域特征分析

1. 频谱能量分析

由于在时域上分析信号的特性往往较为困难，因此通常会将信号转换到频域，以观察其能量分布。不同的能量分布可以反映不同的语音特性。因此，将每一帧乘汉明窗后，还需要对其进行快速傅里叶变换（FFT），以获得频谱上的能量分布。具体来说，首先对分帧后的信号应用汉明窗，以减少边界效应；其次对每一帧加窗后的信号进行快速傅里叶变换，得到每帧的频谱；然后对得到的频谱取模平方，计算出语音信号的功率谱。通过分析功率谱，可以进一步了解语音信号的

码 9-2【程序代码】
短时语音信号的
频域特征分析

频域特性，为后续的语音处理和识别提供有力支持。语音信号的离散傅里叶变换为

$$X_a(k) = \sum_{n=0}^{N-1} x(n) e^{-\frac{j2\pi k}{N}} \tag{9-11}$$

式中，$x(n)$ 为输入的语音信号，N 为傅里叶变换的点数。

2. 短时傅里叶变换

短时傅里叶变换（STFT）是研究非平稳信号最广泛的方法，在时域和频域分析中占有非常重要的地位。短时傅里叶变换的思想是选择一个时频局部化窗函数，根据移动的窗函数把信号分成小的时间间隔，再用傅里叶变换分析每一个间隔，确定间隔存在的频率。

由于语音信号可看作短时平稳信号，因此可采用短时傅里叶变换。语音信号某一帧的短时傅里叶变换的定义式为

$$X_n(e^{j\omega}) = \sum_{m=-\infty}^{+\infty} x(m)\omega(n-m) e^{-j\omega m} \tag{9-12}$$

式中，短时傅里叶变换有两个变量，即离散时间 n 与连续频率 ω；$\omega(n-m)$ 是窗函数。对于不同的窗函数，可得到不同的傅里叶变换结果。

9.3　语音识别

语音识别是将人类语音转换为相应文本的一种技术，它在语音助手、自动翻译、语音控制等领域有着广泛应用。语音识别技术经历了从模板匹配方法到统计模型方法的发展，再到基于深度学习方法的迅速进步。本节将介绍语音识别的几个关键步骤和方法，包括语音信号端点检测、基于 DTW 的语音识别和基于深度学习的语音识别。

9.3.1　语音信号端点检测

语音信号的起止点判别是任何语音识别系统中不可或缺的组成部分，只有准确找到语音段的起始点和终止点，才能确保采集到的数据是需要分析的实际语音信号。这不仅减少了数据量、运算量和处理时间，而且有助于提高系统的识别率。通过精确定位语音信号的起止点，可以避免将无关的噪声或静音部分纳入分析范围，从而提升语音处理的效率和准确性，这对于语音识别系统的性能优化至关重要。端点检测最常见的方法是短时能量短时过零率双门限端点检测。

短时能量短时过零率双门限端点检测的理论基础是在信噪比不是很低的情况下，语音信号的短时能量相对较大、短时过零率相对较小，而噪声信号的短时能量相对较小、短时过零率相对较大。这是因为语音信号的能量绝大部分包含在低频带内，而噪声信号的能量通常较小且含有较高频段的信息。

9.3.2 基于 DTW 的语音识别

1. 语音识别的特征参数提取

语音识别的一个重要步骤是特征参数提取，有时也称为前端处理，与之相关的内容是特征间的距离度量。所谓特征参数提取，即对不同的语音寻找其内在特征，由此判别未知语音。特征参数的选择对识别效果至关重要，特征参数的主要特点如下。

1）提取的特征参数能有效代表语音特征，具有良好的区分性。

2）各阶参数之间有良好的独立性。

3）计算方便，有高效的计算方法，以保证语音识别的实时实现。

MFCC 在语音处理领域具有广泛应用。根据对人耳听觉机制的研究，人耳对不同频率的声波具有不同的敏感度，尤其是 200～5000Hz 之间的语音信号，对语音的清晰度影响最大。当两个不同响度的声音同时作用于人耳时，响度较高的频率成分会掩蔽响度较低的频率成分，使后者变得不易被察觉，这种现象称为掩蔽效应。

由于低频声音在内耳蜗基底膜上的行波传递距离大于高频声音，因此低频声音更容易掩蔽高频声音，高频声音掩蔽低频声音则较为困难。此外在低频区域，声音掩蔽的临界带宽要小于高频区域。基于这些特点，可以设计一组带通滤波器，从低频到高频按临界带宽的大小由密到疏排列，对输入信号进行滤波。每个带通滤波器输出的信号能量可以作为基本特征，进一步处理这些特征就可以得到语音的输入特征。MFCC 是在梅尔标度频域中提取的倒谱参数，梅尔标度描述了人耳对频率的非线性感知特性。梅尔标度与频率的关系可以近似表示为

MFCC 特征通用提取过程如图 9-8 所示。

$$\text{Mel}(f) = 2595\lg\left(1+\frac{f}{700}\right) \tag{9-13}$$

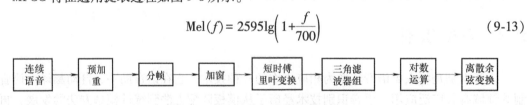

图 9-8　MFCC 特征通用提取过程

预加重、分帧和加窗可参见 9.1.2 节，后面过程的主要处理如下。

1）将信号进行短时傅里叶变换后，得到短时语音信号频谱。根据语音信号的二元激励模型，语音被视为一个受准周期脉冲或随机噪声源激励的线性系统的输出。输出频谱是声道系统的频率响应与激励源频谱的乘积。一般情况下，标准的傅里叶变换适用于周期及平稳随机信号的表示，但不能直接用于语音信号。根据式（9-12）计算信号频谱。

2）计算能量谱，即求频谱幅度的平方，然后在频域内采用一组三角滤波器对能量进行带通滤波。这组三角滤波器的中心频率按 Mel 频率刻度均匀排列：间隔为 150Mel，带宽为 300Mel。每个三角滤波器中心频率的两个底点的频率分别等于相邻两个滤波器的中心频率，即每两个相邻滤波器的过渡带相互重叠，且频率响应之和为 1。滤波器的数量通常与临界带

数相近。假设滤波器数为 M，滤波后得到的输出为 $X(k)(k=1,2,\cdots,M)$。

3）对滤波器输出 $X(k)$ 取对数，然后进行 $2M$ 点的傅里叶逆变换，即可得到 MFCC。由于对称性，此变换可简化为

$$C_n = \sum_{k=1}^{M} \log X(k) \cos\left(\pi(k-0.5)\frac{n}{M}\right), \quad n=1,2,\cdots,L \tag{9-14}$$

式中，MFCC 的个数 L 通常取最低的 12~16。

2. DTW 算法的约束条件

模板匹配方法的语音识别算法面临的一个关键挑战是，说话人对同一词汇的两次发音不可能完全一致，这些差异不仅体现在音强和频谱偏移上，更为重要的是音节长短的变化，两次发音的音节之间不存在线性对应关系。设参考模板有 M 帧向量 $\{\boldsymbol{R}(1),\boldsymbol{R}(2),\cdots,\boldsymbol{R}(m),\cdots,\boldsymbol{R}(M)\}$，$\boldsymbol{R}(m)$ 为第 m 帧语音特征向量；测试模板有 N 帧向量 $\{\boldsymbol{T}(1),\boldsymbol{T}(2),\cdots,\boldsymbol{T}(n),\cdots,\boldsymbol{T}(N)\}$，$\boldsymbol{T}(n)$ 是第 n 帧语音特征向量；$d(\boldsymbol{T}(i_n),\boldsymbol{R}(i_m))$ 表示 $\boldsymbol{T}$ 中第 i_n 帧特征与 $\boldsymbol{R}$ 中第 i_m 帧特征之间的距离，通常用欧几里得距离表示。直接匹配是假设测试模板和参考模板长度相等，即 $i_n=i_m$；线性时间规整技术假设说话速度按不同说话单元的发音长度等比例分布，即 $i_n=(N/M)i_m$。显然上面两种假设都不符合实际语音的发音情况，需要一种更加符合实际情况的非线性时间规整技术。DTW 是把时间规整和距离测度计算结合起来的一种非线性时间规整技术，它寻找一个规整函数 $i_m=\varphi(i_m)$，将测试向量的时间轴 n 非线性映射到参考模板的时间轴 m 上，并使该函数满足如下条件：

$$D = \min_{\varphi(i_m)} \sum_{i_n=1}^{N} d(\boldsymbol{T}(i_n),\varphi(i_m)) \tag{9-15}$$

式中，D 为在最优时间规整情况下两向量之间的距离。由于 DTW 算法不断计算两向量的距离以寻找最优匹配路径，最终得到的是两向量匹配时累计距离最小的规整函数，确保了它们之间的最大声学相似性。DTW 算法的核心思想是利用动态规划，通过局部最优化处理自动寻找一条路径，使得沿此路径两个特征向量之间的累积失真量最小，从而避免由于时长不同可能引入的误差。

DTW 算法要求参考模板和测试模板采用相同类型的特征向量、相同的帧长、相同的窗函数和相同的帧移。为了防止不加限制使用式（9-15）找到的最优路径，导致两个根本不同的模式之间的相似性过大，在动态路径搜索过程中，规整函数必须添加一些限制。通常，规整函数需要满足以下三个约束条件。

1）边界限制。当待比较的语音已经经过精确的端点检测时，规整只发生在起点帧和端点帧之间，反映在规整函数上就是：

$$\begin{cases} \varphi(1)=1 \\ \varphi(N)=M \end{cases} \tag{9-16}$$

2）单调性限制。由于语音在时间上的顺序性，规整函数必须确保匹配路径不违背语音信号各部分的时间顺序，即规整函数必须满足如下条件：

$$\varphi(i_n+1) \geqslant \varphi(i_n) \tag{9-17}$$

3）连续性限制。某些特殊的音素对正确识别起重要作用，一个音素的差异可能是区分不同发声单元的关键。为了确保信息损失最小，规整函数通常规定不允许跳过任何一点，即

$$\varphi(i_n+1)-\varphi(i_n) \leqslant 1 \tag{9-18}$$

3. DTW 算法的基本思路

DTW 算法原理图如图 9-9 所示。将测试模板的各个帧号 $n=1 \sim n=N$ 标在二维直角坐标系的横轴上，将参考模板的各帧 $m=1 \sim m=M$ 标在纵轴上。通过这些表示帧号的整数坐标画出一些纵横线，即可形成一个网格。网格中的每一个交叉点 (t_i, r_j) 表示测试模板中某一帧与参考模板中某一帧的对应关系。

DTW 算法分两步进行，第一步是计算两个模式各帧之间的距离，即求出帧匹配距离矩阵；第二步是在帧匹配距离矩阵中找出一条最佳路径。搜索这条路径的过程如下。搜索从 $(1,1)$ 点出发，局部路径约束如图 9-10 所示。

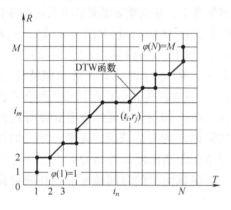

图 9-9　DTW 算法原理图

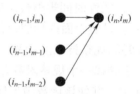

图 9-10　局部约束路径

(i_n, i_m) 点可达到的前一个格点只可能是 (i_{n-1}, i_m)、(i_{n-1}, i_{m-1}) 和 (i_{n-1}, i_{m-2})，那么 (i_n, i_m) 一定选择到这三个点的距离最小者所对应的点作为其前续格点，这时此路径的累积距离为

$$D(i_n, i_m) = d(\mathrm{T}(i_n), \mathrm{R}(i_m)) + \min(D(i_{n-1}, i_m), D(i_{n-1}, i_{m-1}), D(i_{n-1}, i_{m-2})) \quad (9\text{-}19)$$

这样从 $(1,1)$ 点出发[令 $D(1,1)=0$]进行搜索，反复递推，直到 (N,M)，就可以得到最优路径，而且 $D(N,M)$ 就是最佳匹配路径所对应的匹配距离。当进行语音识别时，将测试模板与所有参考模板进行匹配，得到的最小匹配距离 $D_{\min}(N,M)$ 所对应的语音即为识别结果。

4. DTW 算法实现

DTW 算法流程图如图 9-11 所示，该图如何通过 DTW 算法计算两个模板之间的相似度。

（1）初始化矩阵

初始化两个矩阵：帧匹配距离矩阵 $\boldsymbol{d}$ 和累积距离矩阵 $\boldsymbol{D}$。假设有两个时间序列，分别为测试序列 t 和参考序列 r，它们的帧数分别为 n 和 m。$\boldsymbol{d}$ 矩阵的大小为 $n \times m$，用于存储每个帧之间的匹配距离；$\boldsymbol{D}$ 矩阵的大小同样为 $n \times m$，用于存储从起点到每个格点的累积距离。

码 9-3【程序代码】
DWT 算法

（2）计算帧匹配距离矩阵 $\boldsymbol{d}$

通过一个嵌套循环计算出帧匹配距离矩阵 $\boldsymbol{d}$。这个矩阵的每个元素 $d(i,j)$ 表示测试序列第 i 帧与参考序列第 j 帧之间的距离。具体计算方式是两个帧之间的欧几里得距离的平方和，即

$$d(i,j) = \sum_{k=1}^{K} (t_{i,k} - r_{j,k})^2 \quad (9\text{-}20)$$

（3）初始化累积距离矩阵 $\boldsymbol{D}$

累积距离矩阵 $\boldsymbol{D}$ 的第一个元素 $D(1,1)$ 初始化为 $d(1,1)$，表示起点的累积距离。其他元素初始化为一个非常大的值，以便后续更新。

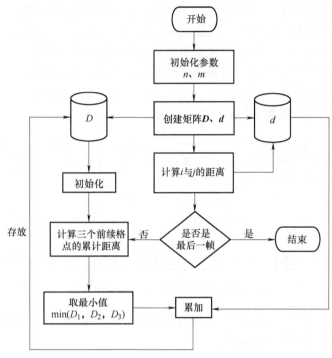

图 9-11　DTW 算法流程图

（4）动态规划计算累积距离矩阵 $\boldsymbol{D}$

使用 DTW 算法，计算每个格点 (i,j) 的累积距离 $D(i,j)$。具体来说，对于每个格点，需要考虑三个可能的前续格点（即可以从哪个格点跳到当前格点）：

1）D_1：从上方格点 $(i-1,j)$ 跳到当前格点。

2）D_2：从左上方格点 $(i-1,j-1)$ 跳到当前格点。

3）D_3：从左上上方格点 $(i-1,j-2)$ 跳到当前格点。

需要注意的是，在边界条件下，有些前续格点可能不存在，因此需要进行判断。

（5）返回最终距离

累积距离矩阵 $\boldsymbol{D}$ 是通过逐步累加帧匹配距离矩阵 $\boldsymbol{d}$ 的元素得到的。具体来说，累积距离矩阵的每个元素表示从起点到该位置的最小累积距离。通过考虑从前一个位置到当前位置所有可能的路径，并选择其中累积距离最小的路径，可以构建整个累积距离矩阵。最终，累积距离矩阵的右下角元素 $D(n,m)$ 代表了从序列起点到终点的最小累积距离，即两个序列之间的 DTW 距离。这个值就是需要返回的最终距离，该过程体现了 DTW 的思想。

通过上述步骤，可实现 DTW 算法。该算法通过初始化矩阵、计算帧匹配距离、动态规划累积距离，最终得出两个时间序列的最优匹配路径及其距离。这个过程不仅考虑了全局最优匹配，还有效处理了时间序列的非线性对齐问题。

245

9.3.3 基于深度学习的语音识别

随着深度学习和语音识别技术的不断进步与发展，基于深度神经网络的语音识别模型逐渐超越传统算法，在解决语音识别任务中展现出更高的性能。深度神经网络模型以其强大的建模和学习能力，显著提升了语音识别的准确率。与传统的语音识别系统不同，端到端模型有效解决了语音数据对齐预处理的问题，能够直接捕捉输入语音波形或特征与输出文本内容之间的映射关系，从而极大简化了模型训练流程。基于深度学习的语音识别系统如图 9-12 所示。

码 9-4【程序代码】
基于深度学习的
语音识别

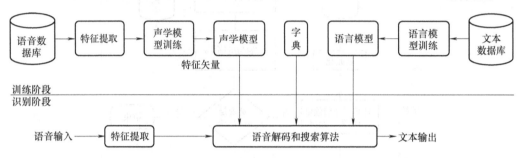

图 9-12 基于深度学习的语音识别系统

如图 9-12 所示，语音识别系统主要分为训练阶段和识别阶段两个主要部分。

训练阶段主要包括如下五个部分。

1）语音数据库：语音数据库包含了大量的语音数据，用于训练声学模型。

2）特征提取：从语音数据中提取特征，本书采用 MFCC，能够有效地表示语音信号。

3）声学模型训练：使用提取到的特征对声学模型进行训练，生成能够表征语音信号与音素之间关系的声学模型。

4）语言模型训练：对文本数据进行处理，训练语言模型。语言模型用于表征词汇之间的概率关系，帮助提高语音识别的准确性。

5）文本数据库：文本数据库包含了大量的文本数据，用于训练语言模型。

识别阶段主要包括如下四个部分。

1）语音输入：用户输入的语音信号。

2）特征提取：对输入的语音信号进行特征提取，生成特征向量。

3）语音解码和搜索算法：结合声学模型、语言模型和字典，将特征向量进行解码和搜索，生成对应的文本输出。字典提供了音素到文字的映射关系，帮助解码过程。

4）文本输出：最终生成识别出的文本并输出。

下面将以汉语语音识别系统为例，通过采用深度学习技术将输入的音频信号识别为汉字并输出，其具体操作与内容如下。

1. 语音数据库

在进行模型训练前，先准备供模型训练的数据集，本例选用 THCHS-30 中文语料库。该数据集是由清华大学语音和语言技术中心（CSLT）发布的一个经典中文语音数据集，在语音识别、语音合成、语音增强等研究领域应用广泛，是中文语音处理领域的重要资源之一。

（1）数据集概述

THCHS-30 包含了约 30h 的中文语音数据，涵盖了多种发音和语音样本。该数据集的语音由 60 位不同的说话人录制，包括男性和女性，覆盖了不同的年龄段和口音。这为研究人员提供了一个丰富的语音库，用于开发和测试各种语音处理算法。

（2）数据集结构

音频文件以 WAV 格式存储，采样率为 16kHz、单声道。文件命名方式通常包含说话人的编号和录制的内容编号，方便数据管理和处理。每个音频文件都有对应的文本转录文件，记录了音频中的内容。这些转录文件通常以 UTF-8 编码的文本文件形式存在。该数据集还提供了一个词汇表，包含了所有出现在音频文件中的词汇及其对应的拼音。这对于语音识别模型的训练和测试非常重要。

这些录音根据其文本内容分成了 A［句子的 ID（身份标识）是 1~250］、B（句子的 ID 是 251~500）、C（句子的 ID 是 501~750）、D（句子的 ID 是 751~1000）四部分。A、B、C 三组包括 30 个人的 10893 句发音，用于训练和验证；D 包括 10 个人的 2495 句发音，用于测试。THCHS-30 数据集划分见表 9-1。

表 9-1　THCHS-30 数据集划分

数据集	音频时长/h	句子数	词数
train（训练）	25	10000	198252
dev（验证）	2:14	893	17743
test（测试）	6:15	2495	49085

2. 特征提取

特征提取是语音识别系统中的关键步骤之一，其目的是将原始音频信号转换为能够反映语音特征的参数表示。本书采用 MFCC 进行特征提取，具体流程参考 9.3.2 节。通过特征提取和声学模型的建模，基于深度学习的汉语语音识别系统能够有效地将输入的音频信号转换为对应的汉字输出，提升语音识别的准确率和效率。

3. 声学模型

使用深度全序列卷积神经网络（Deep Fully Convolutional Neural Network，DFCNN）进行声学模型的建模。DFCNN 直接将一句语音转化成一张图像作为输入，即先对每帧语音进行傅里叶变换，再将时间和频率作为图像的两个维度，然后通过非常多的卷积层和池化层组合，对整句语音进行建模，输出单元直接与最终的识别结果（如音节或者汉字）相对应。DFCNN 的原理是把语音谱图看作带有特定模式的图像，其结构如图 9-13 所示。

从输入端看，传统语音特征在傅里叶变换之后使用各种人工设计的滤波器组提取特征，这导致了频域上的信息损失，尤其在高频区域的信息损失尤为显著。此外，为了减少计算量，传统语音特征提取过程中通常使用较大的帧移，这无疑在时域上也造成了信息损失，特别是当说话人语速较快时表现得更加明显。为了解决这些问题，DFCNN 直接将语音谱图作为输入，避免了频域和时域两个维度的信息损失，相比于其他以传统语音特征作为输入的语音识别框架具有天然的优势。

从模型结构看，DFCNN 借鉴了图像识别中效果最好的网络配置，每个卷积层使用 3×3

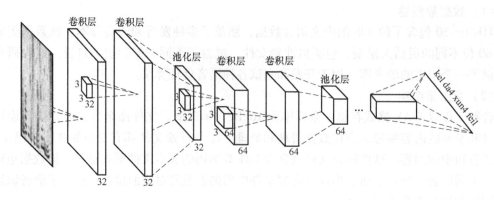

图 9-13　DFCNN 的结构

的小卷积核，并在多个卷积层之后添加池化层，这大大增强了 CNN 的表达能力。同时，通过累积大量的卷积层和池化层对，DFCNN 可以捕捉到非常长的历史和未来信息，从而保证了 DFCNN 能够出色地表达语音的长时相关性。相比于 RNN 或长短期记忆网络结构，DFCNN 在鲁棒性上更加出色。

从输出端看，DFCNN 比较灵活，可以方便地和其他建模方式融合。例如，本例将采用 DFCNN 与连接时序分类（Connectionist Temporal Classification，CTC）模型结合，以实现整个模型的端到端声学模型训练，且其包含的池化层等特殊结构可以使得以上端到端的训练变得更加稳定。

4. 语言模型

在语言模型上，通常的做法是通过最大熵隐含马尔可夫模型，将拼音序列转换为中文文本。使用统计语言模型，将拼音转换为最终的识别文本并输出。拼音转文本的本质被建模为一条隐含马尔可夫链，这种模型有着较高的准确率。

本例选择使用 Transformer 结构进行语言模型的建模。

5. 语音识别模型

声学模型和语言模型搭建完毕后，开始搭建整体的语音识别模型。语音识别模型主要包括以下五个部分。

1）输入层：200 维的特征值序列，一条语音数据的最大长度设为 1600（大约 16s）。

2）隐藏层：卷积池化层，卷积核大小为 3×3，池化窗口大小为 2。

3）输出层：全连接层，神经元数量为 self.MS_OUTPUT_SIZE，使用 Softmax 作为激活函数。

4）CTC 层：使用 CTC 的 Loss 作为损失函数，实现连接性时序多输出。

6. 模型训练

1）根据当前计算机配置来设置模型训练参数，将训练数据的一个批次大小 batch_size 设置为 8，参数 data_length 设为 THCHS-30 数据集中含有的全部 WAV 音频数据记录数，以此进行完整训练。

2）在训练过程中，通过观察模型的损失函数 Loss 的值判断当前正在训练的模型是否进入过拟合状态，一旦模型进入过拟合状态，立刻停止并结束本次模型训练。

3）在模型训练结束后，将经过训练得到的含有对应权重的声学模型保存至本地磁盘中，方便后续进行读取使用。训练结果如图 9-14 所示。

示例 8
原文拼音：dan1 wei4 bu2 shi4 wo3 lao3 die1 kai1 de ping2 shen2 me yao4 yi1 ci4 er4 ci4 zhao4 gu4 |
识别结果：dan1 wei4 bu2 shi4 wo3 lao3 die1 kai1 de ping2 shen2 me yao4 yi1 ci4 er4 ci4 zhao4 gu4 |
原文汉字：单位不是我老爹开的凭什么要一次二次照顾我我不能把自己的包袱往学校甩
识别结果：单位不是我老爹开的凭什么要一次二次照顾我我不能把自己的包袱往学校甩

示例 9
原文拼音：dou1 yong4 cao3 mao4 huo4 ge1 bo zhou3 hu4 zhe wan3 lie4 lie4 qie ju1 chuan1 guo4 lan4 |
识别结果：dou1 yong4 cao3 mao4 huo4 ge1 bo zhou3 hu4 zhe wan3 lie4 lie4 qie ju1 chuan1 guo4 lan4 |
原文汉字：都用草帽或胳膊肘护着碗趔趔趄趄穿过烂泥塘般的院坝跑回自己的宿舍去了
识别结果：都用草帽或胳膊肘护着碗趔趔趄趄穿过烂泥塘般的院坝跑回自己的宿舍去了

示例 10
原文拼音：xiang1 gang3 yan3 yi4 quan1 huan1 ying2 mao2 a1 min3 jia1 meng2 wu2 xian4 tai2 yu3 hua2
识别结果：xiang1 gang3 yan3 yi4 quan1 huan1 ying2 mao2 a1 min3 jia1 meng2 wu2 xian4 tai2 yu3 hua2
原文汉字：香港演艺圈欢迎毛阿敏加盟无线台与华星一些重大的演唱活动都邀请她出场有几次还特意安排压轴演出
识别结果：香港演意圈欢迎毛阿敏加盟无线台与华星一些重大的演唱活动都邀请她出场有几次还特意安排压轴演出

图 9-14 训练结果

9.4 基于多模态融合的语音分离

设想在一个繁华的派对现场，各种声音交织在一起：音响传来嘈杂的电子舞曲，对面的圆桌上的一群人正在讨论白天的校运会，一名服务员不慎摔碎手中的玻璃杯，旁边的同学正在与家人通话。在这样的环境下，当朋友向你询问明天郊外春游的相关细节时，你的大脑能够有效过滤周围的嘈杂声音，准确捕捉到朋友的言语。这种能力在生活中并不罕见，例如，当在市场上与商贩讨价还价时，我们能够区分不同卖家的声音并准确理解他们的言辞。这种听觉过滤的能力在日常交流中起着重要作用，为人们的沟通提供了便利。

然而，在计算机科学领域，如何实现计算机模拟人类听觉的能力，即像人类一样有效分离混合声音的问题称为"鸡尾酒会问题"。这一难题长期以来一直困扰着众多科学家。语音分离算法是解决"鸡尾酒会问题"的主要研究方向。该研究方向的主要挑战在于从复杂多变的环境中提取出目标声源的信息。解决这一问题的方法通常分为纯语音分离和多模态语音分离两种方式。

9.4.1 纯语音分离原理

纯语音分离旨在通过单一模态的方式，即仅使用语音信号作为输入，分析语音信号的成分以及捕获感兴趣的语音内容。早期的纯语音分离任务通常采用传统机器学习模型实现，例如独立成分分析（Independent Component Analysis，ICA），将语音信号中不同的语音成分视为独立的信号源，通过对输入信号进行相关的矩阵运算，使得成分之间

码 9-5【程序代码】
基于深度学习的
纯语音分离

的相关性最小化，以最大化成分的独立性，找出混合信号中的独立成分，通过独立成分分析可以有效地分离出不同语音成分，实现对语音信号中的语音成分的分析和提取。然而独立成分分析在实际应用中的输入需要满足独立、非高斯分布的条件，局限性较大。高斯混合模型利用高斯分布作为参数模型，对目标语音信号进行聚类分析，然而高斯混合模型无法处理语音的时间信息，十分依赖模型的初始化。

独立成分分析流程如图 9-15 所示，独立成分分析是一种用于将多变量信号分解为相互独立的非高斯信号源的统计和计算方法。首先，收集并组织多通道语音信号数据，使其均值为零（归一化）。其次，通过主成分分析（PCA）或奇异值分解（SVD）进行白化处理，以减少变量之间的线性相关性。然后，选择适当的独立成分分析算法，如快速独立成分分析（Fast ICA）、最大似然估计或信息最大化，来提取独立成分。通过迭代优化过程，分解白化后的数据，得到独立成分矩阵和描述原始信号与独立信号源之间线性关系的混合矩阵。完成分解后，对提取的独立成分进行后处理和验证，如去除噪声和计算互信息，以确保独立性和非高斯性。最后，根据具体应用场景，对独立成分进行解释和应用，如应用于脑电图和语音信号处理等领域中。通过这一流程，独立成分分析能够从复杂混合信号中提取出相互独立的信号源，为信号处理和数据分析提供强有力的工具。

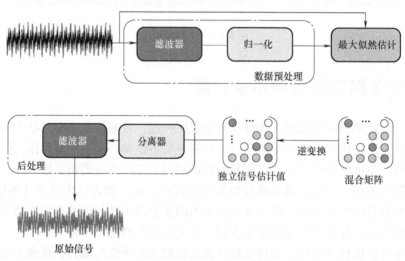

图 9-15　独立成分分析流程

传统机器学习方法在处理相对干净的语音环境信号方面表现良好，但在处理复杂的语音环境中的"鸡尾酒会问题"上存在局限性。深度学习算法通过大规模语音信号样本的训练，能够学习到不同语音信号之间的复杂非线性映射关系，除此之外，时序的深度神经网络，如RNN 和长短期记忆网络能够处理语音信号中的时间信息，使得语音分离正确率更上一个台阶。

RNN 是一种特殊的神经网络，专门用于处理序列数据，如文本、时间序列等。它的特点是可以利用之前的信息影响后续的输出，就像我们在处理语言时会考虑前面的单词以理解后面的意思一样。RNN 的结构具有循环的特性，可以保留之前的信息，并在每个时间步都接受新的输入和产生输出。这种循环的结构使得 RNN 非常适合处理具有时间依赖关系的数据，如连续的文本、音频等。RNN 的经典结构如图 9-16 所示。

图 9-16 中圆圈或方块表示向量，一个箭头表示对该向量作一次变换；在语音处理中，$x_1, x_2, x_3, \cdots$ 表示每帧的声音信号。这种序列型数据不方便用原始的神经网络处理，因此 RNN 引入了隐状态（hiddenstate）h 的概念，隐状态 h 可以对序列型数据进行特征提取，接着再转换为输出，为

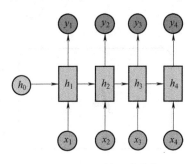

图 9-16　RNN 的经典结构

$$y_n = f_{h_n}(Ux_n + Wh_0 + b), \quad n = 1, 2, 3, \cdots \quad (9\text{-}21)$$

式中，y_n 为时间步 n 的输出；f_{h_n} 为用于计算隐状态 h_n 的激活函数，通常是非线性的函数，如 Tanh 或 ReLU；U 为输入向量 x_n 与隐状态 h_0 之间的权重矩阵，它将当前输入 x_n 转换到隐状态的维度；W 为前一时间步的隐状态 y_{n-1} 与当前隐状态 h_n 之间的权重矩阵，它将前一时间步的隐状态转换到当前时间步的维度，b 为偏置向量，用于调整计算结果，使其更适用于模型的拟合。

这种结构的神经网络的输出是一个与输入序列高度相关的序列，换句话说，RNN 可以视为一个具有出色记忆能力的系统，当输入一段“鸡尾酒会”音频信号时，RNN 能够全面建模从酒会开始到结束的声音序列，并最终提取其中所感兴趣的音频信息。

然而，人类大脑处理音频信号时，并不总是需要将接收到的音频信号与过去的音频信号进行关联。例如，在鸡尾酒会上，要提取出朋友询问明天郊外春游相关细节的音频，并不需要结合进入酒会时的音频来计算。如果时间被无限拉长，我们对当前音频信号的关注将无限接近于先前任意时刻所接收音频的关注，这可能导致 RNN 模型失效。换言之，对于 RNN 来说，从进入鸡尾酒会开始，音响传来嘈杂的电子舞曲、对面圆桌上的人在讨论校运会、服务员摔碎手中的玻璃杯、旁边同学与家人通话并询问你的事件，这些都被视为感兴趣的事件，在这种情况下 RNN 无法有效处理长期依赖问题。

长短期记忆网络是一种特殊的神经网络，主要用于处理时间序列数据，如文本、语音等。它的特点是能够更好地记住长期的信息，避免短视问题，同时长短期记忆网络加入了遗忘门机制，该机制会不断地弱化先前输入的信号对当前预测结果的影响，就像一个有记忆的大脑，能够选择性地记住重要的信息，遗忘不重要的信息，并且在适当的时候输出正确的信息。这些遗忘门可以控制信息的流动，从而更好地处理复杂的序列数据。长短期记忆网络是一种强大的神经网络模型，在许多领域都有广泛的应用，如语言翻译、语音识别、股票预测等。它的特点是能够捕捉长期的依赖关系，帮助我们更好地理解和处理序列数据。长短期记忆网络的结构如图 9-17 所示。

图 9-17 中 σ 表示 Sigmoid 激活函数，能够将输出压缩至 0~1 的范围内，实现对信息的更新和遗忘。训练长短期记忆网络通常需要充分的训练数据才能获得良好的性能。因此，在训练长短期记忆网络之前，首要任务是进行数据准备。数据准备阶段包括构建一个数据集，其中每个样本包含混合信号和对应的原始信号，作为网络的输入和输出。这个数据集可以使用模拟数据或真实数据集构建。数据集的构建是深度学习模型训练的基础，直接影响着模型的性能和泛化能力。长短期记忆网络模型的训练流程如图 9-18 所示。

在数据构建完成后，首先对信号进行预处理和特征提取。数据预处理阶段旨在提高数据质量和可用性，包括去噪、归一化等操作。特征提取阶段将混合信号和原始信号转换为适合长短期记忆网络输入的特征表示。其次建立一个长短期记忆网络模型，其输入层接收混合信

251

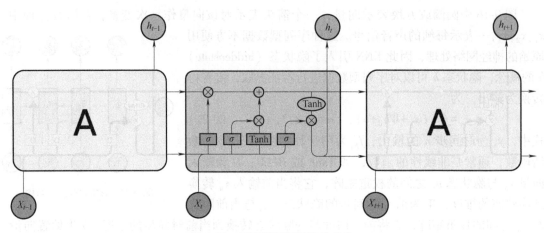

图 9-17　长短期记忆网络的结构

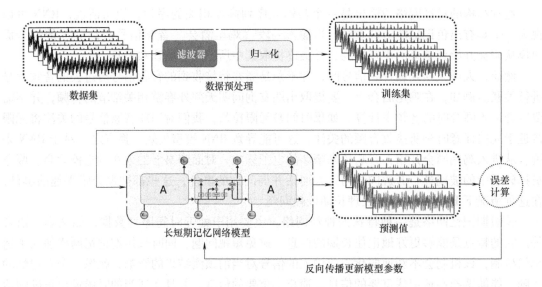

图 9-18　长短期记忆网络模型的训练流程

号特征，输出层输出分离后的原始信号特征。通过使用数据集对长短期记忆网络模型进行训练，使其学习如何有效地分离混合信号中的不同信号源。然后评估训练好的模型在测试集上的性能，并比较分离后的信号与真实信号的相似度。最后利用得到的模型对新的混合信号进行分离，从而得到原始信号的预测值。

9.4.2　多模态语音分离

　　早期的语音分离算法仅利用了语音这个单一模态，单模态语音分离算法旨在通过输入单个语音信号实现对感兴趣语音信号的分离。研究表明，在人类日常社交活动中，当个体专注于倾听特定说话人的语音时，他们不仅会认真聆听言语内容，还会在无意识间观察说话人的面部表情，以利用视觉信息辅助语音理解，这种现象称为麦格克效应，即说话者的面部和唇部运动对大脑的语音处理产生影响。这是因为在语音表达过程中，说话者的面部肌肉活动与语音内容密切相关，不同语音单元对应不同的肌肉运动方式。因此，观察说话者的面部运动可以提供视觉线索，帮助区分音素，并为大脑的语音处理提供补充信息，进而辅助对语音内容的推断。在研究中，学者意识到说话者的视觉信息在智能设备的语音感知中具有重要作用。视觉数据能够为语音分离算法提供有效信息，有助于消除语音歧义，避免单一声音信息的片面性。

结合声音和视觉信息的多模态语音分离技术已成为新的研究方向。研究人员致力于探索如何在语音分离算法中充分整合声音和视觉信息，以提高分离性能，并将该算法应用于视觉场景，解决多个说话者引起的声音干扰问题。解决这一问题将在多个领域带来实际应用，例如改进噪声环境下音频处理中的语音识别技术，提高视频字幕生成的准确性，设计智能视听辅助设备以增强视觉输入下的语音感知能力，以及改善噪声环境下的远程会议体验等。

增强语音分离识别能力可以采用两种方法：一种是使用同步提示，通常是目标说话者的嘴唇运动；另一种是使用静态提示，如声音或面部特征。同步提示提供了与目标语音输出强相关的动态证据，但依赖唇部运动存在几个缺点。首先，唇部运动可能会暂时中断，例如由于视觉遮挡，因此过度依赖这种提示会使模型对此类视觉噪声变得敏感；其次，唇部运动需要音频和视频流之间的同步。另外，静态提示是说话者的生物特征，与语音不具有动态相关性，并且在不同个体中可能普遍存在差异。因此研究多模态语音分离问题时，都会默认采用同步提示的方法增强语音识别能力。

此外，语音图像多模态融合方法分为单阶段的语音图像多模态融合和双阶段的语音图像多模态融合。当前研究中主要采用单阶段的语音图像多模态融合方法，即结合 CNN 和 Transformer 模型处理多模态语音信号。具体而言，CNN 用于提取唇部图像特征，Transformer 模型负责处理语音信号。随后，将提取的唇部图像特征与语音信号特征融合，然后将融合的多模态特征送入下一层网络进行学习。单阶段的语音图像多模态融合是一步到位的融合过程，这种融合方法在多模态语音信号处理中具有较高的流行度和有效性。

视听多模态语音分离的大致流程如图 9-19 所示。

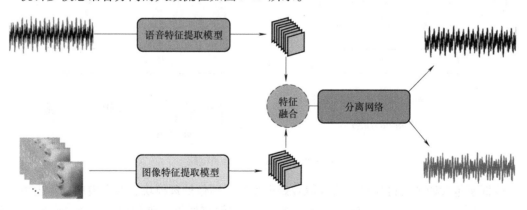

图 9-19　视听多模态语音分离的大致流程

如图 9-19 所示，视听多模态语音分离主要分为两条支线：一是语音特征提取与学习支线，二是图像特征提取与学习支线。

在第一条支线中，语音信号首先通过 MFCC 进行特征提取。提取到的特征随后通过一维卷积编码器，生成语音特征编码向量。一维卷积编码器由多个卷积层和池化层组成，能够有效捕捉语音信号中的时序模式和局部特征。经过卷积编码器处理后，生成的语音特征编码向量能够更好地表示语音信号的特性，为后续的多模态融合和学习提供高质量的特征表示。

在第二条支线中，唇部图像帧会经过一个 CNN 进行特征提取，对于唇部图像帧，CNN能够捕捉到唇部的形状、运动及其他视觉特征，从而生成代表唇部动作的图像特征向量。

最后，将这两个特征向量输入到一个 Transformer 模型中进行融合与学习，在多模态融合过程中，Transformer 模型通过计算特征向量之间的相似度，动态调整每个特征在融合过程中的权重，从而生成综合的特征表示。这种融合方式不仅能够保留各模态的特征信息，还能够利用不同模态之间的互补性，提高语音分离的准确性。

经过 Transformer 模型的融合与学习，最终生成的多模态特征表示能够更准确地反映语音信号和唇部动作的综合信息，从而实现高效的语音分离。通过这种视听多模态融合的方法，语音分离系统能够更好地处理复杂的语音场景，提高语音识别和分离的准确性和鲁棒性。

结合 CNN 在图像处理中的优势与 Transformer 模型在信号处理中的强大能力，可以设计出一个多模态语音分离框架，如图 9-20 所示。

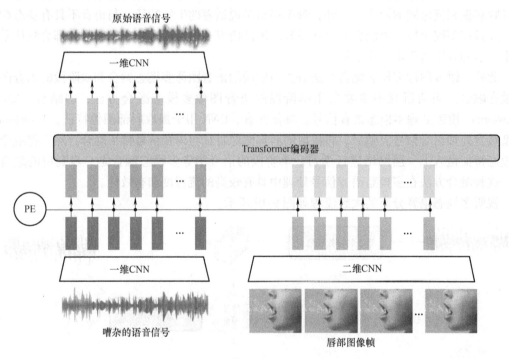

图 9-20　多模态语音分离框架

该框架包含四个关键模块：语音信号处理模块、图像处理模块、融合模块、输出模块。

1）语音信号处理模块。在一段语音中，某个时间点所学习到的说话人语音特征可能被用于其他时间点的语音分离中，因此认为不同时间点之间的信息具有关联性，该模块采用一维 CNN 对嘈杂的语音信号进行编码，旨在将语音信号转换为统一的数据格式，该数据格式是时序的，这就意味着语音信号通过该模块处理后能够被 Transformer 全局建模，以便进行后续的融合与特征提取。

2）图像处理模块。在视频中，人脸图像包含了一些对语音分离有利的信息，如唇部和表情的变化；也存在一些不相关的信息，如光照变化等外部因素。为了突出与语音分离相关的信息并削弱不相关的信息，采用语音信号和图像数据的统一位置编码方法，即图像处理模块先用一个二维 CNN 提取图像特征，然后使用相同的位置编码器 PE 对语音特征和经过提取的图像特征进行统一编码。这样可以将语音信号相关的位置信息与图像结合起来，从而增强图像中与语音信号高度相关的部分，并减弱相关性较低的部分。

3）融合模块。该模块实际上是一个 Transformer 编码器，其主要功能是对经过提取的图像特征和语音数据进行归一化和融合处理。在这个过程中，语音特征被提取出来，并与输入的图像特征构建为一个向量，即音视频特征融合，该过程可以相互弥补不同模态之间的信息，从而使得该模型的表征能力相较于单模态语音分离模型更加强大。

4）输出模块。将经过融合处理的特征向量传递给一个一维 CNN 进行解码，以恢复并解析出原始的语音信号。这个过程也可以用 Transformer 解码器实现。

模型训练完成后，将一条待分离的信号输入到模型中。第一次输入时不提供唇部图像帧，第二次输入时提供唇部图像帧，训练结果如图 9-21 所示。从图中可以看出，当整个语音分离系统为单模态，即不包含唇部图像帧时，分离准确率仅为 80.77%；而当该系统引入唇部图像帧后，分离准确率显著提升至 96.77%。这表明，多模态语音分离的分离准确率明显优于单模态语音分离。

```
identification result: With the continue improvement of technology and Wisdoms,online shopping had Casually become a
  come on form of shopping.
Original voice: With the continuous improvement of technology and systems,online shopping has gradually become a com
mon form of shopping.
accuracy rate: 80.77%

identification result:With the continuous improvement of technology and systems,online shopping has gradually become
  the common form of shopping.
Original voice: With the continuous improvement of technology and systems,online shopping has gradually become a com
mon form of shopping.
accuracy rate: 96.77%
```

图 9-21　训练结果

在日常生活中，人们经常会观看各种类型的视频。由于许多视频中包含多个说话人，这可能会导致观众观看时无法清晰地听到他们感兴趣的说话人的声音。因此，可以采用语音分离技术，将混合音频中各个说话人的纯净语音分别提取出来。

语音分离技术一直是信号处理领域的重要研究方向之一。早期的研究主要依赖音频信息执行语音分离任务。然而，一些学者通过实验验证了视觉信息对提高分离性能具有显著作用。因此，如何在语音分离算法中充分利用声音和视觉信息，以及如何将视听语音分离算法应用于视频中，成为了新的研究课题。

第 10 章　在高速铁路轨道检测中的应用

　　本章首先从断面轮廓检测、钢轨波磨检测出发，介绍高铁钢轨磨耗的典型检测方法；然后介绍傅里叶变换理论在弦测法中的应用；最后阐述钢轨表面缺陷与机器视觉识别方法，以及多模态融合的钢轨表面磨耗检测。

🔊 本章知识点

- 断面轮廓检测与钢轨波磨检测
- 两点弦测法与三点弦测法
- 钢轨表面缺陷与机器视觉识别方法
- 多模态融合的钢轨表面磨耗检测

10.1　高铁钢轨磨耗的典型检测方法

　　钢轨作为轨道系统的关键组成部件之一，是铁路运输系统的基础，主要用于支撑与引导轨道机车的运行。钢轨磨耗是轨道质量参数的重要组成部分，钢轨磨耗严重时不但危及行车安全，还会产生大量的噪声，对后期的线路维护策略和维护量的制定起决定性作用。因此在日常高铁轨道养护中，对轨道几何参数进行周期性巡检必不可少，其中断面轮廓和钢轨波磨是两项最重要的检测指标。

　　由轮轨接触造成的钢轨断面损耗称为钢轨断面磨耗，其检测内容包括钢轨的垂直磨耗、水平磨耗和总磨耗三部分。垂直磨耗是指钢轨踏面在距工作边 1/3 轨头宽度处垂直方向磨耗的厚度，水平磨耗是指工作边在距轨顶中线下 16mm 处水平方向磨耗的宽度，而总磨耗是垂直磨耗与 1/2 水平磨耗之和。

　　钢轨的波浪形磨耗简称钢轨波磨，是钢轨投入使用后，由于轮轨接触而在轨顶面产生的沿纵向分布的周期性类似波浪形状的不平顺现象。钢轨波磨是一种空间分布的随机变形，波长范围从几十毫米到百余米，波长越长幅值越大。由于车辆动力学性能不同，不同速度的车辆只对一定波长范围的钢轨波磨有响应，即容易形成激振。一般而言，速度越快，收到波长越短，波磨的影响越大。

10.1.1　断面轮廓检测

现有的钢轨断面磨耗检测设备很多，按照作业时其与钢轨表面是否接触，主要分为两种类型：接触式检测和非接触式检测。机械卡尺法和二连杆编码器法属于接触式检测，激光图像法和激光位移法则属于非接触式检测。

机械卡尺法使用钢轨磨耗尺对单个断面磨耗进行测量。由于磨耗尺相对体积小、重量轻，容易携带，因此在铁路养护中仍大量使用。它基于游标卡尺原理，根据不同的钢轨型号进行定制。测量时，将尺子底部的磁性卡脚吸附在钢轨外侧轨颚上，垂向和侧向指针正好指向垂直磨耗和水平磨耗测量点，将指针与钢轨表面接触，即可读出相应磨耗值。

二连杆编码器法是由于检测系统中包含两个连接杆以双角度的方式形成二维自由运动的机械结构而得名。该系统中角度值由光学编码器精确测得。在已知两个连接杆长度的前提下，通过小滚轮在整个钢轨轨头轮廓上的滚动就可以求解出轨头上每一个点的横纵坐标，进而描绘出整个真实轮廓，再与计算机中存储的标准轮廓进行对比，即可求得钢轨断面磨耗。与机械卡尺法相比，二连杆编码器法可对整个断面轮廓进行全角度的测量，覆盖面更大，但滚轮直径固定，不能检测出直径比其小的凹坑。

激光图像法是伴随着计算机技术和图像处理技术的发展出现的。该方法最先在北美和欧洲发达国家得到研究应用，二十世纪九十年代我国铁道科学研究院（简称铁科院）和一些高校也开始了对该方法的探索式研究。该方法主要是利用面阵 CCD（电荷耦合器件）相机和高强度的线激光构成的结构光系统实现断面轮廓检测，流程如图 10-1 所示。在线下对相

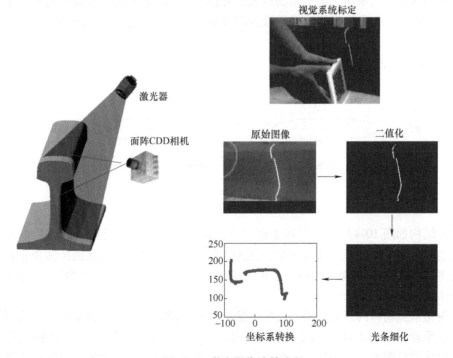

图 10-1　激光图像法的流程

机内参和系统外参进行标定。当设备上线作业时，激光光束投射到轨道内侧，在与光平面成一定角度的位置安装面阵 CCD 相机进行摄像，然后影像信息传输到计算机，通过二值化、光条细化，图像坐标系到世界坐标系的转换等过程，得到真实大小的钢轨轮廓，再与标准轮廓进行配准，即可求得钢轨断面磨耗。但是该方法本质上要求相机和激光器的相互位置关系必须保持恒定，否则会因为与标定参数不吻合大幅降低检测精度。

目前铁路线上使用的基于激光图像法的钢轨断面轮廓检测设备有美国 KLDLABS 公司的 ORAIN 廓形检测系统（见图 10-2a）、铁科院 CRH380A-001 轨道检测系统（见图 10-2b），CRH380A-001 轨道检测系统开启了钢轨断面磨耗检测非接触、自动化的新纪元。

a) 美国KLDLABS公司的ORAIN廓形检测系统　　　　　　b) 铁科院的CRH380A-001轨道检测系统

图 10-2　基于激光图像法的钢轨断面轮廓检测设备

还有一种非接触式检测方法是激光位移法。随着传感器技术的发展，结合位置敏感探测器（Position Sensitive Detector，PSD）和线激光器的二维数字激光位移传感器逐渐应用到钢轨断面轮廓检测中。它采用光学三角法原理（见图 10-3），通过发射透镜将线激光平行投射在物体表面，在另一个角度采用成像透镜接收反射激光光斑，用 PSD 测出光斑像的位置。

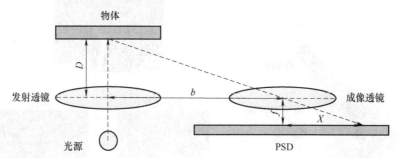

图 10-3　光学三角法原理

PSD 的结构如图 10-4 所示，它基于横向光电效应，当入射光照到光敏面的不同位置上时，两端电极的光电流也跟着发生变化，其大小与光敏面上光点到两极的距离成正比。设两端电流分别为 I_1、I_2，光敏面中点到电极的距离为 L，光点到中点的距离为 X，则有 $X/L=(I_1-I_2)/[L(I_1-I_2)]$。

设发射透镜到物体的距离为 D，成像透镜到 PSD 的距离为 f，两透镜的中心距为 b，根据光学传播原理，有 $D/b=f/X$。联立求解可得 $D=bf(I_1+I_2)/[L(I_1+I_2)]$，这样就能测得物体至激光传感器的距离。线激光器发射固定点距的多个光点，依次相连即可得到物体表面轮廓的二维平面坐标。

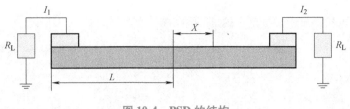

图 10-4　PSD 的结构

相对图 10-1 所示激光图像法复杂的图像处理过程，激光位移法（见图 10-5）可以直接得到钢轨断面轮廓的二维数字坐标，在检测精度和采样频率上都有大幅度的提升。由于是直接获取采样结果，该方法整体上抗干扰性能更好，更适合存在振动、噪声、光照影响的工业环境下的应用需求。

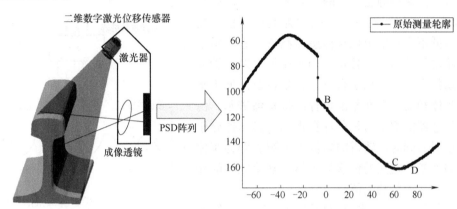

图 10-5　激光位移法

10.1.2　钢轨波磨检测

由于钢轨波磨的危害很早就被人们发现了，因此诞生了多种多样的钢轨波磨检测方法。通常来说，这些方法大致也可以按照检测设备是否与钢轨接触分为接触式检测和非接触式检测两大类。其中接触式检测以人工抽样测量的机械卡尺法为主，非接触式检测主要包含惯性基准法和弦测法两类。

机械卡尺法是使用如图 10-6 所示的钢轨波磨尺对钢轨波磨进行测量。钢轨波磨尺基于游标卡尺原理，测量时需要人工将尺子的两侧固定在所需测量的轨道轨顶表面（一般都采用带有磁吸的基座增加稳定性），以平直尺作为测量基准弦，通过弦中可滑动的垂向测量指针与钢轨表面接触，即可读取出该测点相对于基准弦的垂直高度差。以固定间隔滑动测量指针，所测得的所有差值组成的数据集即可表征该段线路的纵向不平顺状态。这种测量方式具有成本低、携带方便等优点。但是由于平直尺的长度通常为 1m，因此该方法整体上采样效率低。

惯性基准法是通过对车辆振动的加速度和位移测量反推轨道表面不平顺状态的方法。惯性基准法的原理如图 10-7 所示。该方法的测量系统由车轮上方的轴箱、位移传感器、弹簧、阻尼器和安装于车厢内的垂向加速度传感器组成。惯性基准法的基准线是由车体的上下运动

图 10-6　钢轨波磨尺

轨迹建立的，当轴箱的上下运动频率较大时，底座轴箱的振动频率远大于系统的自频率，车体在垂直方向保持静止，该静止处所在的基准就是车体-弹簧系统的惯性基准，或称为惯性零位，此时轨道高低不平顺值由位移传感器测得，它表示车体与轴箱之间的相对位移量。当车速较慢时，轴箱上下运动频率远小于系统自频率，则轨道高低不平顺值由车体相对于惯性基准坐标的位移值表示，由加速度传感器的测量与积分计算得到。当车速介于这两种情况之间时，轨道的高低不平顺值即为车体相对于惯性基准之间的位移与车体与轴箱之间的相对位移、车轮半径的差值。

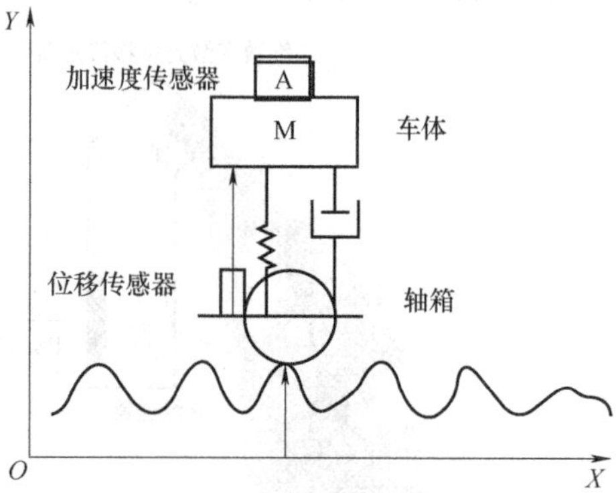

图 10-7　惯性基准法的原理

车体与轴箱之间的相对位移由位移传感器测得，车体相对于惯性基准坐标的位移先通过加速度传感器对车体的垂直加速度进行测量，然后对加速度值进行两次积分计算得到。惯性基准法在理论上能够满足大部分测量要求。但是由于轨道不平顺引起的轴箱加速度动态范围很大，若要测出 $0.1 \sim 50\mathrm{m}$ 波长的不平顺值，且期待的分辨精度为 1mm（这个指标其实已经低于实际轨道养护所需的测量精度标准），则需要测量的加速度动态范围是 $0.00139 \sim 3119\mathrm{m/s}^2$，这样的传感器实现起来极为困难。因此，当需要对小波长不平顺情况进行检测时，惯性基准法不太适用。

弦测法是将车体作为测量基准，利用钢轨上位置固定的测点之间的连线作为测量弦，测点到该弦的垂直距离作为钢轨波磨的测量值。弦测法目前主要是通过激光位移传感器采样实现波磨检测的方法。激光位移传感器基于激光三角测距原理进行设计，能够直接测量激光光源到被照射点之间的距离。当激光位移传感器用于钢轨波磨检测时，能够直接获得钢轨高亮光带到传感器之间的距离。一维激光位移传感器单次只能投射一个激光点，因此也只能采样一个点的位移数据，效率相对较低。如果弦测装置架设在检测车上，那么整个检测系统不可避免地会受到随车体运动带来的无规则振动。因此，需要至少两个一维激光位移传感器，拉出一根相对固定的弦作为基准，才能克服一定程度的振动影响，从而较为准确地进行波磨检测。

还有采用二维激光位移传感器直接获取轨道不平顺数据的方法。二维激光位移传感器可以一次性投射出上百个激光点，由于所有激光点相邻间隔非常小，单次采样投射激光在被测物体上呈现为一条激光线，因此二维激光位移传感器又可以称为线激光传感器。若将二维激光沿钢轨延伸方向投影，则可以一次性采样一整条轨道的不平顺数据，在效率上相比一维激光要高很多。但是由于二维激光位移传感器成本较高，因此在工程中还是采用一维激光位移传感器为主。

10.2　傅里叶变换理论在弦测法中的应用

与惯性基准法相比，弦测法最大的优势是测量值不受行车速度的影响。但是弦的稳定性会直接影响检测结果的准确度。弦测法一般可分为两点弦测法和三点弦测法。

10.2.1　两点弦测法

两点弦测法的检测点位置分布及原理如图 10-8 所示。

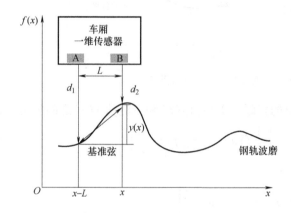

图 10-8　两点弦测法的检测点位置分布及原理

码 10-1【程序代码】
弦测法

假设钢轨的实际不平顺值为 $f(x)$，系统测量的弦测值为 $y(x)$，则由图 10-8 所示原理图可得

$$y(x)=f(x)-f(x-L) \tag{10-1}$$

式（10-1）两边针对 x 取傅里叶变换可得

$$Y(j\omega)=F(j\omega)-F(j\omega)e^{-j\omega L}=F(j\omega)(1-e^{-j\omega L})=F(j\omega)H(j\omega) \tag{10-2}$$

式中，L 为弦长；$H(j\omega)$ 为系统频率响应函数，$H(j\omega)=1-e^{-j\omega L}$；$\omega$ 为角频率。λ 为波长，$\lambda=2\pi/\omega$。$L=2m$ 时不同波长下的系统频率响应幅值和相位见表 10-1。

表 10-1　$L=2m$ 时不同波长下的系统频率响应幅值和相位

λ/m	2	4	8	12	20
$\omega=2\pi/\lambda$	π	$\pi/2$	$\pi/4$	$\pi/6$	$\pi/10$
幅值	0	2	$\sqrt{2}$	1	0.62
相位	0	0	$\pi/4$	$\pi/3$	$2\pi/5$

由表 10-1 可以看出，弦测法的系统输出中虽然仍含有长波长成分，但是被衰减了。另外，当波长 $\lambda_k=\lambda/k(k=0,1,2,\cdots)$ 时，频率响应幅值为 0。

10.2.2 三点弦测法

按照弦长分割比例不同，三点弦测法又分为三点等弦和三点偏弦两种。三点等弦系统构成及原理如图10-9所示。

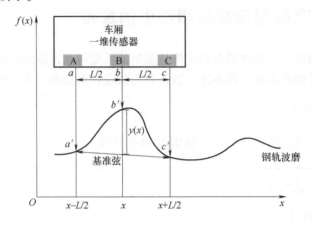

图 10-9　三点等弦系统构成及原理

由图10-9所示原理图可知，钢轨的实际不平顺值 $f(x)$ 和弦测值 $y(x)$ 之间的关系为

$$y(x) = f(x) - \left[\frac{1}{2}f\left(x - \frac{L}{2}\right) + \frac{1}{2}f\left(x + \frac{L}{2}\right) \right] \tag{10-3}$$

式（10-3）两边取傅里叶变换可得

$$Y(j\omega) = F(j\omega) - \left[\frac{1}{2}F(j\omega)e^{-\frac{j\omega L}{2}} + \frac{1}{2}F(j\omega)e^{\frac{j\omega L}{2}} \right]$$

$$= F(j\omega) - F(j\omega)\cos\frac{\omega L}{2} = F(j\omega)\left(1 - \cos\frac{\omega L}{2}\right) = F(j\omega)H(j\omega) \tag{10-4}$$

式中，$H(j\omega) = 1 - \cos(\omega L/2)$ 为系统频率响应函数。

三点偏弦系统构成及原理如图10-10所示。

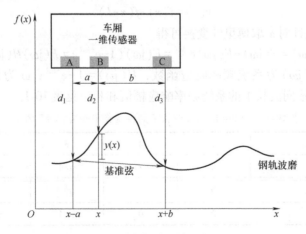

图 10-10　三点偏弦系统构成及原理

由图10-10所示原理图可知，钢轨的实际不平顺值 $f(x)$ 和弦测值 $y(x)$ 之间的关系为

$$y(x) = f(x) - \frac{b}{L}f(x-a) - \frac{a}{L}f(x+b) \tag{10-5}$$

式（10-5）两边取傅里叶变换可得

$$Y(j\omega) = F(j\omega) - \left[\frac{b}{L}F(j\omega)\,e^{-j\omega a} + \frac{a}{L}F(j\omega)\,e^{j\omega b}\right]$$

$$= F(j\omega)\left(1 - \frac{b}{L}e^{-j\omega a} - \frac{a}{L}e^{j\omega b}\right) = F(j\omega)H(j\omega) \tag{10-6}$$

式中，$H(j\omega) = 1 - (b/L)\,e^{-j\omega a} - (a/L)\,e^{j\omega b}$ 为系统频率响应函数。

设定弦长 $L = 330\text{mm}$，弦长分割比为 $a:b = 1:10$ 时。用 Matlab 仿真编程绘制出的三种方法（两点弦测法、三点等弦法和三点偏弦法）传递函数的幅频特性曲线，如图 10-11 所示。由图可知，三种方法传递函数的幅值均不恒等于 1，这也意味着测量波形不能完全反映钢轨的不平顺状态。从某种意义上来说，测量波形是对真实波形的缩放，要获得真实波磨还需要进一步处理。

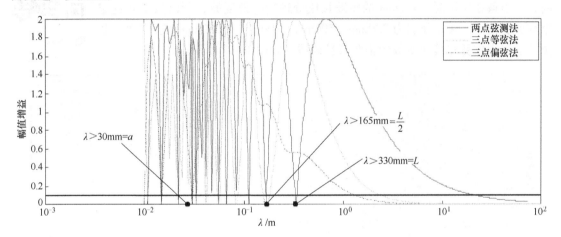

图 10-11　三种方法传递函数的幅频特性曲线

在对弦测法测量值进行二次处理的方法中，逆滤波法最为常见。采用此方法对弦测结果进行逆滤波处理，可对不同波长的波形进行相应的复原。由于钢轨不平顺的波长成分非常复杂，范围很宽，而且从原理上可看出，用逆滤波法进行不同波长波形的完全复原是不可能的，只能对限制频带内的波形进行复原。如果恰当选取对列车振动影响较大的那些频带进行复原，那么这种逆滤波法具有重要意义和实用价值。

假设逆滤波器的频率响应函数为 $H(j\omega)$，根据式（10-6）可知 $Y(j\omega) = F(j\omega)H(j\omega)$，且 $H(j\omega) = 1 - (b/L)\,e^{-j\omega a} - (a/L)\,e^{j\omega b}$，式中，$a$ 和 b 均为常数。那么，这里是把连续、随机的钢轨不平顺曲线近似看成由周期的离散频谱组成，如果把它拆分成若干个对应频率特性 $H(j\omega)$ 的正弦波，形成测定波形 $y(x)$ 的正弦频谱 $Y(j\omega)$，分别在对应频率域内计算 $F(j\omega) = Y(j\omega)/H(j\omega)$；再将 $F(j\omega)$ 取逆傅里叶变换，然后可合成连续波形，即钢轨不平顺值 $f(x)$。$y(x)$ 根据傅里叶级数形式展开得

$$y(x) = \sum_{k=-\infty}^{\infty} Y_k\,e^{j\omega_k x} \tag{10-7}$$

式中，$Y_k = 1 / \left[T \int_0^T y(x) \mathrm{e}^{-\mathrm{j}\omega_k x} \mathrm{d}x \right]$，$\omega_k = 2\pi k / T (k = 0, \pm 1, \pm 2, \cdots)$。根据频率特性可以求出 $F_k = Y_k / H(\mathrm{j}\omega_k)$。故钢轨的实际不平顺值 $f(x) = \sum_{k=-\infty}^{\infty} F_k \mathrm{e}^{\mathrm{j}x\omega_k}$，由此公式可以恢复出原波形。

上述的逆滤波器可通过设计有限冲激响应（Finite Impulse Response，FIR）滤波器或其他类型滤波器实现。当 $H(\mathrm{j}\omega_k) = 0$ 时，由于 $H(\mathrm{j}\omega_k)$ 作为分母不能为 0，因此逆滤波失效。若传递函数 $H(\mathrm{j}\omega_k)$ 幅值增益过小，也会过度放大弦测值，引起复原波形的剧烈振荡。所以通常设定一个最低经验下限值 0.1。由图 10-11 可知，两点弦测法对 $\lambda > L$ 的大部分长波不平顺进行有效复原，三点等弦法对 $\lambda > L/2$ 的不平顺进行复原，三点偏弦法的振幅增益随波长的变化较为平缓，主要用于对 $\lambda > a$ 的短波长成分进行复原。因此，要想通过单个系统对 30mm~60m 的全波段弦测波形进行有效复原，仅仅依靠某种单一的弦测法是不够的。

假设整体弦长为 L，弦长分割比为 $a : b$。由以上分析可知，$a = 30\mathrm{mm}$ 时，三点偏弦法可对 $\lambda > 30\mathrm{mm}$ 的短波长成分进行有效复原，所以只需要选定整体弦长值 L。取 L 分别为 330mm、500mm、800mm、1000mm，绘出两点弦测法和三点偏弦法传递函数的幅频特性曲线，如图 10-12 所示。

图 10-12　彩图

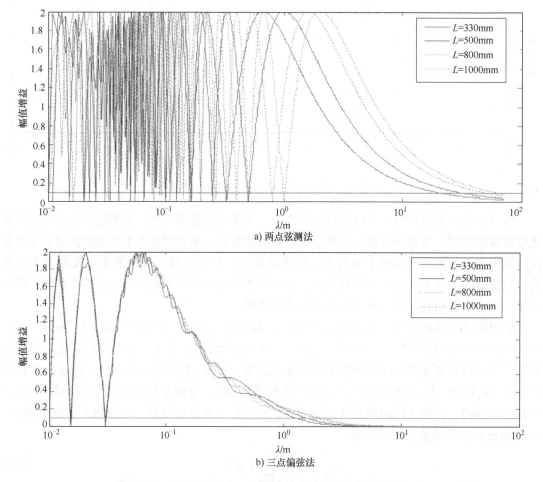

图 10-12　两点弦测法和三点偏弦法传递函数的幅频特性曲线

根据图 10-12，复原波长的有效范围见表 10-2，单一弦长或者单一检测方法都只能复原某个波长范围的钢轨波磨。

表 10-2 复原波长有效范围

L/mm	复原波长范围/m	
	两点弦测法	三点偏弦法
330	0.33~19	0.03~1.26
500	0.5~29	0.03~1.5
800	0.8~49	0.03~1.85
1000	1.2~63	0.03~2

10.3 钢轨表面缺陷与机器视觉识别方法

前文所述的钢轨断面轮廓和钢轨波磨检测反映的是某个区段钢轨的整体质量问题，那么污渍、擦伤、凹坑、剥落等常见的表面缺陷（见图 10-13）则属于局部质量问题。随着列车多次提速，这一类由于轮轨接触产生的滚动接触疲劳损伤情况有逐步增加的趋势，传统的人工检测方法渐渐难以满足实际需求。随着机器视觉和深度学习技术的快速发展，基于机器视觉识别方法的钢轨表面缺陷检测越来越成为行业关注的技术热点。

码 10-2【程序代码】
常见钢轨表面缺陷提取

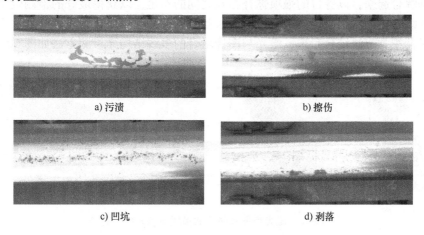

a) 污渍   b) 擦伤

c) 凹坑   d) 剥落

图 10-13 常见的轨道表面缺陷

通常来说，钢轨表面缺陷检测系统首先通过挂载在列车底部的高速工业摄像机捕捉轨道表面的图像；然后将采集到的数据上传到数据处理计算机，利用图像处理算法自动检测出有磨耗或缺陷问题的区域；最后利用模式识别技术对缺陷进行分类。考虑到这一系列工作流程较复杂，所涉及的算法种类繁多，尚处于不断进步发展中，所以本书不进行全面阐述，仅以基于边缘特征检测的缺陷区域提取方法为例简要说明。常见的钢轨表面缺陷提取流程如图 10-14 所示。首先对捕获的钢轨图像进行裁剪，提取出感兴趣的区域；其次设置一组自适应阈值，用于提取缺陷的边缘特征。这一步骤在很多方法中简化为二值化；然后，利用边缘增长策略恢复断裂边缘；最后利用缺陷轮廓填充和区域滤波器，得到缺陷区域分割结果。

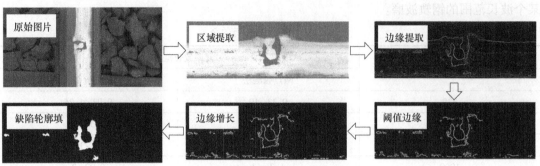

图 10-14　常见的钢轨表面缺陷提取流程

10.4　多模态融合的钢轨表面磨耗检测

机器视觉方法极大地提升了钢轨检测的适用范围，不再拘泥于个别参数的测量，而是扩展到了许多之前完全依靠人工进行识别的异常情况检测。不仅如此，随着人工智能技术的快速发展，机器视觉与人工智能技术结合后，形成了更为丰富的检测手段。然而，这些方法现在多局限于缺陷的识别、定位等任务，尚无法完成定量的测量任务。而且基于激光位移传感器的测量方法在几何结构检测方面过于依赖传感器自身精度的提升，在性能提升方面已经触碰到了技术瓶颈。因此，多模态融合的检测方式获得了极大的关注，多模态融合将多种不同的感知数据综合起来，以各自的强项弥补相互之间的不足，以获得最好的检测效果。

基于多线结构光的钢轨表面磨耗检测方法就是一种多模态融合方法，该方法主要是将激光检测与机器视觉方法结合起来。激光与图像融合的多线结构光检测方法如图 10-15 所示。

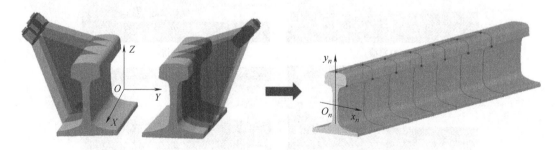

图 10-15　激光与图像融合的多线结构光检测方法

其核心部件由多个线激光器与面阵相机构成。作业时线激光器投射的结构光平面与钢轨相交，在钢轨表面形成多条包含钢轨轮廓信息的激光光条曲线。面阵相机等间距采集激光光条图像，图像传至处理器后，经光条中心线提取、图像坐标系至相机坐标系转换、失真轮廓投影校正、轮廓配准、磨耗定位等操作逐步提取出钢轨表面磨耗。

结构光视觉测量的数学模型如图 10-16 所示，其中 $O_c x_c y_c z_c$ 为相机坐标系，O_c 点为面阵相机的光心，z_c 为面阵相机的光轴；$O_1 uv$ 为图像坐标系，O_1 为光轴与成像平面的交点，$O_1 x_u y_u$ 为以物理单位表示的图像坐标系，$O_w x_w y_w z_w$ 为世界坐标系。

假设一个空间点在世界坐标系下的齐次坐标为 $\boldsymbol{p}_w = (x_w, y_w, z_w, 1)^T$，在相机坐标系下的

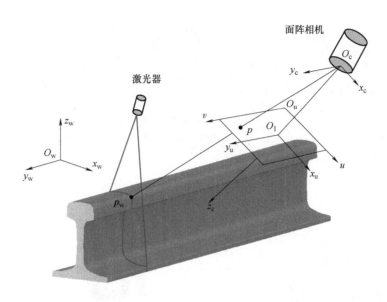

图 10-16　结构光视觉检测的数学模型

齐次坐标为 $\boldsymbol{p}_c = (x_c, y_c, z_c, 1)^{\mathrm{T}}$，在图像坐标系下的齐次坐标为 $\boldsymbol{p} = (u, v, 1)^{\mathrm{T}}$。

根据针孔相机模型，有

$$\rho \boldsymbol{p} = \boldsymbol{A}\boldsymbol{M}\boldsymbol{p}_w \tag{10-8}$$

式中，ρ 为比例因子；$\boldsymbol{A}$ 为相机的内部参数矩阵，为

$$\boldsymbol{A} = \begin{bmatrix} f_x & 0 & c_x & 0 \\ 0 & f_y & c_y & 0 \\ 0 & 0 & 1 & 0 \end{bmatrix} \tag{10-9}$$

式中，f_x、f_y 分别为面阵相机在 x_u 轴和 y_u 轴的有效焦距，(c_x, c_y) 为主点坐标。相机的外部参数矩阵 $\boldsymbol{M}$ 为

$$\boldsymbol{M} = \begin{bmatrix} \boldsymbol{R} & \boldsymbol{T} \\ 0 & 1 \end{bmatrix} \tag{10-10}$$

式中，$\boldsymbol{R}$ 和 $\boldsymbol{T}$ 分别为世界坐标系向相机坐标系转换的旋转矩阵和平移矩阵。

由式（10-8）可以得到射线 $O_c\boldsymbol{p}$ 的方程。当点 $\boldsymbol{p}_w$ 位于光平面上时，需满足如下光平面在世界坐标系中的空间方程：

$$ax_w + by_w + cz_w + d = 0 \tag{10-11}$$

式中，a、b、c、d 为光平面方程的系数。联立式（10-8）和式（10-11），得到结构光视觉测量的数学计算模型为

$$\begin{cases} ax_w + by_w + cz_w + d = 0 \\ \rho \boldsymbol{p} = \boldsymbol{A}\boldsymbol{M}\boldsymbol{p}_w \end{cases} \tag{10-12}$$

由式（10-12）可计算出结构光条纹上任意一点的世界坐标，完成从图像坐标系到世界坐标系或相机坐标系的三维重建过程。利用该模型进行计算时，首先需要对相机内部参数和光平面方程提前完成标定。采用这一方法，即使车体在行进过程中发生振动，只要面阵相机与激光器的相对位置固定，就能够从多条并行的激光投影中提取出准确的钢轨轮廓，从而推导出表面磨耗情况。

钢轨表面磨耗提取算法流程如图 10-17 所示。首先将激光光条从图像中

图 10-17　彩图

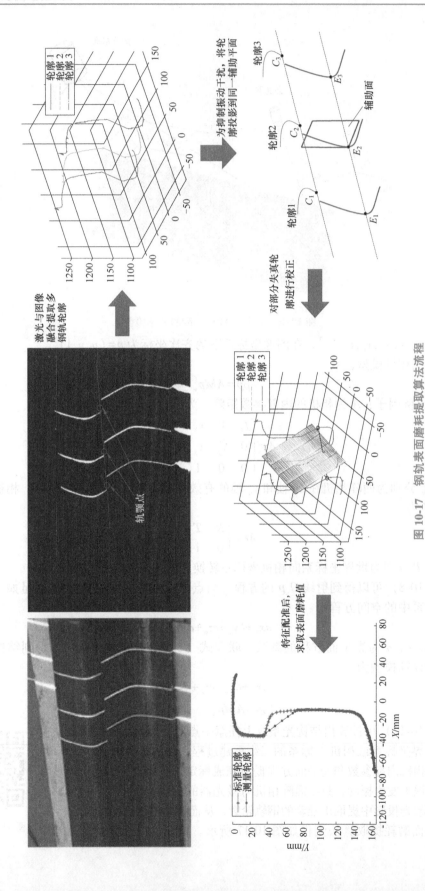

图 10-17 钢轨表面磨耗提取算法流程

完整地提取出来，并完成从图像坐标系到相机坐标系的转换。为了消除车体振动引起的失真，可以利用多线平行结构光在钢轨轨腰圆弧切点始终平行于钢轨纵轴的这一关键特性拟合钢轨纵轴，进而构造垂直于该轴的辅助平面，将失真轮廓投影到该平面以得到校正后的正常轮廓。投影完成后，还需要对所有轮廓图形进行配准，根据测量任务的具体要求，使其与标准轮廓对齐，从而求解出具体的表面磨耗值。

269

第 11 章 融合脑电信号的处理及应用

导 读

　　本章首先从脑电信号的概念、特点、采集以及应用出发，首先分析脑电信号采集前端电路的设计与原理；然后阐述视觉诱发脑电信号与脑机接口信号处理的框架与流程，重点介绍脑电信号时域、频域和时频特征及提取方法；最后采用脑电信号情感数据集与面部表情数据集，介绍对单模态信号进行处理的流程及算法，重点阐述在决策层进行信息融合的方法，以实现双模态信息融合的情感识别。

本章知识点

- 脑电信号的特点及采集方法
- 脑电信号采集前端电路分析
- 脑电信号后端处理框架与特征提取
- 双模态融合的情感识别技术

11.1 脑电信号概述

　　英国科学家 Caton 于 1875 年记录到了动物大脑皮层的电活动，发现了脑电活动的几个主要特征，奠定了后续脑电信号研究的基础。经过半世纪的研究，第一次发表人类脑电记录是德国精神病学家 H. Berger，他将这些记录称为脑电图（Electroencephalogram，EEG），使得科学家们能够更深入地研究大脑的电活动。脑电信号包含了大量的脑内神经元活动信息，因此对其的研究和解析成为一个重要领域。随着技术的发展，脑电信号分析方法得到了快速发展，包括频域分析、时域分析、时频分析、谱分析、神经网络分析、混沌分析等许多方法。这些方法的应用使得对脑电信号的分析和处理更加准确和有效。进入 21 世纪，随着计算机科学技术、人工智能技术的发展，从脑电信号中提取与心理任务相关的模式，研究人脑记忆、处理与存储规律以及脑机交互成为该领域的热点之一。

11.1.1 脑电信号的频域特点

　　脑电信号是极其微弱的生物信号，频率主要集中在 $0.5 \sim 100 \mathrm{Hz}$，幅值只有 $5 \sim 100 \mu \mathrm{V}$。

脑电信号的参数通常有频率、幅值、形态、周期性与同步性等。脑电信号按频率划分主要有 δ 波、θ 波、α 波、β 波四种。

1）δ 波（频率为 0.5~4Hz）：δ 波幅值为 20~200μV，该波主要在额区出现。少儿期、智力发育不成熟的阶段、成年人在深度睡眠或缺氧时常见。

2）θ 波（频率为 4~8Hz）：θ 波幅值为 20~50μV，多见于颞区，两侧对称。在成年人困倦时出现，与神经抑制有关。

3）α 波（频率为 8~14Hz）：α 波幅值为 20~100μV，清醒安静状态下出现在后头部，枕区节律幅度较大，多数呈圆钝或正弦样。当人睁眼、积极思考问题、接受其他刺激特别是视觉注意时，α 波会消失，称为 α 阻断。

4）β 波（频率为 14~30Hz）：β 波幅值为 5~20μV，是正常清醒状态下的大脑快波活动，幅度较低，分布广泛。α 波被阻断时会出现 β 波，代表大脑皮层的兴奋。各波段信号波形如图 11-1 所示。

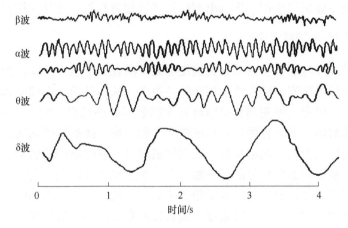

图 11-1　各波段信号波形

11.1.2　脑电信号的采集方法

常用的脑电信号采集方法主要有以下三种。

1. 脑电图

脑电图是一种通过电极记录大脑电活动的非侵入性技术。电极通常嵌入电极帽中，在用户身上安装电极帽并调节电极以获得良好的信号通常需要 5min。这类系统与装置相对便宜且携带方便，是脑机接口（Brain Computer Interface，BCI）研究中最常见的神经影像学方法。

脑电图系统通过多个电极捕捉大脑头皮电位变化，这些电极连接到一个放大器，放大器将微弱的电信号放大，并传输到记录设备中。记录设备将信号转化为可视化的波形图，即脑电图。这些波形图反映了大脑在不同状态下的电活动模式。

2. 皮层脑电图

皮层脑电图（Electrocorticography，ECoG）是通过外科手术将电极植入大脑皮层记录电活动。皮层脑电图传感器比脑电图传感器具有更好的空间分辨率，能够准确检测脑电图电极不可见的高频脑活动。电极一旦植入，每次使用前无须再进行准备，可直接多次用于脑机接口或其他任务。

皮层脑电图是一种侵入性技术，需要将电极植入大脑皮层，因此需要在医生的指导下进行。同时，由于电极需要直接接触到大脑皮层，可能会带来一定的风险，如感染、出血等。

3. 深度电极

深度电极（DepthElectrode）也是一种通过外科手术植入大脑的电极，可记录来自大脑深部的电活动。与皮层脑电图的不同之处在于，它记录的是来自一小群神经元的活动。这两种方法分别提供了大脑活动的不同图景。

弹性电极和硬质电极是深度电极常见的两种类型。弹性电极具有弹性，由不同的金属构成，从不同的入路插入，触头数目不一，可在手术室内长期或短期应用。硬质电极在皮质内安置要求更为精确，但不能随意移动或触动，以避免电极在脑组织内移动，损伤脑组织或脑血管。

用于脑电信号分析的仪器设备通常是脑磁图仪或者脑电图仪。脑磁图仪因其体积庞大、价格昂贵，只能被专业机构使用。而脑电图仪的普及相对容易，更易被用户接受。

11.1.3 脑电信号分析的用途

脑电图是脑神经细胞电生理活动在大脑皮层或头皮表面的总体反映，包含了大量的生理与疾病信息。脑电信号研究已经广泛应用于神经科学、认知科学、心理学和医学等领域。例如，在神经科学中，研究人员使用脑电图研究大脑如何处理信息、如何学习以及如何记忆。在医学中，脑电图被用于诊断各种神经系统疾病，如癫痫、睡眠障碍和阿尔茨海默病等。在工程应用方面，人们也尝试利用脑电信号实现脑机接口，利用不同的感觉、运动或认知活动的脑电信号差异，通过对脑电信号的有效提取和分类达到某种控制目的。

脑电信号是不具备各态遍历性的非平稳随机信号，易受肌动、眼动等影响，其背景噪声强，对其进行分析和处理具有相当的难度。随着技术发展，脑电信号的研究方式也从单一的波形描述、脑电地形图迈向多形态分析与综合研究阶段。

脑电信号处理与脑机接口研究的关键问题之一是在高噪声、多干扰条件下，结合多模态信号，设计高可靠、鲁棒性强的脑电信号模式分类方法。这需要进一步发展先进的机器学习、人工智能算法和信号处理技术。另一个重要方向是开发自适应学习算法，以适应脑电信号统计特征随环境、时间和受试者变化的情况。

此外，随着神经科学和计算科学的不断发展，脑电信号研究还将探索更多新的领域和应用，如神经反馈、神经康复和神经增强等。

11.2 脑电信号采集前端电路与系统分析

11.2.1 脑电信号采集前端电路原理框图

由于脑电信号是极其微弱的生物信号，频率主要在 $0.5 \sim 100\mathrm{Hz}$，幅值只有 $5 \sim 100\mu\mathrm{V}$，因此脑电信号极易被淹没在噪声之中。噪声包括：外部噪声，如 50Hz 工频干扰、环境中高压电源的噪声、人体与电流耦合的噪声等；内部噪声，如电极引出信号时的噪声、元器件内部的热噪声等。此外，小信号的放大也是难点之一。要将脑电信号放大至能被 A/D（模/数）

转换器所识别的大小，整个系统至少需要达到上万倍的增益。

　　脑电信号采集前端电路的主要任务就是对脑电信号进行滤噪及放大，其原理框图如图 11-2 所示。

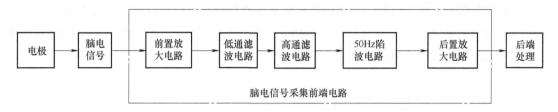

图 11-2　脑电信号采集前端电路原理框图

11.2.2　前端电路设计与系统分析

　　下面对图 11-2 所示脑电信号采集前端电路各模块进行设计与系统分析。

1. 前置放大电路设计与分析

　　前置放大电路设计是整个脑电信号采集系统的关键环节。脑电信号只有 μV 级别，需要放大上万倍。但是初次放大不宜过大，因为此时噪声没有被滤除，对脑电信号的影响极大，过度放大极易使噪声淹没有效信息。要设计出高质量的脑电信号放大电路，就要求前置放大电路必须具有高输入阻抗、高共模抑制比（Common Mode Rejection Ratio，CMRR）、低噪声、非线性度小、抗干扰能力强以及有合适的频带和动态范围等性能。器件可选择具有仪表放大器结构的 AD620AN 或 INA128 等。AD620AN 是一种只用一个外部电阻就能设置放大倍数为 1~1000 的低功耗、高精度仪表放大器。采用 AD620AN 的前置放大电路如图 11-3 所示。

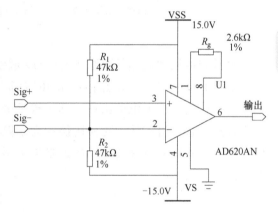

图 11-3　前置放大电路

　　根据 AD620AN 的特性，外部电阻值的选取由式（11-1）确定。此外，AD620AN 采用 8 引脚 SOIC（小外型集成电路）和 DIP（双列直插封装），尺寸小于分立式设计，并且功耗较低（最大电源电流仅 1.3mA），具有很好的直流特性和交流特性，最大输入失调电压漂移为 1μV，其共模抑制比大于 93dB，在 1kHz 处输入电压噪声为 9nV/Hz，在 0.1~10Hz 范围内输入电压噪声的峰-峰值为 0.28μV，输入电流噪声为 0.1pA/Hz。在上述设计电路中，电阻 R_1 和 R_2 用于提供偏置电压，模块的增益 G 公式见式（11-2）。

$$R_{\mathrm{g}} = \frac{49.4}{G-1} + 1 \tag{11-1}$$

$$G = \frac{49.4}{R_{\mathrm{g}}} + 1 \tag{11-2}$$

若 $R_{\mathrm{g}} = 2.6\mathrm{k}\Omega$，计算得到增益 $G = 20$。此环节系统函数为

$$H(s)=20 \tag{11-3}$$

2. 低通滤波电路设计与分析

低通滤波电路的作用是使低频信号正常通过，超过设定临界值的高频信号则被阻隔、减弱。由于脑电信号是极其微弱的生物信号，频率主要集中在100Hz以下，所以在脑电信号采集前端系统中需要设计一个截止频率为100Hz的低通滤波电路，用于滤除大于100Hz的脑电信号。图11-4所示为二阶有源低通滤波电路。

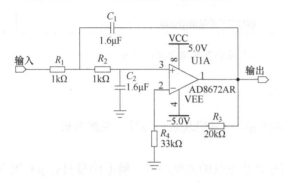

图11-4　二阶有源低通滤波电路

码11-1【程序代码】
低通滤波电路

由图11-4可改画出低通滤波电路的s域模型，如图11-5所示。

由图11-5可知，该电路由两节RC滤波电路和同相比例放大电路组成，其特点是输入阻抗高，输出阻抗低。同相比例放大电路的电压增益就是低通滤波电路的通带电压增益，即

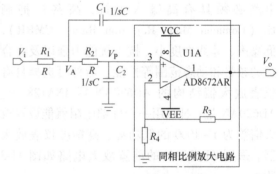

$$A_o=A_{VF}=\frac{R_3}{R_4}+1 \tag{11-4}$$

集成运放的同相输入端电压为

$$V_P(s)=\frac{V_o}{A_{VF}} \tag{11-5}$$

图11-5　低通滤波电路的s域模型

根据理想运放特点可知，$V_P(s)$和$V_A(s)$满足如下等式：

$$V_P(s)=\frac{V_A(s)}{R_2+\frac{1}{sC_2}}\times\frac{1}{sC_2}=\frac{V_A(s)}{R_2C_2s+1} \tag{11-6}$$

对于节点A，应用基尔霍夫电流定律，可得

$$\frac{V_i(s)-V_A(s)}{R_1}-[V_A(s)-V_o(s)]sC_1-\frac{V_A(s)-V_P(s)}{R_2}=0 \tag{11-7}$$

由于上述电路中R_1和R_2的取值相等，C_1和C_2的取值相等，即

$$\begin{cases}R_1=R_2=R\\C_1=C_2=C\end{cases} \tag{11-8}$$

将式（11-4）~式（11-8）联立求解，可得低通滤波电路的系统函数为

$$H(s) = \frac{V_o}{V_i} = \frac{A_{VF}}{1+(3-A_{VF})sCR+(sCR)^2} \qquad (11\text{-}9)$$

代入电路中所给出的具体数值，计算可得

$$H(s) = \frac{1}{0.00000159s^2+0.00138s+0.6211} \qquad (11\text{-}10)$$

由上述系统函数可直接写出低通滤波电路频率特性为

$$H(j\omega) = \frac{V_o}{V_i} = \frac{A_{VF}}{1+(3-A_{VF})\omega CRj+(j\omega CR)^2} = \frac{A_{VF}}{1-(\omega CR)^2+(3-A_{VF})\omega CRj} \qquad (11\text{-}11)$$

直流（$\omega=0$）时的幅频值为

$$H_0 = H(j\times0) = \frac{V_o}{V_i} = \frac{A_{VF}}{1+(3-A_{VF})\times0CRj+(j0CR)^2} = A_{VF} \qquad (11\text{-}12)$$

截止频率定义为随着频率增大其幅值下降到零频的 $\sqrt{2}/2$ 倍时的频率，此时式（11-11）可写为

$$H(j\omega_c) = \frac{A_{VF}}{1-(\omega_c CR)^2+(3-A_{VF})\omega_c CRj} = \frac{\sqrt{2}}{2}A_{VF} \qquad (11\text{-}13)$$

式（11-13）除以式（11-12），然后两边取对数，可得

$$20\lg\left|\frac{H(j\omega_c)}{H_0}\right| = 20\lg\frac{1}{\sqrt{[1-(\omega_c CR)^2]^2+[(3-A_{VF})\omega_c CR]^2}} = -3\text{dB} \qquad (11\text{-}14)$$

将图 11-5 中所设计的数据代入式（11-14），可计算出系统截止频率为

$$f_c \approx 100.7451\text{Hz}$$

3. 高通滤波电路设计与分析

高通滤波电路又称低截止滤波电路、低阻滤波电路，它允许高于某一截止频率的频率通过，而大大衰减较低频率成分。由于脑电信号的频率主要集中在 0.5Hz 以上，所以在脑电信号采集前端系统中需要设计一个截止频率为 0.5Hz 的高通滤波电路。图 11-6 所示为二阶有源高通滤波电路。

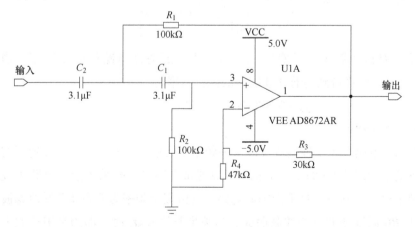

图 11-6 二阶有源高通滤波电路

码 11-2【程序代码】
高通滤波电路

图 11-6 所示高通滤波电路的 s 域模型如图 11-7 所示。

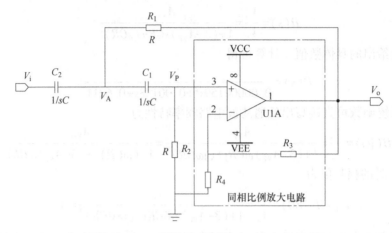

图 11-7　高通滤波电路的 s 域模型

二阶有源高通滤波电路与二阶有源低通滤波电路在电路结构上存在对偶关系，即将二阶有源低通滤波电路中的 R 和 C 位置互换，就可以得到二阶有源高通滤波电路。从二阶有源低通滤波电路的系统函数可推导出二阶有源高通滤波电路的系统函数，故可求得二阶有源高通滤波电路的系统函数为

$$H(s) = \frac{A_{VF}(sCR)^2}{1+(3-A_{VF})sCR+(sCR)^2} \tag{11-15}$$

式中，$A_{VF} = 1+R_3/R_4$。代入图 11-7 所示电路中的具体数值，计算可得

$$H(s) = \frac{1.64s^2}{s^2+4.32s+10.24} \tag{11-16}$$

令 $s = j\omega$，代入式（11-16），可得系统的幅频响应为

$$20\lg\left|\frac{H(j\omega)}{H_\infty}\right| = 20\lg\frac{1}{\sqrt{\left[1-\left(\dfrac{1}{\omega CR}\right)^2\right]^2+\left[\dfrac{(3-A_{VF})}{\omega CR}\right]^2}} \tag{11-17}$$

用类似于低通滤波电路截止频率的计算方法，可算出高通滤波电路的截止频率。当 $20\lg|H(j\omega)/H_\infty| = -3\text{dB}$ 时，计算得到高通滤波电路的截止频率为

$$f_c \approx 0.495\text{Hz}$$

4. 50Hz 陷波电路设计与分析

陷波电路又称带阻滤波电路，用于抑制或衰减某一频率段的信号，而让该频段外的所有信号通过。脑电信号测量常受到 50Hz 的工频干扰，所以通常在脑电信号采集前端电路中设计陷波电路，抑制工频干扰。常见的有双 T 型陷波电路，它由截止频率为 f_1 的 RC 低通滤波电路和截止频率为 f_2 的 RC 高通滤波电路并联而成。当满足条件 $f_1 < f_2$ 时，即为带阻滤波电路，只有 $f < f_1$ 和 $f > f_2$ 的输入信号可以通过电路，$f_1 < f < f_2$ 的输入信号被阻断。图 11-8 所示为有源双 T 型 50Hz 陷波电路。

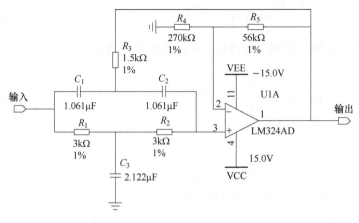

图 11-8　有源双 T 型 50Hz 陷波电路

码 11-3【程序代码】
50Hz 陷波电路

图 11-8 所示陷波电路的 s 域模型如图 11-9 所示。

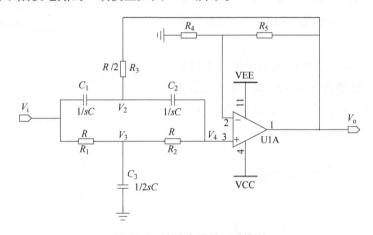

图 11-9　陷波电路的 s 域模型

如图 11-9 所示，陷波电路由一个双 T 型结构网络和一个放大电路组成。R_1、R_2、R_3 和 C_1、C_2、C_3 构成了最基本的双 T 型结构，该电路可视为由两个单 T 网络并联而成：一个单 T 网络由两个电阻 R_1 与 R_2 和电容 C_3 组成一个低通滤波电路；另一个单 T 网络由两个电容 C_1 与 C_2 和电阻 R_3 组成一个高通滤波电路。在上述设计中，利用基尔霍夫电流定律可得

$$A_{\mathrm{VF}}=\frac{R_5}{R_4}+1 \tag{11-18}$$

$$V_{\mathrm{o}}=A_{\mathrm{VF}}V_4 \tag{11-19}$$

$$(V_{\mathrm{i}}-V_2)sC=\frac{2(V_2-A_{\mathrm{VF}}V_4)}{R}+(V_2-V_4)sC \tag{11-20}$$

$$\frac{V_{\mathrm{i}}-V_3}{R}=2V_3sC+\frac{V_3-V_4}{R} \tag{11-21}$$

$$\frac{V_3 - V_4}{R} + (V_2 - V_4)sC = 0 \tag{11-22}$$

将式（11-18）~式（11-22）联立求解，可得陷波电路的系统函数为

$$H(s) = \frac{A_{VF}\left[s^2 + \dfrac{1}{(CR)^2}\right]}{s^2 + \dfrac{(4-2A)s}{RC} + \dfrac{1}{(CR)^2}} \tag{11-23}$$

代入具体数值，计算可得

$$H(s) = \frac{s^2 + 9.8702 \times 10^4}{0.8282s^2 + 4.1247 \times 10^2 s + 8.1747 \times 10^4} \tag{11-24}$$

5. 后置放大电路设计与分析

脑电信号经过前置放大电路、高通滤波电路、低通滤波电路和50Hz陷波电路处理后，还需要第二级放大电路才能达到系统设计要求。后置放大电路设计增益大约为500倍。后置放大电路如图11-10所示。

如图11-10所示，后置放大电路为一个同相放大电路，电路的增益为 $G = R_2/R_1 + 1$，在后置级放大电路中，R_1、R_2 的值分别为 100Ω、$50\mathrm{k}\Omega$，计算得到增益为 $G = 501$。

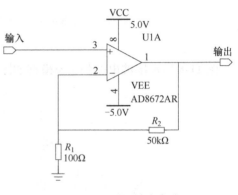

图 11-10 后置放大电路

11.3 脑电信号后端处理

11.3.1 视觉诱发脑电信号的处理

11.2节介绍了脑电信号采集前端电路的设计。通常，通过建立针对特定目标识别的脑电信号采集与处理模型，可寻求复杂视觉刺激条件下意识与特征信号的关系，迅速准确提取脑电信号关于目标识别的有用信息或大脑功能模式，然后进行分类，确定其对应的特定目标识别或大脑功能研究。

视觉诱发脑电信号的系统主要包含以下部分：实验范式设计、脑电信号采集、脑电信号存储、信号预处理、特征提取、特征分类与评估或大脑功能研究。视觉诱发脑电信号的系统一般框图如图11-11所示。下面对系统中的五个主要模块进行阐述。

1. 实验范式设计和脑电信号采集

在实验进行之前，首先要进行实验范式设计和脑电信号采集。实验范式设计应当注意以下因素：控制无关变量、控制主观因素、自变量具有有效性、采样覆盖面广。例如，为了研究大脑的高级认知功能，设计一个短时视觉记忆实验范式。短时视觉记忆实验过程如图11-12所示。

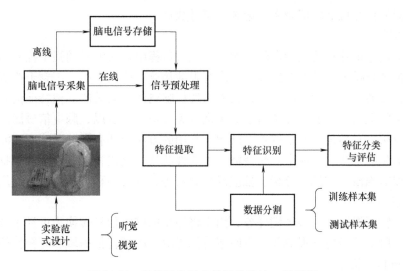

图 11-11　视觉诱发脑电信号的系统一般框图

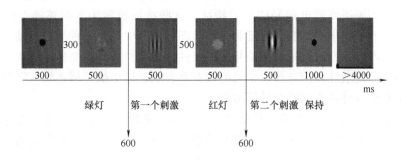

图 11-12　短时视觉记忆实验过程

实验范式包括五个实验事件：绿灯、第一个刺激、红灯、第二个刺激和保持。紧跟绿灯之后的刺激需要记住，在保持时间之后受试者有 4s 时间回忆并通过简单操作复现所记的图像，同时采用相关软件计算量化受试者记忆后所复现的刺激与需要记住的真实刺激的相差程度，以此作为记忆性能的描述。绿灯和红灯的出现次序可以随机切换，即可以绿灯先出现，也可以红灯先出现。每个受试者进行 160 次测试，其中绿灯先出现与红灯先出现的测试次数相等，各为 80 次。

为了使数据分析更准确且有代表性，采集的数据样本尽量覆盖样本的分布范围。电极放置按国际 10-20 系统，同时样本采集时间长短要适中，保证受试者的情绪集中稳定。同时在试验过程中，要保持外界安静，视觉目标清晰无误，观察时间相同等。本例采集了 129 个电极通道的实验数据。

2. 脑电信号存储

脑电信号采集系统主要为脑电图仪。脑电图仪是专门用于测量和记录脑电图的装置，其工作原理为：放置在头皮的电极能够检测出微弱的脑电信号，通常为 $5 \sim 100 \mu V$，频率一般为 $0.1 \sim 100 Hz$，其通过电极导联耦合到差动放大器进行 $10,000 \sim 100,000$ 倍的放大，然后使用关系型数据库（MSSQL 或 MySQL），建立实用型生理电数据分析的处理平台，对采集来的海量生理电数据、各种模型及配置信息能够进行存储，并支持快速、便捷查询和管理。最后通过与其配套的计算机上的记录系统记录下信号数据。

3. 信号预处理

由于脑电信号很容易受到噪声的影响，而记录过程中伴有大量的强干扰噪声，包括非神经源噪声和神经源噪声。其中非神经源噪声有眼动伪迹、肌电干扰、工频干扰等；神经源噪声主要包括自发的与意念无关的信号，或者与特征脑电信号无关的其他特征信号。因此，预处理的目的实际上是尽可能只保留与模式识别有关的信号。所以，脑电信号滤波消噪是脑电信号处理与分析中必须首先考虑的重要问题，常用的方法包括有限冲激响应滤波、无限冲激响应滤波、卡尔曼滤波、鲁棒卡尔曼滤波、非线性滤波、直接相减、自适应干扰消除以及基线校正、截取数据段、主成分分析、独立成分分析等，或者多种方法的融合运用。

4. 特征提取

脑电信号特征提取是一项关键任务，用于将原始的脑电信号转换为更易于分析和解释的形式。常见的脑电信号特征提取算法有时域特征提取、频域特征提取和时频特征提取。

（1）时域特征提取

时域特征提取是一种将脑电信号转换为统计特征的方法，通过计算脑电信号的平均值、标准差、方差、熵等得到脑电信号的时域特征。这些特征通常用于描述脑电信号的基本性质，如脑电信号的平均水平、变化程度和分布形态等。其中熵是一种非线性动力学参数，表示信号复杂性和不确定性，用来描述信号的随机性和无序性。在脑电信号处理中，熵可以用来评估脑电信号的复杂性和信息量。常见的熵有香农熵、近似熵、样本熵、微分熵、模糊熵等。下面详细介绍六种基本的特征计算方法。

1）平均值。平均值是一种常用统计指标，可以用来衡量一个样本或一组样本的中心位置，反映了一组数据的综合水平，可帮助分析数据的分布特征。其计算公式为

$$\bar{x} = \frac{\sum\limits_{i=1}^{n} x_i}{n}$$

式中，x_i 为样本总体中的第 i 个数据，n 为样本总数目。

2）标准差。标准差也称为均方差，是方差的算术平方根，反映一个数据集的离散程度。样本标准差的计算公式如下：

$$s = \sqrt{\frac{\sum\limits_{i=1}^{n} (x_i - \bar{x})^2}{n-1}} \tag{11-25}$$

或

$$s = \sqrt{\frac{\sum\limits_{i=1}^{n} x_i^2 - \frac{\left(\sum\limits_{i=1}^{n} x_i\right)^2}{n}}{n-1}} \tag{11-26}$$

如果式（11-25）和式（11-26）根号内除以 n，那么就是总体标准差。平均值相同的，标准差不一定相同。

3）方差。方差是衡量随机变量或一组数据离散程度的度量。概率论中方差用来衡量随机变量及其数学期望（即平均值）之间的偏离程度。统计中的方差（样本方差）是每个样本值 x_i 与全体样本值 $\bar{x}$ 的平方之差的平方值。方差的计算公式如下：

$$s^2 = \frac{\sum_{i=1}^{n}(x_i - \bar{x})^2}{n-1} \tag{11-27}$$

4）香农熵。香农熵是一种衡量随机变量不确定性的度量。香农熵 $H(X)$ 的计算公式如下：

$$H(X) = -\sum_x p(x)\log_2 p(x) \tag{11-28}$$

式中，x 为连续随机事件序列，$p(x)$ 为 x 的概率密度函数。

5）近似熵。近似熵是定量描述时间序列复杂性的非线性动力学参数。它用一个非负数表示时间过程的复杂性，衡量时间序列中新信息的发生率，越不规则的时间序列对应的近似熵越大。给定时间序列 $\{x_l, l=1,2,\cdots,N\}$，其近似熵计算步骤如下。

① 通过公式 $X_i = [x_i, x_{i+1}, \cdots, x_{i+m-1}]$（$1 \leq i \leq N-m+1$）按顺序重构 m 维相空间。

② 计算向量 X_i 与 X_j 之间的离 d_{ij}，$d_{ij} = \max(|x_{i+k} - x_{j+k}|)$（$0 \leq k \leq m-1, 1 \leq i,j \leq N-m+1$）。

③ 选定相似容限 $r(r>0)$，对于每一个 X_i，统计距离 $d_{ij} \leq r$ 的数量，并计算该数量与向量总数的比值 $C_i^m(r)$，有

$$C_i^m(r) = \frac{d_{ij} \leq r \text{ 的数量}}{N-m+1}$$

④ 将比值 $C_i^m(r)$ 取对数，然后求其对于所有 i 的平均值 $\Phi^m(r)$，为

$$\Phi^m(r) = \frac{1}{N-m+1}\sum_{i=1}^{N-m+1}\ln C_i^m(r) \tag{11-29}$$

⑤ 将维数 m 增加 1，重复步骤①~④，求得 $C_i^{m+1}(r)$ 和 $\Phi^{m+1}(r)$。

⑥ 近似熵为 $\text{ApEn}(m,r) = \lim_{N\to\infty}[\Phi^m(r) - \Phi^{m+1}(r)]$。若 N 为有限值，则近似熵由统计值估计得到，即 $\text{ApEn}(m,r,N) = \Phi^m(r) - \Phi^{m+1}(r)$。

通过以上步骤可知，近似熵能够表征维数变化时时间序列中产生新模式的概率大小，产生新模式的可能性越大，时间序列越复杂，相应的近似熵越大。实际上，近似熵反映了时间序列在模式上的自相似程度。与其他非线性动力学参量相比，近似熵还具有更好的抗噪和抗干扰能力，并且对于确定信号、随机信号以及两者组成的混合信号都适用。

6）样本熵。样本熵也是一种时间序列分析方法，是 Richman 于 2000 年提出，用于评估时间序列的复杂性和不规则性。与近似熵相似，样本熵也通过比较相邻的子序列计算。但是，样本熵在计算过程中使用了样本数量而非近似因子，这使得样本熵更加稳定和可靠。

在样本熵的计算中，首先需要选择一个固定的子序列长度 m 和一个相邻子序列之间的最大距离 r；其次对于每个时间点 i，找出 m 个长度为 m 的子序列，它们是从时间序列中以 i 为起点的连续 m 个数据点；然后计算每个子序列与其后面所有子序列之间的欧几里得距离，并将欧几里得距离小于 r 的子序列对数量除以所有子序列对数量，得到概率 p；最后定义样本熵为 $-\ln p$。

样本熵反映了时间序列产生新模式的概率大小与其复杂度呈正相关的关系。与近似熵一样，样本熵也可以用于检测时间序列的非线性动力学特征，如混沌和复杂性等。由于样本熵具有较好的稳定性和鲁棒性，因此在某些应用中可能更加适用。

（2）频域特征提取

频域特征提取是一种将脑电信号转换为频谱特征的方法。常用的方法有傅里叶变换、功率谱密度、功率谱和频带能量等。这些特征通常用于描述脑电信号的频率分布，如脑电信号在不同频率下的能量分布和频率成分等。这些方法可参见本书基础篇，在此不再赘述。

用传统的功率谱密度方法分析频谱时，由于其分辨率有限，难以精确反映频域信息。现代谱分析是一种在脑电信号处理中常用的信号分析方法。现代谱分析方法采用参数化建模的方式，利用先验知识对信号进行分析。这种方法基于对信号窗口之外数据的假设，可以提高信号的分辨率，从而更加准确地分析信号的频域特征。现代谱分析主要有以下三种模型。

1）自回归滑动平均模型（Auto-Regressive Moving Average Model，ARMA 模型），其公式如下：

$$x(n) = -\sum_{k=1}^{p} a(k)x(n-k) + \sum_{k=0}^{q} b(k)u(n-k) \tag{11-30}$$

式中，$a(k)$、$b(k)$ 为模型系数。

2）自回归模型（Auto-Regressive Model，AR 模型），公式如下：

$$x(n) = -\sum_{k=1}^{p} a(k)x(n-k) + u(n) \tag{11-31}$$

式中，$a(k)$ 为模型系数，p 为模型的阶数，$u(n)$ 为白噪声。

3）滑动平均模型（Moving Average Model，MA 模型），公式如下：

$$x(n) = \sum_{k=0}^{q} b(k)u(n-k) \tag{11-32}$$

式中，$b(k)$ 为模型系数，q 为模型的阶数。

（3）时频特征提取

时频特征提取是一种综合利用时域和频域特征的脑电信号分析方法，它可以同时反映信号的时域特征和频域特征，以更全面、准确地描述信号的动态变化过程。时频特征提取常用的技术手段如下。

1）经验模态分解（Empirical Mode Decomposition，EMD）。EMD 通过将信号分解成多个本征模态函数（Intrinsic Mode Function，IMF），得到信号的时频局部特征，可以有效捕捉信号的非线性和非平稳特性。

2）短时傅里叶变换。短时傅里叶变换是一种信号分析方法，旨在克服傅里叶变换不能直接用于非平稳信号的限制。它通过将信号分成多个短时段，对每个短时段进行傅里叶变换，并将每个短时段的频谱叠加起来，得到整个信号的频谱信息。这样可以更好地反映非平稳信号的时变特性，对于瞬时频率和幅度调制等特征的分析更为准确。短时傅里叶变换的公式如下：

$$\text{STFT}_x(t,f) = \int_{-\infty}^{\infty} [x(t')r*(t'-t)] e^{-j2\pi f t'} dt' \tag{11-33}$$

3）小波变换。小波变换是一种基于傅里叶变换的时频信号分析方法，它可以自适应地调整参数，因此能够更好地适应信号的局部变化。小波变换将信号分解成不同尺度的频率子带，并且能够同时提供时域和频域的信息，使得在时域和频域上都能够更准确地描述信号的特征。小波变换的公式如下：

$$WT(a,\tau) = \frac{1}{\sqrt{a}} \int_{-\infty}^{\infty} f(t) * \Psi\left(\frac{t-\tau}{a}\right) dt \tag{11-34}$$

式中，a 为尺度，控制小波函数的伸缩；τ 为平移量，控制小波函数的平移。

5. 特征分类与评估

分类算法的任务是将表征神经电活动的特征信号映射为指定的类别，反映大脑当前的活动模式。分类算法的性能主要有分类正确率、计算速度、推广性、可伸缩性、模型描述的简洁性和可解释性。分类算法的性能直接决定系统性能的好坏。在离线情况下，分类正确率通常是最重要的指标。在在线情况下，除了分类正确率，选择推广能力好、计算速度快的分类器也是其关键要素。常用的分类器有线性分类器、神经网络、非线性贝叶斯分类器、近邻分类器和组合分类器等。

11.3.2 脑机接口信号的处理

脑机接口是一种基于计算机的系统，可实时获取、分析脑电信号并将其转换为输出命令，以实现对外部设备的控制。脑机接口提供了不依赖外周神经和肌肉组织的全新人机交互通道，在人机信息交互与控制、脑状态监测、教育与游戏等领域有着广泛的应用前景。随着神经科学、传感器技术、生物兼容性材料和嵌入式计算等技术的不断发展，脑机接口技术日趋成熟并得到了国内外的广泛关注。例如，美国国防部高级研究计划局（DARPA）于 2018 年 3 月发布下一代非手术神经技术（N3）项目征询书，旨在开发高分辨率的非手术双向神经接口，能够读取大脑信号和向大脑写入的信号，并具备面向健康人群应用的可行途径。在 2018 年世界机器人大会的主论坛上，中国电子学会公布了包含智能脑机交互技术的《新一代人工智能领域十大最具成长性技术展望（2018-2019 年）》。

脑机接口旨在在大脑和计算机之间构造一条独立于人体正常肌肉组织和外周神经系统的输出通道。人的大脑可通过这条信息输出通道向计算机输出信息和命令，以达到直接控制外部设备的目的。而这一接口的实现，有赖于现在这些能反映人大脑活动和状态的先进设备，包括脑电图、皮层电位图、PET、功能磁共振成像（Functional Magnetic Resonance Imaging，FMRI）、脑磁图和近红外光谱（Near Infrared Spectrum Instrument，NIRS）等。脑电图因具有时间分辨率高，测量简单、快速，使用方便，价格相对较低，受环境限制少，可以做到无创记录脑电信号等特点，非常适合应用于脑机接口的研究中。

脑机接口在现实生活中也有非常高的研究价值。一方面，脑机接口在康复医疗领域发挥着巨大的作用，可以帮助患有重度神经系统疾病的运动障碍患者或者肌肉严重损伤的患者获得直接与外部环境交流和沟通的能力；另一方面，随着人工智能和科技越来越发达，脑机接口在军事、娱乐等领域都有着广阔的发展空间。

在康复医疗领域，通过诱导大脑神经可塑性，脑机接口可以帮助大脑各项功能仍然正常但肢体严重残疾或者瘫痪的患者恢复运动能力，这些康复系统主要依赖于使用者的自主想象训练。相关研究表明运动想象在很大程度上可以帮助中风患者的上肢完成功能康复。另有研究结果显示，运动想象模态的脑机接口可以帮助增强脑卒中患者的注意力。

不同于正常人的生理活动，脑机接口不需要肌肉组织和外周神经系统的参与，只需要能检测出反映人脑目的性的特异性信号作为输出命令即可。与普通的交互通信控制系统相似，信号输入、信号处理和分类、信号输出组成了整个系统的三大模块。具体到脑机接口系统，其主要分为脑电信号采集、脑电信号预处理、特征提取、特征分类、控制命令输出等五个模块，结构图如图 11-13 所示。

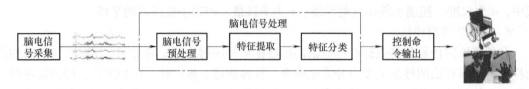

图 11-13　脑机接口系统的结构图

1. 脑电信号采集

脑机接口系统的第一步是脑电信号采集，它通过硬件采集用户的脑电信号。如 11.1.2 节所述，脑电信号采集主要有两种方式：一种是通过电极直接接触头皮表面获取信号，另一种是将电极植入大脑皮层内侧获取。采集硬件在一定程度上决定了所获取信号的质量及最终的脑机接口控制效果。随着信号处理技术的发展，干扰噪声可以在很大程度上被滤除。因此，常用的脑电信号采集方式是通过给受试者戴上电极帽，让电极直接接触头皮进行采集。脑电信号采集设备一般由脑电信号传感器、脑电信号隔离放大器、A/D 转换器和滤波器组成，信号经过专用脑电信号放大器，然后将模拟信号转换为数字信号，再经滤波器，最后将初始滤波后的脑电信号输入到计算机中进行后续处理。

2. 脑电信号预处理

如 11.1.1 节所述，一方面脑电信号非常微弱，一般在 μV 级别；另一方面由于大脑皮层噪声混入，再加上眼电、肌电和 50Hz 工频干扰，信噪比一般低于 −10dB。故在对脑电信号进行特征提取之前必须先进行预处理，减少噪声对其影响，以提高脑电信号的信噪比。

3. 特征提取

为提高后续分类准确率，首先需要提取更能代表纯净脑电信号的多种特征。特征提取方法主要有时域、频域、时频和空间特征等。时域、频域、时频特征如 11.3.1 中所述。空间特征提取旨在从多通道脑电信号中提取出与空间分布相关的特征。常用方法有共空间模式（Common Spatial Patterns，CSP）、主成分分析、独立成分分析、源定位方法等。虽然频谱分析和功率谱密度更多地与频域特征相关，但也可以利用这些特征结合空间信息来提取空间特征。例如，可以通过计算不同脑区或电极对的功率谱密度差异反映大脑活动的空间模式。

4. 特征分类

在脑机接口中，特征分类是指将提取的脑电信号特征进行分类，以识别用户的意图、状态或进行其他形式的决策。特征分类方法通常是基于机器学习、深度学习或统计学的原理，并结合脑电信号的特性设计的。常见的脑机接口特征分类方法如下。

（1）线性分类器

线性分类器如逻辑回归（Logistic Regression，LR）、线性判别分析（Linear Discriminant Analysis，LDA）等，通过构建一个线性决策边界来区分不同类别的特征。

（2）支持向量机

支持向量机是一种基于最大间隔原则的分类器，通过寻找一个超平面来最大化不同类别之间的间隔。

（3）神经网络

神经网络尤其是深度学习模型，如 CNN、RNN 和长短期记忆网络等，能够自动从原始数据中学习复杂的特征表示。

（4）集成学习

集成学习通过将多个基分类器的预测结果进行组合来提高整体分类性能。常见的集成学习方法包括随机森林、梯度提升树（Gradient Boosting Decison Tree，GBDT）等。

（5）聚类与无监督学习

虽然聚类通常用于无监督学习任务，但在某些情况下也可以用于特征分类的预处理或辅助分析。例如，通过聚类将相似的脑电信号特征聚集在一起，以便更好地进行有监督分类。

在在线脑机接口系统中，分类器的选择比较重要，首先要有较高的时间分辨率，能实时地分析出使用者的意图；其次要保证分类的正确率，这是判定一个分类器好坏的关键因素；然后可靠性等也都是选择分类器所需要考虑的因素。

5. 控制命令输出

脑机接口系统的控制命令输出是指通过特定的技术和算法，将大脑活动产生的电信号（如脑电信号）进行分析和处理，转换成能够驱动外部设备执行相应动作的控制命令。这些控制命令可以是简单的开关信号，也可以是复杂的运动指令，用于实现人与外部设备之间的直接通信和控制。将分类识别出的目标转换为对外部设备的控制命令非常重要；控制命令的输出与运动指令的实现也可反馈给使用者，形成一个正反馈过程，帮助使用者调整大脑状态，以不断完善脑机接口功能实现的准确性。

11.4　融合脑电信号的情感识别

11.4.1　基本概念

1. 人类情感的概念

1884 年，美国的心理学之父 James 发表了一篇文章，提出了情感的相关概念，文章指出，情感是人们对于自身所发生活动的反应，情绪的变化会使人体上也产生相应的变化，如心跳变动、肌肉收缩等。一般将人类情感描述为器官、思维和动作为一体的综合体现，是大脑神经系统及心理活动的产物。情感是人类对客观事物的独立反应，与人们的日常生活息息相关，如人际沟通、行为决策等，对人类行为和心理健康有重要影响。1997 年，MIT（麻省理工学院）的 Picard 教授率先提出了情感计算的概念，大大促进了计算机应用技术和人工智能技术的发展。

2. 多模态信号处理的情感识别技术

人的情感通常伴随着自身的内部生理反应和外部身体动作，情感识别就是通过计算机识别情绪波动引起的这一系列变化以进行情感判断，实现人机交互的情感化。作为人机交互的一个热门话题，情感计算对于促进计算机情感化、智能化应用起着非常重要的作用。

多模态信号处理的情感识别技术是一种结合多种不同模态的数据信息，如脑电信号、面部表情、声音、语言、心率等，来识别和理解个体情感状态的技术。这种技术通过综合分析多种模态信息，提供更全面、准确和鲁棒性更好的情感识别性能。

多模态信号处理的情感识别过程通常包括以下五个步骤。

1）数据采集：使用不同的传感器和设备从个体身上采集各种模态的数据，如使用电极采集脑电信号，使用摄像头捕获面部表情，使用传声器记录声音等。

2）数据预处理：对采集到的各种模态的数据进行预处理，包括数据清洗、去噪、标准化等，以提高数据的质量和可靠性。

3）特征提取：从预处理后的数据中提取出与情感状态相关的特征。对于不同的模态，可能需要使用不同的特征提取方法。例如，对于脑电信号，可以使用 MFCC 等方法；对于面部表情，可以使用面部关键点检测等方法。

4）特征融合：将提取出的各种模态的特征进行融合，以形成一个统一的特征表示。特征融合的方法包括时间序列融合、特征级融合和决策级融合等。

5）情感识别：利用机器学习或深度学习等算法对融合后的特征进行分类和识别，以确定个体的情感状态。这可能需要训练一个模型来识别不同情感状态下的多模态信号模式。

3. 多模态信号处理的情感识别技术特点

多模态信号处理的情感识别技术具有许多优点。首先，结合多种模态的信息，可以提供更全面、准确和鲁棒性更好的情感识别性能。不同模态的信息之间可能存在互补性，能够提供更丰富的情感表达信息。其次，多模态信号处理的情感识别技术可以应用于各种实际场景，如人机交互、心理健康监测、虚拟现实游戏和教育系统等。

然而，多模态信号处理的情感识别技术也面临一些挑战和限制。首先，采集和处理多种模态的数据需要更多的设备和资源，成本较高。其次，不同模态的数据可能具有不同的时间尺度和采样率，需要进行同步和校准。此外，不同个体之间的多模态数据可能存在差异，需要构建适合多模态情感识别的大规模数据集来训练模型。

总之，多模态信号处理的情感识别技术是一种有潜力的技术，可以提供更全面、准确和鲁棒性更好的情感识别性能。随着技术的不断发展和完善，这种技术将在更多领域得到应用和发展。

11.4.2 多模态信号数据集

11.1.1 节中介绍了四种脑电信号：δ 波、θ 波、α 波与 β 波。这四种波的频率均低于30Hz。大于等于30Hz的脑电信号称为 γ 波，其振幅通常低于 $2\mu V$，一般与高级认知功能相关。γ 波的幅度在感知、注意、记忆和学习等认知任务中显著增加，因此在认知神经科学研究中受到广泛关注。以上不同频率的脑电信号并不是严格分隔的，而是存在一定的交叉和重叠，并且有研究表明，高频脑电信号在情感识别上具有更高的准确性。

面部表情信号能够及时表现出人内心的情感变化，英国东伦敦大学 Mehrabian 等人经过调研得知，在人们的日常交际中，大约55%的信息是通过面部表情传递的。在 Picard 教授提出的情感计算定义标准中，情感计算涵盖三个方面：情感识别、情感发生、情感表达。有研究者调查表明，情感识别中通过人语音、生理信号及面部表情了解情感状态的转移具有非常好的鲁棒性。

1. 脑电信号情感数据集

在情感计算研究中，研究者们建立了很多完备的情感数据库，其中较为常用的有上海交通大学吕宝粮教授的 SEED（情感脑电数据集）、Koelstra 等人的多模态情感数据库

DEAP（用生物信号进行情绪分析的数据库）、山东大学贲晛烨教授的 SDU（微表情数据库）等，其中 SEED 和 DEAP 因具有方便、高效的优点被广泛应用。

（1）DEAP

该数据集由欧洲联盟的 DEAP 项目组织收集，其主要包括两个部分：实验数据和问卷数据。实验数据来自 32 个受试者在观看 40 个音乐视频刺激时记录的脑电、眼动和心率等多种生理信号；问卷数据则是受试者观看完所有视频后填写的情感评价问卷数据，包括自我报告数据和个人基本信息等。所有数据均经过预处理和标准化，可以直接用于算法的研究和评估。在 DEAP 的数据收集实验中，32 名受试者需要佩戴电极帽，电极分布满足国际 10-20 系统脑电极分布标准。DEAP 具体介绍见表 11-1。

表 11-1　DEAP 具体介绍

数据集概要	描述
数据集名称	DEAP
数据类型	脑电信号与情感自我报告数据
数据来源	32 位受试者观看 40 段音乐视频
受试者性别分布	男性、女性受试者各 16 位
数据格式	实验次数、通道、脑电信号数据记录为 40×40×8064
采集通道	40 个导联，其中 32 个为导脑电通道，8 个为导外围生理通道
脑电信号数据时长	63s（前 3s 基准，后 60s 为预处理后脑电信号数据）
脑电信号数据采样频率	128Hz
标签格式	实验次数与 4 种情感自我报告数据：40×4
情感报告指标	4 种情感度：愉悦度、唤醒度、优势度、喜欢程度
情感报告评分	1~9 分

（2）SEED

该数据集采集了来自 15 名受试者的脑电信号，包括正常人和抑郁症患者，共计 284 个样本。该实验为受试者们选择了 15 个中国电影剪辑，分别包含积极、消极和中性情绪类型，作为实验中使用的刺激，同一类型情感的两个影片剪辑不会连续显示，并且要求受试者观看完每个片段后立即完成问卷，以此作为情绪反馈记录。实验流程如图 11-14 所示。

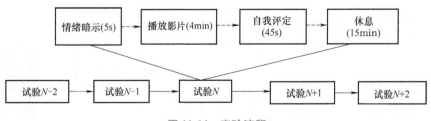

图 11-14　实验流程

2. 面部表情数据集

随着对面部表情识别研究的深入，越来越多的数据集都被广泛应用于面部表情识别的研究和开发中，例如 FER2013 数据集，包含了来自互联网的人脸图像；JAFFE 数据集为日本女性面部表情数据集；由 Livingstone 等人创建的 RAF-DB 数据集，包含了来自电影、电视剧和音乐视频的人脸图像。这些数据集提供了丰富的表情样本和标注信息。

（1）FER2013 数据集

FER2013 数据集是一个广泛使用的用于面部情感识别的数据集，由 Pierre Luc Carrier 和 Aaron Courville 创建，它包含了人脸图像和对应情绪的标签。FER2013 数据集由谷歌搜索提供，它的发布旨在促进情感识别的研究，帮助研究人员设计和评估情感识别算法。该数据集已广泛应用于情感识别的研究和应用领域，例如面部表情分析、心理学、医学等领域。此外，FER2013 数据集也被用来评估计算机视觉算法的性能，如 CNN 等深度学习模型。

FER2013 数据集被划分为三个不同的子集，其中训练集包含了 28709 张人脸图像，验证集包含了 3589 张人脸图像，测试集包含了 3589 张人脸图像。每张图像的大小为 48×48 像素，分为 7 种不同的情绪类别，数字标签 0~6 分别对应一种类别，具体对应情况如下：0 对应 Anger（愤怒）；1 对应 Disgust（厌恶），2 对应 Fear（恐惧），3 对应 Happy（高兴），4 对应 Sad（悲伤），5 对应 Surprised（惊讶），6 对应 Normal（正常）。每个样本图像都被手动标注为这 7 个情绪中的 1 个，并且每个情绪类别的数量相对平衡，使得模型的训练更具有代表性。

（2）JAFFE 数据集

JAFFE 数据集是一个经典的用于面部表情识别的数据集，由日本立命馆大学的研究人员开发。该数据集包含了 10 位日本女性的 7 种不同表情，共计 70 张 256×256 像素大小的图像。这些表情包括正常、高兴、悲伤、惊讶、恐惧、厌恶和愤怒，其中每个人脸图像都被手动标注了关键点（如眼睛、鼻子和嘴巴等），以帮助算法识别和定位面部表情区域。该数据集使用广泛，是面部表情识别领域最早的数据集之一，被用于测试各种面部表情识别算法的性能。

11.4.3 脑电信号与人脸图像融合情感识别

脑电信号和人脸图像融合情感识别可以充分利用多种信息，提高情感识别的准确性，不同的人可能会对同一情绪有不同的生理反应和面部表情，综合不同模态可以更全面地考虑这些变异，从而提高情感识别的鲁棒性，而且对受试者的干预相对较小，更加符合实际应用的需求。

双模态情感识别流程如图 11-15 所示。

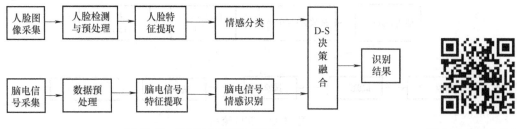

图 11-15　双模态情感识别流程

码 11-4【程序代码】
脑电信号与人脸
图像融合情感识别

对于每一种信号，可单独采用单模态信号处理的方法进行识别与分类。针对脑电信号的主要处理步骤如下。

1）脑电信号采集。首先需要有效记录用户大脑中的电压变化，即采集脑电信号。这通常需要使用专业的脑电图设备，并确保设备具有适当的采样频率和电极位置。也可采用11.4.2 中介绍的数据集进行后续研究。

2）数据预处理。前面已介绍过，大脑产生的脑电信号微弱，在采集过程中容易受到各种背景干扰，如工频干扰、眼电伪迹、肌电伪迹等，因此需要对原始脑电信号进行预处理，以滤除这些干扰信号，从而获取相对纯净的脑电信号。

3）脑电信号特征提取。进行数据预处理后，需要从脑电信号中提取与情感相关的特征。这些特征可能包括信号的频率、振幅、相位等参数，以及它们在时域、空间域和频域上的变化。由于提取出的特征可能数量众多且存在冗余，因此可能还需要进行特征降维或选择，以获得最具代表性的特征用于后续的情感识别。

4）情感识别模型训练。将提取出的特征和对应的情感标签组合成数据集，用于训练和测试情感识别模型。可使用机器学习或深度学习算法，包括模型结构设计、超参数设置、模型训练等，基于训练数据集构建情感识别模型。

5）脑电信号情感识别（分类）。使用测试集对训练好的情感识别模型进行评估，计算模型的准确率、召回率、F1 分数等指标。根据评估结果，可以对模型进行优化，提高其性能。最后，将预处理后的脑电信号输入到训练好的情感识别模型中，模型输出对应的情感标签，从而实现脑电信号的情感识别。

基于人脸图像的情感识别是一种通过分析人脸图像中的特征识别个体情感状态的单模态信号处理技术。针对人脸图像的主要处理步骤如下。

1）人脸检测与预处理。采集到人脸图像或视频后，需要从图像或视频帧中检测人脸。通常可使用 Haar 级联分类器、MTCNN（多任务卷积神经网络）等深度学习方法实现人脸检测。检测到人脸后，可能需要进行一些预处理，如图像裁剪、缩放、归一化等，以确保后续的情感识别算法能够处理具有统一大小和格式的人脸图像。

2）人脸特征提取。在预处理之后，系统需要从人脸图像中提取与情感相关的特征。这些特征可能包括形状特征（如眉毛弯曲度、嘴角角度等）、纹理特征（如皮肤纹理、皱纹等）和动态特征（如面部肌肉运动等）。特征提取可以基于传统的手工设计特征［如 LBP（局部二值模式）特征、Gabor 特征等］，也可以使用深度学习方法（如 CNN）来自动学习特征。

3）情感分类。提取到特征后，系统需要使用分类器（如支持向量机、随机森林、神经网络等）将特征映射到预定的情感类别（如愤怒、高兴、悲伤等）。对于深度学习方法，分类器通常是神经网络的一部分，可以在训练过程中自动优化。情感识别模型的性能取决于其训练数据和训练过程。因此，需要使用标注了情感标签的人脸图像数据集训练模型，并通过交叉验证、超参数调整等方法优化模型性能。

在 D-S 决策融合过程中，需要同时训练人脸情感分类器和脑电情感分类器，并将它们的分类结果进行决策融合。如图 11-15 所示，将脑电信号情感识别结果与人脸图像情感识别得出的情感分类结果采用 D-S 证据理论进行决策融合，最后得出最终识别结果。下面重点介绍 D-S 证据理论。

图 11-15 所示设定识别框架 $F=\{$高兴,愤怒,悲伤,惊讶,厌恶,恐惧,正常$\}$,分别对应 $F_1 \sim F_7$,对于每个状态 i,都有对应的基本概率赋值 $m(F_i)$,其中 $F_i \in F$,m 为人脸情感和脑电情感的基本概率赋值(BPA)。通过使用 D-S 证据理论,将基本概率赋值进行融合,得到最终的识别结果。

1. BPA 函数的构造方法

BPA 函数是指对于一个事件或一个命题,根据已有的证据对其属于每个可能的类别进行基本概率赋值。构造 BPA 函数的方法有多种,其中一种常见的方法是使用不确定性理论,对每个类别分配一定的置信度和不确定度,然后根据这些值计算出每个类别的 BPA 值。

在融合脑电情感和人脸情感的场景下,可以基于人脸情感分类器和脑电情感分类器分别生成各自的 BPA 函数,然后利用 D-S 证据理论将它们合成一个综合的 BPA 函数,最后根据综合的 BPA 函数得出最终的情感识别结果。具体的步骤如下。

对于人脸情感分类器和脑电情感分类器分别生成各自的 BPA 函数,其中 BPA 函数的取值表示每个类别对应的置信度或概率。将两个 BPA 函数进行合成,得到一个综合的 BPA 函数,合成的过程采用 D-S 证据理论,其具体形式为

$$m_{A \cup B}(X)=\frac{\sum\limits_{Y \subseteq X} m_A(Y) m_B(X-Y)}{1-\sum\limits_{Y \subseteq X} m_A(Y) m_B(Y)} \tag{11-35}$$

式中,A 和 B 分别为两个 BPA 函数,X 为类别集合,Y 为 X 的子集,$m_A(Y)$ 和 $m_B(Y)$ 分别为 A 和 B 中 Y 类别对应的 BPA 值。

根据合成得到的综合 BPA 函数,计算每个类别的置信度或概率,取置信度或概率最高的类别作为最终的情感识别结果。

2. D-S 证据理论的决策方法

假设 F 是识别框架,不同证据所得的 BPA 函数用 $m(F_i)$ 表示对每个状态 F_i 的置信度,不确定集合为 φ,ε_1 和 ε_2 表示通过实验获得的阈值,用于对 BPA 函数进行类型判定,类型判定的方法如下。首先计算总体证据的 BPA 函数 m_F,即将所有 BPA 函数 $m(F_i)$ 进行 D-S 证据理论的合成。

1)对于任意的 F_i,若 $m(F_i) \geqslant \varepsilon_2$,则将其判定为该类型,即置 $BPA(F_i)=1$。

2)对于任意的 F_i,若 $m(F_i)<\varepsilon_1$,则将其排除在该类型之外,即置 $BPA(F_i)=0$。

3)对于剩余的 F_i,若 $\varepsilon_1 \leqslant m(F_i)<\varepsilon_2$,则将其视为不确定,将其分配到不确定集合 φ 中,即置 $BPA(\varphi)=m(\varphi)+m(F_i)$。

4)根据 D-S 证据理论的合成规则,对于所有类型的 F_i,求出其在不确定性考虑下的综合 BPA 函数,即将 $BPA(F_i)$ 和 $BPA(\varphi)$ 合成,得到该类型的最终 BPA 函数并进行多次判定,直到确定最终结果。

11.4.4 融合脑电信号的多模态信号处理领域

融合脑电信号的多模态信号处理在神经科学研究、神经疾病诊断与治疗、人机交互与智能控制、心理健康评估与干预等领域都有广泛的应用前景和潜力。

1. 神经科学研究

在神经科学研究中,通过融合脑电信号与其他生理信号(如心率、呼吸等)以及行为

数据（如运动轨迹、眼动等），可以更加全面地了解大脑的功能和神经网络的动态变化。这种多模态信号的融合有助于揭示大脑在不同认知任务中的活动模式和神经机制。

2. 神经疾病诊断与治疗

脑电信号作为一种常用的神经电生理检查方法，在癫痫、帕金森病、阿尔茨海默病等神经疾病的诊断中具有重要作用。通过融合脑电信号与其他模态的信息（如医学影像、遗传信息等），可以提高疾病的诊断准确性和治疗效果。此外，多模态信号处理还可以用于神经康复和神经调控治疗，如脑机接口技术中的运动康复和认知康复等。

3. 人机交互与智能控制

在人机交互领域，通过融合脑电信号与计算机视觉、语音识别等技术，可以实现更加自然、高效的人机交互方式。例如，在虚拟现实和增强现实应用中，通过实时捕捉用户的脑电信号和眼动、手势等信息，可以获得更加真实的沉浸式体验。在智能控制领域，通过融合脑电信号与传感器数据、机器学习算法等，可以实现基于脑电信号的智能控制和决策系统。

4. 心理健康评估与干预

脑电信号可以反映人的心理状态和情绪变化，因此可以用于心理健康评估与干预。通过融合脑电信号与其他模态的信息（如面部表情、语音等），可以更加准确地评估个体的心理状态和情绪状态，为心理健康问题的预防和治疗提供有力支持。

随着技术的不断发展和完善，这种多模态信号处理方法将在更多领域发挥重要作用。

参考文献

[1] ALAN V O. Signals and systems [M]. 2nd ed. Upper Saddle River：Prentice Hall，1996.

[2] 郑君里，应启珩，杨为理. 信号与系统：上册 [M]. 2 版. 北京：高等教育出版社，2000.

[3] 郑君里，应启珩，杨为理. 信号与系统：下册 [M]. 2 版. 北京：高等教育出版社，2000.

[4] 吴大正，杨林耀，张永瑞，等. 信号与线性系统分析 [M]. 5 版. 北京：高等教育出版社，2019.

[5] 高宝建，彭进业，王琳，等. 信号与系统：使用 MATLAB 分析与实现 [M]. 北京：清华大学出版社，2017.

[6] 唐向宏，孙闽红. 数字信号处理：原理、实现与仿真 [M]. 2 版. 北京：高等教育出版社，2012.

[7] 胡广书. 数字信号处理：理论、算法与实现 [M]. 2 版. 北京：清华大学出版社，2003.

[8] 程佩青. 数字信号处理教程 [M]. 5 版. 北京：清华大学出版社，2017.

[9] 王炼红，孙闽红，陈洁平，等. 信号与系统分析 [M]. 武汉：华中科技大学出版社，2020.

[10] 杨梅. M 公司售后 AQUA 系统的改进研究 [D]. 北京：北京工业大学，2017.

[11] 李东明. 基于加速度信号双耳墙式明洞结构落石冲击损伤预警标准研究 [D]. 成都：成都理工大学，2017.

[12] 汪诗蕊. 数学原理和方法在现代通信技术中的应用 [J]. 电脑迷，2018 (17)：200.

[13] 董玮炜. 采用距离分类法的伪随机电流注入模拟电路测试 [D]. 长沙：湖南大学，2006.

[14] GRIGORYAN A M，AGAIAN S S. Split manageable efficient algorithm for fourier and hadamard transforms [J]. IEEE Transactions on signal processing，2000，48 (1)：172-183.

[15] TAO R，MENG X Y，WANG Y. Image encryption with multiorders of fractional fourier transforms [J]. IEEE Transactions on information forensics and security，2010，5 (4)：734-738.

[16] 燕庆明，顾斌杰. 信号与系统教程 [M]. 4 版. 北京：高等教育出版社，2019.

[17] 徐天成，谷亚林，钱玲. 信号与系统 [M]. 4 版. 北京：电子工业出版社，2012.

[18] 管致中，夏恭恪，孟桥，等. 信号与线性系统 [M]. 5 版. 北京：高等教育出版社，2011.

[19] 王松林，张永瑞，郭宝龙，等. 信号与线性系统分析教学指导书 [M]. 4 版. 北京：高等教育出版社，2007.

[20] 潘建寿，高宝健. 信号与系统 [M]. 北京：清华大学出版社，2006.

[21] 陈后金，胡健，薛健. 信号与系统 [M]. 3 版. 北京：高等教育出版社；北京：北京交通大学出版社，2007.

[22] 杨平清. 低频矢量网络分析仪的设计 [D]. 南京：东南大学，2005.

[23] 武晓阳. 对两种 LTI 系统分析的研究 [J]. 计算机光盘软件与应用，2011 (19)：26-27.

[24] 张仁蒲. 基于无人机视觉的运动目标检测及跟踪算法研究 [D]. 西安：长安大学，2017.

[25] 王缓缓，陈万里. 系统的几种表示方法的探讨与分析 [J]. 电脑与信息技术，2015，23 (2)：43-46.

[26] 林明嘉. 基于噪声水平控制的微分方程变窗长距离保护算法研究 [D]. 天津：天津大学，2005.

[27] 胡永生，谭业武，杨玲玲. 基于 MATLAB 的 "信号与系统" 虚拟实验系统的研究 [J]. 山西电子技术，2012 (1)：92-94.

[28] 陈秀华，滕月. 系统分析中初始条件求解方法的研究 [J]. 渤海大学学报（自然科学版），2004，25 (2)：160-161.

[29] 杨冬. 多路语音检测系统 [D]. 哈尔滨：黑龙江大学，2006.

[30] 张皓然，王学渊，李小霞. 基于自适应阈值活动语音检测和最小均方误差对数谱幅度估计的低信噪比降噪算法 [J]. 计算机应用，2020，40 (6)：1763-1768.

[31] 高俊敏. 职业性下腰痛患者核心肌群的功能分析及应用研究 [D]. 保定：河北大学，2016.

[32] 李帅. 基于 DSP 的小型分布式状态监测系统的研究 [D]. 上海：华东理工大学，2006.

[33] 臧晓艳. 基于 CDHMM/SOFM 神经网络的语音识别研究 [D]. 秦皇岛：燕山大学，2006.

[34] 赵淑敏. AFCI（故障电弧断路器）的研制 [D]. 杭州：浙江大学，2007.

[35] 熊莎莎，缪奇航，崔文超. 信号与系统结合 MATLAB 案例式教学 [J]. 电脑知识与技术，2019，15（5）：254-256；260.

[36] 狄静宇. 铁磁性构件应力沿深度分布的微磁检测理论与方法研究 [D]. 北京：北京工业大学，2021.

[37] 杨会成，王小雪. "离散对应周期"在傅里叶变换理论教学中的应用 [J]. 中国电力教育，2010（27）：80-82.

[38] 冯旖哲，刘玉琛，王菁，等. 基于 MATLAB 软件的线性时不变系统频域分析 [J]. 数码世界，2019（3）：88.

[39] 张小英，李敏. 多抽样率窄带滤波器的设计及实现 [J]. 科技资讯，2007（12）：170-171.

[40] 电子科技大学. 一种井下大容量随钻声波测井数据实时存储装置：CN201310131503.8 [P]. 2013-07-10.

[41] 佘天莉. 测振传感器的动态特性补偿研究 [D]. 哈尔滨：中国地震局工程力学研究所，2006.

[42] 李学太. 数字化变电站系统中若干关键算法研究 [D]. 上海：上海交通大学，2010.

[43] 黄东杰. 大功率变频恒压供风控制系统设计 [D]. 北京：北京工业大学，2006.

[44] 李军. 基于虚拟仪器的实时频谱分析仪设计 [D]. 桂林：桂林电子科技大学，2010.

[45] 王仲根，聂文艳，王智，等. 基于实验工坊的"信号与系统"实时远程实验教学研究与实践 [J]. 蚌埠学院学报，2021，10（2）：103-107.

[46] 刘伟豪. 基于 STC 的嵌入式语音编码器的研究 [D]. 武汉：武汉大学，2002.

[47] 朱莹，王金广，高其娜，等. 噪声干扰下雷达角度跟踪时滞伺服系统仿真 [J]. 系统仿真学报，2014，26（8）：1814-1819.

[48] 南昌大学. 一种基于非洲秃鹫算法的微网惯性常数估计方法：CN202310339495.X [P]. 2023-06-23.

[49] 董嘉维. 基于限价订单簿动态特征的最优交易策略研究 [D]. 上海：上海财经大学，2023.

[50] 钱琳琳，李平，李秀丽，等. 拉氏变换初值/终值定理教学思路探讨 [J]. 北京联合大学学报（自然科学版），2007，21（4）：81-84.

[51] 王明阳. 需求波动对第三方汽车物流库存控制的影响研究 [D]. 北京：北京交通大学，2009.

[52] 孙栋. 基于 Z 变换-FDTD 方法的 ID 双各向异性色散介质的电磁散射研究 [D]. 镇江：江苏大学，2013.

[53] 北京化工大学. 管道缓慢泄漏信号的处理方法、装置和系统：CN201910422474.8 [P]. 2020-09-04.

[54] 潘浩. 基于熵的测量信息方法研究 [D]. 武汉：华中科技大学，2020.

[55] 廖敏超. CMMB 系统中 OFDM 解调模块的仿真及 FPGA 实现 [D]. 北京：北京邮电大学，2009.

[56] 曹丽华. 基于 CCCⅡ的电流模式模拟有源滤波器的设计 [D]. 长沙：湖南师范大学，2007.

[57] 叶懋. 电视台前端音频处理器的研究与设计 [D]. 桂林：桂林电子科技大学，2008.

[58] 黎平. 基带信号发生器通道校正模块设计 [D]. 成都：电子科技大学，2019.

[59] 李文祥. 采样率对 PMSM 的 SMC 控制性能研究 [D]. 贵阳：贵州大学，2021.

[60] 张月华. 基于 FPGA 的三相电力系统谐波检测的研究 [D]. 鞍山：辽宁科技大学，2006.

[61] 尹利民. 基于 DSP 无线通信中的语音信号处理研究 [D]. 武汉：武汉大学，2008.

[62] 任霞. 舰船地震波信号智能处理技术研究 [D]. 沈阳：沈阳理工大学，2021.

[63] 管清望. 基于 DSP 的音频去噪系统研发设计 [J]. 科学与财富，2016（11）：68-68；69.

[64] 杜重阳. 基于毫米波传感器的生命参数检测技术研究 [D]. 西安：西安电子科技大学，2020.

[65] OPPENHEIM A V. Algorithm kings：the birth of digital signal processing [J]. IEEE Solid-state circuits

magazine，2012，4（2）：34-37.

[66] 张明友. 信号检测与估计 [M]. 3 版. 北京：电子工业出版社，2011.

[67] MCCLELLAN J H, OPPENHEIM A V, SCHAFER R W, et al. Computer-based exercises for signal processing using MATLAB 5 [M]. Upper Saddle River：Prentice Hall，1997.

[68] JURAFSKY D, MARTIN J H. 语音与语言处理：自然语言处理、计算语言学和语音识别导论（英文版）[M]. 2 版. 北京：人民邮电出版社，2010.

[69] RAFAEL C G, RICHARD E W. 数字图像处理 [M]. 阮秋琦，阮宇智，译. 4 版. 北京：电子工业出版社，2020.

[70] KANJILAL P P, PALIT S, SAHA G. Fetal ECG extraction from single-channel maternal ECG using singular value decomposition [J]. IEEE Transactions on biomedical engineering，1997，44（1）：51-59.

[71] 谭鸽伟，冯佳，黄公彝，等. 信号与系统：基于 MATLAB 的方法 [M]. 北京：清华大学出版社，2018.

[72] 徐守时，谭勇，郭武. 信号与系统：理论、方法和应用 [M]. 3 版. 合肥：中国科学技术大学出版社，2018.

[73] 郭宝龙，朱娟娟. 信号与系统：英文版 [M]. 北京：科学出版社，2018.

[74] 黄朝耿. 高鲁棒性低复杂度数字滤波器结构设计的研究 [D]. 杭州：浙江工业大学，2013.

[75] 孟凡刚，刘玉君，巩克现. 卷积码的线性系统理论研究 [J]. 信息工程大学学报，2003，4（1）：48-53.

[76] 常艳康. 基于卷积神经网络的道路场景语义分割方法研究 [D]. 青岛：青岛科技大学，2023.

[77] 任泽裕，王振超，柯尊旺，等. 多模态数据融合综述 [J]. 计算机工程与应用，2021，57（18）：49-64.

[78] 南开大学. 一种细粒度表征解耦学习的情感识别模型构建方法：CN202311585304.4 [P]. 2024-02-23.

[79] 余辉，梁镇涛，鄢宇晨. 多来源多模态数据融合与集成研究进展 [J]. 情报理论与实践，2020，43（11）：169-178.

[80] 黄利伟. 基于可穿戴设备的社交信息情绪识别技术研究 [D]. 成都：电子科技大学，2023.

[81] 王嘉诚. 基于群体学习的多方联合系统设计 [D]. 杭州：杭州电子科技大学，2023.

[82] 霍静. 多模态深度学习及其视觉应用 [C] //2018 中国大数据技术大会（BDTC）论文集，2018：1-52.

[83] LIU J, LI T R, XIE P, et al. Urban big data fusion based on deep learning：an overview [J]. Information fusion，2019，53：123-133.

[84] 赵亮. 多模态数据融合算法研究 [D]. 大连：大连理工大学，2018.

[85] BALTRUSAITIS T, AHUJA C, MORENCY L P. Multimodal machine learning：a survey and taxonomy [J]. IEEE Transactions on pattern analysis and machine intelligence，2018，41（2）：423-443.

[86] 杜鹏飞，李小勇，高雅丽. 多模态视觉语言表征学习研究综述 [J]. 软件学报，2021，32（2）：327-348.

[87] KARCZEWSKI K J, SNYDER M P. Integrative omics for health and disease [J]. Nature reviews genetics，2018，19：299-310.

[88] DUAN R, GAO L, GAO Y, et al. Evaluation and comparison of multi-omics data integration methods for cancer subtyping [J]. PLoS Computational biology，2021，17（8）：e1009224.

[89] KANG M, KO E, MERSHA T B. A roadmap for multi-omics data integration using deep learning [J]. Briefings in bioinformatics，2021.

[90] MOON K R, DIJK D V, WANG Z, et al. Visualizing structure and transitions in high-dimensional biological data [J]. Nature biotechnology，2019，37（12）：1482-1492.

［91］ INAN O T, TENAERTS P, PRINDIVILLE S A, et al. Digitizing clinical trials ［J］. NPJ Digital medicine, 2020, 3 (1): 101.

［92］ ACOSTA J N, FALCONE G J, RAJPURKAR P, et al. Multimodal biomedical AI ［J］. Nature medicine, 2022, 28 (9): 1773-1784.

［93］ SUN H, ZHAO S W, WANG X C, et al. Fine-grained disentangled representation learning for multimodal emotion recognition ［C］ //IEEE International conference on acoustics, speech and signal processing, 2024.

［94］ ZHANG J Q, LEI J, XIE W Y, et al. superYOLO: super resolution assisted object detection in multimodal remote sensing imagery ［J］. IEEE Transactions on geoscience and remote sensing, 2023, 61: 1-15.

［95］ WEI G Y, DUAN Z K, LI S R, et al. LFEformer: local feature enhancement using sliding window with deformability for automatic speech recognition ［J］. IEEE Signal processing letters, 2023, 30: 180-184.

［96］ ZHANG J, XIE Y S, DING W C, et al. Cross on cross attention: deep fusion transformer for image captioning ［J］. IEEE Transactions on circuits and systems for video technology, 2023, 33 (8): 4257-4268.

［97］ 曾庆杰. 红外成像中图像质量提升算法研究 ［D］. 西安: 西安电子科技大学, 2021.

［98］ 朱攀. 红外与红外偏振/可见光图像融合算法研究 ［D］. 天津: 天津大学, 2017.

［99］ 李艳梅. 图像增强的相关技术及应用研究 ［D］. 成都: 电子科技大学, 2013.

［100］ 西北工业大学. 一种基于超像素分割和 EM/MPM 处理的图像分割方法: CN201710134026.9 ［P］. 2017-07-14.

［101］ 刘智嘉, 夏寅辉, 杨德振, 等. 基于中值滤波器的红外图像噪声处理的改进方法 ［J］. 激光与红外, 2019, 49 (3): 376-380.

［102］ 冯博文. 脑肿瘤 MRI 的并行 CNN 多尺度特征分割技术研究 ［D］. 包头: 内蒙古科技大学, 2020.

［103］ 华南师范大学. 一种基于多分类器集成的图像文字识别方法: CN201610442435.0 ［P］. 2016-11-16.

［104］ 朱冰琪. 半监督病理图像分割技术应用及优化研究 ［D］. 北京: 中国科学院大学, 2021.

［105］ 汪华登. 基于深度学习的医学图像分割方法研究 ［D］. 桂林: 桂林电子科技大学, 2022.

［106］ 周维华. Wiener 滤波图像复原 ［J］. 计算机工程与科学, 2007, 29 (3): 39-40; 62.

［107］ CHEN X, DIAZ-PINTO A, RAVIKUMAR N, et al. Deep learning in medical image registration ［J］. Progress in biomedical engineering, 2021, 3 (1): 012003.

［108］ BALAKRISHNAN G, ZHAO A, SABUNCU M R, et al. Voxelmorph: a learning framework for deformable medical image registration ［J］. IEEE Transactions on medical imaging, 2019, 38 (8): 1788-1800.

［109］ CHEN X, XIA Y, RAVIKUMAR N, et al. A deep discontinuity-preserving image registration network ［C］ //Medical image computing and computer assisted intervention, 2021.

［110］ RONNEBERGER O, FISCHER P, BROX T. U-Net: convolutional networks for biomedical image segmentation ［C］ //International conferance on medical image computing and computer-assisted intervention, 2015.

［111］ SHELHAMER E, LONG J, DARRELL T. Fully convolutional networks for semantic segmentation ［J］. IEEE Transactions on pattern analysis and machine intelligence, 2017, 39 (4): 640-651.

［112］ ISENSEE F, JAEGER P F, KOHL S A A, et al. nnU-Net: a self-configuring method for deep learning-based biomedical image segmentation ［J］. Nature methods, 2021, 18 (2): 203-211.

［113］ CHEN X, XIA Y, DALL A E, et al. Joint shape/texture representation learning for cardiovascular disease diagnosis from magnetic resonance imaging ［J］. European heart journal: imaging methods and practice, 2024, 2 (1): qyae042.

［114］ CHEN J, FREY E C, HE Y, et al. transmorph: transformer for unsupervised medical image registration ［J］. Medical image analysis, 2022, 82: 102615.

［115］ DUNG C V, ANH L D. Autonomous concrete crack detection using deep fully convolutional neural network ［J］. Automation in construction, 2019, 99: 52-58.

[116] MEINECKE F, ZIEHE A, KAWANABE M, et al. Independent component analysis, a new concept? [J]. Signal Processing, 1994, 36 (3): 287-314.

[117] REYNOLDS D A. Gaussian mixture models [J]. Encyclopedia of biometrics, 2009, 741: 659-663.

[118] LIPTON Z C, BERKOWITZ J, ELKAN C. A critical review of recurrent neural networks for sequence learning [EB/OL]. (2015-09-23) [2024-07-08]. https://arvix.org/abs/1506.00019v3.

[119] GRAVES A. Long short-term memory [M] //Supervised sequence labelling with recurrent neural networks. Berlin: Springer, 2012.

[120] AFOURAS T, CHUNG J S, ZISSERMAN A. The conversation: deep audio-visual speech enhancement [EB/OL]. (2018-06-19) [2024-07-08]. https://arxiv.org/abs/1804.04121v2.

[121] NEVILLE M. Attention in dichotic listening: affective cues and the influence of instructions [J]. Quarterly journal of experimental psychology, 1959, 11 (1): 56-60.

[122] EPHRAT A, MOSSERI I, LANG O, et al. Looking to listen at the cocktail party: a speaker-independent audio-visual model for speech separation [EB/OL]. (2018-08-09) [2024-07-08]. https://arxiv.org/abs/1804.03619.

[123] OWENS A, EFROS A A. Audio-visual scene analysis with self-supervised multisensory features [EB/OL]. (2018-10-09) [2024-07-08]. https://arxiv.org/abs/1804.03641.

[124] RAHIMI A, AFOURAS T, ZISSERMAN A. Reading to listen at the cocktail party: multi-modal speech separation [C] //Conference on computer vision and pattern recognition, 2023.

[125] 刘洋. 基于多模态融合的语音分离算法研究与系统设计 [D]. 济南: 山东大学, 2022.

[126] 刘潇. 语音识别系统关键技术研究 [D]. 哈尔滨: 哈尔滨工程大学, 2006.

[127] 陈春辉. 噪声环境下的语音识别系统 [D]. 广州: 华南师范大学, 2012.

[128] 孔婷. 基于语音识别的广告监播技术研究 [D]. 南京: 南京理工大学, 2013.

[129] 王海坤, 潘嘉, 刘聪. 语音识别技术的研究进展与展望 [J]. 电信科学, 2018, 34 (2): 1-11.

[130] 北京邮电大学. 一种端到端长时语音识别方法: CN202110631808. X [P]. 2021-10-19.

[131] 韩云霄, 邵清, 符玉襄, 等. 复杂噪声中基于 MFCC 距离的语音端点检测算法 [J]. 计算机工程, 2020, 46 (3): 309-314.

[132] 魏丽娜. 婴儿情绪信息的模式识别技术研究与实现 [D]. 上海: 复旦大学, 2012.

[133] 上海中医药大学附属曙光医院. 一种应用于医学超声波仪器的声控存图控制装置: CN202311004501.2 [P]. 2023-11-07.

[134] 荣蓉. 基于人工神经网络的语音识别研究 [D]. 济南: 山东师范大学, 2005.

[135] 陈馥婧. 语音自动切分技术的研究与实现 [D]. 天津: 南开大学, 2012.

[136] 罗元, 黄璜, 张毅, 等. 一种新的语音端点检测方法及在智能轮椅人机交互中的应用 [J]. 重庆邮电大学学报 (自然科学版), 2011, 23 (4): 487-491.

[137] 李艳福. 基于激光位移的钢轨磨耗动态检测方法研究 [D]. 长沙: 湖南大学, 2018.

[138] 马子骥, 董艳茹, 刘宏立, 等. 基于多线结构光视觉的钢轨波磨动态测量方法 [J]. 仪器仪表学报, 2018, 39 (6): 189-197.

[139] 张国锋, 高晓蓉, 王黎, 等. 数字逆滤波技术在轨道不平顺页检测中的应用 [J]. 信号处理, 2004, 20 (6): 667-670.

[140] 史红梅. 基于车辆动态响应的轨道不平顺智能感知算法研究 [D]. 北京: 北京交通大学, 2012.

[141] 李清勇, 章华燕, 任盛伟, 等. 基于钢轨图像频域特征的钢轨波磨检测方法 [J]. 中国铁道科学, 2016, 37 (1): 24-30.

[142] 程樱, 许玉德, 周宇, 等. 三点偏弦法复原轨面不平顺波形的理论及研究 [J], 华东交通大学学报, 2011, 28 (1), 42-46.

［143］ 魏珲，刘宏立，马子骥，等. 基于组合弦测的钢轨波磨广域测量方法［J］. 西北大学学报（自然科学版），2018，48（2），199-208.

［144］ LI Y F，LIU H L，MA Z J，et al. Rail corrugation broadband measurement based on combination-chord model and LS［J］. IEEE Transactions on instrumentation and measurement，2018，67（4）：938-949.

［145］ 邱力军，刘文强，范启富，等. 一种脑电信号采集系统前端电路设计与实现［J］. 徐州工程学院学报（自然科学版），2016，31（3）：82-87.

［146］ 计瑜. 基于独立分量分析的P300脑电信号处理算法研究［D］. 杭州：浙江大学，2013.

［147］ 陈兴腾. 脑电信号处理及其在脑-机接口和身份识别中的应用［D］. 西安：西安电子科技大学，2017.

［148］ 张雪英. 数字语音信号处理及MATLAB仿真［M］. 北京：电子工业出版社，2010.

［149］ 赵新燕，王炼红，彭林哲. 基于自适应倒谱距离的强噪声语音端点检测［J］. 计算机科学，2015，42（9）：83-85.

［150］ 周志华. 机器学习［M］. 北京：清华大学出版社，2016.

［151］ DENG L，LI J Y，HUANG J T，et al. Recent advances in deep learning for speech research at Microsoft［C］//IEEE International conference on acoustics，speech and signal processing，2013.

［152］ KRIZHEVSKY A，SUTSKEVER I，HINTON G E. ImageNet classification with deep convolutional neural networks［J］. Communications of the ACM，2017，60（6）：84-90.

［153］ REN S Q，HE K M，GIRSHICK R，et al. Faster R-CNN：towards real-time object detection with region proposal networks［J］. IEEE Transactions on pattern analysis and machine intelligence，2017，39（6）：1137-1149.

［154］ SCHMIDHUBER J. Deep learning in neural networks：an overview［J］. Neural networks：the official journal of the International Neural Network Society，2015，61：85-117.

［155］ KRAWCZYK M，GERKMANN T. STFT Phase reconstruction in voiced speech for an improved single-channel speech enhancement［J］. IEEE/ACM Transactions on audio speech and language processing，2014，22（12）：1931-1940.

［156］ LEE H J，LEE S G. Arousal-valence recognition using CNN with STFT feature-combined image［J］. Electronics letters，2018，54（3）：134-136.

［157］ 王浩. 基于脑电信号的多模态情感识别系统［D］. 杭州：浙江理工大学，2023.

［158］ 张迪. 基于脑电信号和面部微表情的多模态情感识别研究与实现［D］. 济南：山东大学，2022.

［159］ 王夏爽，龚光红，李妮. 视觉诱发脑电信号的处理研究［J］. 系统仿真学报，2017，29（z1）：146-154.

［160］ 张学军，温炜. 脑电信号调理电路设计［J］. 微型机与应用，2016，35（10）：55-57.

［161］ 施锦河. 运动想象脑电信号处理与P300刺激范式研究［D］. 杭州：浙江大学，2012.

［162］ 杭州诺为医疗技术有限公司. 一种插拔式无需转接电极：CN201821405996.4［P］. 2019-07-09.

［163］ 龙灿. 基于集成学习的运动想象脑电信号分类研究［D］. 重庆：重庆邮电大学，2020.

［164］ 张辉辉. 基于ARM的电脑鼠控制系统研究［D］. 西安：西安石油大学，2012.

［165］ 李洁. 多模态脑电信号分析及脑机接口应用［D］. 上海：上海交通大学，2009.

［166］ SUHAIMI N S，MOUNTSTEPHENS J，TEO J，et al. EEG-based emotion recognition：a state-of-the-art review of current trends and opportunities［J］. Computational intelligence and neuros cience，2020，4（1）：8875426.

［167］ 洪波，唐庆玉，杨福生，等. 近似熵、互近似熵的性质、快速算法及其在脑电与认知研究中的初步应用［J］. 信号处理，1999，15（2）：100-108.

［168］ 袁琦，周卫东，李淑芳，等. 基于ELM和近似熵的脑电信号检测方法［J］. 仪器仪表学报，2012，

33 (3)：514-519.

[169] SAMARA A, MENEZES M L R, GALWAY L. Feature extraction for emotion recognition and modelling using neurophysiological data [C] //2016 15th International conference on ubiquitous computing and communications and 2016 international symposium on cyberspace and security, 2017.

[170] 李昕，齐晓英，田彦秀，等. 基于排列熵与多重分形指数结合的特征提取算法在情感识别中的应用 [J]. 高技术通讯，2016, 26 (7)：617-624.

[171] 陆苗，邹俊忠，张见，等. 基于 IMF 能量熵的脑电情感特征提取研究 [J]. 生物医学工程研究，2016, 35 (2)：71-74.

[172] 罗志增，鲁先举，周莹. 基于脑功能网络和样本熵的脑电信号特征提取 [J]. 电子与信息学报，2021, 43 (2)：412-418.

[173] RICHMAN J S, MOORMAN J R. Physiological time-series analysis using approximate entropy and sample entropy [J]. American journal of physiology-heart and circulatory physiology, 2000, 278 (6)：H2039-H2049.

[174] 刘鹏飞. 基于脑电的情绪识别技术研究及实现 [D]. 重庆：重庆邮电大学，2020.

[175] 吴祈耀，吴祈宗. 脑电信号的现代谱分析技术 [J]. 北京理工大学学报，1995, 15 (2)：179-185.

[176] 王婷. EMD 算法研究及其在信号去噪中的应用 [D]. 哈尔滨：哈尔滨工程大学，2010.

[177] ZHENG W L, LU B L. Investigating critical frequency bands and channels for EEG-based emotion recognition with deep neural networks [J]. IEEE Transactions on autonomous mental development, 2015, 7 (3)：162-175.

[178] KOELSTRA S, MUHL C, SOLEYMANI M, et al. DEAP：A database for emotion analysis；using physiological signals [J]. IEEE Transactions on affective computing, 2012, 3 (1)：18-31.

[179] 刘晓燕. 临床脑电图学 [M]. 2 版. 北京：人民卫生出版社，2017.

[180] 程佩青. 数字信号处理教程 [M]. 5 版. 北京：清华大学出版社，2017.

[181] 周占峰，化成城，柴立宁，等. 基于脑节律能量与模糊熵的 VR 诱发晕动症水平检测研究 [J]. 数据采集与处理，2024, 39 (2)：490-500.

[182] 赵启斌. EEG 时空特征分析及其在 BCI 中的应用 [D]. 上海：上海交通大学，2008.

[183] 李洁. 多模态脑电信号分析及脑机接口应用 [D]. 上海：上海交通大学，2009.

[184] 高仞川. 基于图神经网络的脑电情感分析与跨受试解码建模 [D]. 合肥：安徽大学，2023.

[185] 王光宇. 基于 EEG 的脑控机械臂控制方法研究及系统实现 [D]. 哈尔滨：哈尔滨工业大学，2023.

[186] 宋超. 基于稳态视觉诱发电位的脑-机接口系统研究 [D]. 武汉：武汉理工大学，2014.